JN440562

건설용

복합신소재(FRP재료) 구조설계

지효선 지음

도서출판 동화기술

머리말

오늘날까지 토목, 건축 분야의 건설공사에는 주로 콘크리트 및 강재 등이 구조용 재료로 사용되었다. 그러나 최근 산업의 발달과 함께 재료특성의 향상에 대한 요구가 꾸준히 제기되고 있으며, 이에 따라 기존 재료(콘크리트, 철근 등)보다 우수한 강도 및 기능적 특성 등을 갖는 복합신소재 개발에 많은 연구가 집중되고 있다. 복합신소재는 높은 인장강도와 강성을 가진 탄소섬유를 생산하면서부터 개발이 시작되었으며, 자동차, 선박, 군수용품 등에서 적극적으로 활용되었다.

무엇보다 복합신소재는 기존의 건설재료보다 가벼우면서 뛰어난 인성, 내구성을 가지는 특성으로 인해 건설용 재료로 현재 미국, 유럽, 일본 등 선진국을 중심으로 적극적으로 적용되고 있다. 국내의 경우 1990년대에 복합신소재 제조기술의 발전으로 인해 군수용품 위주로 부분적인 연구가 진행되어 건설 분야의 활용실적이 미비하였지만 2000년대 들어서 복합신소재 보강재를 국산화하여 활용하기 시작하였다. 복합신소재는 많은 장점에도 불구하고 일반 건설재료로서의 이용에 지연되는 주된 원인은 등방성인 일반 건설재료와 달리 비등방성인 복합신소재의 이론이 일반 구조설계기술자에게는 너무나 어렵기 때문이다. 이미 부분적으로 건설 분야에 복합신소재로 만든 구조물들이 적용되는 현실을 감안할 때 대학의 교과과정에 관련 복합신소재구조 교과목이 개설되어 학습할 수 있는 복합신소재구조 학습서는 물론 건설기술자들이 쉽게 활용할 수 있는 복합신소재를 이용한 구조설계 자료의 제시가 요구되고 있으며, 또한 대학의 건설 관련 학과 및 대학원 과정에서 교과목으로 사용될 수 있는 책이 요구되고 있다. 현재 건설 분야 구조재료로써 복합신소재는 비강성, 비강도가 기존의 콘크리트나 강재에 비해 상대적으로 높고 비부식성, 경량성, 비전기성 등 재료적 장점과 방향성을 이용하여 우수한 역학적 성질을 얻을 수 있으며, 다양한 형태로 만들 수 있는 뛰어난 성형성을 가지고 있다.

따라서 건설기술자들이 복합신소재를 이용한 구조설계를 할 수 있도록 그리고 대학 학부생 및 대학원 과정에서 사용할 수 있는 건설용 복합신소재구조 설계의 책을 발간하게 되었다. 이 책의 목표는 대학에서 생소한 복합신소재 이론에 대한 학습 제공은 물론 구조설계자가 복합신소재의 이해와 설계 접근이 가능하도록 전반적인 복합신소

재의 내용과 최근의 구조설계 흐름인 한계상태설계법에 의한 단계별 설계방법을 제시하였으며, 필요한 설계 데이터 및 설계 예제를 포함하여 설계의 오류를 방지하는 역할과 복합신소재구조 설계에 도움이 될 것으로 사료된다. 또한 건설 분야에 적용할 수 있는 복합신소재구조 설계의 일괄적인 지식을 설계 예제와 함께 기술하였다. 일선 구조설계 실무자들에게 쉬운 이해와 편의를 제공하기 위해 본 서적을 완벽하게 작성하고자 최대한 노력하였지만, 국내에서는 처음으로 작성된 건설용 복합신소재구조 설계책인 만큼 미비한 점이 많을 것으로 생각된다.

따라서 이 분야에 종사하고 계신 산/학/연/관 여러분의 아낌없는 질책과 조언을 부탁드리며, 앞으로 보다 완벽한 건설용 복합신소재구조 설계의 교과서가 될 수 있도록 계속 수정, 보완하겠습니다.

끝으로 이 책의 발간으로 국내에서도 복합신소재구조 활용이 건설 분야에 창의적이고 혁신적으로 활발하게 이루어졌으면 하는 소망을 가져 보며, 본 책이 출간될 수 있도록 많은 도움을 주신 도서출판 동화기술의 관계자 여러분께 감사의 말씀을 드립니다.

저자 씀

목 차

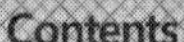

CHAPTER

1

서 론

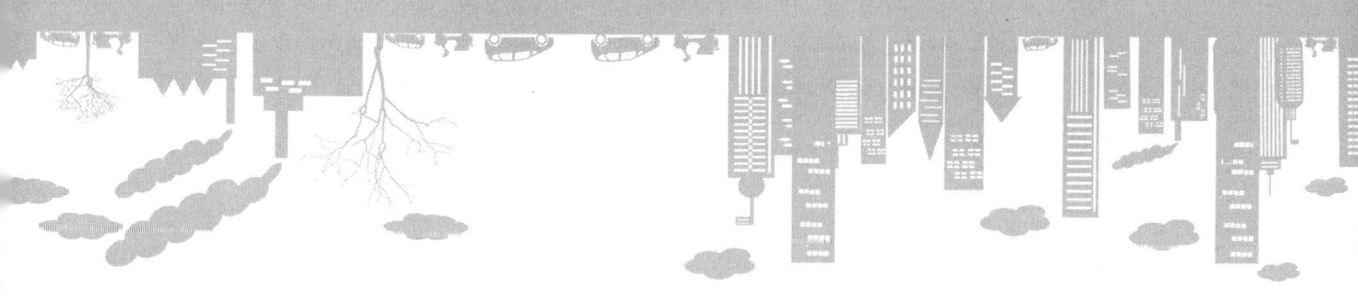

1.1 개요

일반적으로 건설구조물인 교량과 건물의 공사에는 지금까지 목재, 콘크리트 및 강재 등이 경제성과 역학적 성질의 장점을 고려하여 구조용 재료로 주로 사용되었다. 구조물과 구조용 재료와의 관계는 서로 의존적이고 밀접한 관계를 갖고 있어 신소재의 구조물 적용으로 구조공학 기술의 발전은 이루어져 왔다. 최근 건설 산업이 발전함에 따라 국내외적으로 대표적인 건설구조물인 교량의 장지간화, 건물의 고층화 및 고기능화로 초대형 건설공사가 추진되고 있다. 또한, 건설구조물은 대형 구조물화, 중량, 부식 및 사용년수의 증가로 인한 시설물의 노후화 때문에 사용성(serviceability) 및 안전성(safety)의 저하로 공용 중 시설물 유지관리가 사회적 문제로 부각되고 있다.

이러한 교량의 장지간화, 건물의 고층화 및 고기능화가 요구되는 초대형 신설공사와 시설물의 노후화로 인한 유지관리의 문제를 해결할 수 있는 경량성, 고강도, 고성능 및 고내구성의 새로운 건설 분야의 구조용 재료가 요구되고 있다. FRP(fiber reinforced polymer)재료라고도 불리어지는 복합신소재(advanced composite materials, composites)의 출현과 적용은 위의 문제를 해결할 수 있는 새로운 건설 구조용 재료로서 높은 관심을 모으고 있다.

복합신소재는 기존의 구조용 재료인 콘크리트, 강재들보다 중량대비 강도(strength)의 비를 뜻하는 비강도(specific strength, 강도/밀도), 중량대비 강성(stiffness)의 비를 뜻하는 비강성(specific stiffness, 강성(탄성계수)/밀도)이 높으며, 우수한 내식성 및 피로(fatigue) 특성을 가지고 있다. 이러한 복합신소재의 일반적 성질 때문에 복합신소재를 건설 분야에 응용하기 위한 연구 및 기술개발 활동이 1990년대 초반부터 활발하게 진행되어 지금은 콘크리트, 강재에 이어 새로운 건설재료로 실용화되어 최근에는 신설되는 교량, 건물의 구조용 신소재로 활용되고 있을 뿐만 아니라 노후 시설물의 보강을 위해 사용되고 있고 복합신소재를 이용한 신기술 및 신공법이 개발되고 있다. 복합신소재란 성분이나 형태가 서로 다른 두 종류 이상 재료가 물리적으로 결합되어 유용한 기능을 갖는 재료를 의미하며, 결합되어 있는 상태에서도 각 원래의 성질을 갖고 있는 비등방성 재료이다. 그러나 합금은 두 종류 이상의 재료가 미시적으로 결합하여 거시적으로 균질성을 갖기 때문에 복합신소재라 불리지 않으며, 복합신소재는 구성요소들 사이에 거시적으로 경계면을 갖고 있어 합금과 다르다 할 수 있다. 복합신소재의 구성요소로는 크게 역학적 특성을 나타내는 섬유(fiber)와 이를 지지 고정시켜 주는 기지(모재)(matrix)이다.

건설 분야의 교량 및 건축용 구조용 재료인 복합신소재는 고강도섬유를 보강재로 하고 고분자를 기지로 하는 것을 의미한다. 물론 기지를 금속, 세라믹 등을 이용한 복합신소재도 있다. 이러한 고분자를 기지로 한 복합신소재(polymer matrix composites)는 건설 구조용 재료로서 요구되는 일반적 성질인 강도, 강성, 중량, 내식성, 피로수명, 내마모성, 고온특성, 전기절연성 및 단열성을 유지하고 있다. 또한 복합신소재는 지진 또는 충격 시 관성력은 무게에 비례하므로 복합신소재 구조물이 받는 충격력은 무게 비만큼 줄어들 수 있다. 복합신소재는 중량대비 강도와 강성인 비강도, 비강성이 좋은 성질을 이용하여 보강섬유 배열을 통해 구조부재의 물성을 사용자의 요구대로 설계할 수 있는 재료 설계를 통해 재단 설계(tailoring design)가 가능한 것이다. 이와 같이 복합신소재를 이용한 구조 설계자는 보강재와 모재의 역학적 특성과 가격 등을 고려하여 재래의 소재와 최첨단 소재까지 포함하여서 모든 소재가 활용될 수 있도록 선별하여서 최적의 복합신소재를 설계할 수 있다. 복합신소재의 중량은 강재중량의 1/4이지만 기존의 콘크리트나 강재로 건설된 구조물에 비하여 그 중량이 1/10로 작아지게 되어 그 만큼 교량의 경간을 연장할 수 있고 건물의 층고를 높일 수 있으므로 초장대 교량 또는 초고층 빌딩을 계획할 때는 필수적으로 고려되어야 할 건설재료라고 할 수 있다. 또한 복합신소재는 해양구조물의 건설, 인공섬, 지하도시 및 해저도시와 같은 특수한 환경에서 목적에 알맞게 구조용 재료로 이용할 수 있어 향후 건설 분야에 구조용 재료로 더욱더 중요한 비중을 차지할 것으로 예측된다. 복합신소재는 새로운 구조물을 위한 재료로서 뿐만 아니라 노후 건물이나 교량의 보수 및 재생을 위해서 적극 사용될 수 있다. 이것은 복합신소재가 구조물의 유지관리 및 내구성 문제뿐만 아니라 건설을 위한 시간이 결정적으로 중요하기 때문이다.

인류의 역사는 그 시대 인간이 사용한 재료에 따라 석기시대, 청동기시대, 철기시대 등으로 구분하고 있다. 고대 로마시대는 건설재료가 석재이었으며, 산업혁명시대는 건설재료가 강재 및 콘크리트이었다. 이처럼 건설구조물은 그 시대에 사용 가능한 건설재료와 응용 가능한 기술로 구조형식을 개발 발전시켜 왔다. 오늘날 건설 분야 교량, 건물 구조용 재료는 단일 재료로 부를 수는 없으며, 서로 장점을 갖는 두 가지 이상의 단일 재료를 물리적으로 결합하여 보다 역학적 성질이 우수한 복합신소재라고 불릴 수 있다. 따라서 구조 설계자들은 재료 설계의 유연성을 가진 새로운 21세기 건설재료인 복합신소재를 사용하여 신설되는 교량 및 건물의 구조물공사뿐만 아니라 기존 노후 구조물의 유지관리 및 재생 공사에 적용할 수 있는 복합신소재구조 설계 및 해석방법의 지식 습득, 건설용 복합신소재 구조형식의 개발에 활발한 활동이 필요하다고 할 수 있다.

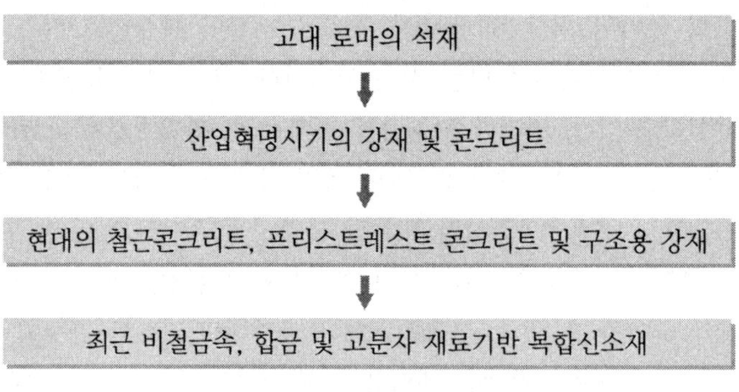

그림 1.1 건설재료의 변천사

1.2 역사적 배경

복합신소재의 개념은 수천 년 전에 사용했는데 그 기원을 고대 이집트의 흙벽돌에서 찾을 수 있다. 그 당시 흙벽돌은 진흙에 밀짚으로 보강하여 만들었으며, 밀짚은 일종의 보강섬유이고 진흙은 기지(matrix)라 할 수 있다. 국내의 전통 옛 가옥인 흙벽돌 건물에서도 이러한 복합신소재의 개념은 찾아볼 수 있으며, 흙벽돌은 흙에 볏짚으로 보강하여 만들었다. 간단히 말해서 복합신소재란 두 가지 또는 그 이상의 소재들을 물리적으로 결합시켜 특정 목적을 위해 만들어진 재료라 할 수 있다.

근대적인 개념의 복합신소재는 1940년대에 개발된 유리섬유를 이용한 복합신소재를 그 시발점으로 보는 것이 타당할 수 있다. 본격적으로 복합신소재의 사용은 1960년대부터 보론섬유, 탄소섬유 및 아라미드섬유가 생산되는 등 각종 고강도섬유가 개발되면서부터라 할 수 있다. 1970년대에는 복합신소재는 제조방법의 기술개발로 각종 항공기에서 각종 2차 부품으로 시작하여 스포츠 및 레저용품 등으로 사용되었다.

1980년대에는 복합신소재는 항공기의 주 구조재뿐만 아니라 군수 분야에 사용하는 등 그 사용 분야가 폭넓게 늘어나기 시작하였다. 냉전시대가 종료된 후 1990년대부터는 복합신소재는 항공기, 선박 및 군수 분야에서 축적된 복합신소재의 기술이 건설 분야로 이용하려는 연구 및 기술개발이 확산되기 시작하였다. 2000년대부터는 복합신소재를 건설 분야에 적용하려는 연구 및 기술개발이 활발히 이루어지고 있어 복합신소재가 교량, 터널 같은 노후 사회간접자본 시설물의 보강용으로 사용될 뿐만 아니라 신설되는 건설구조물에 활발히 사용할 수 있게 되었다. 이러한 배경에는 복합신소재가 콘크리트와 강재에 비해서 많은 장점을 지니고 있기 때문이었다. 복합신소재의 주요

장점으로는 복합신소재의 재료중량은 강재중량의 1/4이고 기존의 강재나 콘크리트로 건설된 구조물과 비교하면 1/10에 불과한 것으로 조사되고 있다. 또한 복합신소재는 강재처럼 부식이 발생하지 않는다. 복합신소재는 섬유를 임의방향으로 배열하는 재료설계를 하여 구조재의 하중이 작용되는 방향으로 보강할 수 있다. 그리고 복합신소재는 물리적 특성으로 높은 인성, 열 특성 및 전자기적 특성이 뛰어난 것을 알 수 있다. 복합신소재는 감쇠효과가 우수하며, 강재처럼 보강부재의 보강이 없어도 구조부재를 보강할 수 있다. 복합신소재는 지진 발생 시 경량으로 인한 관성력이 감소할 수 있다. 복합신소재는 재료설계의 유연성으로 구조적 요구 사항에 따라 최적의 구조부재를 생산할 수 있다. 마지막으로 구조물의 경량과 가설의 용이성으로 건설 공기를 획기적으로 단축할 수 있다. 복합신소재가 활발하게 건설 분야에 일반 건설재료로서 이용되기 위해 해결해야 할 문제도 있다. 이러한 문제를 해결하기 위한 주요 원인은 복합신소재의 가격이 기존 건설재료인 콘크리트 및 강재의 가격에 비교하였을 때 비싸다는 편견을 복합신소재의 특성을 고려한 설계기술 개발로 해소될 수 있다. 그리고 복합신소재 관련 설계기준 및 시방서가 제정되어 운영되어야 하겠다. 복합신소재의 가격은 계속 내리고 있고, 경제적이고 효율적인 제작방법이 나날이 개발되고 있어 설계 방법이 가격 형성에 결정적인 역할을 하고 있다. 콘크리트 및 강재와 같은 기존 건설재료에 근거한 부적절한 개념에 근거한 설계가 복합신소재 구조물의 공사비를 상승시키는 원인이 되고 있다. 따라서 복합신소재가 구조물 건설에 적용하기 위해 설계기준 및 시방서 제정 등이 시급히 요청되고 있다. 국내에서는 복합신소재구조의 학술적 토대를 구축하기 위해 2009년에 사단법인 한국복합신소재구조학회가 창립되어 지금까지 복합신소재가 건설재료로서 건설 분야에 적용을 위한 전문학회의 기능을 수행하고 있다.

1.3 복합신소재의 기본 개념

일반적으로 복합신소재는 재료의 성질이 서로 다른 두 종류 이상의 재료가 서로 물리적으로 일체화되어서 하나의 재료로 거동하는 재료를 말한다. 복합신소재는 인위적으로 제조되었으며, 물리적 및 화학적으로 뚜렷이 구분되는 2개 또는 그 이상의 상(phase)들로 이루어져 있고 이러한 상들을 구분하는 계면을 갖고 있으며, 또한 복합신소재를 이루고 있는 각각의 상들과는 다른 특성을 나타내는 조건을 만족하는 경우로 정의한다. 복합신소재는 입자, 섬유와 같은 강화재료와 이들 재료를 구속하여 일체화시키는 기지(matrix)재료로 구성된다. 복합신소재는 사용되는 기지재료에 따라 다음과

같이 세 가지로 구분할 수 있다.

1. 고분자기지 복합신소재(Polymer Matrix Composites, PMC) : 사용되는 기지재료가 고분자기지재료
2. 금속기지 복합신소재(Metal Matrix Composites, MMC) : 사용되는 기지재료가 금속기지재료
3. 세라믹기지 복합신소재(Ceramic Matrix Composites, CMC) : 사용되는 기지재료가 세라믹기지재료

일반적으로 말하는 전통적인 복합신소재라 함은 재료의 역학적 성질이 우수한 섬유와 고분자 기지재료(polymer matrix)의 복합신소재를 말하며, 섬유강화플라스틱(Fiber Reinforced Polymers, FRP), 섬유강화플라스틱 복합신소재(Fiber Reinforced Polymers composites, FRP composites) 등과 동등한 의미로 사용되고 있다.

1.3.1 고분자기지 복합신소재(Polymer Matrix Composites, PMC)

고분자기지 복합신소재는 하중의 지지에 적합한 섬유 같은 보강재를 고분자기지인 폴리머를 이용하여 복합화하고 하중전달의 매개역할을 수행하며, 공간적 안정성을 줘서 기계적 강도와 성형성을 좋게 할 수 있는 섬유강화플라스틱(Fiber Reinforced Polymers, FRP)이라 말한다(그림 1.2, 그림 1.3 참조).

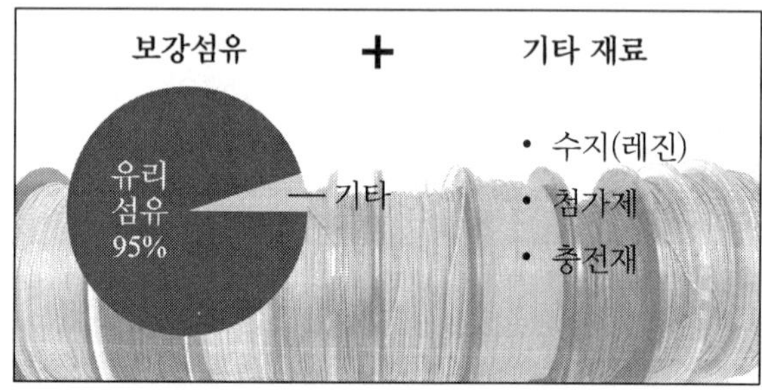

그림 1.2 고분자기지 복합신소재(PMC) 정의

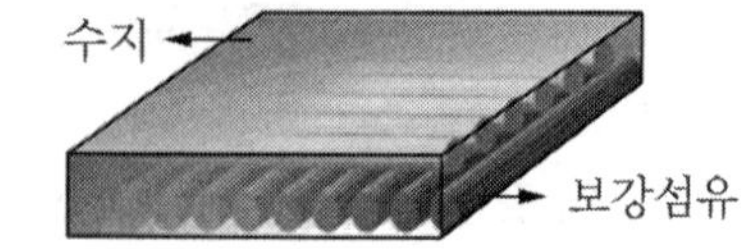

그림 1.3 고분자기지 복합신소재 구성개념도

주요 강화재료는 유리섬유(glass fiber), 탄소섬유(carbon fiber), 아라미드섬유(aramid fiber), 보론섬유(boron fiber) 및 바잘트섬유(basalt fiber) 등이 사용되고 있으며, 건설용 섬유로는 유리섬유와 탄소섬유가 일반적으로 사용되고 있다. FRP는 사용되는 보강섬유의 종류에 따라 GFRP(Glass Fiber Reinforced Polymers), CFRP(Carbon Fiber Reinforced Polymers), AFRP(Aramid Fiber Reinforced Polymers)과 같이 고분자기지 복합신소재로 기술할 수 있다. 고분자기지재료(Polymer matrix)는 불포화 폴리에스터(polyester), 에폭시(epoxy), 비닐 에스터(vinyl ester) 등의 수지(레진)을 많이 사용한다. 고분자기지재료로 사용되는 수지는 열에 대한 반응성에 따라 열경화성(thermoset) 수지와 열가소성(thermoplastic) 수지로 분류한다. 열경화성은 일정한 온도에서 제품의 성형 후 열에 의해 추가적인 변형이 없으나, 열가소성은 성형 후 온도에 따라 변형이 가능하여 재성형이 가능하다. 일반적으로 건설용 고분자기지 복합신소재에서는 열경화성 수지를 사용한다.

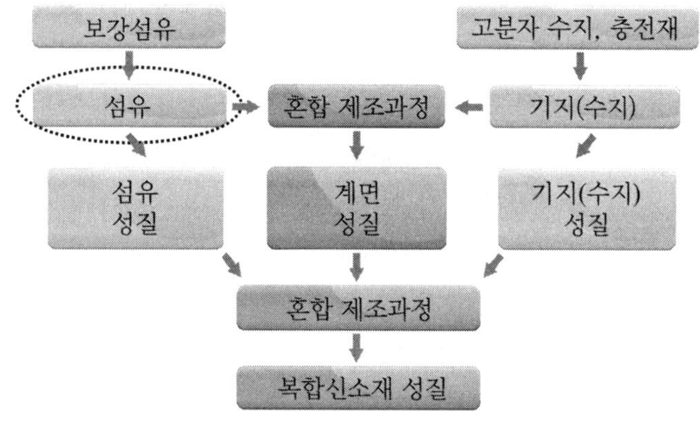

그림 1.4 고분자기지 복합신소재 제작 구성

1.3.2 금속기지 복합신소재(Metal Matrix Composites, MMC)

금속기지 복합신소재(Metal Matrix Composites, MMC)는 섬유 같은 보강재를 금속기지를 이용하여 복합화하고 하중전달의 매개역할을 수행하며, 공간적 안정성을 줘서 기계적 강도와 성형성을 좋게 한 섬유강화금속(Fiber Reinforced Metal, FRM)을 말한다. 1960년대에 붕소섬유로 강화된 알루미늄기지 복합신소재가 개발되었으며, 1970년대에 탄소섬유로 강화된 금속기지 복합신소재를 만드는데 성공했다. 그 후 다양한 SiC 및 Al_2O_3 강화재를 이용한 금속기지 복합신소재 분야의 연구활동이 전 세계적으로 상

당히 증가하게 되었다. 중요한 금속기지 복합신소재로는 몇 가지로 구분할 수 있는데, ① 붕소와 알루미늄(Al)으로 이루어지는 복합신소재, ② 탄소와 알루미늄으로 이루어지는 복합신소재, ③ Al_2O_3와 알루미늄 및 Al_2O_3와 마그네슘(Mg)으로 이루어지는 복합신소재, ④ SiC와 알루미늄으로 이루어지는 복합신소재로 예를 들 수 있다. 이들 금속기지 복합신소재는 높은 비강도와 비탄성률을 가지며, 고분자기지 복합신소재보다 훨씬 높은 온도에서 사용될 수 있다. 금속기지의 뛰어난 인성 및 우수한 내환경성으로 인해 금속기지 복합신소재의 제품이 얻어질 수 있다.

1.3.3 세라믹기지 복합신소재(Ceramic Matrix Composites, CMC)

세라믹기지 복합신소재(Ceramic Matrix Composites, CMC)는 섬유 같은 보강재를 세라믹기지를 이용하여 복합화하고 하중전달의 매개역할을 수행하며, 공간적 안정성을 줘서 기계적 강도와 성형성을 좋게 한 섬유강화세라믹(Fiber Reinforced Ceramic, FRC)을 말한다. 일반적으로 세라믹재료는 고온에서 높은 강도, 경직성, 화학적 비활동성, 낮은 밀도 등의 특성을 지니고 있다. 세라믹재료는 표면이나 내부에 결함이 존재할 경우 파손되기 쉽고 제조 및 사용과정에서 충격 또는 손상을 입기 쉽다. 이러한 이유로 세라믹기지 복합신소재에서 기지 내에 섬유를 함침하여 세라믹기지의 인성(toughening)을 높여 내환경성을 지니며, 고온에서 높은 강도를 얻도록 해야 한다. 일반적으로 비세라믹기지 복합신소재는 섬유와 기지의 탄성계수비(E_f/E_m)에 따라 하중의 분배가 이루어진다. 그러나 세라믹기지 복합신소재는 섬유와 기지의 탄성계수비가 낮아 1.0의 값을 취할 수도 있다. 따라서 세라믹기지 복합신소재는 인성메커니즘(toughness mechanism)에 대한 특성에 주의를 요하고 있다. 세라믹기지 복합신소재의 중요한 상업적 이용 분야는 절삭공구(cutting tools), 열기관, 열악한 환경에 견딜 수 있는 분야와 전자제품 또는 에너지를 전환시켜 주는 기관 제조 분야이다.

1.4 복합신소재의 일반적 성질

복합신소재는 기존의 건설재료인 강재나 콘크리트 재료보다 강도와 강성이 높다. 복합신소재는 낮은 비중 때문에 높은 비강도(강도/밀도)와 비강성(강성/밀도)의 값을 가지게 된다. 그리고 복합신소재는 우수한 피로 특성을 가지고 있다. 또한 고분자 물질을

기지로 만들어지는 복합신소재는 기지의 높은 감쇠(damping) 특성 때문에 일반적으로 높은 감쇠 특성을 가지고 있다. 복합신소재는 낮은 열팽창계수를 가지므로 치수의 안정을 가져오게 된다. 복합신소재는 파괴가 발생할 때까지 항복이 일어나지 않는 특성을 가지고 있다. 또한 복합신소재는 기지의 성질에 의하여 환경의 영향을 많이 받는다. 복합신소재는 섬유와 기지의 재료적 특성을 분석하여 건설용 구조재로 활용함에 있어서 가장 타당하다고 판단되는 특정 종류의 섬유와 기지를 기본 재료로 사용하고 필요에 따라 다른 재료를 혼합하여 사용하는 방법에 대하여 검토할 필요가 있다. 따라서 건설용 구조재료로서 복합신소재는 유리섬유를 기본적인 재료로 채택하는 것이 경제성 측면에서 유리하다. 복합신소재의 일반적 성질은 역학적(기계적) 성질, 물리적 성질 및 화학적 성질과 내구성으로 나눌 수 있으며 다음과 같이 설명할 수 있다.

1.4.1 역학적(기계적) 성질

복합신소재는 보강재인 섬유와 기지인 수지(resin)를 적절히 혼합하여 제작하는 것으로 이들을 조합할 수 있는 경우의 수는 매우 많다. 이러한 모든 경우의 수에 대하여 복합신소재를 제작하여 연구를 수행하는 것은 매우 불합리한 방법으로 시간적, 경제적 제약을 받지 않을 수 없다. 복합신소재의 역학적(기계적) 성질은 섬유와 수지(resin)로 구성되어 있어 구성재료인 섬유와 수지의 중량, 섬유배열과 관계가 있다. 복합신소재의 기계적 성질은 역학적 성질이라고 하며, 이것은 외부 하중에 의해 발생되는 거동 등을 나타내는 성질이라 할 수 있다. 건설 분야에 많이 적용되는 복합신소재의 대표적인 유리섬유 복합신소재(GFRP) 역학적(기계적) 성질을 금속인 강재와 알루미늄 그리고 콘크리트와 비교하여 표 1.1에 나타내었다.

표 1.1 건설용 유리섬유 복합신소재(GFRP)의 역학적(기계적) 성질

구분	유리섬유 중량 함유량 (%)	밀도 (Mg/m^3)	인장 강도 (MPa)	인장 탄성 계수 (GPa)	압축 강도 (MPa)	압축 탄성 계수 (GPa)	휨 강도 (MPa)	휨 탄성 계수 (GPa)	면내 전단 강도 (MPa)	면내 전단 탄성 계수 (GPa)
일방향 섬유 보강 폴리에스터	50～75	1.6～2.0	410～1180	21～41	210～480	-	690～1240	27～41	-	-
양방향 우븐 로빙 보강 폴리에스터	45～60	1.5～1.8	230～340	13～17	98～140	8～17	200～270	10～17	55～76	3.0～3.5

구분	유리섬유 중량 함유량 (%)	밀도 (Mg/m^3)	인장 강도 (MPa)	인장 탄성 계수 (GPa)	압축 강도 (MPa)	압축 탄성 계수 (GPa)	휨 강도 (MPa)	휨 탄성 계수 (GPa)	면내 전단 강도 (MPa)	면내 전단 탄성 계수 (GPa)
임의방향 섬유 보강 핸드레이업 및 스프레이업 폴리에스터	25~40	1.4~1.5	63~140	6~12	130~170	6~9	140~250	5~8	69~83	2.8~3.0
열가소성 폴리프로필렌	0	0.9	40	1.1~1.8	60~70	-	34~55	0.8~1.8	-	-
열가소성 나일론	0	1.08	80	1.4~1.8	35~91	-	55~97	1.4~2.8		
우레탄 폼	0	0.035	0.3	0.0041	0.15~0.2	0.0014~0.003	-	-	0.172	0.0015
강재	-	7.8	410~480	210	410~480	-	-	-	-	-
알루미늄	-	7.92	480~1580	200	-	-	-	-	-	-
콘크리트	-	2.3	4	20	40	-	-	-	-	-

또한, 고분자 기지재료를 기반으로 하는 복합신소재의 대표적인 GFRP, AFRP, CFRP의 역학적(기계적) 성질을 강재와 비교하여 표 1.2에 나타내었다.

표 1.2 역학적(기계적) 성질

구분	GFRP		AFRP				CFRP		강재
	E-glass	S-glass	Arapree	Fibra	Technora	Parafil	Leadline	CFCC	
섬유/수지	Glass/epoxy	Glass/polyimide	Twaron/epoxy	Keviar49/epoxy	Technora/vinylester	-	Carbon/epoxy	Carbon/epoxy	-
최소 섬유부피비	0.55	0.5	0.45	0.65	0.65	-	0.65	0.65	-
종방향 인장강도(GPa)	1.08	1.28	1.2~1.5	1.25~1.4	1.7~2.1	1.21	2.25~2.55	1.8~2.1	1.86
횡방향 인장강도(MPa)	39	49	-	30	-	-	57	-	1860
종방향 탄성계수(GPa)	39	43	62~64	65~70	54	120	142~150	-	190

구분	GFRP		AFRP				CFRP		강재
	E-glass	S-glass	Arapree	Fibra	Technora	Parafil	Leadline	CFCC	
횡방향 탄성계수(GPa)	8.6	8.9	-	5.5	-	-	10.3	-	190
면내 전단강도(MPa)	89	69	-	49	-	-	71	-	-
면내 전단탄성계수(GPa)	3.8	4.5	-	2.2	-	-	7.2	-	73.1
최대 포아송비	0.28	0.27	0.39	0.34～0.6	0.35	-	0.27	-	0.3
최소 포아송비	0.06	0.06	-	0.02	-	-	0.02	-	0.3
접착강도(MPa)	-	-	7.7	-	12.2	-	9.7～13	-	6.6～7.1
최대 종방향 변형률(%)	2.8	2.9	2.4	2	3.7	1.5	1.3～1.5	1.57	4
최대 횡방향 변형률(%)	0.5	0.6	-	-	-	-	0.6	-	4
종방향 압축강도(MPa)	620	690	-	335	-	-	1440	-	1860
횡방향 압축강도(MPa)	128	158	-	158	-	-	228	-	1860
릴랙세이션비(%)	-	-	11～14	-	-	6～9	2～3	1	8

1. 응력 – 변형률 곡선

응력과 변형의 관계를 나타내는 응력 - 변형률 곡선은 재료에 따라 서로 다른 형태를 나타내지만, 하중 작용 시 구조물 내의 응력, 파괴강도, 변형 등을 해석하는 데 기본적인 특성으로서 대단히 중요하다. 그림 1.5는 복합신소재 종류에 따라 응력과 변형률 곡선을 강재와 비교하여 나타내 보인 것이다. 복합신소재는 이방성(비등방성) 재료이며, 응력 - 변형률 곡선에서 나타난 것처럼 파괴가 발생할 때까지 항복이 일어나지 않는 특성을 가지고 있어 등방성 재료의 파괴이론을 적용할 수 없다.

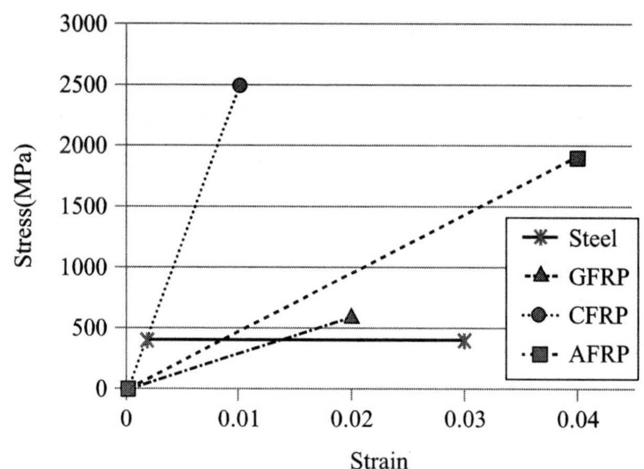

그림 1.5 복합신소재와 강재의 응력 – 변형률 곡선 비교

2. 크리프(Creep)

크리프는 재료에 일정하중이 작용하면 시간의 경과와 함께 변형이 증가하는 현상을 말하며, 복합신소재 구조물의 부재간의 단면력이나 단면 내에서의 응력 재분배 현상 또는 장기지속하중 작용 하에서의 변형 등과 밀접한 관계가 있는 중요한 역학적 특성이다. 크리프계수는 주어진 경과 시간 후 재료의 나타난 추가적인 변형률로부터 정의된다. 설계목적에 있어서, 시간에 대한 계수의 효과적인 감소로 인해 크리프 공정을 설명하는데 편리하다. 크리프의 크기에 영향을 미치는 계수는 재료와 환경의 영향으로 설명할 수 있다. 먼저 재료로는 수지의 종류, 경화의 정도, 섬유와 기지(matrix) 사이의 계면 부착정도, 섬유의 파단, 보강섬유의 형상, 작용하중에 관계된 보강섬유의 배열 각도 그리고 제조방법이 있다. 다음은 복합신소재가 놓여 있는 환경으로서 온도, 작용하중, 화학작용 그리고 습도가 있다. 작용하중은 응력이 높을수록 크리프를 더 크게 함으로써 크리프에 영향을 줄 것이다. 높은 HDT(열뒤틀림온도) 또는 T_g(유리전이온도)를 받는 수지는 대개 낮은 HDT 또는 T_g를 받는 수지보다 더 큰 크리프계수를 나타낸다. 그리고 습도나 다른 용해제는 수지를 부드럽게 하고, 계면 결합강도를 낮춤으로써 크리프를 증가시키는 경향이 있다.

설계공정은 장기간의 변형을 허용하도록 적당히 줄인 크리프계수로 강성 계산값을 대체해야 한다. 이상적인 것으로 크리프계수는 대상 적층 시스템 상에서 실험을 통해 직접적으로 구해야 한다. 섬유 보강된 적층구조물에서의 크리프는 주로 기지변형 중 하나의 특징이다. 일렬로 배열된 섬유 보강 복합신소재는 섬유방향으로 작용하는 하중은 상당한 크리프 문제를 야기하지는 않는다. 반면 그 반대방향의 하중은 과도한 변형을 야기한다.

3. 응력부식

만약 보강섬유가 환경에 의해 영향을 받는다면, 응력부식의 한 파괴가 발생할 것이다. 파괴모드는 산성 환경 상에서 우세하게 일어난다. 응력부식은 항상 응력이 발생하는 지점에서 발견된다. 표면과 경계층에서는 항상 틈이 발생하며, 초기 응력부식으로 틈이 발생하기도 한다. 부서지기 쉬운 화학반응에 저항하는 합성수지는 응력부식에 저항하기에는 특별히 좋지는 않다. 더 거친 합성수지는 응력부식에 더 크게 저항한다. 기지(수지)에서 화학반응과 응력부식은 항상 동일시로 고려해야 한다.

1.4.2 물리적 성질

복합신소재의 물리적 성질은 비중에 관한 성질, 열에 관한 성질, 전기에 대한 성질, 음에 대한 성질, 빛에 대한 성질 및 방사선에 대한 성질이라 할 수 있다. 특히 복합신소재가 기존 건설재료와 혼합하여 사용하므로 복합신소재의 대표적인 유리섬유 복합신소재(GFRP)의 열에 관한 성질을 금속인 강재와 알루미늄과 비교하여 표 1.3에 나타내었다.

표 1.3 유리섬유 복합신소재(GFRP)의 열에 관한 성질

구분	유리섬유 중량함유량 (%)	열팽창계수 (℃×10^{-6})	열전도율 (W/m℃)	내열 온도 (℃)
일방향 섬유 보강 폴리에스터	50～75	5～14	0.3～0.35	260
양방향 우븐로빙 보강 폴리에스터	45～60	11～16	0.2～0.3	175
임의방향 섬유 보강 핸드레이업 및 스프레이업 폴리에스터	25～40	22～36	0.2～0.23	175
열가소성 폴리프로필렌	0	100～200	0.11	160
열가소성 나일론	0	100～114	0.2～0.25	150
강재	-	11～14	46	820
알루미늄	-	16～18	110	1150
콘크리트	-	12		200

복합신소재의 대표적인 GFRP, AFRP, CFRP의 물리적 성질을 강재와 비교하여 표 1.4에 나타내었다.

표 1.4 물리적 성질

성질	GFRP		AFRP				CFRP		강재
	E-glass	S-glass	Arapree	Fibra	Technora	Parafil	Leadline	CFCC	
섬유/수지	Glass/epoxy	Glass/polyimide	Twaron/epoxy	Keviar49/epoxy	Technora/vinylester	-	Carbon/epoxy	Carbon/epoxy	-
최소 섬유부피비	0.55	0.5	0.45	0.65	0.65	-	0.65	0.65	-
밀도(g/cm^3)	2.1	2	1.258	1.28	1.3	1.44	1.53	1.5	7.85
횡방향 열팽창계수(/℃)	21×10^{-6}	26×10^{-6}	50×10^{-6}	60×10^{-6}	-	-	27×10^{-6}	-	11.7×10^{-6}

1.4.3 화학적 성질과 내구성

복합신소재는 물이나, 수증기 및 다른 부식성이 있는 환경에 노출되거나 온도가 높거나 낮은 환경에서의 장시간의 화학적 안정성의 변화를 확인하고 있어야 한다. 복합신소재의 물성 저하는 응력부식에 의한 보강섬유의 강도 저하, 섬유와 기지 사이의 계면 강도 저하에 의한 접착력의 저하, 기지의 화학적 물성 저하, 온도와 시간에 따른 기지의 강성과 강도의 저하, 온도와 화학적인 환경의 복합적인 작용에 의한 가속화된 물성의 저하 등을 분류할 수 있다.

따라서 복합신소재의 화학적 성질은 내후성, 내마모성, 내식성 및 내화학성 등의 성질이라 할 수 있다. 복합신소재가 건습, 동결융해의 반복, 마모 및 화학작용 등에 저항하는 성질은 내구성이라 하고 복합신소재 구조물은 반드시 필요로 하는 중요한 성질이다. 복합신소재 구조물이 가져야 할 내구성은 다음과 같다.

1. **내후성** : 동결융해, 건습, 온도변화 등 풍화작용에 대해 저항하는 성질
2. **내마모성** : 유수, 유사, 기계적 작용 등의 마모작용에 대해 저항하는 성질
3. **내식성** : 부식 등의 작용에 대해 저항하는 성질
4. **내화학약품성** : 산, 알칼리, 염류, 기름 등의 작용에 대해 저항하는 성질

복합신소재가 요구되는 내구성은 그 재료가 실제 사용되는 위치 및 조건에 따라 다

르며, 사용조건하에서 장시간의 관측에 의해 판정하는 것이 가장 바람직하지만 이것은 긴 시간이 필요하기 때문에 실험실에서 목적에 따라 촉진시험을 실시하여 필요한 내구성을 판단하고 있다. 일반적인 사항으로 화학작용은 복합신소재 구조물에 대해서 액체상태로 영향을 주고 있다. 보강섬유는 물에 의해 영향을 주로 받지만, 유기 용매제에는 영향을 받지 않는다. 알칼리는 보강섬유의 강도를 감소시킬 수 있으며, 산은 보강섬유 자체의 균열을 발생시킨다. 보강섬유에 영향을 주는 환경 조합에 의한 응력은 응력붕괴를 야기할 수 있다. 주변 인자들이 보강섬유에 영향을 주지 않는 곳에서는 주로 화학반응이 기지와 접촉면의 강도를 낮추는데 영향을 미친다. 모든 용매제는 기지에 따라 더 크게 혹은 더 작은 범위로 흡수된다. 화학반응은 팽창을 유발하며, 경화와 소성에 따른 기지의 강도를 감소시킬 것이다. 팽창의 정도는 기지와 용매제 사이의 화학적합조건에 의존한다. 기지인 수지는 최악의 환경조건 하에서 구조물의 적합조건에 맞게 선택해야 할 것이다. 묽은 산성은 대부분의 수지에서 일반적인 작용을 일으키지 않지만 황산과 질산은 기지의 산화작용을 일으킬 수 있다. 알칼리는 수지의 연화의 주요인이므로 폴리에스터는 알칼리에서 사용할 수가 없다.

1.5 건설 분야의 복합신소재 적용

복합신소재 활용의 역사를 살펴보면, 초창기의 섬유 보강 복합신소재는 50여 년 전에 주로 여가활동에 활용하기 위한 목적으로 만들어졌으나 시간이 흐름에 따라 관련 재료기술이 점차 발전하고, 유리섬유 복합신소재(GFRP), 탄소섬유 복합신소재(CFRP), 아라미드섬유 복합신소재(AFRP) 등의 섬유가 갖는 고성능의 역학적 성질 장점들과 경량성, 고내구성 등으로 인하여 1960년대와 1970년대에는 우주, 항공, 국방 분야에서 주로 사용하게 되었다. 그러나 당시만 해도 복합신소재의 가격이 비싸서 전술한 분야에서 밖에 활용되지 않았다. 그러던 것이 1970년대에 접어들면서 점차 대량생산으로 인해 가격이 낮아지기 시작했고 이로 인해 복합신소재를 스포츠 상품에 활용하는 단계의 일반 상용화에까지 이르게 되었다. 이 시기에 복합신소재 산업의 지속적인 성장은 복합신소재의 가격을 더욱더 낮추었으며, 1980년대 후반과 1990년대 초반이 되면서 국제적 냉전의 종식과 더불어 국방에 관한 복합신소재 시장이 점차 축소되면서 이들 산업의 관심이 선진국들을 중심으로 중요한 사회간접자본시설물들의 노후화로 인한 유지관리, 보수 및 보강의 필요성이 부각됨에 따라 대량 소비시장이 될 수 있는 건설 분야에 복합신소재 활용이 집중되기 시작하였다.

1.5.1 완전 복합신소재 구조물

1980년대 후반부터 1990년대 내내 복합신소재의 건설 분야 활용에 관한 연구가 집중되었으며, 선진국의 경우 관련 산업계와 정부의 재정적 지원을 바탕으로 전시용 교량의 건설이 활발히 이루어지게 되었다. 이를 바탕으로 2000년대에 들어서는 공용중인 교량의 콘크리트 바닥판을 성능개선하기 위해 복합신소재 바닥판으로 교체하거나, 교량 전체를 복합신소재로 구성하는 교량의 건설이 다수 이루어지면서 점차 복합신소재가 건설 산업 분야의 차세대 건설재료로 받아들여지기 시작했다. 물론, 국내에서도 복합신소재를 활용한 교량의 가설이 있었다. 하나는 가교량의 바닥판을 시험적으로 기존의 강재 바닥판에서 유리섬유 복합신소재(GFRP) 바닥판 패널로 대체하여 가설하였고, 이후 2002년에 2차선 일반도로의 교량 상부구조를 완전 GFRP 상부구조로 가설하여 운행 중에 있다. 그 이외에도 철근콘크리트 교량의 보강철근을 유사한 단면의 FRP 보강근으로 대체하거나, 기존 노후교량의 상·하부 구조를 외부에서 보강하기 위해 FRP 쉬트(sheet)나 패널(panel) 보강재를 이용하는 경우 등이 있다. 최근에는 복합신소재를 이용한 신재생에너지의 주요 시설인 풍력타워 및 블레이드(blade)에 유리섬유 복합신소재(GFRP)를 이용한 구조체 적용 연구가 진행되고 있으며, 초장대 교량인 사장교나 현수교의 케이블을 복합신소재를 이용한 제품 개발연구가 활발히 이루어지고 있다. 그리고 기둥의 내진보강을 위한 연구도 진행되고 있다. 이렇듯 국내에서도, 고기능, 고성능의 첨단 복합신소재를 사회간접자본시설에 적용하려는 관심과 시도가 점차 확대되고 있다. 건설 분야에서의 완전 복합신소재 건설구조물 적용사례를 다음과 같이 교량, 기초말뚝, 지반 및 사면 보강, 도로 부대시설물, 상하수도관, 신재생에너지, 건축 및 항만 분야로 분류하여 기술하였다.

1. 교량 분야

1) 바닥판

공용중인 교량의 콘크리트 바닥판을 성능개선하기 위해 복합신소재 바닥판으로 교체하거나, 교량 전체를 복합신소재로 구성하는 교량의 건설이 다수 이루어지고 있다. 대표적인 복합신소재 교량의 기술을 살펴보면, 1986년 독일에서 최초의 복합소재 긴장재(tendon)를 이용한 고속도로용 교량을 건설하였는데 유리섬유 복합신소재(GFRP)를 인발성형하여 만들어낸 직경 7.5 mm의 인장봉 19개로 긴장재를 만들었다. 미국 Mckinleyville에서는 1996년 FRP 보강근 콘크리트 바닥판을 이용한 교량이 최초로 건

설되었으며, 같은 해에 Russel에서는 차량용 완전복합소재 바닥판을 만들어 시공하였다. 복합신소재 바닥판은 여러 곳에서 상용제품이 나와 있다.

대표적인 상용제품으로 미국 Martin Marietta Composites사의 DuraSpan, Creative Pultrusions사의 Super Deck, 유럽 Fiberline사의 ASSET 등이 있다(그림 1.6).

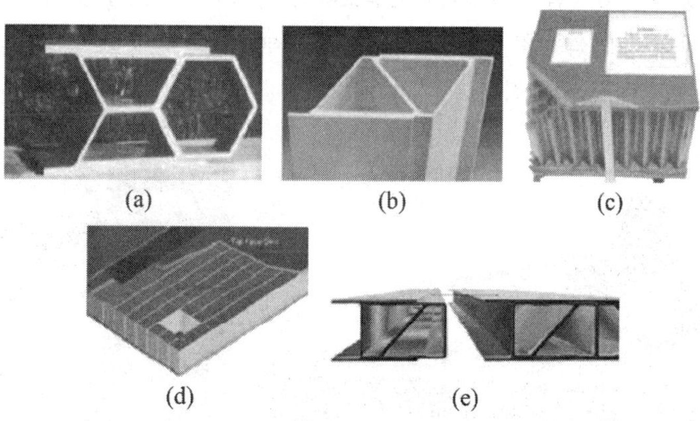

(a) (b) (c) (d) (e)

Typical FRP Decks : (a) Super Deck, (b) ASSET, (c) Kansas, (d) Hardcore, (e) DuraSpan

그림 1.6 상용 복합신소재 바닥판 종류

국내에서도 복합신소재를 활용한 교량 바닥판과 슬래브(slab) 형식 상부구조의 가설이 있었다. 최근에는 발사코어(balsa core)를 이용한 복합신소재 바닥판이 개발되어 시험 적용되었다(그림 1.7).

그림 1.7 발사코어를 갖는 복합신소재 교량 바닥판 시공(미국 루이지애나 주, 2009년)

2) 상부구조

복합신소재 교량이 처음에는 인도교에서 점차 차도교로 가설되고 있다. 주로 I형 거더(girder)를 이용하여 철근콘크리트 바닥판과 합성형 형태로 가설되었다. I형 거더 이외에도 코루게이트(corrugate) 형태 등 복합신소재 특성에 맞는 구조 형식을 개발하여 적용하였다(그림 1.8). 기존 노후교량의 상·하부 구조를 교체하지 않고 하부구조를 재사용하면서 성능을 충분히 개선하고 상부구조의 자중을 줄일 수 있는 복합신소재 거더 형식이 국내외적으로 많이 개발되고 있다.

그림 1.8 복합신소재 거더를 이용한 교량 가설 장면

최근에 기존 도로 및 철도 횡단을 위한 일체형 교량 상부구조 형식이 다양하게 개발되어 건설되고 있다. 중장비 동원 없이 손쉽게 가설되고 있는 장점이 있어 앞으로도 다양한 상부구조 형식이 개발될 것으로 판단된다. 다음은 복합신소재 상부구조로 가설하는 현장사진이다(그림 1.9).

그림 1.9 복합신소재 상부구조 가설 장면

1992년 Scotland의 Aberfeldy에서는 아라미드섬유에 폴리에틸렌을 함침한 케이블에 유리섬유 복합신소재(GFRP) 바닥판과 주탑 등 최초로 전 부분을 복합신소재로 만든 사장교 형식의 보도교를 건설하였는데 총 길이 113 m에 주 경간이 63 m로 현재 가장 긴 완전 복합신소재 보도교량의 하나이다.

그림 1.10 복합신소재 케이블 보도 사장교 전경

국내의 복합신소재 기술개발은 국방과학연구소에 의하여 방위산업 분야에 편중되어 비행체, 병기 등에 응용에 한정되어 있었으며, 대량의 수요를 창출할 수 있는 건설 분야에서의 복합신소재 응용연구가 국내에서 2000년대 초기부터 대학 및 연구기관에서 활발히 진행되었다. 국내 적용사례는 도로 차도교량으로서 GFRP를 이용한 수적층(hand lay-up)된 패널과 파형거더로 구성된 고강도 복합신소재 상부구조($B = 8.0$ m, $L = 10.0$ m)를 이용한 교량으로서 해석, 설계, 제작 및 시공까지 모든 공정이 국내 순수 기술로 이루어졌으며, 2002년에 법정 도로에 국내 최초로 건설되었다. 그림 1.11은 국내 최초로 건설된 유리섬유 복합신소재(GFRP) 교량 상부구조의 시공과정을 나타내고 있다.

(a) 복합신소재 상부구조 인양 및 설치

(b) 복합신소재 상부구조 설치 완료(약 8시간)

(c) 복합신소재 상부구조 포장 완료 모습

(d) 복합신소재 상부구조 현장재하시험

그림 1.11 복합신소재 상부구조 시공모습

2. 기초말뚝(Piles) 분야

복합신소재 파일은 해상 또는 육상의 콘크리트 및 강재파일을 대체하기 위하여 개발된 것으로 일반적으로 유리섬유 복합신소재 원형관에 콘크리트를 충전한 합성기둥 형태로 제작된다. 복합신소재 원형관은 재료설계를 통하여 파일의 구조성능에 맞는 구

조체로 제작되어 외부하중에 저항할 수 있도록 하며, 충전된 콘크리트는 파일 기둥의 압축성능을 증대시키고 강성을 보강하는 기능을 가지게 된다. 복합신소재 원형관의 열화손상을 방지하기 위해 기지재료인 수지 내 자외선 안정제(차단제)를 사용하여 손상을 방지하게 된다. 기존 콘크리트 파일의 열화 및 균열과 강재 파일의 부식과 같은 단점이 보완되어 파일의 내구연한을 획기적으로 연장시킬 수 있다. 또한 시공에 사용되는 중장비를 경량화하고 시공기간을 단축시킬 수 있는 장점을 지니고 있다.

그림 1.12는 복합신소재 파일의 전경과 항타과정의 모습을 보여주고 있다. 이와 같은 복합신소재 파일은 주로 유리섬유와 폴리에스터 수지를 사용하여 필라멘트 와인딩(filament winding) 제작방법으로 제조하며, 일부 VARTM(Vacuum Assisted Resin Transfer Molding) 제작방법으로 제조하는 데 본 제작방법은 항공기, 자동차, 스포츠용품 제조에 많이 사용되는 복합신소재 제작방법이다.

그림 1.12 복합신소재 파일의 전경

3. 지반 및 사면 보강 분야

1) 복합신소재 터널 지보재, 사면 보강재

기존 국내에서 주로 적용되던 터널·비탈면(사면) 보강 공법들은 주재료가 강재로써

지하수 침투에 의한 보강재의 부식, 무거운 중량에 의한 작업성 저하, 보강재 절단의 어려움, 보강재 연결부 파손과 같은 보강재로써의 많은 단점들이 발생하게 된다. 이러한 단점들을 보완하고자 수차례 복합신소재 봉(rod)의 제작방법과 수지의 종류, 경화방식 등을 변화시켜가며 강도시험을 실시하였고, 그 결과 최대강도를 발현할 때의 제작방법과 수지종류, 경화방식을 도출해내게 되었다. 복합신소재 봉(rod)을 활용한 터널 및 비탈면 보강은 다음과 같다. 현재 국내에서 주로 토목구조용 또는 지반 보강용으로 사용되는 재료들은 주재료가 강관 또는 철근 형태로 길이가 길어지게 되면 중량이 비례적으로 증가하여 시공성 및 안정성이 떨어지게 되며, 부식에 의한 강도 저하의 우려가 있다. 또한 강관의 경우 겉 표면이 매끄럽고 요철이 없어 주면마찰저항을 필요로 하는 지반 보강용으로는 취약한 단점을 가지고 있다. 이와 같은 단점을 보완하고자 타 재료에 비해 가볍고 부식이 없으며, 겉 표면의 요철에 의한 주면마찰력의 증대 등이 우수한 복합신소재 봉(rod)이 개발되었다.

(a) 복합신소재 봉(rod)을 이용한 사면 보강 사례

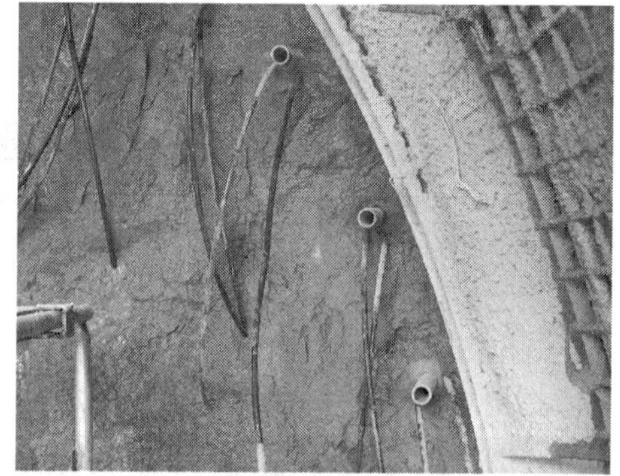

(b) 복합신소재 봉(rod)을 이용한 터널 보강 사례

그림 1.13 복합신소재 봉(rod)을 이용한 터널 지반 및 사면 보강 전경

2) 복합신소재 격자형(그리드) 사면 보강시스템

대부분의 절취 사면은 대부분 중량이 많이 나가는 콘크리트 지압판을 이용하는 지압형 앵커(anchor) 등을 사용하여 사면을 보강하고 있다. 공사 특성상 각종 가설용 중장비 동원 등의 어려움이 있으며, 주변 녹색 환경과 어울리지 않아 경관을 해치고 있어 구조의 경량화 및 주변 경관과 조화가 반드시 필요한 실정이다. 유리섬유 복합신소재(GFRP)는 최근 선진국뿐만 아니라 국내에서도 기초 보강 분야, 대규모 굴착 및 토공 분야, 댐 및 터널 보강 분야, 비탈면 보강 분야 등에 널리 이용되고 있으며, 현재 토목구조용 재료로서의 연구 및 개발이 활발히 진행되고 있다. 복합신소재는 제조과정에서 섬유와 수지의 함량비, 섬유의 방향성과 품질이 복합재의 역학적인 특성을 좌우하게 된다. 복합신소재 그리드(grid)는 균일한 단면과 거친 표면으로 이루어진 유리섬유 복합신소재(GFRP)로서 인장, 전단강도가 강함은 물론 절단 및 가공이 쉽고 중량이 가벼워 취급이 용이하며, 내화학성과 내부식성이 우수하여 토목구조용 재료로서 강재보다 뛰어난 장점을 가지고 있다. 그림 1.14는 복합신소재 격자형(grid) 패널(panel)을 이용한 저탄소 녹색 건설공법인 사면 보강을 위한 앵커 시스템으로 절취사면을 보강한 시공장면이다. 본 공법은 가설현장에서 작업인원 2~3인이 건설 중장비 동원 없이 복합신소재 지압판 구조물 설치가 가능하고 중량 저감으로 인한 공사기간과 공사비를 획기적으로 줄일 수 있는 저탄소 녹색 공법의 시공과정을 제시하고 있다.

그림 1.14 사면 보강용 복합신소재 격자형 패널 앵커 시스템

4. 도로 부대시설물 분야

유리섬유 또는 탄소섬유를 이용한 복합신소재인 섬유강화플라스틱(FRP)은 강도와 강성이 크며, 내부식성과 내화학성이 우수하여 산성비 등의 외부환경에 저항성이 높기 때문에, 도로 위에 있는 부대시설물 분야에 적용성이 우수하다. 그림 1.15는 복합신소재를 적용한 도로 전광판 및 전신주의 전경을 보여주고 있다. 그림 1.16은 복합신소재를 적용한 도로(보도구간)의 안전 펜스(fence)를 보여주고 있다.

그림 1.15 복합신소재 도로 부대시설물 및 전신주

그림 1.16 복합신소재를 이용한 안전 펜스

그림 1.17은 복합신소재로 제작한 차량진입방지말뚝을 나타낸 것이다. 복합신소재는 용도에 따라 형태를 자유롭게 제작할 수 있으며, 다양한 색깔을 나타낼 수 있어 도로변의 미관 향상과 차량 충돌 시 에너지흡수능력이 있어 안전성을 높일 수 있어서 차량진입방지말뚝으로 사용되고 있다.

그림 1.17 복합신소재를 이용한 차량진입방지말뚝

그림 1.18은 복합신소재로 제작한 신호등을 나타낸 것이며, 그림 1.19는 복합신소재로 제작한 가로등을 나타낸 것이다. 복합신소재 부재를 사용할 경우 표면의 색상을 자유롭게 선택할 수 있어 도시의 미관을 개선할 수 있다.

그림 1.18 복합신소재를 이용한 신호등

그림 1.19 복합신소재를 이용한 가로등

그림 1.20은 복합신소재로 제작한 맨홀(manhole) 뚜껑을 나타낸 것이며, 그림 1.21은 복합신소재로 제작된 그레이팅(grating) 보도를 나타낸 것이다. 복합신소재는 단위중량이 작기 때문에 유지관리가 용이하고, 부식 등 외부환경에 대한 저항성이 우수하여 내구성이 크기 때문에 도시 내 보도 등에도 효과적으로 사용할 수 있다.

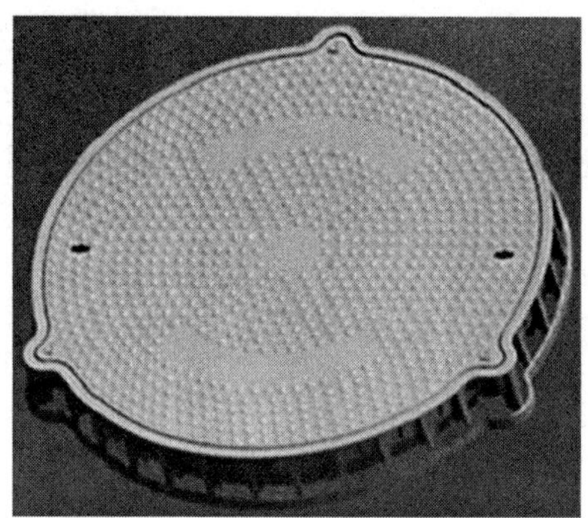

그림 1.20 복합신소재 맨홀 뚜껑

그림 1.21 복합신소재 그레이팅 보도

5. 상하수도관(Pipelines) 분야

복합신소재는 탁월한 내부식성과 염해와 같은 환경에서 내염해성, 독성이 강한 환경에서 내화학성과 함께 경량으로 인한 적절한 시공성 및 경제성을 가지고 있어, 그림 1.22~1.25와 같이 복합신소재 상하수도관, 송유관 및 지하저장탱크 등 그 활용이 매우 증대할 것으로 보인다.

그림 1.22 복합신소재 상하수도관

그림 1.23 복합신소재 부유식 해상 송유관

그림 1.24 복합신소재 지하저장탱크

그림 1.25 복합신소재 하수처리시설

6. 신재생에너지(Renewable energy) 분야

신재생에너지로 각광 받는 풍력발전기에 사용되는 2 MW, 3 MW, 5 MW급의 풍력 블레이드(blade)는 모두 복합신소재로 구성되어 있는데 에폭시 수지와 유리섬유와 더불어 블레이드의 강성을 담당하는 발사(balsa)와 PVC 폼(foam) 소재이며 최근에는 PET 폼도 점차 적용되고 있다. 특히 발사의 경우 가격 대비 기계적(역학적) 강도가 우수하여 응력을 많이 받는 블레이드의 루트(root) 부분에 적용이 되고 있다.

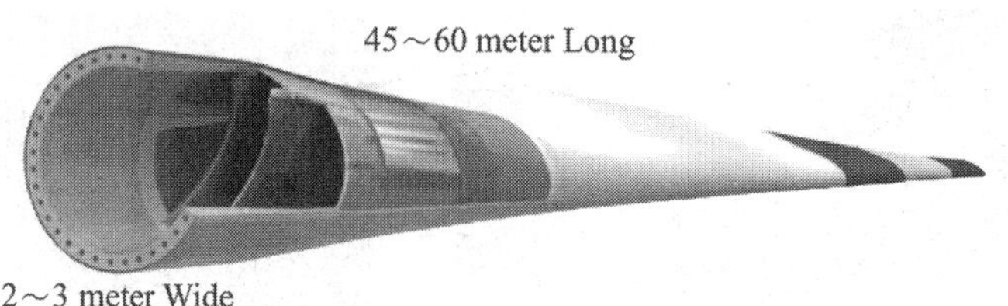

그림 1.26 복합신소재 풍력 블레이드(blade)

또한 해양환경에서 태양광에너지 발전시스템의 하부 구조재를 복합신소재로 사용하여 친환경적이면서 기존의 금속계열 재료를 대체하여 적용사례가 증가하고 있다. 그림 1.27은 복합신소재를 이용한 태양열 모듈판을 지지하는 부유 해양구조물을 설치하는 적용사례이다.

그림 1.27 복합신소재 부유 해양구조물

7. 건축 분야

건축 분야에서 복합신소재 적용사례가 다양한 형태로 증가하고 있다. 그 대표적인 것이 그림 1.28과 같은 복합신소재 조립식 주택을 찾아볼 수 있다. 복합신소재 건축물은 온도변화가 심한 지역 특히 기존 콘크리트로 구조물을 건설할 수 없는 추운 지역에서 그 적용사례를 찾아볼 수 있다.

그림 1.28 복합신소재 조립식 주택

그 밖에 건축부속 시설물, 내외장재로 그 적용사례를 찾아볼 수 있다. 그림 1.29는 건물의 캐노피(canopy) 적용사례가 될 수 있다.

그림 1.29 복합신소재 건축부속 시설물

그림 1.30은 복합신소재를 사용한 건물의 외장재의 적용사례로서 복합신소재 외장부재는 일반적으로 자외선 차단을 위하여 자외선 안정제를 첨가한 도장으로 마감 처리되었다.

그림 1.30 복합신소재 건축외장재

그림 1.31은 복합신소재를 사용한 빌딩 옥상의 헬리포트의 적용사례로서 복합신소재 부재는 자외선 차단을 위하여 자외선 안정제를 첨가한 도장으로 마감 처리되었다.

그림 1.31 빌딩 옥상의 복합신소재 헬리포트

그림 1.32는 고층빌딩 펜스(fence)용 복합신소재 루버(louver)의 적용사례이다.

그림 1.32 고층빌딩 펜스용 복합신소재 루버(louver)

그림 1.33은 복합신소재의 아파트 베란다 난간의 적용사례이며, 부재는 자외선을 차단하기 위하여 도장으로 마감 처리되었다.

그림 1.33 아파트 베란다용 복합신소재 난간

8. 항만 분야

항만의 구조물은 염분으로 인하여 부식이 진행되기 쉬운 해양환경으로 인해 내부식성이 특히 요구되고 있다. 복합신소재는 내화학성 및 내부식성이 우수한 성질을 지니고 있어 그림 1.34와 같이 최근에 마리나(marina) 시설, 잔교 등과 같이 항만시설에 적용사례가 증가하고 있다. 그림 1.34는 복합신소재의 마리나 시설물의 적용사례이다.

그림 1.34 복합신소재 마리나(marina)

그림 1.35는 항만내 구조물의 복합신소재의 그레이팅(grating)을 이용한 보도 시설물의 적용사례이다.

그림 1.35 해상 복합신소재 구조물

그림 1.36은 해상에 설치된 복합신소재 리프트(lift)교의 적용사례이다.

그림 1.36 해상 복합신소재 리프트교 구조물

1.5.2 콘크리트 강화용 복합신소재 구조재

복합신소재는 신설을 위한 건설 분야에 다양하게 적용된 사례를 1.5.1절에서 기술하였다. 그림 1.37과 같이 철근의 부식으로 콘크리트 구조물의 노후화 진행을 줄이기 위해 철근콘크리트의 보강철근을 유사한 단면의 복합신소재 보강근(rebar)으로 대체하거나 프리스트레스트 콘크리트의 긴장재(tendon)의 대체재로서 유지관리 분야에 적용하는 사례가 국내외적으로 증가하고 있다.

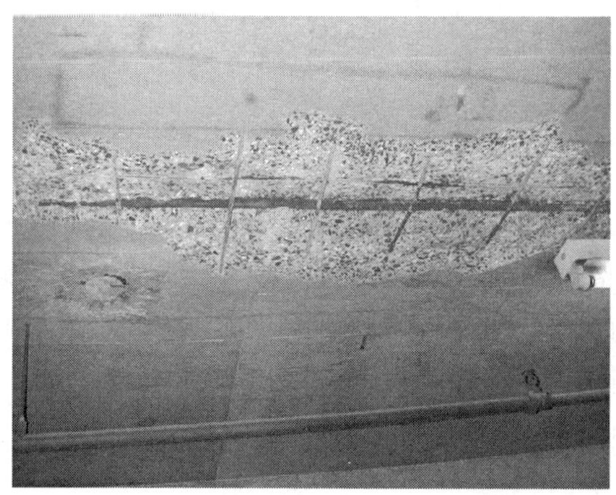

그림 1.37 철근콘크리트 바닥판의 철근 부식상태

복합신소재는 높은 비강성, 강도, 낮은 자중, 뛰어난 부식저항성, 자기저항성 등의 장점 때문에 특히 프리스트레스트 콘크리트 구조물에 사용되는 강재 긴장재(tendon)를 대체할 수 있는 복합신소재 긴장재로 각광 받고 있으며, 특히 염기성 환경에서 강재 긴장재의 부식에 대한 문제를 원천적으로 제거할 수 있는 장점이 있다. 복합신소재의 장점으로 기존의 강재 긴장재에 비해 대부분의 복합신소재 긴장재는 자중이 약 4배 작으며, 종방향 인장강도도 CFRP인 경우 약 1.37배 크며 종방향 온도변화에 대한 열팽창계수 또한 현저히 낮다. 또한 CFRP의 경우 뛰어난 피로강도, 매우 낮은 릴랙세이션(relaxation)의 특징이 있다. 그러나, 복합신소재 긴장재의 단점은 강재 긴장재에 비해 가격이 비싸며, 연직방향 및 전단탄성계수가 약 1/10 이하로 작기 때문에 지점부의 연직방향 하중과 전단응력에 의한 파괴가 쉽게 일어날 수 있다. 그림 1.38은 보강섬유별 복합신소재의 보강근과 철근에 대한 응력과 변형률 곡선의 비교를 나타내고 있다.

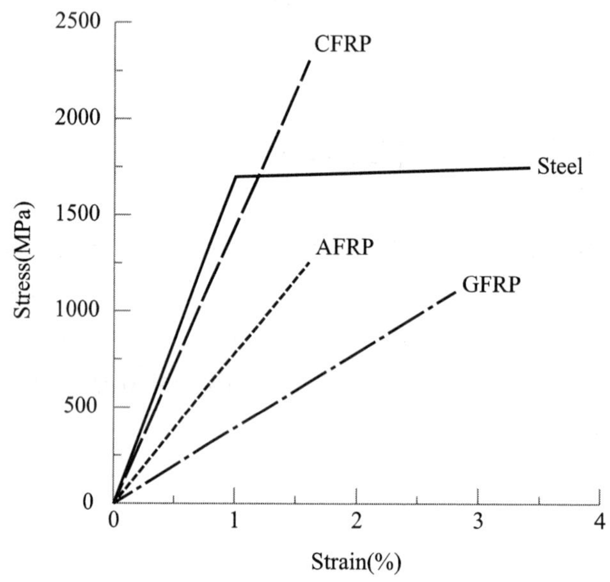

그림 1.38 복합신소재 보강근의 응력 – 변형률 곡선

그림 1.38에서 알 수 있듯이 보강섬유별 복합신소재 보강근은 철근과 같지 않게 소성영역이 없어 연성이 부족하다. 즉, 복합신소재 보강근의 파단 시 변형률이 철근에 비해 현저히 작은 단점이 있음을 알 수 있다. 이 문제점이 복합신소재 보강근을 철근으로 대체하는 데 있어 가장 큰 걸림돌이 되고 있다. 그림 1.39는 복합신소재를 이용하여 제작된 복합신소재 볼트(bolt) 및 너트(nut)와 복합신소재 보강근(rebar)의 상용제품이다.

그림 1.39 복합신소재 볼트 및 보강근(미국 Strongwell Co.)

그림 1.40은 현재 국외에서 복합신소재 보강근(rebar)의 상용제품을 보여주고 있으며, 관련 회사에 대한 정보는 이 책의 부록에 수록되어 있다.

그림 1.40 복합신소재 보강근 형태

복합신소재 보강근을 사용하여 교량 바닥판 공사에 적용사례가 국내외적으로 증가하고 있으며, 그림 1.41은 미국의 버지니아주와 캐나다 퀘벡주에서 복합신소재 보강근을 사용하여 바닥판 공사에 적용하는 사례가 되겠다.

(a) 미국 버지니아주 교량 바닥판(2003)

(b) 캐나다 퀘백주 교량 바닥판(2004)

그림 1.41 복합신소재 보강근을 사용한 교량 바닥판 적용사례

또한 보강근뿐만 아니라 프리스트레스트 콘크리트 구조물의 긴장재(tendon) 적용사례가 있으며, 주로 유럽과 일본을 중심으로 이루어지고 있다. 1986년 세계 최초로 독일에서 유리섬유 복합신소재(GFRP) 긴장재를 사용한 47 m 길이의 프리스트레스트 콘크리트 교량을 시공하였으며, 여기에 사용된 인발 제조된 유리섬유 복합신소재(GFRP) 긴장재의 직경은 7.5 mm이고 수지 모르타르(mortar) 형태의 앵커 시스템을 사용하였다.

1.5.3 노후 시설물 보강용 복합신소재 구조재

1. 콘크리트 구조물

기존 노후교량의 상·하부 구조를 외부에서 보강하기 위해 복합신소재 쉬트(sheet)나 패널(panel)을 이용하는 경우 등이 있다. 그 이외에도 철근콘크리트 교량의 보강철근을 유사한 단면의 복합신소재 보강재로 대체하거나 노후된 철근콘크리트 구조물의 보강기술은 다양하게 개발되어 적용되고 있으며, 최근에는 복합신소재를 이용한 철근콘크리트 구조물의 보강공법의 기술개발이 증가하고 있다. 철근콘크리트 구조물의 휨 및 전단부재 보강을 위해 사용되는 복합신소재는 CFRP쉬트(sheet)가 주로 사용된다. CFRP쉬트는 뛰어난 물리적 특성을 지닌 탄소섬유를 고성능 에폭시 수지에 함침시켜 만든 프리프레그(prepreg)의 일종이다. CFRP의 단위면적당의 강도는 강재의 10배에 상당하며, 강재의 1/5의 비중으로 상대적으로 경작업만으로 뛰어난 보강효과를 나타낼 수 있다. 또한 기존 보강공법에서 요구되는 중량물의 운반장치나 가공, 용접 작업을 필요로 하지 않고, 소음의 문제가 없다. 아울러 천장면이나 완곡면에 대한 시공성이 좋고 구조물의 여러 가지 형태에 대해서 폭넓게 적용할 수 있으며, 가혹한 환경 하에 대해

서도 우수한 내구성을 갖는다. CFRP쉬트에 의한 철근콘크리트 구조물의 보강은 대부분 접착제에 의해 기존 콘크리트 표면에 CFRP쉬트를 부착하는 방법으로 그림 1.42, 1.43과 같이 이루어지고 있다. 이러한 CFRP쉬트 보강공법은 매우 우수한 보강효과를 발휘해, 종래공법에서는 얻을 수 없었던 폭넓은 공법 적용성 및 시공성, 경제성을 실현할 수 있다.

그림 1.42 탄소섬유 쉬트로 휨보강한 철근콘크리트 슬래브

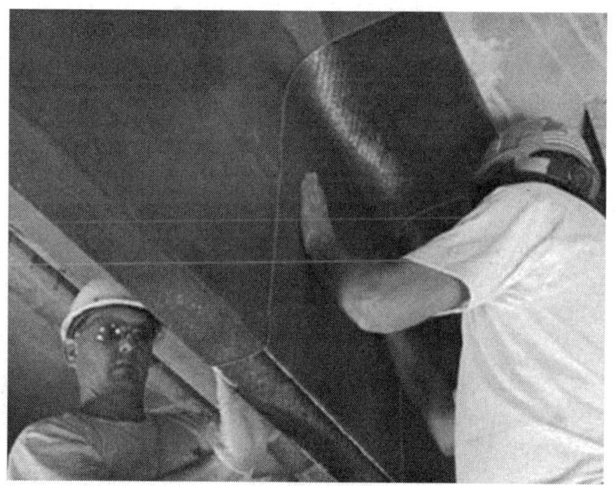

그림 1.43 탄소섬유 쉬트로 휨 및 전단보강한 철근콘크리트 보

2. 강구조물

최근 국외에서는 강구조물(합성구조물 포함)에 대한 복합신소재 쉬트 보강에 대한 파일럿(pilot) 연구가 진행되고 있다. Miller(2001)는 Dalaware 소재 I704교량의 1개 거더부위에 탄소섬유쉬트 보강을 통해 보강성능효과를 검증하였으며, Tavakkolizadeh (2003)는 합성보의 하부플랜지에 복합신소재 보강을 통해 휨성능 및 강성을 향상시킬 수 있는 것을 입증하였다. Shaat(2008, 2009)는 단면이 손상된 합성보의 하부플랜지에 탄소섬유쉬트 부착을 통해 보강효과를 검증하는 실험을 그림 1.44와 같이 수행하였다.

(a) Miller의 교량거더의 CFRP 보강 (b) Shaat의 합성보플랜지 CFRP 설치 (c) Shaat의 실험전경

그림 1.44 강구조물의 복합신소재 쉬트 보강사례 및 실험전경

이외 런던 Action bridge 보 하부 보강, 미국 뉴욕주 소재 고속도로의 사인몰 설치를 위한 강구조 트러스구조물의 조인트부위 보강 등 다양한 분야에서 강구조물의 복합신소재 쉬트 보강에 대한 연구가 진행되어 왔다(그림 1.45).

(a) 런던 Action bridge의 보강모습 (b) 강구조 트러스구조물의 조인트부위 보강모습

그림 1.45 강구조물의 복합신소재 보강사례

이와 같이 이미 콘크리트 구조물의 우수한 보수보강재로 검증을 받은 복합신소재 쉬트 보강재를 강구조물의 보수보강재로 적용시킬 경우 뛰어난 보강성능 및 시공성 향상 효과가 기대되며, 향후 강구조물의 새로운 보수보강재로 널리 쓰일 것으로 기대된다.

1.6 건설용 복합신소재구조 국내외 설계기준

복합신소재는 여러 가지 장점에도 불구하고 토목, 건축 등 일반 건설재료로서의 이용은 아직 초보 단계에 있다. 그 주된 원인은 등방성(isotrophy)인 일반 건설재료와 달리 비등방성(anisotrophy)인 복합신소재의 이론이 일반 설계기술자에게는 너무나 어렵다. 그리고 아직까지 국내에서는 건설기술자를 위한 설계지침서 등이 제정되어 있지 않다. 그러나 이미 부분적으로 건설 분야에 복합신소재로 만든 구조물들이 적용되는 현실을 감안할 때 설계지침서와 같은 설계기준 마련에 앞서 건설기술자들이 쉽게 활용할 수 있는 복합신소재를 이용한 구조 설계 자료의 제시가 요구되고 있다. 물론, 건설구조물에 활용되는 복합신소재를 위한 설계기준과 시방서가 1980년대 이후 지속적으로 개발되어 왔다. 복합신소재 관련 설계기준 및 시방서는 복합신소재를 건설구조물에 활용하기 시작한 역사가 짧으므로 사용 초기에는 기존 교량의 보강차원에서 활용하다가 점차 신설교량의 철근이나 프리스트레스트 콘크리트의 긴장재를 대체하는 내부 보강재로 그 영역을 넓혔으며, 최근에 들어서 교량의 주 구조부재인 바닥판, 주형 및 교각 등에 복합신소재를 적극적으로 사용하려는 노력이 진행되고 있다. 전 세계적으로 수많은 전문기관에서는 복합신소재 설계기준 및 시방서 마련을 위한 위원회를 조직하여 활용하고 있다(표 1.5, 1.6 참조). 대부분이 보강재로 사용되는 복합신소재에 대한 것이 주류를 이루고 있다. 향후 주 구조부재로서의 복합신소재에 대한 체계화된 설계기준이 제정되어야 한다.

표 1.5 복합신소재 설계기준 및 시방서 위원회

Organizations	Committees
미국콘크리트학회(ACI)	440: Composites for Concrete 440C: State-of-the-Art-Report 440D: Research 440E: Professional Education 440F: Repair 440H: Reinforced Concrete(Rebar) 440I: Prestressed Concrete(Tendon) 440J: Structural Stay-in-Place Formwork 440K: Material Characterization 440L: Durability
American Society of Civil Engineers (ASCE)	Structural Composites and Plastics (SCAP)
American Society for Testing and Materials (ASTM)	ASTM D20.18.01: FRP Materials for Concrete ASTM D20.18.02: Pultruded Profiles ASTM D20.18.03: Composites for Civil Engin-eering
American Association of State Highway and Transportation Officials (AASHTO)	Committee on Bridge and Structures, T-21: FRP Composites
International Federation of Structural Concrete (FIB)	Task Group on FRPs
Canadian Society of Civil Engineers (CSCE)	Advanced Composites Materials for Bridge and Structures
Japan Society of Civil Engineers (JSCE)	Research Committee on Concrete Structures with Externally Bonded Continuous Fiber Reinforcing Materials
Transportation Research Board (TRB)	A2C07: FRP Composites

표 1.6 복합신소재 보강재 관련 시방서

국가	제 목	발간주체 및 발간연도
일본	Recommendation for Design and Construction of Concrete Structures Using Continuous Fiber Reinforcing Materials	JSCE, 1977
	Guideline for Structural Design of FRP-Reinforced Concrete Buildings in Japan	JSCE, 1993
	Design Methods for Prestressed FRP-Reinforced Concrete Building Structures	JSCE, 1993
	Proposed Design and Construction Guidelines for Retrofitting of Reinforced Concrete Piers Using Carbon(Aramid) Fiber Sheets by the Japan Road Association	JSCE, 1996
	Design and Construction Guideline for Retrofitting of Railway Viaduct Column Using Carbon(Aramid) Fiber Sheets by the Railway Technical Research Institute	JSCE, 1996

국가	제 목	발간주체 및 발간연도
캐나다	Canadian Highway Bridge Design Code Section 16 “Fiber Reinforced Concrete”	CSA, 2000
	Design and Construction of Building Components with FRP in 2002	CSA, 2002
미국	FRP Reinforcement	ACI Committee 440, 1991
	Guide for the Design and Construction of Concrete Reinforced with FRP bars	ACI Committee 440, 2001
	Guide for the Design and Construction of Externally Bonded FRP Systems for Strengthening Concrete Structures	ACI Committee 440, 2001
유럽	Externally Bonded FRP Reinforcement for RC Structures	FIB Task Group 93
	Interim Guidance on the Design of Reinforced Concrete Structures Using Fiber Composite Reinforcement	The Institute of Structural Engineers, UK, 1999

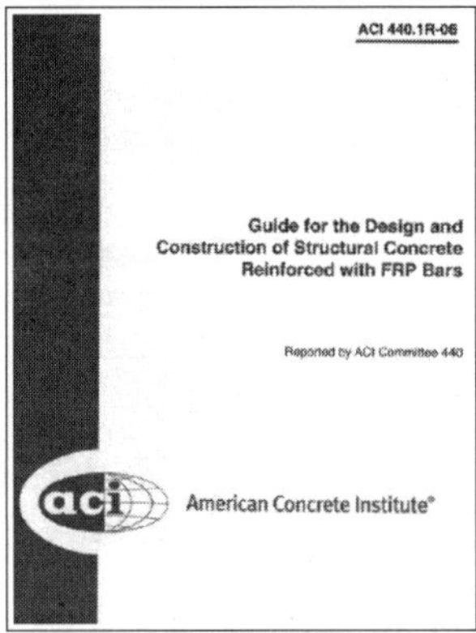

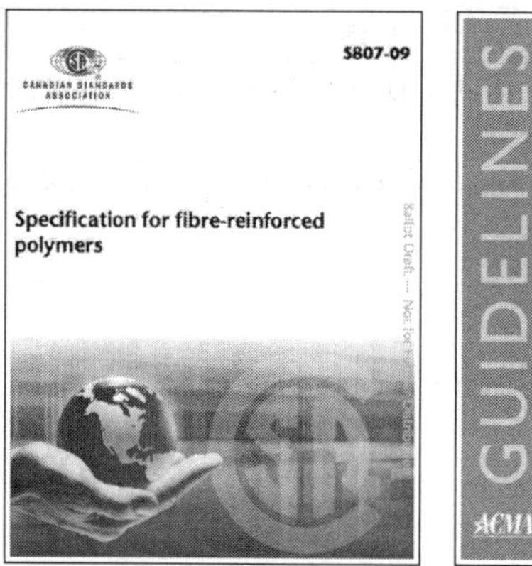

그림 1.46 각국의 복합신소재 설계기준 및 시방서 종류

1.7 기존 구조재료와의 비교

1.7.1 개요

기존 구조공학 재료인 강재, 콘크리트와 비교해서 고분자 계열의 복합신소재는 구조공학 엔지니어에게 최적 설계를 할 수 있도록 보다 넓은 범위의 역학적(기계적) 성질을 제공할 수 있는 재료이다. 여기서 설계자는 전체적인 설계를 고려치 않고 단순히 건설재료를 변경하는 잘못된 판단을 피해야 할 것이다. 복합신소재가 모든 분야 적용을 하기 보다는 기존 재료보다 여러 장점을 보여 줄 때를 고려해서 사용해야 할 것이다. 따라서 설계자는 단순히 건설재료를 변경하는 것이 아니라 복합신소재의 특성을 충분히 살려서 건설 분야 복합신소재구조 설계에 접근하여야 할 것이다.

1.7.2 강성과 강도

복합신소재는 콘크리트에 비해 강성은 비교적 양호하며, 강재에 비하여 강도는 우수한 것으로 나타내고 있다. 복합신소재의 설계는 강도가 우수하므로 사용성의 처짐과 좌굴에 대해서 강성요구조건에 지배적으로 적합하도록 이루어져야 한다. 이처럼 복합신소재의 단면설계는 강도 유지와 함께 강성과 구조안정에 의해 이루어져야 한다. 또

한 사용성 한계상태는 극한한계상태 전에 도달되어야 함이 확인되어야 한다. 복합신소재의 설계는 재료의 강도가 우수하므로 사용성의 처짐과 좌굴에 대해서 강성요구조건을 만족시킬 수 있는 복합신소재구조 설계가 되어야 한다. 복합신소재구조의 설계에 있어 그림 1.47과 같이 기존 강구조 형식을 복합신소재구조 형식으로 설계 비교하여 처짐과 좌굴을 관리할 수 있는 복합신소재구조 형식의 설계 개념을 제시하였다. 향후 구조설계자가 복합신소재를 이용하여 구조설계를 할 때 이러한 복합신소재의 특성을 고려하여 기존 건설재료인 강재 및 콘크리트의 응력제어 기반 설계가 아닌 변위제어 기반 설계를 하여야 한다.

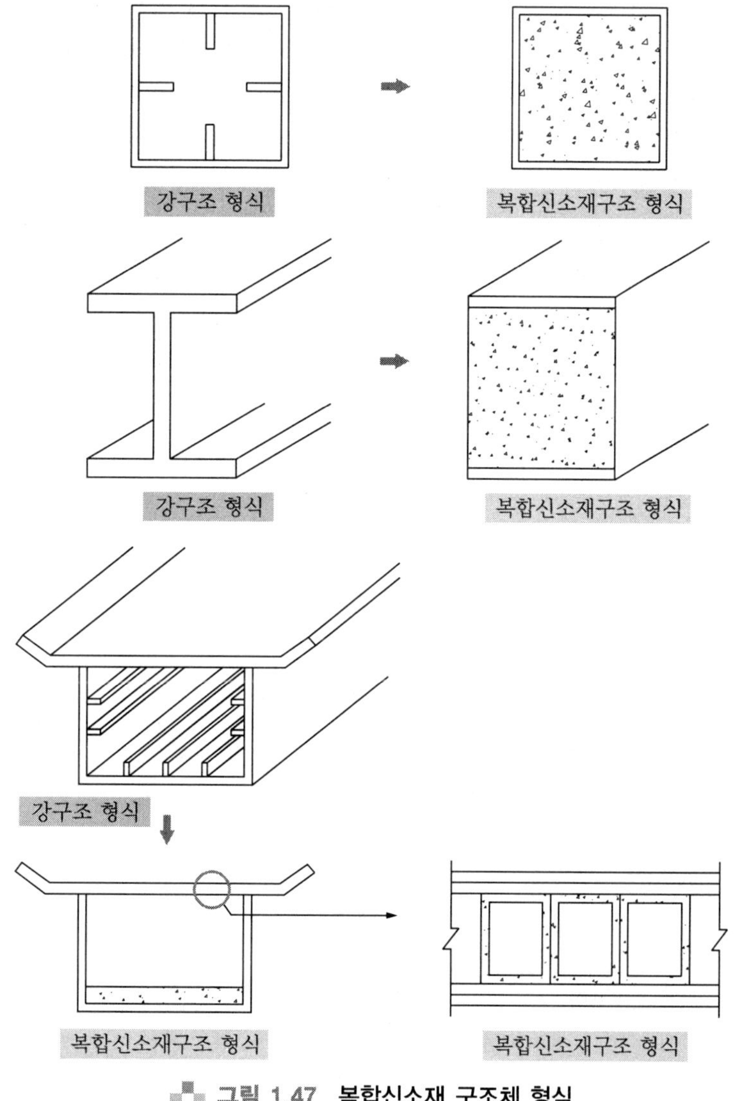

그림 1.47 복합신소재 구조체 형식

1.7.3 비용

기존 구조재료에 관련하여 복합신소재를 고려할 때 설계자는 기본적인 재료비용뿐만 아니라 건설과 관련된 비용 및 장기적인 유지관리를 포함한 전 생애주기 비용(LCC)을 고려해야 하는 것이 필수적이다. 재료비용은 일반적으로 단위중량당 인용될 수 있다. 이러한 인용은 복합신소재의 단위밀도가 현저히 낮으므로 복합신소재의 비용을 단순히 강재와 비교할 때 잘못된 결과를 초래할 수 있다. 부가적으로 복합신소재는 주어진 상황에서 강도의 비율이 구조형태와 작용하중에 따라 달라질 수 있으므로 훨씬 강할 수 있다. 보통 단순비교로 가격차이는 가격 비용만을 기준으로 예상하였던 것보다 상당히 낮을 수 있다. 예를 들면 구조강재 175 kg을 대체하여 탄소섬유 보강 복합신소재 6.2 kg이 사용되어 적용된 특별한 경우가 있다. 비록 탄소섬유 보강 복합신소재의 단위 kg당 가격이 강재 가격의 50배이지만 건설에 사용된 전체 복합신소재 비용은 단지 1.8배 큰 것으로 나타났다. 이러한 가격의 미소차이는 복합신소재의 단위중량이 더 가벼운 결과로서 주로 현저히 감소된 건설비용으로 상쇄된 것이다. 복합신소재 교량 상부구조를 이용한 신설교량 건설공사에 대한 공사비를 다른 건설재료와 함께 다음 표 1.7과 같이 개략 산출하여 제시하였다. 복합신소재의 공사비는 기존의 재료(콘크리트, steel)를 사용한 것보다 공사비가 6~10% 정도 높은 것으로 나타났지만 복합신소재구조의 단품(modular) 개념을 도입하여 대량 생산과 수명공사비(LCC)를 고려한다면 공사비는 충분히 기존의 강재 및 콘크리트 재료와 경쟁하였을 때 경쟁력이 있을 것으로 예상된다.

표 1.7 건설재료별 신설교량 건설 공사비 비교

구 분	GFRP교	강교	콘크리트교
설계비	17%	8%	6%
기초 공사비	17%	23%	26%
재료비	31%	5%	26%
가공 및 접합비	17%	27%	0%
가설비	8%	18%	26%
면처리비	3%	8%	5%
부대비	7%	11%	11%
총 구성비	100%	100%	100%
개략 공사비/m^2	160만원/m^2	150만원/m^2	145만원/m^2

1.7.4 연결방법

복합신소재로 제작된 부재의 연결방법은 이 책의 14장 연결 해석과 설계에서 자세히 기술되어 있다. 가장 일반적인 연결방법은 기계적 접합 연결, 접착제 접합 연결이다. 복합신소재의 연결거동은 강재의 연결거동과 현저한 차이점이 있다. 강재에서 기계적 접합인 볼트로 연결할 때 볼트의 구멍연단에 생기는 높은 정점응력은 국부적인 항복으로 분산된다. 단순 가정으로 볼트 군 사이로 하중 분담이 가능할 수 있다. 또한 상대적으로 볼트 구멍의 큰 간격오차는 연결 시 상대적으로 더 쉽게 볼트조립을 가능케 할 수 있다. 그러나 이러한 적용 시도는 복합신소재는 어려운데, 그것은 파괴 시까지 복합신소재는 선형 탄성 응답을 나타내고 있기 때문이다. 따라서 정점응력은 국부적인 재료의 찢어짐을 야기할 수 있다. 강재는 부재와 볼트를 통해 지지되어 대부분의 하중이 마찰력으로 전달되어 강재로 마찰볼트 사용이 일반적이다. 그러나 복합신소재는 일반적으로 연한 표면을 갖고 있어 높은 토크(torque)를 가한 볼트는 와셔(washer)면 아래를 국부적으로 찢어지는 것을 초래할 수 있다. 따라서 볼트 접한 연결은 거의 지지력에서 볼트 자체에 전달되는 모든 하중에 의지하고 있다. 볼트 연결에서 중요한 점은 섬유배열이 일방향 섬유로 구성된 적층구조이고 횡방향 물성이 상대적으로 낮을 경우 적층 구멍주위는 현저히 강도가 감소될 수 있다. 접착제 접합에 의한 연결로 연결부의 거동은 작업 숙련도인 적층표면처리 및 접착제 경화정도에 따라 달라질 수 있다. 복합신소재와 강재사이의 주요 차이는 표면층의 차이가 연결부의 거동에 상당한 영향을 줄 수 있는데 다른 부재보다 더 낮은 강도를 가질 수 있다는 것이다.

예를 들면 섬유배열은 부재 내에 집중되어 있을 수 있지만 표면은 대개 섬유 보강이 이루어지지 않은 채로 있다. 이와 비슷하게 두께별 강도가 평면 내 강도보다 낮을 수 있다. 이처럼 접착제 접합 연결은 하중작용이 축방향으로 작용할 때를 제외하고는 필 응력(peel stress)에 의해 파괴가 일어나는 경향이 있다.

CHAPTER

2

구성재료

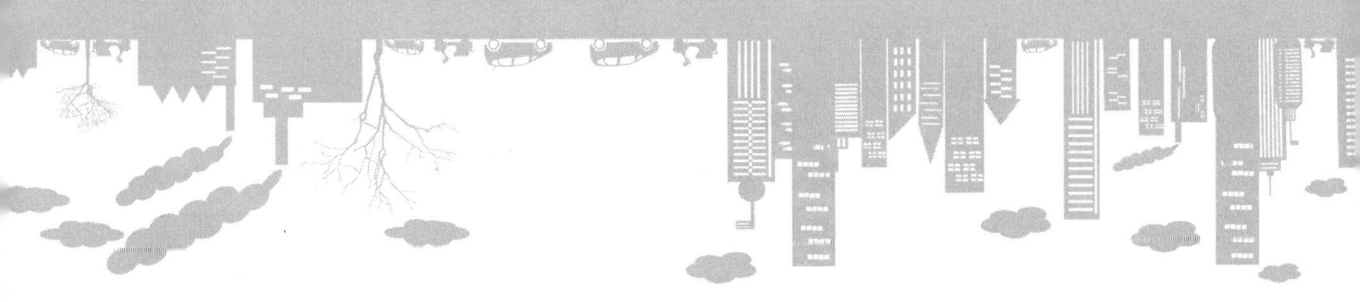

2.1 개요

복합신소재란 재료의 성질이 서로 다른 두 종류 이상의 재료가 서로 일체화되어서 하나의 재료로 거동하는 재료를 말한다. 단, 두 가지 이상의 서로 다른 물질을 혼합하는 방법에는 원자와 원자가 합쳐져서 화합물로 만들어지는 경우가 있으나, 이런 경우는 복합신소재라고 하지 않는다. 복합신소재는 물리적으로 결합된 것으로 혼합되어 있는 상태에서도 각 성분이 원래의 성질을 가지고 있어서, 미시적(microscopic)으로 보며, 균일하지 않은 상태로 존재한다. 구체적으로 두 가지 이상의 결합이라는 것은 강화상(reinforcing phase)으로 일컬어지는 하나의 재료가 섬유, 판, 입자의 형태로 기지상(matrix phase)이라고 하는 다른 재료에 묻혀 있는 구조이다. 강화재료와 기지재료는 금속, 세라믹, 고분자 어느 것일 수도 있다. 전형적으로 강화재료는 강하고 가벼운 반면, 기지재료는 연하거나 질긴 재료이다. 이 장에서 말하는 복합신소재는 고분자재료의 기지에 섬유를 강화한 물질의 복합신소재를 의미한다. 모든 물질은 그 물질의 최소 단위인 분자로 구성되어 있으며, 분자는 각각 고유의 크기와 중량을 가진 원자로 구성되어 있다. 따라서 분자는 구성하고 있는 원자의 종류나 수에 의하여 크기나 중량, 성질이 다르다. 일반적으로 분자량이 매우 큰 화합물을 고분자화합물 또는 플라스틱(plastics)이라고 한다. 이 플라스틱은 가소성을 지닌 유기 합성 고분자화합물이다.

복합신소재는 2방향의 역학적 성질을 갖는 섬유와 기지로 구성된 단층(lamina 또는 ply)을 설계의 목적에 따라 임의의 방향으로 여러 층을 적층하여 만들게 되는데 이렇게 만들어진 제품을 적층(laminate)이라 한다(그림 2.1 참조).

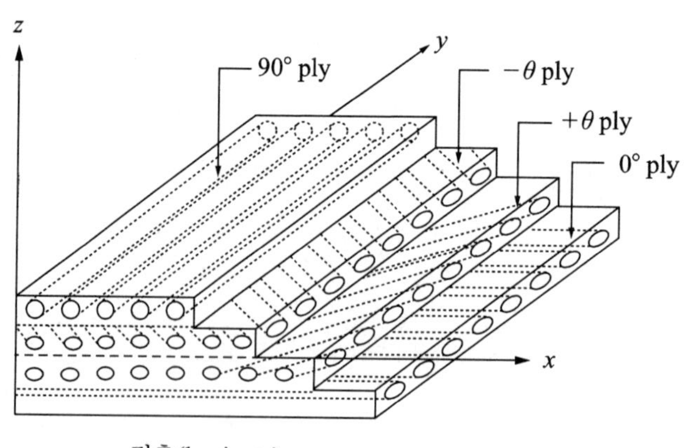

그림 2.1 고분자기지 복합신소재(PMC) 적층개념도

2.2 보강섬유

복합신소재의 분류는 일반적으로 강화상의 기하학적 형상에 따른다. 강화재료의 배열방식과 특징에 따라 여러 가지 복합신소재의 종류로 구별할 수 있다. 복합신소재의 구성요소로는 입자(particle), 섬유(fiber), 단층(lamina)과 이를 구속하여 일체시키는 기지(matrix) 등이 있으며, 이러한 요소들로 구성된 복합신소재는 일반적으로 입자 보강 복합신소재, 섬유 보강 복합신소재, 층상 복합신소재 등으로 구분할 수 있다. 그러나 일반적으로 말하는 전통적인 복합신소재라 함은 재료의 역학적 성질이 뛰어난 섬유와 섬유를 구속, 성형하고 응력을 전달하는 고분자 재료(polymer)의 복합체를 말한다. 복합신소재의 섬유로는 주로 연속섬유를 사용하고 있고 유리섬유(glass fiber), 탄소섬유(graphite fiber 또는 carbon fiber), 케블라(Kevlar)로 대표되는 아라미드섬유(aramid fiber) 및 보론섬유(boron fiber)가 있으며, 일반적으로 유리섬유가 가장 오래 사용된 섬유라 할 수 있다. 이와 같은 섬유는 사용하는 섬유의 종류에 따라 유리섬유 복합신소재(GFRP), 탄소섬유 복합신소재(CFRP), 아라미드섬유 복합신소재(AFRP) 등이 있다. 그림 2.2는 보강섬유별 복합신소재의 응력 - 변형률 곡선을 비교하여 나타내 보인 것이다.

보강섬유별 복합신소재는 연속섬유, 단섬유 및 입자섬유로 보강되며, 그림 2.3과 같다.

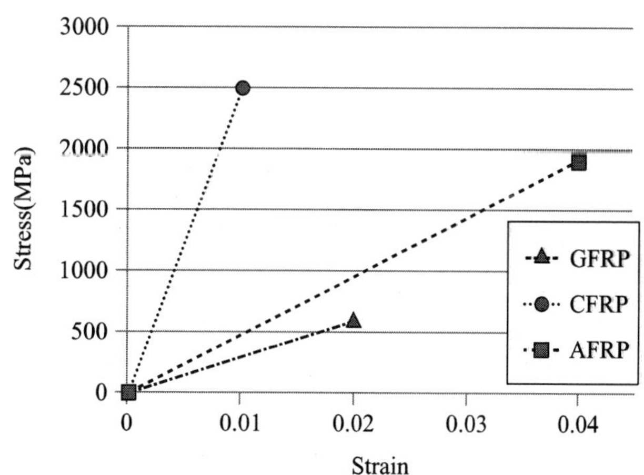

그림 2.2 보강섬유별 복합신소재의 응력 – 변형률 곡선 비교

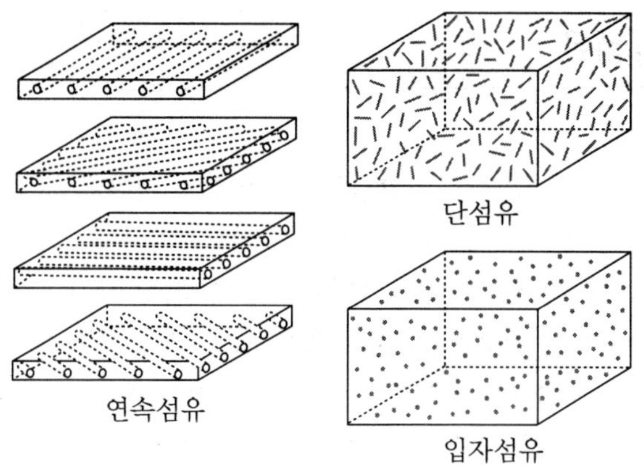

그림 2.3 보강섬유 형태별 복합신소재

2.2.1 유리섬유(Glass fiber)

유리는 오래 전부터 사용되어 왔으며, 19세기에 와서 비로소 가는 섬유형태로 제조되었으며, 1939년에 미국의 오웬스코닝(Owens Corning)사가 처음으로 유리섬유를 대량생산하였다. 유리섬유의 원료로는 규사, 석회석, 붕사 등이 주를 이루며, 그 배합비에 따라 성질이 달라질 수 있다. 유리섬유의 원료조성에 따른 분류로 E-유리섬유, C-유리섬유, ECR-유리섬유가 있다. 다음 표 2.1은 유리섬유 종류별로 물성값을 나타내고 있다.

표 2.1 유리섬유 종류별 물성값

	E-유리섬유	C-유리섬유	ECR-유리섬유
비중	2.54	2.50	2.71
인장강도(MPa) (22℃)	3400	3000	3300
탄성계수(GPa) (22℃)	72	69	72
신장률(%)	4.8	4.8	4.8
열팽창계수($\times 10^{-6}$ m/m/℃)	5.0	7.2	5.9

E-유리섬유는 대부분의 복합신소재에서 광범위하게 사용되는 섬유형태로서 고강도, 전기저항 복합신소재가 요구되어질 때 사용된다. 그리고 C-유리섬유는 화학적 저항이 요구되어지고 섬유 특성이 설계에 적당할 경우에 사용되며, 대단히 좋은 화학적 저항이 있지만, E-유리섬유에 비교해서 저강도이다. ECR-유리섬유는 E-유리섬유의 대안으

로 선택될 수 있으며, 화학적 작용에 저항성이 상당히 크고 E-유리섬유와 유사한 특성을 가진다. 유리섬유는 사용목적에 따른 직조방법에 따라 다음과 같이 여러 가지로 분류할 수 있다.

1. 로빙(Rovings)

로빙은 유리섬유 가닥들의 다발을 의미하는데 일반적으로 여러 개의 스트랜드(strand)를 합쳐 만든다. 복합신소재 제조방법인 인발 제조방법과 필라멘트 와인딩(filament winding) 제조방법과 같은 자동화된 복합신소재 제작과정에서 직접적이고 광범위하게 사용되는 연속 유리섬유이다. 로빙의 사용은 인장이 방향을 조절하도록 적용될 수 있는 과정에 제한된다. 섬유 강도 특성은 로빙에서 가장 크나, 제직보강으로서 사용될 때 감소할 수 있다.

2. 직조로빙(Woven roving)

직조로빙은 꼬이지 않은 유리섬유 얀(yarn)으로 양쪽 방향으로 직조된 유리섬유이다. 직조로빙은 큰 면적의 복합신소재를 만드는데 사용된다. 직조로빙은 임의의 단일섬유보다 고강도, 고강성 복합신소재를 만들지만, 고중량 섬유에서 주름이 있으면 섬유 부피를 40% 이하로 제한하고 있다. 그래서 직조로빙 유효 섬유부피는 주름방향과 직물방향 각각 20%로 제한하고 있다. 또한, 직조로빙은 연속섬유의 장점과 정렬된 양방향 보강 특성이 하중에 대해서 적정하게 고려되어야 한다.

3. 매트(Mats)

유리섬유는 매트 형태로도 만들어지는데 유리섬유 매트는 다음과 같이 분류할 수 있다.

1) 단섬유 매트(Chopped Strand Mat, CSM)

단섬유 매트는 유리섬유 스트랜드(strand)를 25～50 mm의 길이로 짧게 잘라 평면 위에 강도의 방향성이 없고 무방향으로 분산시킨 직조하지 않은 쉬트(sheet)형태이다. 단섬유 매트는 섬유부피 분담률은 약 25%를 초과시키지 않는 것으로 되어 있다. 구조적 보강효과를 결정하는 유효 섬유 분담률은 부피의 10%를 초과하지 않으며, 불연속 섬유의 사용은 하중 전달에 대한 수지에 따라 결정된다. 단섬유 매트로 제조된 복합신소재는 저응력, 저강성에 한해서 적용될 수 있다. 연결재의 특성은 물에 노출된 곳에서

재료의 완전함을 결정하고, 삼투성과 물집을 피하기 위해서 수지와의 적합성을 보증하도록 재료를 선택해야 한다.

2) 연속섬유 매트(Continuous Filament Mat, CFM)

연속섬유 매트는 연속 스트랜드를 나선형으로 서로 꼬아서 매트로 제작한 것으로 단섬유 매트의 대안으로 사용할 수 있다. 연속섬유 매트의 특성과 가능한 적용은 단섬유 매트와 유사할 수 있다. 연속섬유 매트는 섬유가 임의의 소용돌이 모양이고 연속이라는 점을 제외하고는 단섬유 매트와 유사한 직조하지 않은 유리섬유이다. 사용자는 공급자와 같이 특수한 수지에 대한 연결재의 적합성을 검토해야 한다.

4. 직포(Fabric)

유리섬유 직포는 직조방법에 따라 평직(plain weave), 능직(twill weave), 주자직(satin weave)과 같은 다양한 직포의 형태를 형성하기 위해 직조 시 경사(warp yarns), 직물 얀(yarns), 섬유 또는 필라멘트(filaments)로 만들어진다. 직포는 보통 직조로빙보다 더 가볍고, 주름이 덜하고, 섬유부피를 50% 이상 할 수 있다. 직포는 직조 형태나 주름(drapes) 특성이 복합신소재의 성능이나 제조에 이점을 주는 경우에 고려되어야 한다. 또한, 두께방향으로 유리섬유를 보강하여 직조한 3차원 보강 직포도 사용하고 있다.

5. 비주름 직포(Non-crimp fabrics)

비주름 직포는 크리프거동에 유리하며, 높은 재료 물성이 요구될 때 고려하여 사용될 수 있다.

6. 프리프레그(수지침투 가공재)

프리프레그(prepregs)는 완전히 양생이 되지는 않았지만, 이미 스며든 수지로 함침된 섬유를 뜻한다. 프리프레그로부터 복합신소재의 제조는 70~150℃ 범위의 온도가 요구되며, 섬유부피는 50%가 적당하다. 프리프레그는 설계와 제조과정이고 섬유함유량, 저공극 및 복합신소재의 고성능이 요구되는 경우에 고려되어야 한다.

2.2.2 탄소섬유(Carbon fiber)

탄소섬유는 흑연섬유(graphite fiber)로 지칭되며, 경량이면서 역학적(기계적) 특성, 내열성 및 마찰 특성이 우수하고, 강성 및 피로강도가 높으며, 열에 강하고 부식하지 않는다. 탄소섬유는 1959년에 미국의 유니언 카바이드사에 의해 처음 상품화되었다. 탄소섬유는 탄소원자의 결정구조를 이용한 고강도섬유로 현재 복합신소재에 사용되는 보강섬유의 대종을 이루고 있다.

탄소섬유의 우수한 역학적(기계적) 성질은 섬유를 구성하고 있는 탄소원자들이 섬유방향으로 강한 공유결합을 이루고 있는 데 기인하며, 그 성질은 원자들이 얼마나 잘 배열되어 있는가에 따라 달라진다. 탄소는 밀도가 매우 가벼운 재료이다. 탄소는 매우 다양한 결정구조를 가지고 있는데, 복합신소재로서 관심의 대상이 되는 것은 탄소원자가 육방형(hexagonal) 구조로 배열된 흑연화 구조이다. 탄소섬유는 레이온, 폴리아크릴로니트릴(polyacrylonitrile, PAN) 등의 유기섬유, 또는 석유피치를 원료로 하여 이들을 전구체로서 소성시켜 만들어진다. 현재는 PAN계 탄소섬유가 복합신소재의 보강재료로 주로 사용되고 있다. 탄소섬유는 고인장강도를 갖으며, 중간정도의 탄성계수를 갖는 섬유(200～300 GPa), 고탄성계수를 갖는 섬유(400 GPa), 초탄성계수를 갖는 섬유 등이 있다. 표 2.2에 현재 생산되는 제작사별 탄소섬유의 물성값을 나타내고 있다.

표 2.2 탄소섬유의 제조회사 상표명 및 물성값

상표명	등급	탄성계수(GPa)	인장강도(GPa)
Torayca(일본)	M 50	490	2.45
	T1000	294	7.06
	T300	230	3.53
Grafil(UK)	HMS400	405	3.1
	HMS	360	2.7
	XA H/S	230	3.85
Kosca(제철화학)	HS 300	230	3.3
ACELAN(태광산업)	IZ-40	280	4.0
	TZ-307	240	3.5
Thornel	P 120S	827	2.2

탄소섬유 복합신소재는 기존의 금속재료가 갖고 있지 않은 여러 가지 장점, 즉 높은 비강도 및 탄성계수, 낮은 열변형률, 높은 피로강도 등을 가지고 있으므로 성형제조기술의 발달, 가격의 하락, 새로운 기지재료의 개발 등으로 인하여 향후 그 용도가 많이 증대될 전망이다.

2.2.3 아라미드섬유(Aramid fiber)

아라미드섬유는 방향성 폴리아미드(aromatic polyamide)섬유의 총칭으로서 섬유의 구성물질이 긴 사슬모양의 합성 폴리이미드이며, 적어도 85%의 아미드결합이 두 개의 방향성 고리에 직접 붙어 있는 인조섬유로 정의된다. 1971년에 듀퐁사에서 케블라(Kevlar)라는 이름으로 아라미드섬유를 처음 시장에 내놓았다. 케블라섬유는 고강도 및 탄성계수 외에 화학적, 열적으로 아주 안정되어 있다. 케블라에는 케블라-29 및 케블라-49가 있다. 표 2.3은 케블라섬유의 물성값을 나타내고 있다.

표 2.3 케블라섬유의 물성값

	비중	탄성계수(GPa)	인장강도(GPa)
케블라-29	1.44	96.5	0.83
케블라-49	1.44	137.9	1.31

아라미드섬유는 탄소섬유 및 유리섬유와 달리 쉽게 부러지지 않으며, 아라미드섬유로 제조된 복합신소재는 충격 특성이 우수한 것으로 나타났다.

2.3 기지(수지)재료

복합신소재를 구성하고 있는 기지재료는 보강섬유를 제자리에 고정시켜서 구조적인 모양을 유지시켜 주고 있다. 보강섬유가 외부 하중을 저항하며, 또한 기지재료는 전단하중을 저항하며, 파괴진행에 결정적인 영향을 미치고 있으므로 기지재료의 역학적(기계적) 성질이 중요하다. 복합신소재 구조물로서의 기지재료인 고분자 수지의 선택은 많은 인자에 의해서 결정되어지고, 재료공급자와 제조자의 전적인 자문이 없이는 이루어질 수 없다.

기지재료는 요구되는 특성은 보통 강도, 강성, 인성 그리고 내구성에 의해 지배받을 수 있다. 사용온도와 환경, 제조방법, 양생조건과 특성수준을 고려해야 한다.

안정된 수지를 선택하기 위해서는 사용온도를 알아야 한다. 왜냐하면 사용온도가 수지상(second order)의 유리전이온도(T_g) 근처에 있다면 강성이 감소되고 크리프(creep)가 발생하기 때문이다. 또한 수지는 열뒤틀림온도(HDT)와 관련돼 있다. 복합신소재의 성능은 고분자 수지의 물성값과 제조된 보강섬유의 품질과 관련이 있다. 저점성 폴리머(polymer)는 저공극 복합신소재를 얻기 위한 완전한 주입과 섬유함침을 보증하기 위해 사용되어야 한다. 복합신소재 양생과정의 조절과 고분자 수지의 완전한 경화를 얻기 위해서는 최적의 역학적 특성을 얻고, 열이완을 방지하고, 크리프를 제한하고, 습기확산을 감소하고 소성효과를 최소화하는 것이 필수적이다. 완전한 경화는 복합신소재를 형성하기에 앞서 구성요소를 철저하고 정확하게 혼합함으로서 이루어져야 한다. 사용자는 각 단계에 적용할 수 있는 최대 두께와 적층이 경화되는 최대 가사시간을 재료공급자의 확인을 받아야 한다. 이것은 적층의 높은 접착을 보증할 수 있다. 복합신소재에서 고분자계열 수지의 선택은 많은 인자에 의해서 결정되어진다. 기지재료의 요구되는 특성은 보통 강도, 강성, 인성 및 내구성에 의해 지배받으며, 사용온도와 환경, 제조방법, 양생조건 등을 고려해야 한다. 기지재료는 주로 불포화 폴리에스터(polyester) 수지, 에폭시(epoxy) 수지, 페놀(phenolic) 수지 및 폴리이미드의 열경화성 수지와 열가소성 수지가 사용되고 있다.

2.3.1 폴리에스터 수지(Polyester resins)

폴리에스터 수지는 포화 폴리에스터 수지와 불포화 폴리에스터 수지로 나눌 수 있다. 포화 폴리에스터 수지는 사출성형 등에 사용되는 열가소성 수지이고, 불포화 폴리에스터 수지는 복합신소재의 기지재료로 주로 사용되는 열경화성 수지이다. 오소타입(Orthophthalic) 수지는 가장 저렴한 폴리에스터 수지이며, 가장 광범위하게 복합신소재를 제조하는데 사용되고 있다. 오소타입(Orhtophthalic) 수지는 우수한 재료적 특성, 적당한 사용온도 저항능력과 화학적 저항의 특성을 가지고 있다. 이소타입(Isophthalic) 수지는 내화학성 수지로서 물에 대한 저항, 화학적 저항 또는 열에 저항이 요구될 때 고려되어 사용할 수 있다. 이소타입(Isophthalic) 수지는 높은 신장률과 우수한 재료적 특성이 있지만, 오소타입(orthophthalic) 수지보다 값이 비싸다. 따라서 불포화 폴리에스터 수지는 그 성분에 따라 응용 분야가 달라질 수 있으므로 복합신소재의 용도에 적합한 수지를 선택하여야 한다. 다음 표 2.4에 복합신소재 제조용인 일반적인 폴리에스터 수지의 물성값을 나타내고 있다.

표 2.4 폴리에스터 수지의 일반 물성값

	특성	일반 오소타입 폴리 에스터 (G 105E)	고급 오소타입 폴리 에스터 (G 300)	내화학성 이소타입 폴리 에스터 (K 530)	증감온도 이소타입 폴리 에스터 (S 599)	화재지연 기반(I) 폴리 에스터 (F 892)	화재지연 기반(II) 폴리 에스터 (F 820)	시험방법
물리적성질	밀도 (g/cm^3)	1.1	1.1	1.1	1.1	1.3	1.3	
	흡수율(%) (24 hr)	19	24	18	28	-	23	ISO 62
	열전이온도 (HDT, ℃)	66	95	93	125	62	60	ISO 75 Method A
	점성* 23℃ (Ns/mm^2)	180	250	800	1100	500	400	Brookfield
기계적성질	인장강도 (N/mm^2)	55	70	65	55	50	45	ISO 527
	인장탄성계수 (kN/mm^2)	3.6	3.3	4.1	3.7	3.4	3.6	ISO 527
	휨강도 (N/mm^2)	90	110	125	100	75	80	ISO 178
	휨탄성계수 (kN/mm^2)	4.1	3.8	3.7	3.7	3.2	3.8	ISO 178
	신장률 (%)	2.0	3.5	2.5	1.5	1.7	1.4	ISO 527

* : 액상 수지

2.3.2 비닐 에스터 수지(Vinyl ester resins)

비닐 에스터 수지는 폴리에스터나 우레탄 수지의 성분으로 만들어질 수 있다. 비닐 에스터 수지는 내화학성 복합신소재 구조물을 제조 시 요구되는 수지이며, 또한 복합신소재 제조방법으로 필라멘트 와인딩 및 인발제조 공법에 적용할 수 있는 수지이다. 비닐 에스터 수지는 이소타입 폴리에스터보다 성능이 높은 것으로 나타났다. 그 이유는 물과 화학작용에 대한 저항능력이 우수하고, 강도와 강성이 좋으며, 인성이 크기 때문이다. 파괴변형률은 오소타입과 이소타입의 폴리에스터의 2배인 것으로 나타나고 있다. 다음 표 2.5에 비닐 에스터 수지의 일반적인 특성이 나타나 있다.

표 2.5 비닐 에스터 일반물성

구분	Bisphenol-A 비닐 에스터	Novolac 비닐 에스터
비중	1.12	1.16
인장강도(N/mm^2)	82	68
인장탄성계수(kN/mm^2)	3.5	3.5
파괴 신장률(%)	6	3~4
휨강도(N/mm^2)	131	125
열전이온도(HDT, ℃)	102	150

2.3.3 페놀 수지(Phenolic resins)

페놀 수지는 열에 대한 성능이 강조되고, 독성의 저방출 그리고 내화 특성의 유지 등이 요구될 때 사용되는 고온용 수지라 할 수 있다. 페놀 수지로 만들어진 복합신소재의 두드러진 특성은 저인화성, 저인화속도 및 연기가 적은 특성을 갖고 있다. 페놀 수지는 실내온도에서 양생이 가능하지만, 실내온도 이상에서는 안정한 재료를 얻는 것이 필요하다. 페놀 수지는 고온에서 잘 분해되지 않고 분해되더라도 서서히 분해되므로 강도를 오래 지탱할 수 있다. 따라서 페놀 수지는 고온과 화재에 대한 저항이 매우 우수하며, 또한 폴리에스터와 비교해 볼 때 저수축이 특징으로 나타나고 있다. 다음 표 2.6은 페놀 수지의 물성값을 나타내고 있다.

표 2.6 페놀 수지의 물성값

특성	Resole
비중	1.24
인장강도(N/mm^2)	24~40
인장탄성계수(kN/mm^2)	1.5~2.5
파괴 신장률(%)	1.8
휨강도(N/mm^2)	60~80
열뒤틀림온도(℃)	250

2.3.4 에폭시 수지(Epoxy resins)

에폭시는 복합신소재의 기지재료로 많이 사용되고 있으며, 다른 폴리에스터 수지와 비교해 볼 때 높은 강도, 고내구성, 접착성 및 내화성이 우수하다고 할 수 있다. 또한, 에폭시 수지는 경화 시 전기 절연성이 우수하고 경화하는 동안 수축이 작지만 가격이 다른 수지에 비해 비싼 것으로 알려졌다. 복합신소재용 에폭시 수지는 액상의 수지로 적층에 많이 사용되며, 고상의 수지로 프리프레그 제조에 많이 사용된다.

일반적으로 에폭시 수지를 사용하여 복합신소재를 제조하는 방법으로는 주로 인발제조공법, 필라멘트 와인딩공법, RTM(Resin Transfer Molding)공법 및 CMP(Compression Moulding Processes)공법이 있다. 다음 표 2.7에 에폭시 수지의 물성값을 나타내었다.

표 2.7 에폭시 수지의 일반 물성값

특성	DGEBA-APTA (아민계 경화, 20℃)	DGEBA-MDA (아민계 경화, 120℃)	DGEBF-MDA/MPDA (120℃)
비중	1.2	1.2	1.2
인장강도(N/mm^2)	62	90	125
인장탄성계수(kN/mm^2)	3.2	3.0	4.1
파괴 신장률(%)	2	8	5
휨강도(N/mm^2)	61	52	84
열뒤틀림온도(℃)	62	121	110

2.4 그 밖의 재료

2.4.1 폼(Foam)

폼은 많은 플라스틱으로 만들어진 개방형 및 폐쇄형 셀로 구성되고, 샌드위치패널 제조에서 사용될 수 있다. 후자는 일정한 형태의 특성을 얻는데 문제가 더 많다. 일반적으로 사용되는 심재 재료는 폴리우레탄, 고체비닐 그리고 아크릴을 포함하고 있다. 밀도는 5 kg/m^{3}부터 고체플라스틱 밀도까지의 범위이다. 역학적(기계적) 특성은 밀도에 따라 변하며, 비선형이다. 여러 형태의 폼을 분류할 수 있으며, 강화 폼인 플라스틱

폼은 유리섬유나 다른 섬유로 보강될 수 있다. 역학적(기계적), 물리적 특성의 향상은 섬유형태, 섬유의 함유량, 섬유 분포에 달려 있다. 또한, 구조 폼은 고체표면과 같이 만들어질 수 있어 샌드위치 구조의 심재로 사용되어져 효율적인 구조적 특성을 발현시킬 수 있으며, 면재를 복합신소재로 마감처리 될 수 있다. 기타 유리 기포 강화플라스틱은 다른 폼보다 적절하고 더 높은 압축강도를 갖는 것으로 나타났다. 고체 폼 재료는 샌드위치 구조의 심재로서 사용될 수 있으나, 샌드위치에서 저 중량의 심재, 강한 면재의 복합신소재가 사용될 때만 효율적이다. 최근에 샌드위치 구조의 심재로 발사우드(balsa wood)는 샌드위치 구조 제작에 광범위하게 사용되고 있으며, 압축 및 전단하중에 저항하는 장점을 가지고 있다.

2.4.2 겔코트(Gel coats)

겔코트와 상층 마감흐름 코트는 내구성을 증가시키는 이점이 있으며, 특별한 표면처리를 얻을 필요가 있는 경우에 고려될 수 있다. 이런 코트는 표면재료에 부가적인 두께를 제공하고, 복합신소재 건설 과정의 부분으로서 순차적으로 적용되어야 할 것이다. 겔코트와 두께의 선택은 주요한 기능에 의해서 결정되며, 재료 공급자와 의논해야 한다. 겔코트와 상층코트의 사용자는 구조적 복합신소재와의 적합성을 보증해야 한다. 겔코트와 상층코트는 비구조체로 간주되어야 한다.

겔코트와 상층코트는 여러 가지 이유로 복합신소재구조의 표면에 부가될 수 있다. 즉, 자외선 방출을 제거하기 위하여, 풍화작용을 향상시키고, 열에 대하여 방어하고, 부식방지를 향상시키고, 화학적 저항능력을 향상시키고, 기타 등을 향상시키기 위하여 덧붙인다. 일반적으로 겔코트와 상층코트와 비교해서 적용하기가 어렵고, 일정한 표면을 얻기가 더 어렵다. 특성은 표면의 특성에 달려 있고, 마지막 코팅두께는 변할 수 있다. 따라서 보호와 기능적 거동은 겔코트와 다를 수 있다. 표층코트는 복합구조의 건설과 결합하여 적용되어야 한다.

2.4.3 표면덮개(Surface veils)

표면덮개는 외관을 향상시키고 표면층과 코팅의 특성에 이점이 있을 경우 사용된다. 화학적 환경에 저항성이 크게 요구될 때 사용되어야 한다. C-유리섬유가 보통 사용된다. 표면덮개는 접착제로 연결되는 표면에는 사용하지 말아야 한다. 만약 접착제로 연결되는 표면이 있다면 모든 층 두께는 연마기로 제거해야 한다. 표면덮개는 수지 표면

층의 두께를 조절하기 위해 사용될 수 있다. 겔코트와 표층코트와 함께 지점을 보강하고 수지를 보존하기 위해서 사용되어야 한다.

2.4.4 첨가제

1. 충전재(Fillers)

미립자 충전재는 비구조요소이고 복합신소재 제조에 한해서 사용되어야 한다. 충전재는 수축을 감소시키고 경화하는 동안 발열정점을 감소시키고 점성을 증가시키고 국부적인 인성을 증가시키고 비용을 감소시키기 위해 수지에 부가될 수 있는 무기물 미립자 재료이다. 또한 탄성계수와 압축강도를 증가시킬 수 있고 특수한 특성을 향상시키기 위하여 표면코팅이 함유될 수 있다.

2. 착색재(Pigments)

착색재인 색소 재료는 적당한 색깔을 얻기 위해서 기본적인 수지나 겔코트의 부분으로서 사용될 수 있다. 또한, 색소는 자외선을 방지하기 위해서 사용될 수 있다.

3. 난연제

난연제는 연소방지제라고도 하며, 연소를 어렵게 하거나 연소되지 않기 위한 목적으로 복합신소재에 첨가하는 물질이다.

CHAPTER

3

제조방법

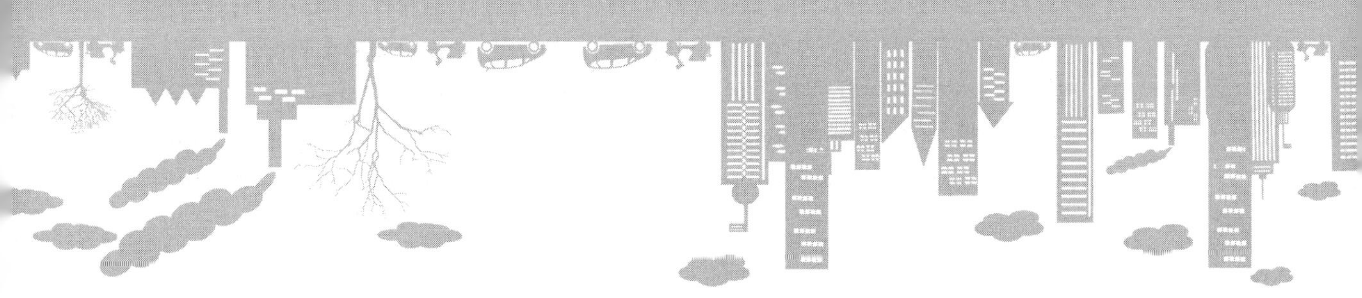

3.1 개요

복합신소재의 제조방법은 일반 금속재료와 매우 다르다. 제조방법은 주로 기지에 따라 달라지는데, 기지가 열경화성 수지일 경우와 열가소성 수지일 경우, 또 금속이나 세라믹일 경우 각각 복합신소재에 대해 최고의 역학적 성질과 경제성을 확보하기 위해서는 전혀 다른 제조공정이 적용된다. 또한, 복합신소재는 일단 단면이 결정되면 필요에 따라 각기 다른 제조방법을 채택해야 한다. 현재까지 연구 개발되어 활용하고 있는 각종 복합신소재의 제조방법은 다음과 같다. 열경화성 수지를 기반으로 하는 복합신소재를 제조하는 방법은 여러 가지가 있는데, 이중에서 고분자 물질을 기지로 하는 복합신소재의 제조방법으로는 인발성형(pultrusion) 제조방법, 필라멘트 와인딩(filament winding) 제조방법, 수적층(hand lay-up) 제조방법, 오토클레이브(autoclave) 제조방법, 진공백 성형(vacuum bag molding) 제조방법, 압축성형(compression molding) 제조방법, RTM(Resin Transfer Molding) 제조방법 등이 있다.

3.2 열경화성 수지 복합신소재 제조방법

이번 절에서는 건설용으로 고분자를 기지로 하는 복합신소재 제조에 적합한 제조방법으로서 일정한 단면으로 표준화된 구조부재를 대량생산이 가능한 인발 제조방법과 상하수도관과 같이 축대칭 복합신소재 구조물 제작이 가능한 필라멘트 와인딩 제조공법 및 그 밖의 제조방법은 다음과 같다.

3.2.1 인발성형(Pultrusion) 제조법

인발성형 제조방법은 높은 섬유함유율이 요구되는 복합신소재를 제조하기 위하여 사용되는 연속공정 방법으로 연속섬유에 수지를 함침시켜 금형을 통과하여 경화되면서 구조부재를 제조하는 방법이다. 인발성형은 길고 곧으며, 단면적이 일정한 구조부재를 제조하기 위하여 사용될 수 있다. 인발성형으로 제조할 수 있는 모양의 단면은 속이 차거나 빈 원형관, 평평한 판, 여러 가지 보 및 앵글 등이 있다. 최근에는 단면이 변하거나 곡선 모양의 제품을 인발성형으로 제조하는 기술이 개발되었다. 그림 3.1은

인발성형 공정의 일반적인 과정을 보여주고 있다.

이 공정 과정에서는 연속적인 스트랜드 로빙(strand roving) 실패와 매트(mat) 실패가 한쪽으로부터 당겨져서, 수지를 담고 있는 수지통(resin bath)으로 통과하는 것으로 되어 있다. 이 수지가 담긴 수지통속에는 경화제, 염료, 자외선 차단제 및 화재 지연제와 같은 물질이 함께 들어 있다. 스트랜드 로빙과 매트 위에는 복합신소재 표면을 매끄럽게 하는 폴리에스터로 된 층을 덮게 된다. 이와 같이 혼합된 재료들은 예열이 된 여러 단계의 금형 내부를 통과하며, 이때 섬유가 균일하게 배열되면서 여분의 수지를 짜내게 된다. 마지막의 성형과정은 점차 좁혀지는 금형 내에서 이루어지며, 이렇게 제조된 복합신소재 구조부재를 적당한 길이로 자르게 된다. 금형의 입구는 수지가 너무 빨리 경화하는 것을 방지하기 위하여 수냉시키는 경우가 많으며, 금형의 나머지 부분은 전기나 기름 히터 등을 사용하여 가열하게 된다.

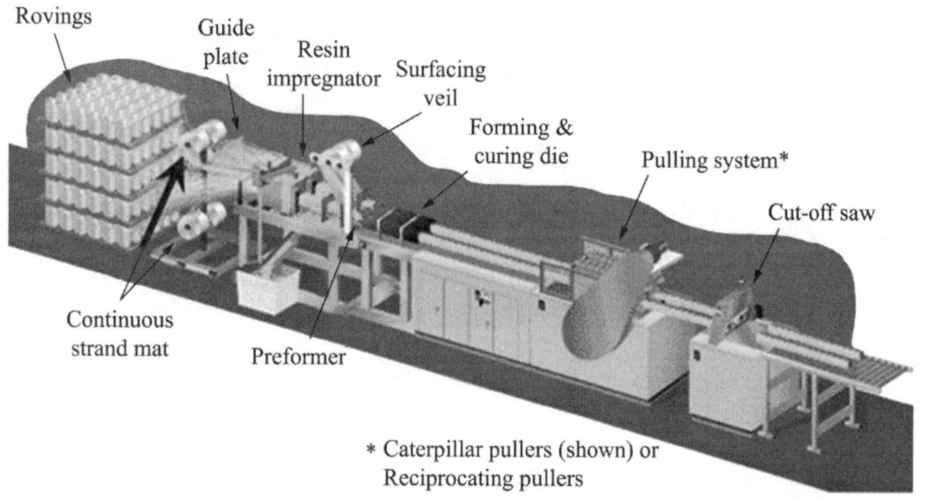

그림 3.1 인발성형 제조방법

다음 그림 3.2는 인발성형 제조공정으로 노후 교량바닥판 대체용으로 사용될 복합신소재 바닥판의 구성 튜브(tube)를 제조하는 과정을 보여 주고 있다. 인발성형 제조방법은 연속 유리섬유에 수지를 함침시켜 각 튜브단면의 형상을 지닌 가열된 금형을 통과하면서 경화시켜 연속적으로 제품을 성형하는 제조방법이다.

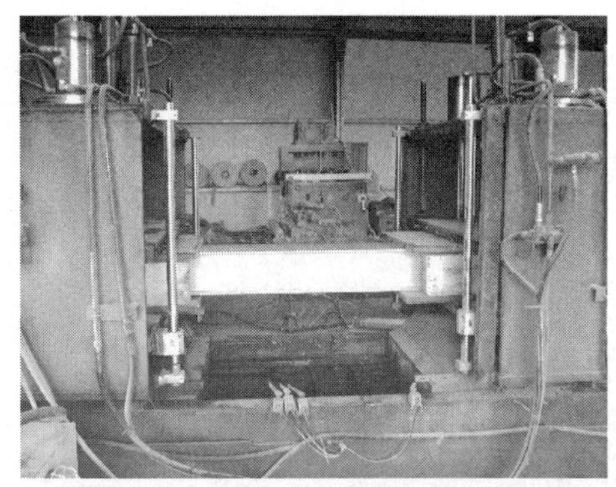

그림 3.2 인발공법에 의한 복합신소재 단위튜브 생산

인발성형의 주 공정은 섬유스풀(spool), 수지 함침통(resin bath), 가열금형, 인발기 및 절단기 등으로 구성된다. 섬유스풀로부터 공급되는 섬유가 수지 함침통을 거치면서 섬유에 수지가 함침된다. 수지가 함침된 섬유는 가열된 금형을 통과하면서 제조하고자 하는 튜브의 형상이 유지됨과 동시에 경화되며, 금형을 빠져 나온 튜브는 인발기에 의하여 연속적으로 당겨진다. 이때 주의할 점은 튜브의 크기에 따른 인발력(pulling force)의 결정이다.

이렇게 성형된 튜브는 절단기에 의하여 원하는 길이만큼 절단되어 최종 완성된다. 최종 완성된 각 단위튜브는 공장에서 그림 3.3과 같이 복합신소재 부재 전용 접착제를 사용하여 길이 단품(modular deck)을 제작할 수 있다.

그림 3.3 인발공법 복합신소재 단위튜브 접합과정

그림 3.4와 같이 최종 제작 완성된 복합신소재 바닥판은 노후된 교량의 성능개선공사에 매우 효과적으로 적용할 수 있는 데 교량의 각 제원에 맞추어 원하는 대로 복합신소재 바닥판을 제작할 수가 있으며 작업인원 2~3인이 소요되는 작업성이 매우 우수한 것으로 확인되었다.

그림 3.4 복합신소재 바닥판 최종 완성된 모습

3.2.2 필라멘트 와인딩(Filament winding) 제조법

필라멘트 와인딩 제조공법은 상하수도관과 같이 축대칭 복합신소재 구조물 제작을 위해 주로 사용되는 공법으로서 수지가 함침된 연속 섬유를 회전하는 심축(mandrel) 위에 감아서 제작하는 방법이다. 이 공법은 주로 축대칭 복합신소재 구조물인 원형관, 압력용기 등을 제작하는데 사용된다. 필라멘트 와인딩 제조공정에서는 많은 수의 섬유가 실패로부터 풀려서, 액체의 수지, 촉매, 염료와 자외선 흡수제 등이 섞여 있는 수지 통속을 통과한다. 그림 3.5는 필라멘트 와인딩 공정의 일반적인 과정을 보여주고 있다.

섬유의 장력은 실패와 수지통 사이의 섬유안내기(fiber guide)에 의하여 조절된다. 수지통에서 빠져나온 로빙은 수지 닦는 장치(resin wiping device)로 여분의 수지를 닦아낸 후 섬유의 공급위치를 이동시키는 캐리지(carriage)에서 넓게 펼쳐진 후 회전하는 심축(맨드럴, mandrel) 위에 감기게 된다. 와인딩 각도는 심축의 방향과 거의 일치하게 감는 축방향 와인딩(longitudinal winding)에서 축에 거의 수직으로 감는 원주방향 와인딩(hoop winding)까지 심축 회전속도와 캐리지 이동속도비에 따라 조절된다. 필라멘트 와인딩 제조방법에서 수지의 함유량은 섬유의 장력과, 수지를 닦는 장치에서 수지를 닦아내는 정도에 관련된다.

필라멘트 와인딩 섬유로는 유리섬유를 주로 사용하고 있으며, 항공기 동체를 제작시 탄소섬유, 케블라섬유를 사용한다. 기지재료는 에폭시, 폴리에스터, 비닐 에스터가 주로 사용된다.

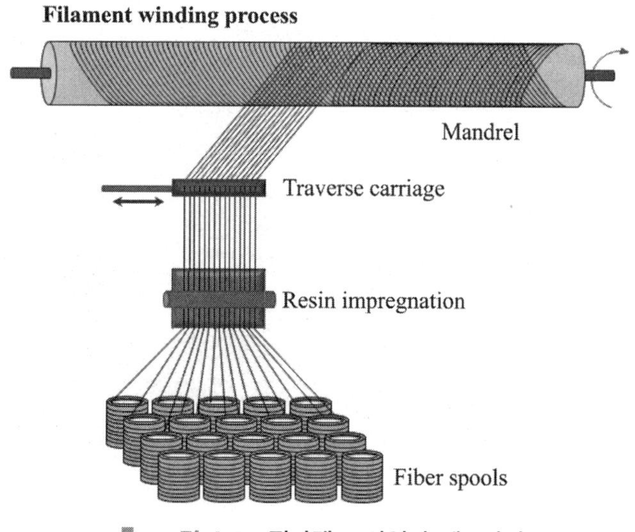

그림 3.5 필라멘트 와인딩 제조방법

3.2.3 그 밖의 제조법

1. 수적층(Hand lay-up) 제조법

복합신소재 제조방법에서 가장 기초적이며 많이 사용되고 있는 제조방법으로 개방된 틀(open mold)을 이용하여 제작하는 방법이다. 수적층 제조법은 제작하고자 하는 구조부재 형식에 맞추어 틀을 제작하여 설계된 섬유배열에 따라 수지를 바르면서 적층하여 상온에서 경화하고 틀을 탈형하여 구조부재를 완성한다. 수적층 제조방법은 작업자의 숙련도에 따라 품질이 달라질 수 있으며, 복합신소재의 강도에 영향을 주는 섬유 함유량을 높이는 데 한계가 있는 제조방법이다. 수적층 제조방법의 장점으로는 제작하는 데 소요되는 장비의 가격이 상대적으로 저렴하다. 교량 상부구조와 같은 대형 구조물 제작이 가능하며, 설계변경이 쉽게 이루어질 수 있다. 마지막으로 현장 생산이 가능하고 부분 보강 및 부속품 삽입이 용이하다. 그림 3.6~3.9는 이 책의 저자가 2002년에 설계하고 제작하여 국내 법정도로에 적용한 복합신소재 교량 상부구조 제작을 보여주는 것으로, 제조방법은 수적층(hand lay-up) 제작방법을 사용하였으며, 국내 최초로 건설된 완전 복합신소재 교량 상부구조물이다. 각각의 구성요소에 맞도록 틀을 제작하고 상온경화 수지를 유리섬유에 함침시켜 가면서 적층하여 공정이 이루어지는 것을 확인할 수 있다. 몰드는 상온경화 수지를 유리섬유에 함침시켜 가면서 적층하여 이루어졌다.

그림 3.6 틀(open mold) 제작

그림 3.7 거더 적층작업

그림 3.8 틀 탈형 후 거더 구조물

그림 3.9 완성된 복합신소재 상부구조물

2. RTM(Resin Transfer Molding) 제조법

RTM에서는, 수지가 함침이 안 된 상태의 스트랜드 매트나, 직조로빙(woven roving) 또는 직조물을 두 개로 된 금형의 아래 금형 위에 놓고 위의 금형을 덮은 후 촉매가 들어 있는 액체 수지를 금형의 중앙에 위치한 스프류(sprue)를 통하여 사출하여, 경화시키게 된다. RTM에서 사용하는 압력은 69～690 kPa이며, 수지가 금형을 채우면서, 금형 내부에 있는 공기가 통기구 구멍을 통하여 빠져 나가게 되고, 수지는 섬유에 함침된다. 수지와 촉매의 선정에 따라서, 경화는 상온에서 일어나거나 혹은 고온에서 일어나게 할 수도 있다. 금형에서 꺼낸 제품은 정확한 치수를 맞추기 위하여 다듬질을 필요로 한다. 평평한 섬유강화 플라이(ply)를 사용하는 대신에, RTM에서는 원하는 형상의 모양과 거의 같은 프리폼(preform)을 사용할 수가 있다. 이 프리폼은 미리 성형된 스트림라인(streamline) 위에 길이가 12.7～76.2 mm인 장섬유를 뿌려서 만든다. 섬유와 같이 뿌려진 결합재는 미리 성형된 모양을 유지하는 역할을 한다. 프리폼을 사용하는 이점은 깊은 구멍 같은 부분이 있는 복잡한 모양을 쉽게 성형할 수 있으며, RTM 공정에서 가장 많은 인력이 요구되는 다듬질을 필요로 하지 않는다는 것이다.

압축성형 공정에 비하여 RTM은 매우 낮은 공구비용(tooling cost)을 필요로 하며, 매우 간단한 금형 체결 장치(mold clamping device)를 필요로 한다. 일반적으로 금형을 체결하기 위하여 래칫(ratchet)이나, 볼트, 너트 등을 사용하면 된다. RTM 공정의 또 한 가지 이점은 금속 리브, 보강재와 기타 삽입물 등을 금형 내에 넣은 채로 제조를 할 수 있다는 것이다.

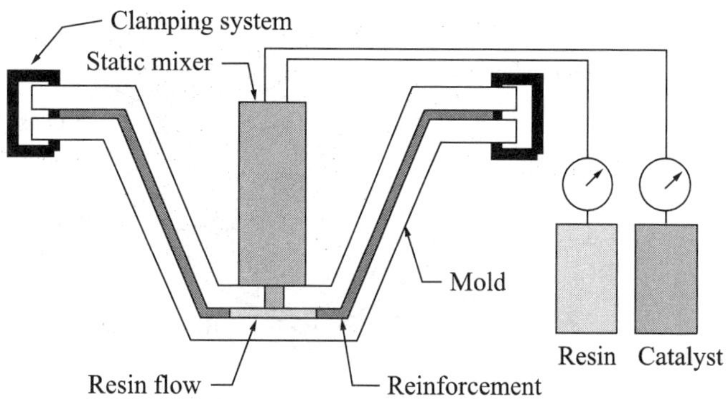

그림 3.10 RTM 제조방법

3. SMC(Sheet Molding Compound) 제조법

SMC는 섬유와 광물성 충전재(filler)가 열경화성 수지에 함침되어 있는 연속적인 복합 판재로 이 재료는 금형에서 그대로 성형시킬 수가 있다. 수지는 경화가 되지 않은 상태에 있으나, 매우 점도가 높은 상태, 즉 증점된 상태에 있다. SMC는 압축성형 공정에 의하여 경화 혹은 가교(cross-linking)과정에 의하여 제품으로 완성된다. SMC는 복잡한 형상의 제품을 비교적 짧은 성형시간에 제조하기 위하여 사용된다.

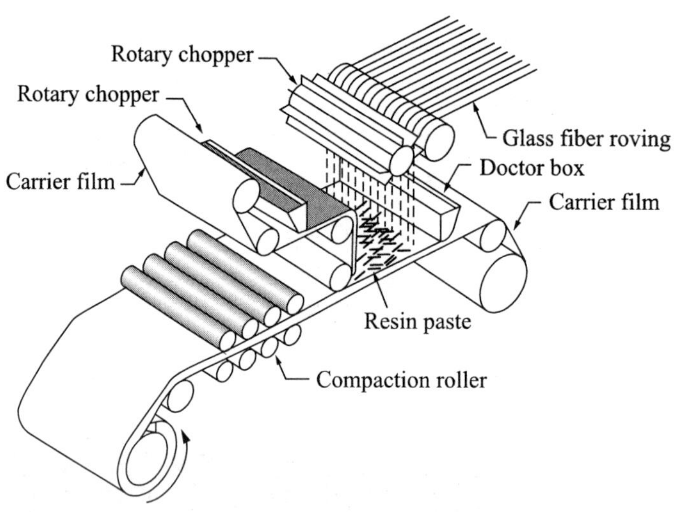

SMC press

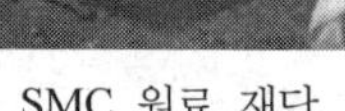

SMC 원료 재단

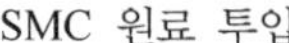

SMC 원료 투입

SMC 패널 생산(탈형 공정)

SMC 패널 보온작업

SMC 패널 적재

그림 3.11 SMC 제조방법

4. 압축성형 제조법(Compression molding process)

압축성형 공정은 자동차 등에 많이 사용되는 SMC를 매치드 몰드(matched mold)에서 성형하는 데 주로 사용된다. 압축성형 공정의 이점은 짧은 시간에 복잡한 형상의 제품을 만들 수 있으며, 여러 가지 구멍, 보스, 리브, 플랜지 등을 삽입하여 일체로 성형할 수 있다는 장점이 있다. 따라서 드릴링이나, 접합공정 같은 것이 단축되게 된다.

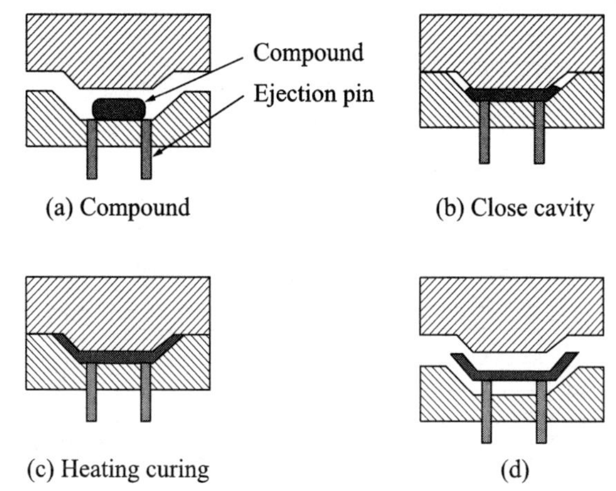

SMC 등 열경화성 수지의 성형에 사용

1. 동작
(a) 원료장전 : 놓는 위치에 따라 압축 시 유동 형태가 달라지고 섬유배향이 달라져 최종 제품의 성능에 큰 영향을 준다.
(b) 폐형 : 금형 상판을 하강시켜 재료를 압축 유동시킨다.
(c) 경화 : 금형 내 원료가 충분히 퍼진 후 금형 내의 전열로 일정온도 유지
(d) 제품 취출

그림 3.12 압축성형 제조방법

5. 진공백 제조법(Vacuum bag molding process)

진공백 제조법은 많은 생산량을 필요로 하지 않으나 고품질이 요구되는 우주항공용 복합신소재를 제조할 때 주로 사용된다. 진공백 제조법에서 주로 사용되는 재료는 기지인 에폭시 수지가 일부 경화된 상태로 섬유와 혼합되어 있는 프리프레그(prepreg)이다. 프리프레그는 수지를 무게로 42% 정도 포함한다. 이러한 프리프레그가 수지의 손실이 없는 상태로 경화되면 복합신소재는 섬유를 부피로 50% 포함하게 된다. 그림 3.13은 진공백 제조법의 일반적인 제조과정을 보여주고 있다.

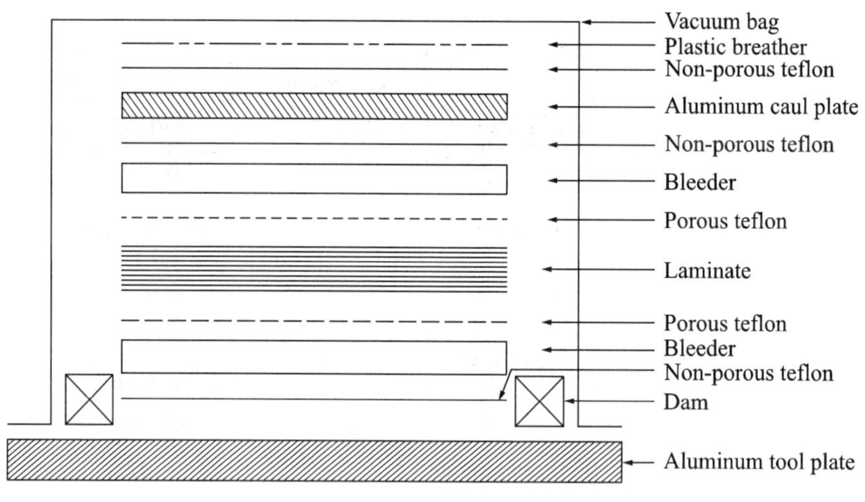

그림 3.13 진공백 제조방법

3.3 열가소성 수지 복합신소재 제조방법

이번 절에서는 열가소성 수지를 기반으로 하는 복합신소재 제조방법에 대해서 기술하며, 상대적으로 열경화성 수지의 복합신소재보다 그 사용 온도범위가 낮은 특징을 지니고 있다. 열경화성 수지의 복합신소재는 높은 특성을 요구하는 고급 복합신소재 구조물에 주로 사용된다. 일반적으로 열가소성 복합신소재는 하중 작용이 클 경우 크리프가 발생할 수 있으나 소성변형에 의한 내부 응력 감소역할을 하는 장점이 있는 것으로 나타나고 있어 고성능 복합신소재 구조물 제작에 열가소성 수지 사용이 확대되고 있다. 열가소성 수지의 장점으로는 제조과정 시 재가공성이 있으며, 공정시간이 짧다. 그러나 열경화성 수지에 비하여 점도가 높아 복합신소재를 제조할 때 수지 함침성이 좋지 않아 섬유와 수지의 결합력이 떨어져 복합신소재 내부에 결함이 나타날 수 있다.

열가소성 수지 복합신소재 제조방법으로는 주로 압축성형 제조방법이 이용되고 있다. 또한 열가소성 수지 복합신소재 구조물은 평판 구조물은 제작이 용이하나 곡률을 가진 구조물 제작 시 섬유의 미끄러짐 현상으로 섬유체적률의 변화로 원하는 구조물 형태를 제작하기가 어렵다. 이러한 단점을 보완하기 위해 최근에 열가소성 수지 복합신소재 제작을 위해 격막 제작방법(diaphragm forming)이 적용되고 있으며, 이 방법으로 구조물의 치수 안전성 및 섬유들의 균일한 분포를 가능하게 할 수 있게 되었다.

CHAPTER

복합신소재의 성질

4.1 개요

복합신소재는 섬유배열을 통해 부재의 물성을 사용자의 요구대로 재단 설계(tailoring design)를 할 수 있다. 복합신소재는 보강재인 섬유와 기지(matrix)인 수지를 적절히 혼합하여 제작하는 것으로 이들을 조합할 수 있는 경우의 수는 매우 많다. 이러한 모든 경우의 수에 대하여 복합신소재를 제작하여 연구를 수행하는 것은 매우 불합리한 방법으로 시간적, 경제적 제약을 받지 않을 수 없다.

4.2 이론에 의한 복합신소재의 탄성계수 결정

4.2.1 일방향 섬유 구성 단층

1. 단층(Lamina) 두께

재료설계에 있어서 가장 중요한 요구사항은 섬유와 수지의 중량과 관계가 있다. 선택하는 각 재료인 섬유와 수지의 중량에 대한 두께의 값으로부터 섬유가 수지에 함침시켜 제조되는 단층의 두께를 계산하여야 하며, 다음 표 4.1 기본 데이터를 이용하여 계산할 수 있다.

표 4.1에서 두께상수는 다음 식으로 구할 수 있으며, 이 두께상수를 이용하여 단층의 두께를 계산할 수 있다.

$$\text{두께상수} = \frac{1}{\text{밀도 (Mg/m}^3)} \tag{4.1}$$

$$\text{단층 두께(mm)} = \text{재료중량(kg/m}^2) \times \text{두께상수} \tag{4.2}$$

식 (4.1), (4.2)를 이용하여 단층 두께를 그림 4.1과 같이 나타낼 수 있다.

표 4.1 기본 데이터

구분	밀도($Mg/m^3 = 10^6\ g/m^3$)	두께상수
E-유리섬유	2.56	0.391
S-유리섬유	2.49	0.402
C-유리섬유	2.45	0.408
탄소섬유	1.7	0.588
	2.0	0.500
폴리에스터 수지	1.1	0.909
	1.2	0.833
	1.3	0.769
	1.4	0.714
에폭시 수지	1.1	0.909
	1.3	0.769

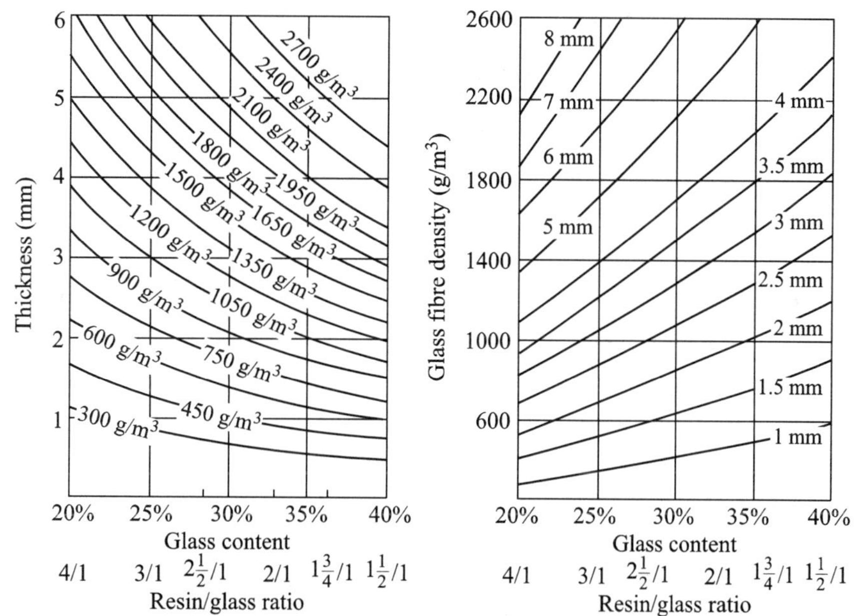

그림 4.1 수지/섬유 비에 따른 단층의 두께

2. 단층의 부피비 및 중량비

복합신소재 단층의 계산은 대부분 부피비에 기초하여 수행되지만 제조에서는 중량비로 간단히 작업되는 것이 일반적이다. 다음 식 (4.3), (4.4)를 이용하여 단층을 부피

비 및 중량비로 간단히 변환시켜 나타낼 수 있다.

$$V_1 = \frac{\dfrac{W_1}{\Delta_1}}{\dfrac{W_1}{\Delta_1} + \dfrac{W_2}{\Delta_2} + \dfrac{W_3}{\Delta_3} + \text{etc.}} \tag{4.3}$$

$$W_1 = \frac{\Delta_1 V_1}{\Delta_1 V_1 + \Delta_2 V_2 + \Delta_3 V_3 + \text{etc.}} \tag{4.4}$$

여기서, V : 단층 구성재료의 부피비, W : 단층 구성재료의 중량비, Δ : 단층 구성재료의 밀도를 뜻한다. 상기 식 (4.3), (4.4)를 이용하여 여러 복합신소재 단층에 대한 부피비 및 중량비에 대한 변환값을 그림 4.2와 같이 나타낼 수 있다.

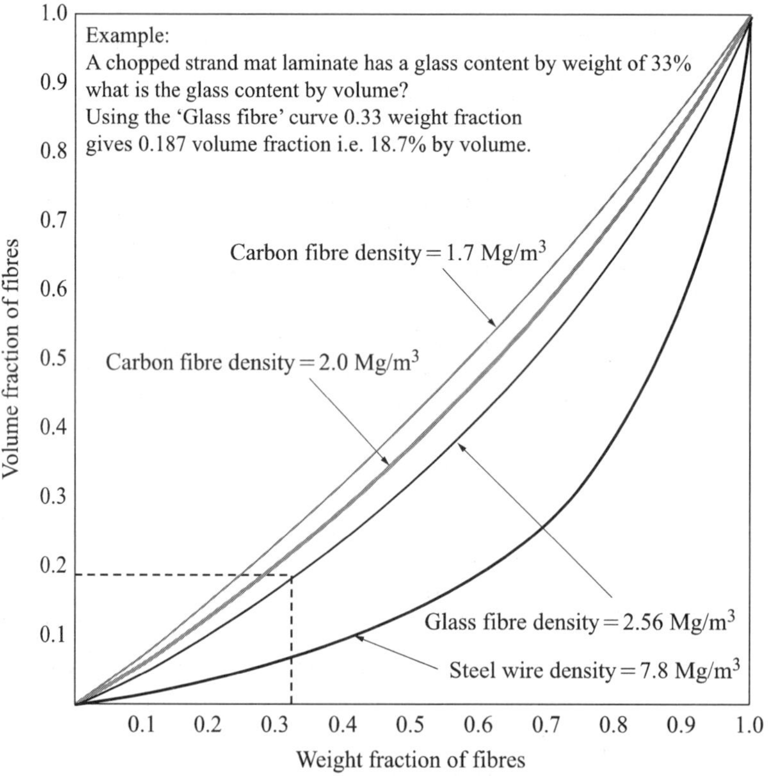

그림 4.2 섬유의 중량비 대 섬유의 부피비

3. 단층의 밀도

복합신소재의 밀도는 혼합법(rules of mixture)인 다음 식 (4.5) 또는 (4.6)을 적용하여 구성재료의 부피비를 이용하여 정확히 계산할 수 있다.

$$\Delta_k = \Delta_f V_f + \Delta_m V_m \tag{4.5}$$

$$\Delta_k = \Delta_f V_f + \Delta_m (1 - V_f) \tag{4.6}$$

여기서, Δ_f : 섬유의 밀도, V_f : 섬유의 부피비, Δ_m : 수지의 밀도, V_m : 수지의 부피비를 뜻한다. 또한, 복합신소재 단층의 밀도는 일반적으로 다음 식 (4.7)을 이용하여 단층의 구성재료의 중량비로 계산할 수 있다.

$$\Delta_k = \frac{1}{\dfrac{W_1}{\Delta_1} + \dfrac{W_2}{\Delta_2} + \dfrac{W_3}{\Delta_3} + \text{etc.}} \tag{4.7}$$

섬유의 부피비에 대한 단층의 밀도를 그림 4.3과 같이 나타낼 수 있다.

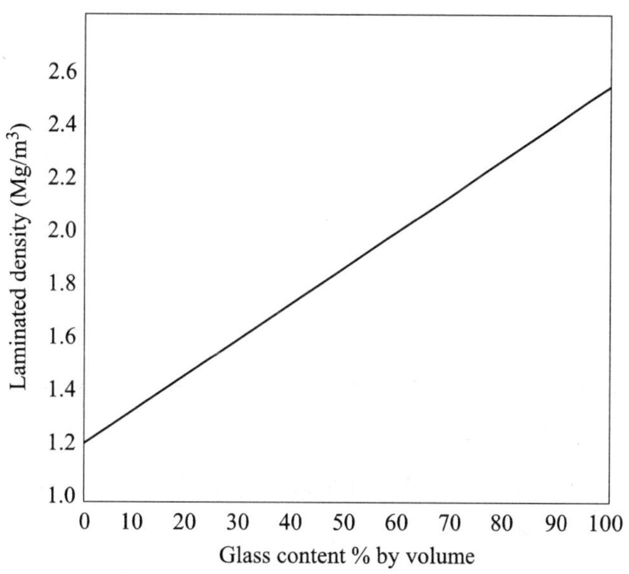

그림 4.3 섬유의 부피비에 따른 단층의 밀도

4. 일방향 섬유 구성 단층 탄성계수 결정

복합신소재 구성재료인 섬유와 수지의 부피비율은 재료역학적인 방법인 Halpin-Tsai 혼합법칙을 기초로 한 혼합법을 이용하여 다음과 같이 식 (4.8), (4.9)로 나타낼 수 있다.

$$V_f = \frac{\dfrac{w_f}{\rho_f}}{\left\{\dfrac{w_f}{\rho_f} + \dfrac{w_m}{\rho_m}\right\}} \tag{4.8}$$

$$V_m = 1 - V_f \tag{4.9}$$

여기서, w_f, w_m은 섬유와 수지의 중량비를 각각 나타내며, ρ_f, ρ_m은 섬유와 수지의 비중을 각각 나타낸다. 그리고 V_f, V_m는 섬유와 수지의 부피를 각각 나타낸다. 그리고 재료역학적인 방법인 혼합법을 이용하여 계산되는 단층의 역학적 성질은 다음 식 (4.10)로 구할 수 있다.

$$E_1 = E_f V_f + E_m V_m \tag{4.10a}$$

$$E_2 = \frac{1}{\left\{\dfrac{V_f}{E_f} + \dfrac{V_m}{E_m}\right\}} \tag{4.10b}$$

$$G_{12} = \frac{1}{\left\{\dfrac{V_f}{G_f} + \dfrac{V_m}{G_m}\right\}} \tag{4.10c}$$

$$\nu_{12} = \nu_f V_f + \nu_m V_m \tag{4.10d}$$

여기서, E_f, E_m는 각각 섬유와 수지의 탄성계수를 나타내며, E_1, E_2는 섬유방향인 0° 및 섬유직각방향 90°의 각각 단층의 탄성계수를 말하며, G_{12}, ν_{12}는 단층의 면내 전단탄성계수 및 포아송비를 나타낸다. 상기 식 (4.10)을 통하여 계산된 단층의 역학적 물성값을 이용하여 복합신소재 구조부재의 소요두께에 도달되도록 적층설계를 하여야 한다. 이러한 단층 강성값은 구성재료인 섬유와 수지의 물성값에 대한 재료시험과 제조사의 데이터를 이용하여 신뢰성 있게 계산되어야 한다. Halpin-Tsai 혼합법칙을 기반으로 한 복합신소재구조 단층설계에 필요한 자료를 그림 4.4~4.10까지 확인할 수 있다. 본 그림의 복합신소재 단층은 다음과 같은 섬유와 수지의 물성값을 기반으로 하여 작성된 것이다.

표 4.2 단층 구성 섬유 및 수지의 재료 물성

성질	단위	섬유	수지
밀도	kg/m^3	2550	1230
탄성계수	kN/mm^2	72.4	3.7
포아송비	-	0.32	0.42
전단탄성계수	kN/mm^2	27.4	1.3
열팽창계수	10^{-6}/℃	2.8	100

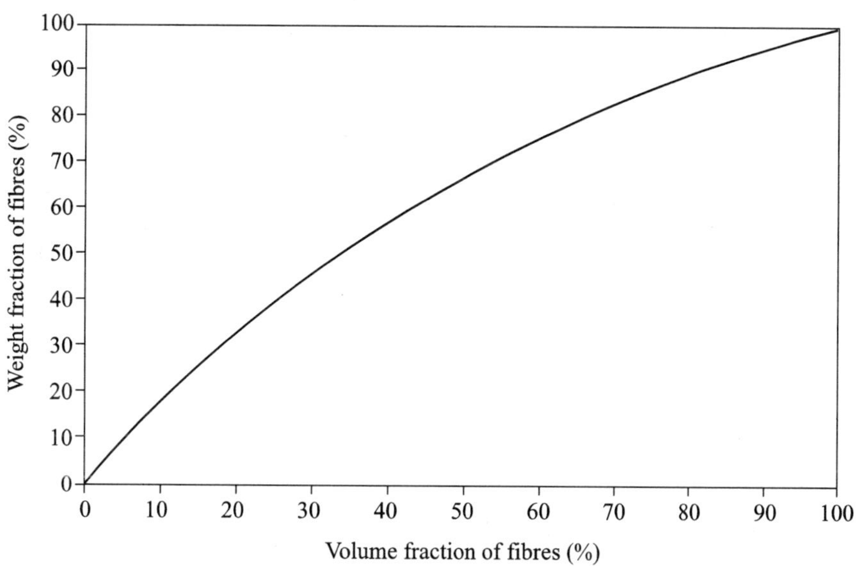

그림 4.4 일방향 섬유를 갖는 복합적층의 설계: Halpin–Tsai 혼합법칙, 무게와 부피의 관계

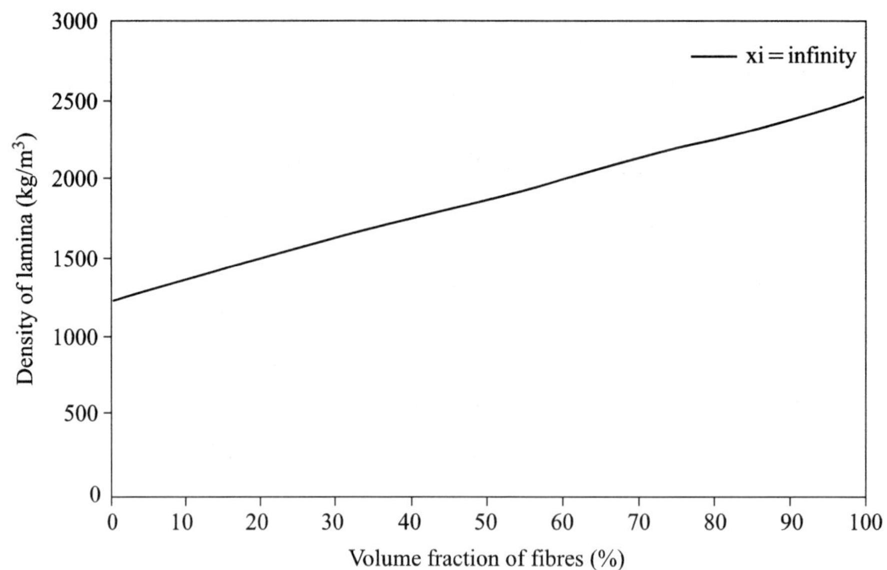

그림 4.5 일방향 섬유를 갖는 복합적층의 설계: Halpin–Tsai 혼합법칙, 밀도와 부피의 관계

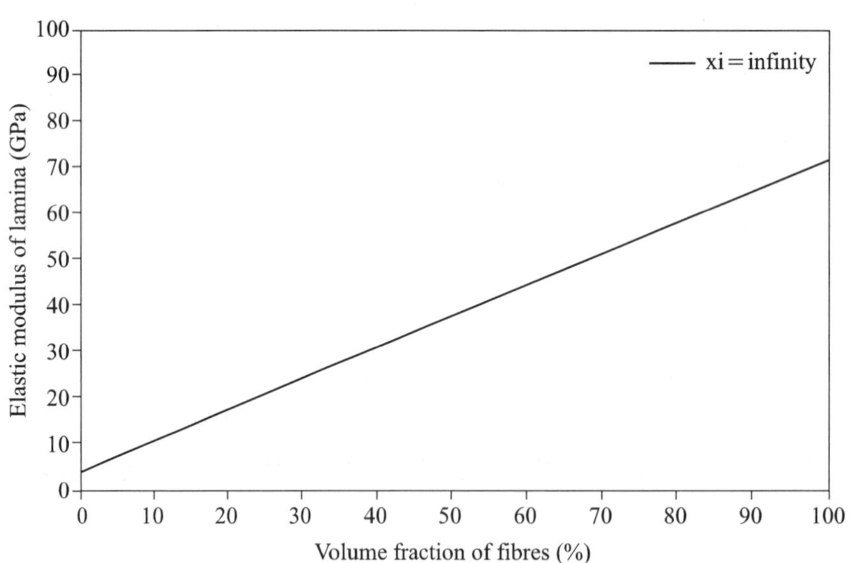

그림 4.6 일방향 섬유를 갖는 복합적층의 설계: Halpin–Tsai 혼합법칙, 탄성계수와 부피의 관계

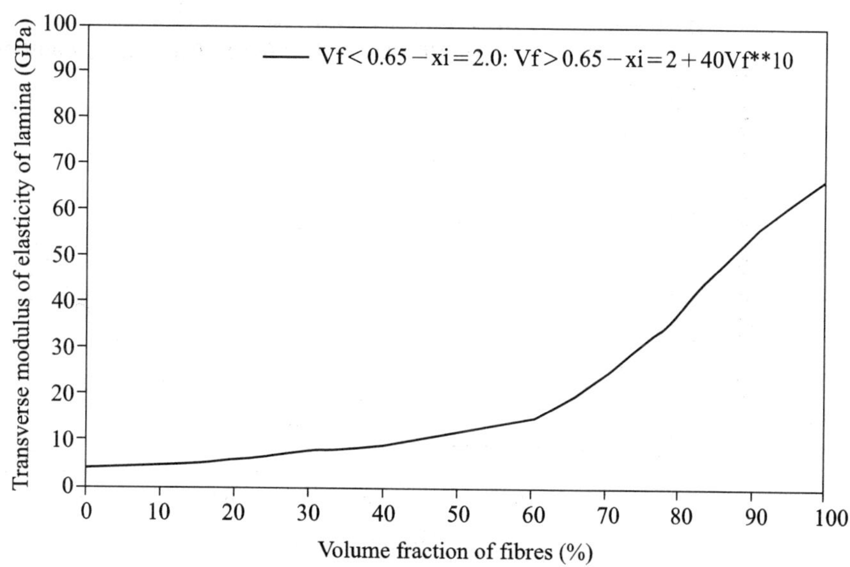

그림 4.7 일방향 섬유를 갖는 복합적층의 설계: Halpin-Tsai 혼합법칙, 횡방향 탄성계수와 부피의 관계

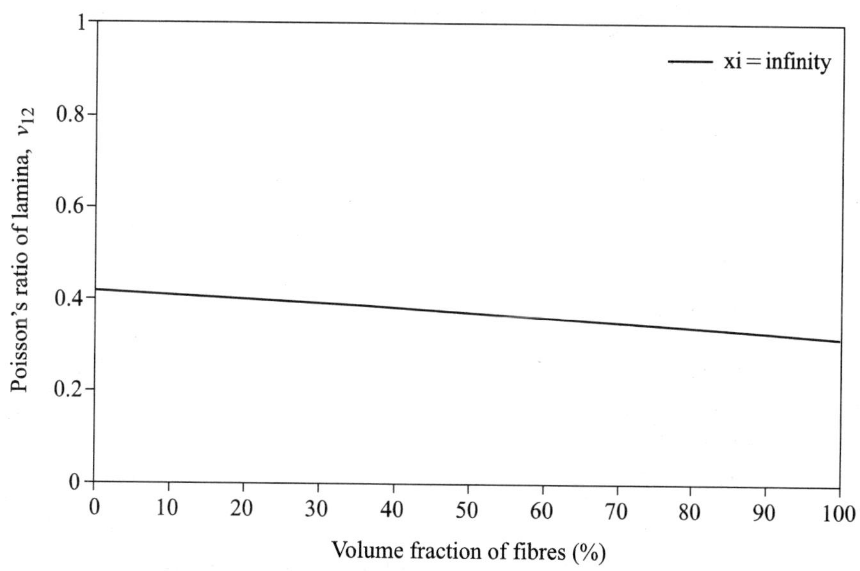

그림 4.8 일방향 섬유를 갖는 복합적층의 설계: Halpin-Tsai 혼합법칙, 포아송비와 부피의 관계

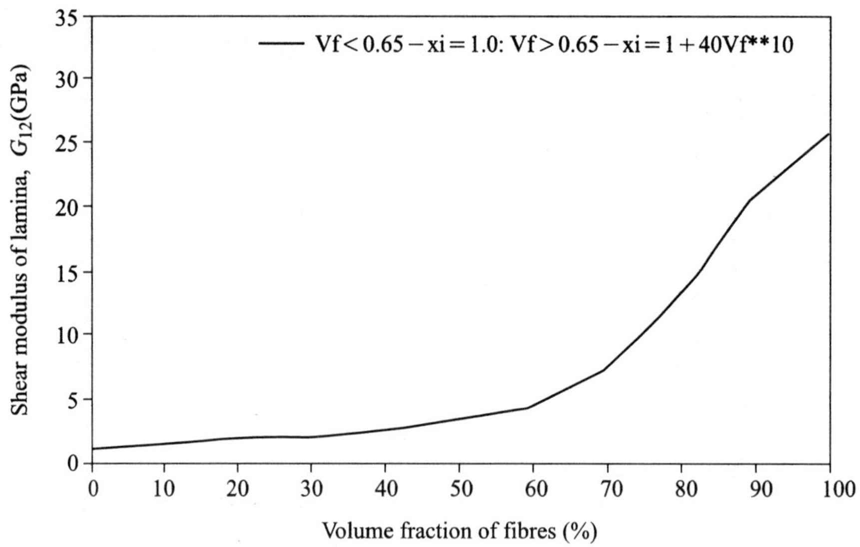

그림 4.9 일방향 섬유를 갖는 복합적층의 설계: Halpin-Tsai 혼합법칙, 전단탄성계수와 부피의 관계

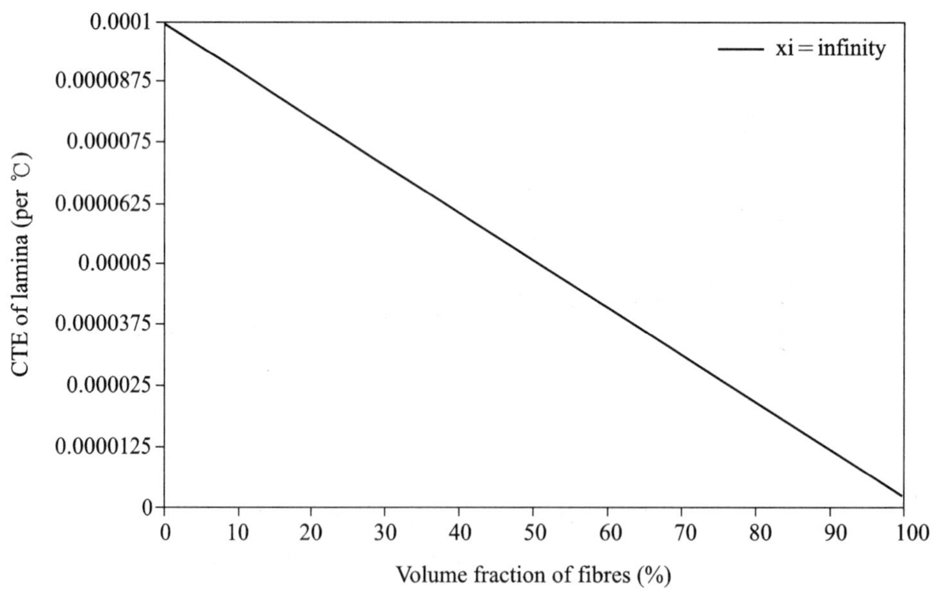

그림 4.10 일방향 섬유를 갖는 복합적층의 설계: Halpin-Tsai 혼합법칙, 열팽창계수와 부피의 관계

섬유의 부피비에 따른 단층의 역학적(기계적) 성질값과 섬유의 중량비에 대한 인장강도의 값을 그림 4.11, 4.12에 나타내었다.

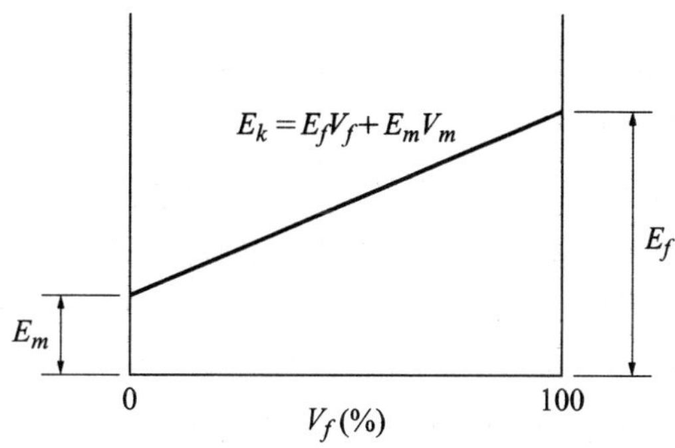

그림 4.11 섬유의 부피비에 따른 단층의 기계적(역학적) 성질값

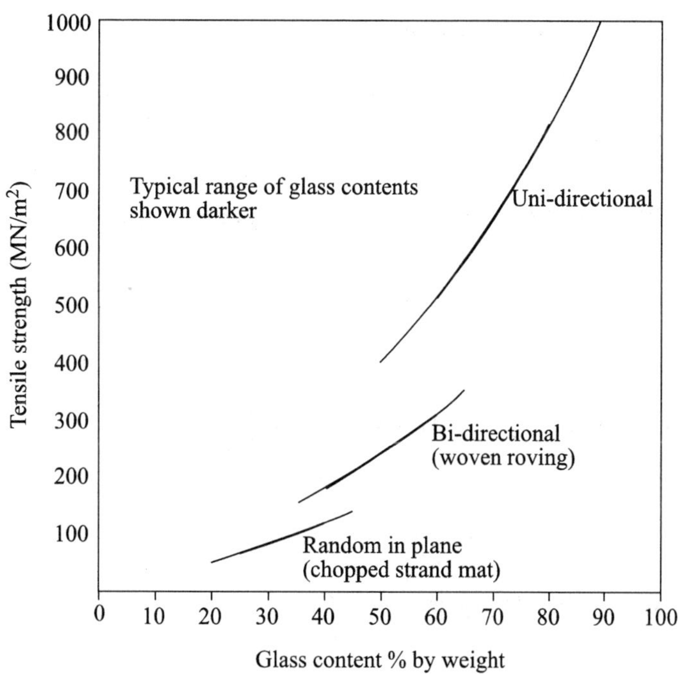

그림 4.12 섬유의 중량비에 대한 인장강도

4.2.2 제직섬유 구성 단층

1. 개요

현재 국내에서 구조용 부재로 생산되어지는 섬유를 이용한 단층의 적층형태를 표 4.3과 같이 나타내고 있다. 단층 제조를 위한 섬유의 제직형태는 표 4.3에서 알 수 있듯이 섬유배열이 단층의 작용하중과 같은 방향인 경우 0°, 섬유배열이 단층의 작용하중과 직각방향인 경우 90°, 그리고 섬유배열이 단층의 작용하중과 사선방향인 경우 ±45°로 일반적으로 섬유배열 각도를 나타낼 수 있다. 복합신소재의 역학적 성질은 섬유의 분포나 배열에 따라 크게 좌우된다. 역학적 성질을 추정하는 방법에는 재료역학적인 방법인 혼합법(rules of mixture)과 변분의 원리를 이용한 방법 등이 있으나, 이 책 또는 관련 설계지침에서는 섬유와 수지의 함량에 따라 계산되는 혼합법을 이용하여 단층의 역학적 성질을 구할 수 있다.

표 4.3 섬유의 제직형태

	Layer Construction					
Uniaxial	L series		0°	T series		90°
Biaxial & Double Bias	LT series		0° 90°	DS series		+45° −45°
Triaxial	DBL series		0° +45° −45°	DBT series		+45° 90° −45°
Quadriaxial	DBLT series		0° +45° 90° −45°			

2. 제직섬유 구성 단층 탄성계수

제직섬유 보강 단층의 탄성계수는 실험 결과 또는 제조의 데이터로부터 결정되어야 한다. 실험 결과값 또는 제조의 데이터가 없을 때는 제직로빙에 대한 대표 물성값은 다음 표에 주어진 선형방정식을 사용하여 구할 수 있다. 이 선형방정식은 40~55% 범위의 섬유무게를 가진 복합신소재에서 유효하다. 제직로빙의 단층 탄성계수는 섬유와

수지의 흩어짐으로 인해 상당히 변할 수 있음을 고려하여야 한다. 또한 단섬유 보강 단층의 탄성계수는 섬유와 기지 특성의 흩어짐으로 인해 상당히 변할 수 있음을 고려하여야 한다.

표 4.4 E-유리섬유 제직로빙/폴리에스터 물성값
(수적층 방법, 섬유함유량 범위; 40~55%)

물성	섬유중량비(w_f)
인장탄성계수, E_t(kN/mm^2)	
하한값	$30w_f - 4$
상한값	$30w_f - 2$
휨탄성계수, E_f(kN/mm^2)	$w_f + 13$
면내 전단탄성계수, G_{12}(kN/mm^2)	3.6
포아송비, ν_{12}	
압축	0.25
인장	0.13

예제 : 50% 무게에 대해서, $E_{t(lower)} = 30 \times 50/(100) - 4 = 11$ kN/mm^2

표 4.5 E-유리섬유 CSM/폴리에스터 물성값
(수적층 방법, 섬유함유량 범위; 20~30%)

물성	섬유중량비(w_f)
인장탄성계수, E_t(kN/mm^2)	
하한값	$21w_f + 1$
상한값	$21w_f + 3$
휨탄성계수, E_f(kN/mm^2)	$11w_f + 3$
면내 전단탄성계수, G_{12}(kN/mm^2)	2.76
포아송비, ν_{12}	
압축	0.42
인장	0.32

예제 : 25% 무게에 대해서, $E_{t(lower)} = 21 \times 25/(100) + 1 = 6.25$ kN/mm^2

4.2.3 적층(Laminate)

1. 적층 탄성계수

적층 탄성계수는 각 단층별로 제직섬유방향의 다양한 각도배열을 가지고 이에 대한 고전 적층 이론을 이용하여 다음과 같은 단계별로 산정할 수 있다.

단계 1

사전에 알고 있는 각 단층의 물성값인 E_1, E_2, G_{12}, ν_{12}를 사용하여 다음 식 (4.11)을 이용하여 복합신소재 공학상수값인 Q_{11}, Q_{22}, Q_{66}, Q_{12}를 결정하여야 한다.

$$\begin{aligned} Q_{11} &= E_1 / (1-\nu_{12}\nu_{21}) \\ Q_{22} &= E_2 / (1-\nu_{12}\nu_{21}) \\ Q_{66} &= G_{12} \\ Q_{12} &= \nu_{21}E_1 / (1-\nu_{12}\nu_{21}) \\ \nu_{21} &= (E_2/E_1)\nu_{12} \end{aligned} \tag{4.11}$$

단계 2

각 단층의 강성 Q_{ij} 얻어지면, 각 변환을 통해 $\overline{Q}_{ij}$을 계산한다.

	Q_{11}	Q_{22}	Q_{12}	Q_{66}
$\overline{Q}_{11}$	n^4	n^4	$2m^2n^2$	$4m^2n^2$
$\overline{Q}_{22}$	n^4	m^4	$2m^2n^2$	$4m^2n^2$
$\overline{Q}_{12}$	m^2n^2	m^2n^2	m^4+n^4	$-4m^2n^2$
$\overline{Q}_{66}$	m^2n^2	m^2n^2	$-2m^2n^2$	$(m^2-n^2)^2$
$\overline{Q}_{16}$	$-m^3n$	mn^3	$-mn(m^2-n^2)$	$-2mn(m^2-n^2)$
$\overline{Q}_{26}$	$-mn^3$	m^3n^2	$mn(m^2-n^2)$	$2mn(m^2-n^2)$

여기서, $m=\cos\theta$, $n=\sin\theta$이며, θ는 보강섬유의 구조축에 대한 좌표변환의 각도를 뜻한다.

단계 3

다음 그림 4.13과 같이 적층 중간 평판으로부터 k^{th}번째의 아래 적층평판까지의 거리 h_{k-1}와 위 적층평판까지의 거리 h_k을 각 적층 조건에 대해서 결정한다.

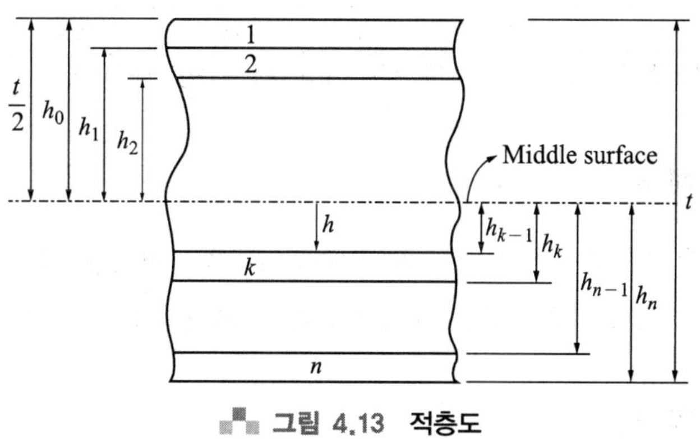

그림 4.13 적층도

단계 4

다음 식 (4.12)를 이용하여 적층에 대한 A_{ij}, B_{ij} 그리고 D_{ij}을 구한다.

$$\begin{aligned} A_{ij} &= \sum_{k=1}^{n} (\overline{Q}_{ij})_k (h_k - h_{k-1}) && i,\ j=1,\ 2,\ 6 \\ B_{ij} &= 1/2 \sum_{k=1}^{n} (\overline{Q}_{ij})_k (h_k^2 - h_{k-1}^2) && i,\ j=1,\ 2,\ 6 \\ D_{ij} &= 1/3 \sum_{k=1}^{n} (\overline{Q}_{ij})_k (h_k^3 - h_{k-1}^3) && i,\ j=1,\ 2,\ 6 \end{aligned} \tag{4.12}$$

여기서, A_{ij} : 적층에 관한 면내력 강도(extensional stiffness)
B_{ij} : 적층에 관한 휨 - 면내력 복합강도(coupling stiffness)
D_{ij} : 적층에 관한 휨강도(bending stiffness)
n : 단층의 적층수

A_{ij}, B_{ij}, D_{ij}를 다음의 힘과 모멘트, 변형률 및 곡률의 관계로 나타낸다.

	ε_x	ε_y	ε_{xy}	κ_x	κ_y	κ_{xy}
N_x	A_{11}	A_{12}	A_{16}	B_{11}	B_{12}	B_{16}
N_y	A_{21}	A_{22}	A_{26}	B_{12}	B_{22}	B_{26}
N_{xy}	A_{16}	A_{26}	A_{66}	B_{16}	B_{26}	B_{66}
M_x	B_{11}	B_{12}	B_{16}	D_{11}	D_{12}	D_{16}
M_y	B_{12}	B_{22}	B_{26}	D_{12}	D_{22}	D_{26}
M_{xy}	B_{16}	B_{26}	B_{66}	D_{16}	D_{26}	D_{66}

여기서, N은 힘, M은 모멘트, ε은 변형률, κ는 곡률을 나타낸다.

단계 5

적층 강성을 이루는 A_{ij}, B_{ij} 그리고 D_{ij}을 구해지면, 적층 강성행렬을 역변환함으로서 연관되는 컴플라이언스 a_{ij}, b_{ij}, d_{ij}를 계산한다.

단계 6

컴플라이언스 a_{ij}, b_{ij}, d_{ij}이 구해지면, 적층의 탄성계수를 계산한다. 등가 멤브레인 (membrane) 탄성계수는 다음 식과 같이 나타낼 수 있다.

$$
\begin{aligned}
E_x &= 1 / ha_{11} \\
E_y &= 1 / ha_{22} \\
G_{xy} &= 1 / ha_{66} \\
\nu_{xy} &= -a_{12} / a_{11} \\
\nu_{yx} &= -a_{12} / a_{22}
\end{aligned}
\tag{4.13}
$$

등가 휨탄성계수는 다음 식과 같이 나타낼 수 있다.

$$
\begin{aligned}
E_x &= 12 / h^3 d_{11} \\
E_y &= 12 / h^3 d_{22} \\
G_{xy} &= 12 / h^3 d_{66} \\
\nu_{xy} &= -d_{12} / d_{11} \\
\nu_{yx} &= -d_{12} / d_{22}
\end{aligned}
\tag{4.14}
$$

적층 강성과 등가 탄성 특성에 대한 위 단계는 그림 4.14의 순서도로 요약되어 있다.

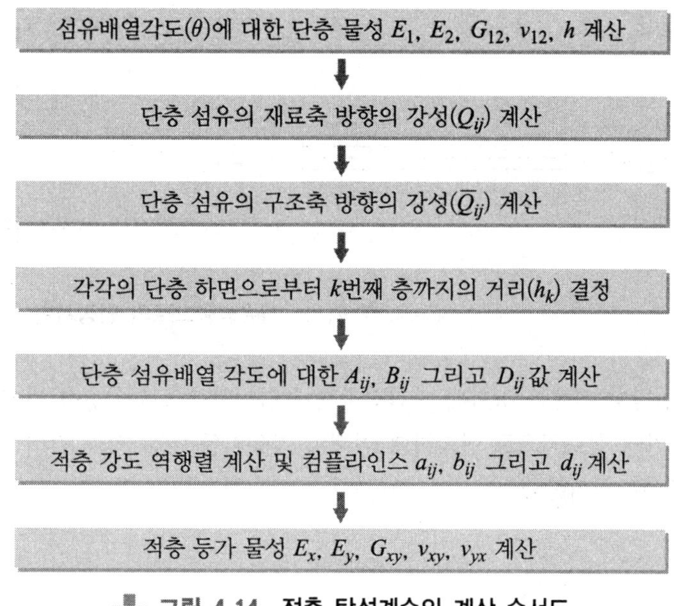

그림 4.14 적층 탄성계수의 계산 순서도

4.2.4 적층 구조단면

주로 인발성형 제조법으로 제작되는 복합신소재구조 단면을 갖는 구조부재로 구조물 신설 및 기존 구조물 보강할 때 그 구조체에 대한 적층 구조단면의 축강성(E_LA), 및 휨강성(E_LI)을 구하기 위해 혼합법칙을 사용하여 종방향에 대한 물성값을 산정할 수 있다. 여기서, E_L는 일정한 두께를 갖는 적층 구조단면의 종 탄성계수이다.

4.3 시험에 의한 복합신소재의 탄성계수 결정

4.3.1 일방향 섬유 구성 단층의 섬유방향 인장시험

일방향 섬유로 구성되어 있는 한 개의 단층을 그림 4.15와 같이 인장응력을 주어 당기면 섬유방향으로는 팽창하고 섬유에 수직되는 방향으로는 축소가 된다.

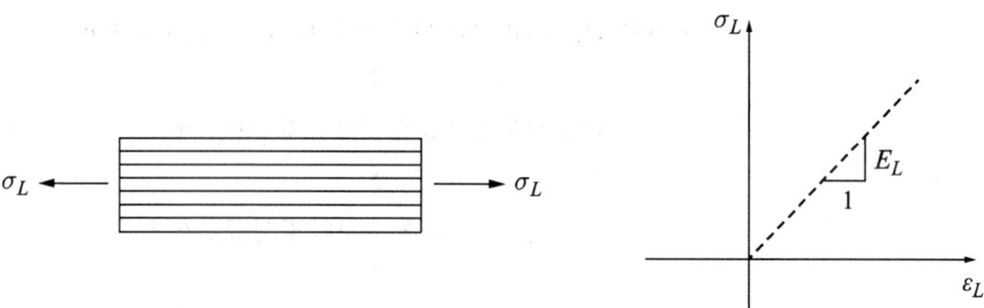

그림 4.15 섬유방향으로의 인장시험

일방향 섬유로 강화된 복합신소재에 길이방향으로 인장을 가하면 파괴가 생길 때까지 거의 선형적으로 변화하며 이때의 기울기를 아래 식과 같이 측정하여 종 탄성계수 (E_L)로 정의한다.

$$E_L = \frac{\sigma_L}{\varepsilon_L} = \frac{\sigma_1}{\varepsilon_1} \tag{4.15}$$

또한 주 포아송비(ν_{LT})를 아래 식과 같이 정의한다.

$$\nu_{LT} = -\frac{\varepsilon_T}{\varepsilon_L} = -\frac{\varepsilon_2}{\varepsilon_1} = \nu_{12} \tag{4.16}$$

4.3.2 일방향 섬유 구성 단층의 섬유에 수직한 방향 인장시험

일방향 섬유로 구성되어 있는 한 개의 단층을 그림 4.16과 같이 섬유에 수직한 방향으로 인장응력을 주어 당기면 섬유에 수직한 방향으로는 팽창하고 섬유방향으로는 축소가 된다.

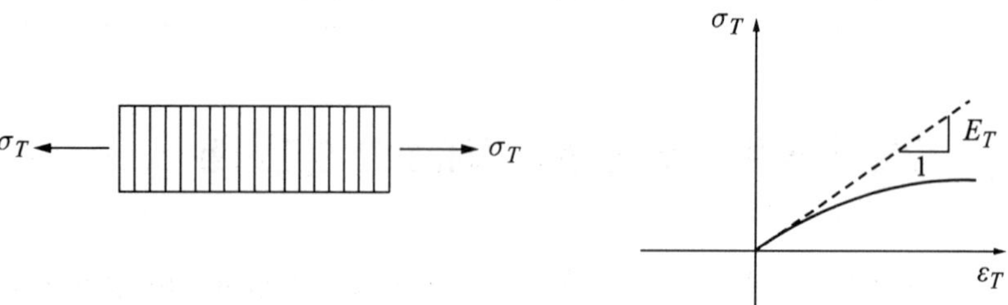

그림 4.16 섬유에 수직한 방향으로의 인장시험

일방향 섬유로 강화된 복합신소재의 섬유에 수직한 방향으로 인장을 가하면 응력과 변형률과의 관계 일반적으로 일정한 값을 갖지 않고 변화하므로 초기치를 사용한다. 이 때 초기의 기울기를 아래 식과 같이 측정하여 횡 탄성계수(E_T)로 정의한다.

$$E_T = \frac{\sigma_T}{\varepsilon_T} = \frac{\sigma_2}{\varepsilon_2} \tag{4.17}$$

또한 부 포아송비를 아래 식과 같이 정의한다.

$$\nu_{TL} = -\frac{\varepsilon_L}{\varepsilon_T} = -\frac{\varepsilon_1}{\varepsilon_2} = \nu_{21} \tag{4.18}$$

4.3.3 일방향 섬유 구성 단층의 전단시험

일방향 섬유로 구성되어 있는 한 개의 단층을 그림 4.17과 같이 전단응력을 가하면 전단변형률이 발생한다.

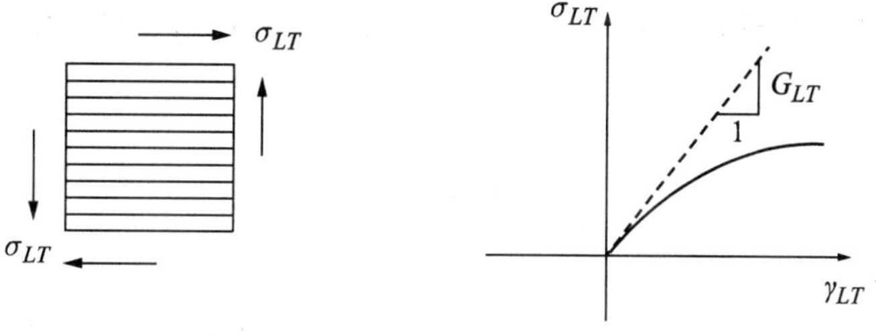

그림 4.17 전단시험

섬유로 강화된 복합신소재에 전단응력을 가하면 응력과 변형률과의 관계 일반적으로 일정한 값을 갖지 않으므로 초기치를 사용한다. 이 때 초기의 기울기를 아래 식과 같이 측정하여 횡 전단탄성계수(G_{LT})로 정의한다.

$$G_{LT} = \frac{\sigma_{LT}}{\gamma_{LT}} = \frac{\sigma_6}{\varepsilon_6} = G_{12} \tag{4.19}$$

4.3.4 축소강성(Q_{ij})의 결정

그림 4.15의 일방향 섬유 구성 단층의 섬유방향으로 인장응력을 가할 경우에 일반적인 후크의 법칙은 다음 식과 같이 나타낼 수 있다.

$$\sigma_1 = Q_{11}\varepsilon_1 + Q_{12}\varepsilon_2 = \sigma_L \tag{4.20}$$

$$\sigma_2 = Q_{12}\varepsilon_1 + Q_{22}\varepsilon_2 = 0 \tag{4.21}$$

$$\sigma_6 = Q_{66}\varepsilon_6 = 0 \tag{4.22}$$

여기서,

$$\varepsilon_6 = 0 \tag{4.23}$$

이며, 상기 식 (4.21)로부터 다음과 같이 나타낼 수 있다.

$$\nu_{LT} = \nu_{12} = -\frac{\varepsilon_2}{\varepsilon_1} = \frac{Q_{12}}{Q_{22}} \tag{4.24}$$

상기 식 (4.24)로부터 ε_2를 구하여 상기 식 (4.20)에 대입하면 다음 식과 같이 나타낼 수 있다.

$$\frac{\sigma_1}{\varepsilon_1} = Q_{11} - \frac{Q_{12}^2}{Q_{22}} = \frac{\sigma_L}{\varepsilon_L} = E_L \tag{4.25}$$

동일한 방법으로 그림 4.16의 일방향 섬유 구성 단층의 섬유에 수직한 방향으로 인장응력을 가할 경우에 일반적인 후크의 법칙은 다음 식과 같이 나타낼 수 있다.

$$\sigma_1 = Q_{11}\varepsilon_1 + Q_{12}\varepsilon_2 = 0 \tag{4.26}$$

$$\sigma_2 = Q_{12}\varepsilon_1 + Q_{22}\varepsilon_2 = \sigma_T \tag{4.27}$$

$$\sigma_6 = Q_{66}\varepsilon_6 = 0 \tag{4.28}$$

여기서,

$$\varepsilon_6 = 0 \tag{4.29}$$

이며, 상기 식 (4.26)으로부터 다음과 같이 나타낼 수 있다.

$$\nu_{TL} = \nu_{21} = -\frac{\varepsilon_1}{\varepsilon_2} = \frac{Q_{12}}{Q_{11}} \tag{4.30}$$

상기 식 (4.30)으로부터 ε_1를 구하여 상기 식 (4.27)에 대입하면 다음 식과 같이 나타낼 수 있다.

$$\frac{\sigma_2}{\varepsilon_2} = Q_{22} - \frac{Q_{12}^2}{Q_{11}} = \frac{\sigma_T}{\varepsilon_T} = E_T \tag{4.31}$$

동일한 방법으로 그림 4.17의 일방향 섬유 구성 단층에 전단응력을 가할 경우에 일반적인 후크의 법칙은 다음 식과 같이 나타낼 수 있다.

$$\sigma_1 = Q_{11}\varepsilon_1 + Q_{12}\varepsilon_2 = 0 \tag{4.32}$$

$$\sigma_2 = Q_{12}\varepsilon_1 + Q_{22}\varepsilon_2 = 0 \tag{4.33}$$

$$\sigma_6 = Q_{66}\varepsilon_6 = 0 \tag{4.34}$$

여기서,

$$\varepsilon_1 = \varepsilon_2 = 0 \tag{4.35}$$

이며, 상기 식 (4.34)로부터 다음과 같이 나타낼 수 있다.

$$G_{LT} = Q_{66} = G_{12} \tag{4.36}$$

지금까지 구한 값을 다시 요약하여 다음과 같이 나타낼 수 있다.

$$E_L = Q_{11} - \frac{Q_{12}^2}{Q_{22}} \tag{4.37}$$

$$E_T = Q_{22} - \frac{Q_{12}^2}{Q_{11}} \tag{4.38}$$

$$G_{LT} = Q_{66} \tag{4.39}$$

$$\nu_{LT} = \frac{Q_{12}}{Q_{11}} \tag{4.40}$$

$$\nu_{TL} = \frac{Q_{12}}{Q_{11}} \tag{4.41}$$

상기 식 (4.37)에서 (4.41)로부터 다음 식이 성립될 수 있음을 알 수 있다.

$$E_L \nu_{TL} = E_T \nu_{LT} \tag{4.42}$$

상기 식 (4.37)에서 (4.41)로부터 단층의 축소강성 Q_{ij}에 대하여 나타내면 다음 식과 같이 나타낼 수 있다.

$$Q_{11} = \frac{E_L}{1 - \nu_{LT}\nu_{TL}} \tag{4.43}$$

$$Q_{22} = \frac{E_T}{1 - \nu_{LT}\nu_{TL}} \tag{4.44}$$

$$Q_{12} = Q_{21} = \frac{\nu_{LT} E_T}{1 - \nu_{LT}\nu_{TL}} = \frac{\nu_{TL} E_L}{1 - \nu_{LT}\nu_{TL}} \tag{4.45}$$

$$Q_{66} = G_{LT} \tag{4.46}$$

$$E_L \nu_{TL} = E_T \nu_{LT} \tag{4.47}$$

상기 식에서 알 수 있는 바와 같이 단층의 축소강성 Q_{ij}를 산정하기 위해서는 복합신소재의 4가지 물성값인 E_L, E_T, ν_{LT} 및 G_{LT}를 알고 있어야 한다.

4.4 품질시험 방법 및 기준

4.4.1 개요

건설구조물은 강도 및 사용성 향상을 위하여 사용되는 재료의 역학적(기계적) 성질, 물리적 성질 및 화학적 성질을 정확히 구하여 설계 시 적용하여야 할 것이다. 고분자 기지 복합신소재는 우수한 비강도, 비강성 등의 성능특성을 지니고 있어 건설 분야의 구조물 건설용 재료로 사용되고 있다. 그러나 등방성 재료인 콘크리트, 강재와 달리 비

등방성 재료인 복합신소재는 각 방향에 대한 재료의 물성값이 다르고 섬유 보강재의 종류 및 기지재료의 구성에 의해 물성값이 상이하기 때문에 동일한 시험편 형상이나 시험방법으로 규정할 수 없다. 이러한 특성으로 복합신소재 시험의 종류가 많고 정확한 물성값을 산정하기 위한 시편의 형태 및 시험치구의 설계가 필요하며, 합리적인 시험자료의 분석이 심층 요구되고 있다. 따라서 복합신소재 응용기술의 실용화를 위해서 확보되어야 할 기술이 복합신소재 품질평가기술 평가에 있다. 이로서, 복합신소재가 건설구조물에 적용될 때 재료설계에 따른 복합신소재 구성재료 성능이 달성되어 있는가, 제조공정의 파괴원인이 되는 결함검출 기술방법과 그 결함제거 기술이 타당한 가 등이 확인되어야 한다.

따라서 이 절에서는 건설 분야에서 복합신소재 적용에 있어서 품질 및 신뢰성의 평가를 위한 복합신소재의 품질평가기술에 대해서 종래 제안된 방법을 기초로 하여, 1. 섬유와 기지에 대한 품질평가, 2. 제조공정에 대한 품질평가, 3. 결함검출과 신뢰성평가, 4. 파괴역학과 동역학 특성평가, 5. 환경특성평가 방법으로 분류하여 기술하고자 한다.

1. 섬유와 기지에 대한 품질평가

고분자기지 복합신소재의 주요 구성재료인 섬유와 수지에 관한 평가기술로서는 섬유의 표면특성이 취급되어야 한다. 여기서는 섬유와 수지와의 계면에 대한 기초물성으로서 중요한 비표면적의 측정정도의 향상을 달성시키는 동시에 계면 강도에 역학적(기계적)으로 영향을 준다. 즉 층간 전단강도, 계면 전단강도 및 계면 인장강도에 대한 평가기술이 요구된다. 특히 계면 전단강도 평가는 단섬유 함침 수지시험편을 사용하는 방법이 중요하다. 또한 섬유와 수지간의 접착 적합성의 평가를 위해서는 고온에서 층간 전단강도의 시험방법이 요구된다. 수지는 내열수지의 열적 성능에 대한 평가기술의 표준화가 요구된다.

2. 제조공정에 대한 품질평가

고분자기지 복합신소재구조의 제조를 위한 품질평가기술로서는 제조에 있어서 경화반응의 검출기술로 평가된다. 복합신소재는 서로 다른 소재의 복합화에 의해 달성되는 구조재료이므로 제조 시 혹은 운용과정에 있어서 필연적으로 각종의 결함이 생기고 있다. 또 이들 결함이 실제 구조에 있어서 어느 정도 허용하는 결함자체를 비파괴로 검출하는 평가기술을 요구하고 있다. 대표적인 제조공정에서 결함은 공극 및 층간 박리에 대해서 정적 및 동적 층간 전단강도에 대한 적용한계를 제시하여야 한다. 제조

시 박리결함을 검출하는 평가기술이 요구된다.

3. 결함검출과 신뢰성평가

고분자기지 복합신소재의 결함허용수준이 분명해지면 그 수준에 해당하는 결함을 검출하면 좋을 것이다. 복합신소재의 결함은 공극 및 층간 박리로 주로 나타나고 있는데 이에 대한 비파괴 검출기술을 확보하여서 신뢰성을 높여야 한다.

4. 파괴역학과 동역학 특성평가

복합신소재는 높은 비강성 및 비강도 특성을 가지고 있으나, 이러한 좋은 성질들은 사용하중과 환경에 대한 특성이 규명되었을 때만 잘 활용될 수가 있다. 이러한 특성들이 잘 알려져 있지 않은 경우 실제 구조를 설계할 때에 높은 안전율을 주게 되며, 따라서 재료의 이용강도를 낮추는 효과를 주게 된다. 그리고 재료가 동적인 하중상태와 충격하중을 받을 때 그리고 높거나 낮은 온도 및 수분 등에 노출되었을 때의 복합신소재의 특성을 잘 파악하고 있어야 한다.

1) 피로 특성

크기가 변하는 하중을 재료가 반복적으로 받으면, 반복하중의 최대크기가 재료의 인장강도보다 작을 때에도 일반적으로 재료의 파괴가 발생한다. 모든 구조물은 변동하는 하중상태에 있게 되므로 정적인 하중 및 동적인 하중을 동시에 고려하여 피로 설계 및 신뢰성 설계를 중요시 하는 경향이 있다. 복합신소재에 사용되는 섬유들은 일반적으로 매우 좋은 피로 특성을 가지고 있으며, 따라서 일방향 장 섬유 복합신소재는 섬유방향으로 매우 좋은 피로 특성을 가지고 있다. 그러나 복합신소재는 일반적으로 적층판 형태로 사용되므로, 어떤 플라이(ply)들은 하중방향으로의 강도가 낮기 때문에, 완전한 적층판의 파괴가 발생되기 전에 일부의 플라이의 파괴가 발생할 수가 있다. 복합적층판의 손상은 섬유와 기지사이의 계면(interface) 파괴, 기지(matrix)의 파괴, 섬유의 파괴 및 기공의 성장 혹은 층간 분리(delamination) 등의 현상으로 나타난다. 금속의 경우에 균열이 발견되면 곧 최종 파괴에 도달하는 것이 일반적이므로 안전하지 않게 생각되지만, 복합신소재의 경우는 피로수명내의 초기에 손상이 발견되더라도, 파괴의 진전이 이루어지지 않고 복합신소재의 내부에서 붙잡히는 경우도 있다. 그러나 중요한 구조물일 경우는 복합적층판의 어느 부분도 손상을 입지 않게 설계되어야 한다. 복합적층판 내의 플라이가 손상을 입으면, 복합신소재의 파괴가 일어나기 훨씬 전이라도

적층판의 강성값이 많이 감소할 수가 있다. 금속의 경우에는 균열의 크기가 크지 않으면 강성의 값이 감소하지 않으므로, 금속과 복합신소재의 경우에 강성값에 기준한 파괴기준, 즉 변위의 크기에 기준한 두 재료의 파괴기준은 다르게 된다. 따라서 금속에서 얻은 피로 파괴기준을 복합신소재에 그대로 적용시킬 수 없는 경우도 존재하게 된다. 따라서 복합신소재로 구조를 설계할 경우는 복합신소재의 피로 특성을 잘 파악하여야만 최적의 구조물을 설계할 수가 있다.

2) 충격 특성

구조물이나 구조요소들은 정도의 차이는 있으나 사용기간동안 충격하중을 받게 되어 있다. 따라서 구조물이 충격을 받았을 경우에 손상이 커서 위험이 초래되지 않게 하는 것이 매우 중요하다. 섬유 보강 고분자 복합신소재 중에서도 탄소섬유강화 고분자 복합신소재는 충격에 매우 약하며, 충격 후 압축강도가 매우 약하기 때문에, 섬유의 최대 변형률의 1/3인 0.5% 이내에서 설계변형률을 제한하게 된다.

5. 환경특성평가

복합신소재가 물이나, 수증기, 혹은 다른 부식성이 있는 환경에 노출되거나, 온도가 높거나 낮은 환경에서의 장시간의 물리적 및 화학적 안정성에 대한 고찰은 매우 중요하다. 복합신소재의 물성 저하는 ① 응력부식에 의한 강화 섬유의 강도 저하, ② 섬유와 기지사이의 계면 강도 저하에 의한 접착력의 저하, ③ 기지의 화학적 물성 저하, ④ 온도와 시간에 따른 기지의 강성과 강도의 저하, ⑤ 온도와 화학적인 환경의 복합적인 작용에 의한 가속화된 물성의 저하 등으로 나눌 수가 있다. 따라서 복합신소재의 물성 저하는 각 성분의 저하에 의한 것과, 성분 간의 결합 정도가 저하되어 나타날 수가 있다. 복합신소재 구조물의 강도 저하 즉, 노화에 의한 물성 저하에 큰 영향을 미치는 것이 자외선(UV) 및 습도이다. 일반적으로 자외선과 온도 및 습도가 복합적으로 재료의 노화를 가속화시키는 것이 일반적이다. 그 중에서 특히 수분의 영향은 고분자 사슬사이의 Van der Waals 결합을 방해하여 고분자 물질을 가소화시켜 고분자 기지재료의 유리전이온도를 감소시킨다. 이것은 결국 기지재료에 의하여 좌우되는 복합신소재의 강성과 강도를 저하시키게 된다.

4.4.2 재료시험

복합신소재를 구성하는 섬유와 기지 그 자체로서는 역학적 성질이 균질한 재료로 알려져 있다. 그러나 역학적 성질이 전혀 다른 두 재료의 합성으로 만들어지는 복합신소재는 그 제조방법, 첨가제, 작업자의 숙련도 및 장비, 제작 환경 등에 따라 그 역학적 물성이 기존의 콘크리트나 강재 등이 갖는 불확실성에 비해 상당히 큰 것이 현실이다. 따라서 강재, 콘크리트 등 기존재료의 설계와 달리 복합신소재는 기본 역학적 물성을 시험을 통해 파악하여야 한다. 또한 설계된 단면의 검증을 위해서도 반드시 재료시험이 수반되어야 한다. 복합신소재는 이미 항공, 우주, 국방 분야에서 사용되어 왔던 재료로서 선진국들을 중심으로 그 시험방법들이 상당히 구체적으로 잘 정립되어 있다.

세계의 각 국은 자체 재료시험기준들을 규격화하여 가지고 있으며, 그 기본적 개념은 유사함을 알 수가 있다. 주요 선진 각 국의 시험기준을 표 4.6과 같이 살펴보면, 국제표준 시험규격 ISO, 미국의 시험규격 ASTM, 영국의 시험규격 BS, 캐나다의 시험규격 CSA, 독일의 시험규격 DIN, 일본의 시험규격 JIS 그리고 한국의 시험규격 KS 기준 등이 있다.

표 4.6 각 국의 복합신소재 시험기준

구분	시험코드			
	인장시험	압축시험	휨시험	전단시험
ISO(국제표준)	527-5	14126	14125	14129
ASTM(미국)	D3039-76	D3410-75	D790-71	D3518-76
BS(영국)	EN 2782	EN ISO 14126	EN 2562	EN 14129
JIS(일본)	K7054	K7018	K7017	K7079
KS(한국)	F2241	F2248	F2242	F2248

복합신소재의 기본적인 역학적 성질을 추정하기 위한 재료시험의 종류는 크게 인장시험, 압축시험, 전단시험, 휨시험 및 층간 전단강도시험으로 분류할 수 있다. 각 국에서 규정하고 있는 시험규정은 시편의 크기, 재하속도 등에서 다소의 차이는 보이고 있으나, 그 차이는 별로 크지 않고 전반적으로 거의 유사한 시험방법을 채택하고 있다. 이 절에서는 각 시험방법의 시편제작 및 시험치구의 준비와 시험과정, 측정방법, 자료, 분석방법에 대하여 기술하였다.

1. 인장시험

인장시험은 인장하중에 대한 복합신소재의 섬유방향 및 섬유직각방향의 탄성계수, 섬유방향 및 섬유직각방향의 강도, 축방향 변형률과 축의 직각방향의 변형률의 포아송비, 섬유방향 및 섬유직각방향의 파단연신율 등을 구하는 시험으로 복합신소재의 재료시험 중에서 가장 대표적이고 기본적인 시험이다.

ASTM D3037-76의 시험규격은 그림 4.18과 같이 일정한 길이와 적층 시편에 탭(tab)을 붙인 규격이다. 여기서 탭은 인장시험기의 그립(grip)과 맞닿는 부분으로 그립을 조이는 힘에 의하여 발생할 수 있는 적층 시험편의 손상과 응력집중을 방지하는 역할을 한다.

시편의 두께변화는 전체 두께의 ±2% 이내이고 평행도 오차가 0.125 mm 이내이어야 하며, 시편의 가공은 미리 탭을 붙인 적층 판재로부터 가공되어야 한다. 인장시험용 시편은 섬유방향 0°, 섬유직각방향 90°이다. 인장시험 할 때 하중 가력속도를 0.2 mm/min로 작용시켜 시편이 파괴될 때까지 가력을 한다.

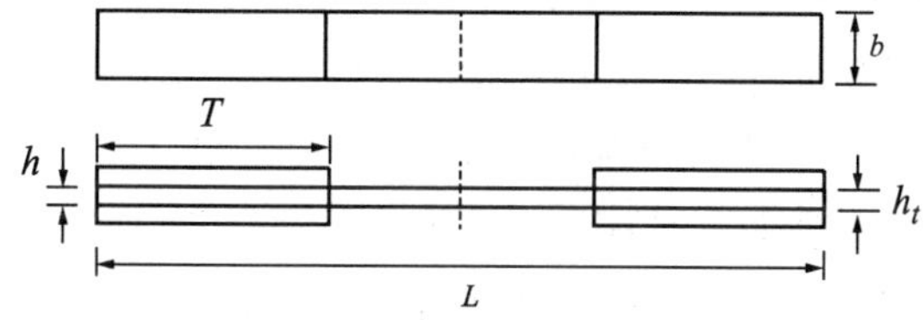

그림 4.18 인장강도 시험시편의 제원

표 4.7 시편의 제원 (단위 : mm)

섬유방향 \ 제원	L	b	h	T	h_t
0°	228	12.7	0.5～1.0	38	1.0～1.5
90°	165	25.4	1.5～2.5	38	1.5～2.0

그림 4.18 및 표 4.7에 제시된 제원으로 제작된 시편 중앙에 길이가 3～6 mm인 스트레인 게이지(strain gauge)를 하중방향과 하중방향의 직각방향으로 두 개 부착시킨다.

인장시험 후 시편의 응력과 변형률의 곡선을 나타낼 수 있으며, 응력(σ)은 하중을 시편의 단면적으로 나눈 값이 되며, 축방향 응력의 최댓값이 인장강도가 된다. 섬유방향이 0°인 시편으로부터 이 응력과 변형률의 곡선의 초기 직선구간에서 응력과 변형

률의 비가 탄성계수 $E_1(=\sigma/\varepsilon_1)$가 된다. 또한, 축방향 변형률과 축의 직각방향의 변형률의 포아송비 $\nu_{12}(=\varepsilon_2/\varepsilon_1)$를 시편에 대한 두 응력과 변형률 곡선으로부터 구할 수 있다. 동일한 방법으로 섬유방향이 90°인 시편으로부터 이 응력과 변형률의 곡선의 초기 직선구간에서 응력과 변형률의 비가 탄성계수 $E_2(=\sigma/\varepsilon_2)$가 된다. 또한, 축의 직각방향 변형률과 축방향의 변형률의 포아송비 $\nu_{21}(=\varepsilon_1/\varepsilon_2)$를 시편에 대한 두 응력과 변형률 곡선으로부터 구할 수 있다. 일반적으로 건설용 복합신소재구조는 주로 인발성형 공정으로 제작되므로 해당 구조체 시제품의 재료적 특성을 평가하기 위하여 제작된 구조체로부터 채취한 시편으로 재료시험을 수행한다. 이를 통해 재료의 물성값들을 추정하고 있다.

2. 압축시험

압축시험은 압축하중에 대한 복합신소재의 섬유방향 및 섬유직각방향의 탄성계수, 섬유방향 및 섬유직각방향의 강도, 축방향 변형률과 축의 직각방향의 변형률의 포아송비, 섬유방향 및 섬유직각방향의 파단연신율 등을 구하는 시험이다. 복합신소재의 압축강도는 재료 물성 중 가장 측정하기 어려운 재료 물성이다. 그 이유로 시편이나 치구의 기하학적 작은 변화에도 하중가력축과 시편축의 불일치가 발생하기 쉽고 시편의 옆면이 불확실하게 지지되면 좌굴에 의한 파괴가 발생할 수 있기 때문이다.

압축시험방법은 크게 세 가지 방법으로 분류할 수 있다. 첫째 방법은 시험부분의 길이가 짧은 시편의 옆면을 받쳐 주지 않으면서 쐐기형태의 마찰그립을 압축하중을 가력하여 시험하는 방법이다. 이 시험방법에 대한 시험규격은 ASTM D3410-75에 제시되어 있고 시험 치구 및 시편의 제원이 그림 4.19와 같다. 시편의 형태는 하중을 등분포로 전달될 수 있도록 양단에 탭이 붙여져 있으며, 압축탄성계수를 구하기 위하여 시편에 변형률 게이지를 부착하여 사용한다.

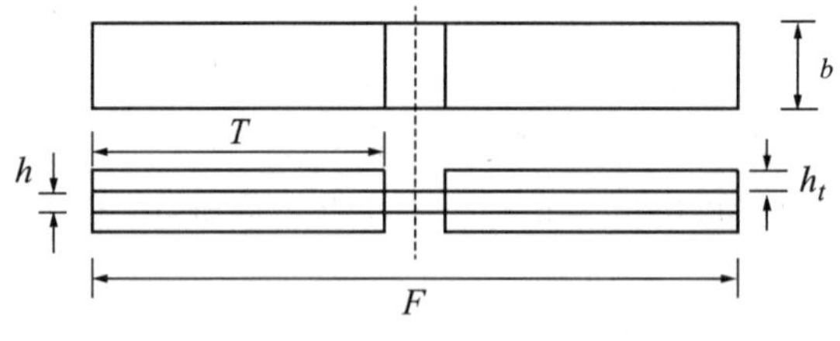

그림 4.19 압축강도 시험시편의 제원

표 4.8 시편의 제원 (단위 : mm)

섬유방향 \ 제원	F	b	h	T	h_t
0°	140	10	2	65	1.5
90°	140	25	2	65	1.5

두 번째 시험방법은 시험 길이가 비교적 긴 시편의 옆면을 모두 받쳐 주면서 압축하중을 가력하는 시험방법이다. 시편 형태는 인장시편의 형태를 개조하여 탭 길이를 64 mm로 하고 시험부분의 길이를 216 mm로 한 형태이다. 지지 치구는 시편의 양면 전체를 지지할 수 있도록 한 형태이다. 축방향 변형률은 양변에 변형률 게이지를 부착하거나 신장계(extensometer)를 부착시켜 측정할 수 있다.

세 번째 시험방법은 허니콤 코어 양면에 압축시편을 부착시켜 시편의 안전성을 높이는 방법이다.

3. 전단시험

전단시험은 전단강도, 전단탄성계수 및 전단변형률을 구하기 위한 시험이다. 복합신소재의 전단 물성값을 구하기 위해 재료의 세 주축 공간좌표상의 1-2평면, 1-3평면 및 2-3평면에 대해 시험을 해야 하나 일반적으로 평면 적층판에서 섬유방향과 섬유직각방향으로 이루어지는 평면 전단시험이다. 섬유방향축(1)과 섬유직각방향축(2)으로 이루어지는 평면에 대한 전단시험은 층간 전단강도시험이라 하여 독립된 시험항목으로 시행되고 있다. 이 시험방법에 대한 시험규격은 ASTM D3518-76에 제시되어 있고 시험 치구 및 시편의 제원이 그림 4.20 및 표 4.9와 같다. 시편형상은 $[45°/-45°/45°/-45°]_s$ 직층형태로 이루어진다. 이 시험의 결과로부터 진단단싱계수 G_{12}는 다음 식을 이용하여 산정할 수 있다.

$$\tau_{12} = \frac{\sigma_x}{2} \tag{4.48}$$

$$\gamma_{12} = \varepsilon_y - \varepsilon_x \tag{4.49}$$

$$G_{12} = \frac{\tau_{12}}{\gamma_{12}} = \frac{E_x}{2(1+\nu_{xy})} \tag{4.50}$$

여기서,

$$E_x = E_{\pm 45°} = \frac{\sigma_x}{\varepsilon_x} \tag{4.51}$$

$$\nu_{xy} = \nu_{\pm 45°} = -\frac{\varepsilon_y}{\varepsilon_x} \tag{4.52}$$

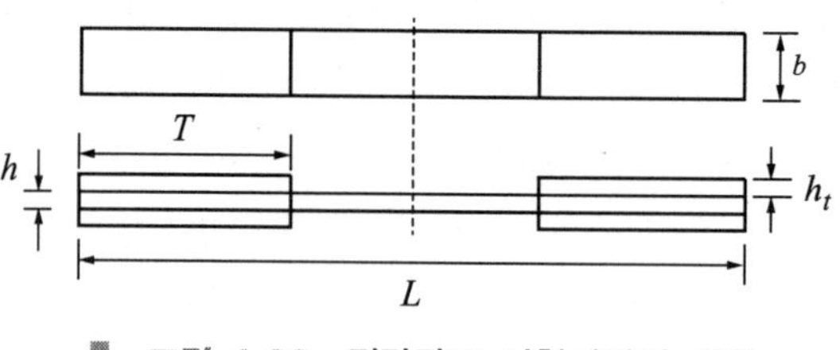

그림 4.20 전단강도 시험시편의 제원

표 4.9 시편의 제원 (단위 : mm)

제원 / 섬유방향	L	b	h	T	h_t
+45°/−45°	250	25	1	56	1.5

4. 휨시험

휨시험은 휨강도와 휨탄성계수를 구하는 시험이며, 3점 휨시험 및 4점 휨시험 방법이 있다. 휨시험은 복합신소재 구조물의 설계 데이터를 구하는 목적보다는 재료의 품질검증이나 관리를 위한 물성값을 구하는 데 주로 사용하고 있으며, 일반적으로 0° 및 90° 섬유방향 시편에 대해서 주로 수행한다. 시편의 크기와 지지치구 지점받침 및 하중을 가력하는 부분의 곡률에 대하여 시편의 두께에 따라 시험규격이 ASTM D790-71에 규정되어 있다. 시편의 지점받침 간격에 대한 두께비 L/h는 보의 축방향 휨강도와 층간 전단강도의 비에 따라 결정된다. 시험기 변위속도(R)는 바깥면의 최대 변형속도 ε을 0.01 mm/min 이내로 해야 한다.

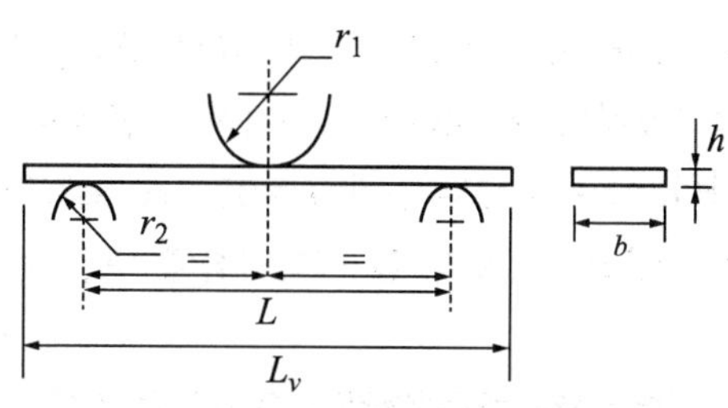

그림 4.21 휨강도 시험시편의 제원

표 4.10 시편의 제원 (단위 : mm)

제원 / 섬유방향	L_v	b	h	r_1	r_2
0°, 90°	48	15	3	5	5

상기와 같은 역학적(기계적) 특성을 측정하는 시험 외에 복합신소재구조의 내구특성평가를 위해 물리적 특성을 평가하는 시험을 수행하여야 한다. 주요 물리적 특성평가 시험항목으로서 열팽창 시험, 촉진 내후성 시험, 내약품성 시험, 내연성 시험 등이 있다. 이러한 시험 및 평가기준은 국내외 시험기준인 KS 시험규격과 ASTM 시험규격을 따르면 될 것이다.

4.4.3 구조성능시험

여러 가지 제조공정으로 제작된 건설용 복합신소재 구조체의 거동 특성을 검증하고 구조 안전성 및 사용성을 평가하기 위하여 일반적으로 구조성능시험을 수행하여야 한다. 대표적인 시험으로 정적 및 동적 휨 성능시험, 연결부 전단파괴시험, 피로시험, 부착성능시험 등이 있다. 휨 성능시험은 최종 파괴 시까지 하중을 재하하여 파괴하중으로부터 휨 내하력을 평가할 수 있다. 주로 하중 - 변위관계로부터 처짐을 평가하게 된다. 휨 시험체의 전체 파괴모드와 국부적인 손상 파괴모드를 확인할 수 있다. 피로시험은 복합신소재 구조체에 대한 윤하중과 같은 피로영향을 평가하기 위하여 시험을 수행한다.

1. 정적 및 동적 휨 성능시험

건설용 복합신소재 구조체의 거동 특성을 검증하고 구조 안전성 및 사용성을 평가하기 위하여 일반적으로 구조성능시험을 수행하며, 대표적인 시험으로 정적 및 동적

휨 성능시험이 있다. 시험방법으로 시험 대상 구조물에 최종 파괴 시까지 하중을 재하하여 파괴하중으로부터 휨 내하력을 평가하고 변위계, 변형률 게이지로부터 처짐과 변형률을 측정한다. 그림 4.22는 길이 $L = 32.0$ m, 폭 $B = 1.8$ m, 높이 $H = 1.5$ m 교량용 복합신소재보의 정적 및 동적 휨 성능시험에 대한 전경을 보이고 있다.

그림 4.22 교량용 복합신소재보의 정적 및 동적 휨 성능시험 전경

그림 4.23은 교량용 복합신소재 바닥판의 정적 및 동적 휨 성능시험에 대한 전경이다.

그림 4.23 교량용 복합신소재 바닥판의 정적 및 동적 휨 성능시험 전경

2. 연결부 전단시험

일반적으로 건설용 복합신소재의 연결부 전단파괴시험의 목적은 합성형 교량의 주형-바닥판 연결부 설계 시 필요한 전단연결의 허용전단력을 구하기 위한 시험이다. 그림 4.24, 4.25는 연결부 전단시험 전경을 보여주고 있으며, 대상 시험체는 양편에 복합신소재 바닥판 패널에 연결된 주형을 가력하여 시험을 한다.

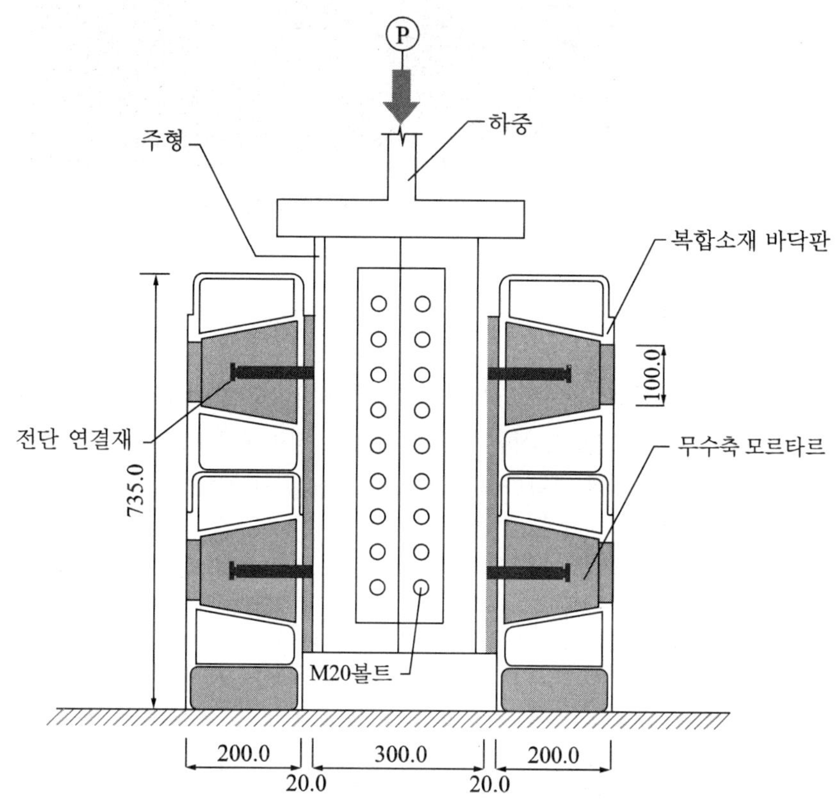

그림 4.24 복합신소재 바닥판의 연결부 전단파괴시험 개요

그림 4.25 복합신소재 바닥판의 연결부 전단파괴시험 전경

3. 피로시험

건설용 복합신소재 구조물의 피로성능을 파악하기 위해 재하속도 1~5 Hz로 200만 회까지 반복하중을 재하하여 대상 구조물 실험체의 변형률, 처짐을 측정한다. 그림 4.26은 복합신소재 바닥판에 대한 피로시험을 보여주고 있다.

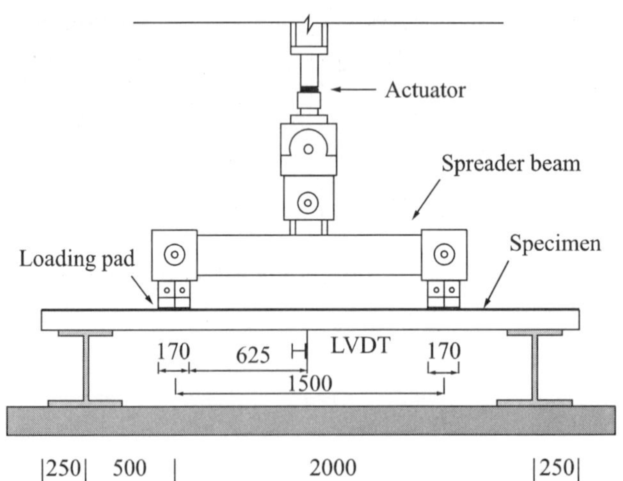

그림 4.26 복합신소재 바닥판의 피로시험 전경

4. 부착성능시험

건설용 복합신소재의 부착성능시험은 시편을 ASTM, KS, ISO 등의 기준에 의거 제작하여 시편의 표면에 접착제를 도포하여 접착제에 의한 부착강도를 측정하는 시험이다. 그림 4.27은 동질매질에 의한 복합신소재 부착성능시험 전경이고 그림 4.28은 이질매질인 복합신소재와 콘크리트에 대한 부착성능시험편 형상을 보여주고 있다.

그림 4.27 복합신소재와 복합신소재(동질매질) 부착성능시험 전경

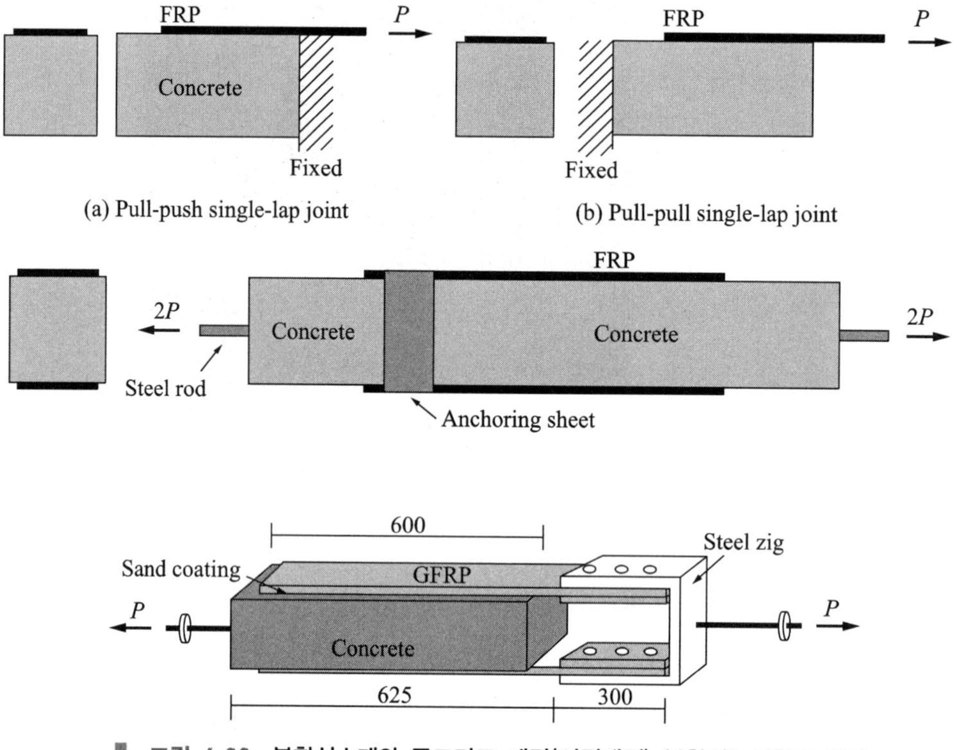

그림 4.28 복합신소재와 콘크리트 계면(이질매질) 부착성능시험체 형상

4.4.4 국내외 시험기준

복합신소재의 물성은 이 책 부록에 복합신소재 시험규격이 기술되어 있어 이 기준에 따라 시험을 실시하여 복합신소재의 물성을 확인하여야 한다.

CHAPTER

5 복합신소재구조 기본이론

5.1 개요

복합신소재의 역학을 취급하는 방법에는 미시적(micro) 방법과 거시적(macro) 방법이 있는데, 미시적 방법은 복합신소재 각 단층(lamina 혹은 ply) 내의 섬유(fiber)와 모재(matrix)를 구별하여 각각에 걸리는 응력과 변형률을 계산하는 방법이다.

거시적 방법은 각 층 내의 섬유와 모재를 구별함이 없이, 두 물질의 성질이 완전히 혼합되어 평균 성질을 나타낸다고 가정하고 응력과 변형률을 계산하는 방법이다. 단층이 여러 개 모여서 된 것을 적층(laminate)이라 한다. 복합신소재를 사용하여 구조물을 설계할 때는 물질의 성질이 가능하면 여러 개의 면에 대하여 대칭이 되도록 한다.

5.2 비등방성 3차원 탄성이론

5.2.1 3차원 응력 평형방정식

응력은 물체의 단위면적당 작용하는 힘으로 정의된다. 일반적인 연속체 내 한 점에 작용하는 응력상태는 그 한 점의 3차원 탄성체인 미소 정육면체의 표면에 작용하는 응력으로 나타내질 수 있다. 이러한 미소 정육면체의 전면에 작용하는 응력성분에는 다음 그림 5.1과 같이 기준 좌표계의 축 x, y, z과 평행하게 9개의 응력으로 나타낼 수 있다.

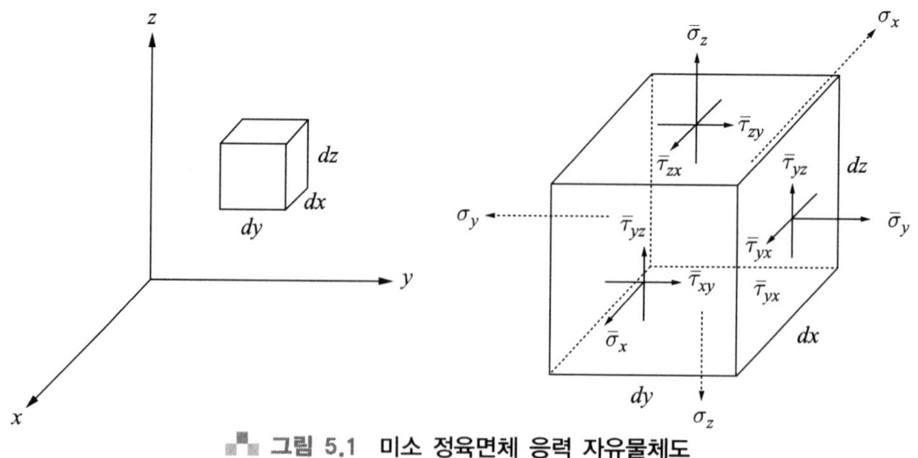

그림 5.1 미소 정육면체 응력 자유물체도

복합신소재 요소가 받는 3차원 응력의 평형방정식은 복합신소재의 단위부피당 받는 체적힘(body force)의 x, y, z축 성분을 각각 X, Y, Z라고 하면 다음 식을 통하여 나타낼 수 있다. 미소 정육면체의 x축 전면에 작용하는 응력성분 $\overline{\sigma_x}$는 다음 식과 같이 나타낼 수 있다.

$$\overline{\sigma_x} = f(x, y, z) \tag{5.1}$$

$$\overline{\sigma_x} = \sigma_x + \frac{\partial \sigma_x}{\partial x}dx + \frac{\partial \sigma_x}{\partial y}dy + \frac{\partial \sigma_x}{\partial z}dz + \frac{1}{2}\left[\frac{\partial^2 \sigma_x}{\partial x^2}dx^2 + \frac{\partial^2 \sigma_x}{\partial y^2}dy^2 + \frac{\partial^2 \sigma_x}{\partial z^2}dz^2\right] + \cdots \tag{5.2}$$

$$\overline{\sigma_x} = \sigma_x + \frac{\partial \sigma_x}{\partial x}dx \tag{5.3}$$

복합신소재 요소의 단위부피당 받는 체적힘(body force)의 x축 성분 X는 $\sum F_x = 0$으로부터 다음 식을 통하여 구할 수 있다.

$$\overline{\sigma_x}(dydz) - \sigma_x(dydz) + \overline{\tau_{yx}}(dxdz) - \tau_{yx}(dxdz) + \overline{\tau_{zx}}(dxdy) - \tau_{zx}(dxdy) + X(dxdydz) = \rho(dxdydz)\frac{\partial^2 u}{\partial z^2} \tag{5.4}$$

$$\frac{\partial \sigma_x}{\partial x}(dxdydz) + \frac{\partial \tau_{yx}}{\partial y}(dxdydz) + \frac{\partial \tau_{zx}}{\partial z}(dxdydz) + X(dxdydz) = 0 \tag{5.5}$$

따라서 복합신소재 요소의 x축 성분 응력 평형방정식은 $\sum F_x = 0$이므로 다음 식과 같이 나타낼 수 있다.

$$\frac{\partial \sigma_x}{\partial x} + \frac{\partial \tau_{yx}}{\partial y} + \frac{\partial \tau_{zx}}{\partial z} + X = 0 \tag{5.6}$$

동일한 방법으로 미소 정육면체의 y축 전면에 작용하는 응력성분 $\overline{\sigma_y}$는 다음 식과 같이 나타낼 수 있다.

$$\overline{\sigma_y} = f(x, y, z) \tag{5.7}$$

$$\overline{\sigma_y} = \sigma_y + \frac{\partial \sigma_y}{\partial y}dy + \frac{\partial \sigma_y}{\partial x}dx + \frac{\partial \sigma_y}{\partial z}dz$$
$$+ \frac{1}{2}\left[\frac{\partial^2 \sigma_y}{\partial y^2}dy^2 + \frac{\partial^2 \sigma_y}{\partial x^2}dx^2 + \frac{\partial^2 \sigma_y}{\partial z^2}dz^2\right] + \cdots \tag{5.8}$$

$$\overline{\sigma_y} = \sigma_y + \frac{\partial \sigma_y}{\partial y}dy \tag{5.9}$$

복합신소재 요소의 단위부피당 받는 체적힘(body force)의 y축 성분 Y는 $\sum F_y = 0$으로부터 다음 식을 통하여 구할 수 있다.

$$\overline{\sigma_y}(dxdz) - \sigma_y(dxdz) + \overline{\tau_{xy}}(dydz) - \tau_{xy}(dydz) + \overline{\tau_{zy}}(dxdy)$$
$$- \tau_{zy}(dxdy) + Y(dxdydz) = \rho(dxdydz)\frac{\partial^2 u}{\partial z^2} \tag{5.10}$$

$$\frac{\partial \sigma_y}{\partial y}(dxdydz) + \frac{\partial \tau_{xy}}{\partial x}(dxdydz) + \frac{\partial \tau_{zy}}{\partial z}(dxdydz) + Y(dxdydz) = 0 \tag{5.11}$$

동일한 방법으로 복합신소재 요소의 y축 응력 평형방정식은 다음 식과 같이 나타낼 수 있다.

$$\frac{\partial \sigma_y}{\partial y} + \frac{\partial \tau_{xy}}{\partial x} + \frac{\partial \tau_{zy}}{\partial z} + Y = 0 \tag{5.12}$$

동일한 방법으로부터 복합신소재 요소의 z축 성분 응력 평형방정식은 $\sum F_z = 0$이므로 다음 식과 같이 나타낼 수 있다.

$$\frac{\partial \sigma_z}{\partial z} + \frac{\partial \tau_{xz}}{\partial x} + \frac{\partial \tau_{yz}}{\partial y} + Z = 0 \tag{5.13}$$

따라서 복합신소재 요소의 각 방향의 응력들에 대한 평형방정식은 다음 식과 같이 나타낼 수 있다.

$$\frac{\partial \sigma_x}{\partial x} + \frac{\partial \tau_{yx}}{\partial y} + \frac{\partial \tau_{zx}}{\partial z} + X = 0$$
$$\frac{\partial \sigma_y}{\partial y} + \frac{\partial \tau_{xy}}{\partial x} + \frac{\partial \tau_{zy}}{\partial z} + Y = 0 \tag{5.14}$$

$$\frac{\partial \sigma_z}{\partial z} + \frac{\partial \tau_{xz}}{\partial x} + \frac{\partial \tau_{yz}}{\partial y} + Z = 0$$

여기서, X, Y, Z는 체적힘(body force)을 뜻한다.

$\sum M_x = 0$이므로

$$\tau_{xz} = \tau_{zx} \tag{5.15}$$

$\sum M_y = 0$이므로

$$\tau_{yz} = \tau_{zy} \tag{5.16}$$

$\sum M_z = 0$

$$\tau_{xy} = \tau_{yx} \tag{5.17}$$

x, y, z좌표축을 x', y', z'축 주위로 회전시킨 x', y', z'좌표축 변환을 다음과 같이 그림 5.2~5.4를 통하여 할 수 있다.

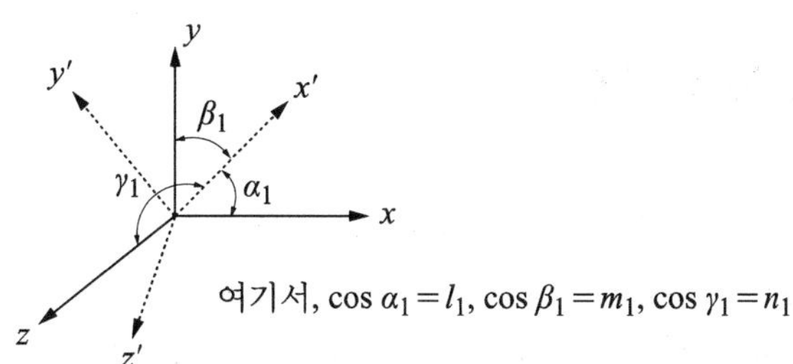

그림 5.2 x, y, z좌표축을 x'축 주위로 회전시킨 x', y', z'좌표축 변환

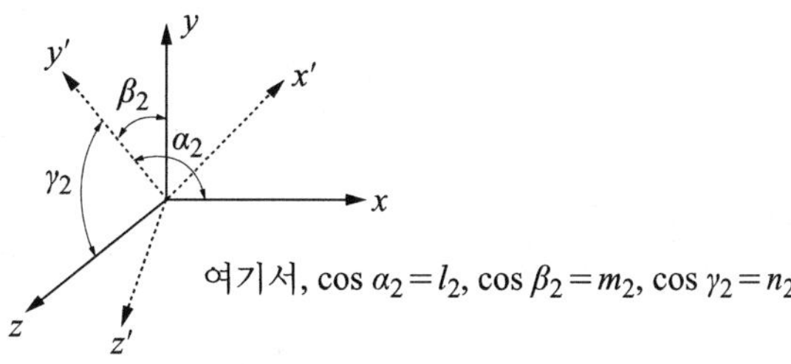

그림 5.3 x, y, z좌표축을 y'축 주위로 회전시킨 x', y', z'좌표축 변환

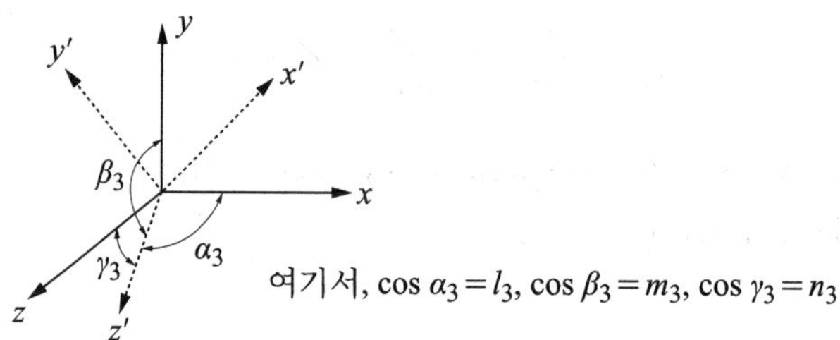

그림 5.4 x, y, z좌표축을 z'축 주위로 회전시킨 x', y', z'좌표축 변환

x, y, z좌표축을 x', y', z'축 주위로 회전시킨 x', y', z'좌표축 변환을 이용하여 복합신소재 요소의 각 방향의 응력을 식 (5.18)과 같이 나타낼 수 있다.

$$\begin{bmatrix} \sigma_x{}' & \tau_{xy}{}' & \tau_{xz}{}' \\ \tau_{yx}{}' & \sigma_y{}' & \tau_{yz}{}' \\ \tau_{zx}{}' & \tau_{zy}{}' & \sigma_z{}' \end{bmatrix} = \begin{bmatrix} l_1 & m_1 & n_1 \\ l_2 & m_2 & n_2 \\ l_3 & m_3 & n_3 \end{bmatrix} \begin{bmatrix} \sigma_x & \tau_{xy} & \tau_{xz} \\ \tau_{yx} & \sigma_y & \tau'_{yz} \\ \tau_{zx} & \tau_{zy} & \sigma_z \end{bmatrix} \begin{bmatrix} l_1 & l_2 & l_3 \\ m_1 & m_2 & m_3 \\ n_1 & n_2 & n_3 \end{bmatrix} \tag{5.18}$$

따라서 상기 식을 다음과 같은 식으로 나타낼 수 있다.

$$[a'] = [l][a][l'] \tag{5.19}$$

5.2.2 3차원 변형 이론

변형은 물체의 단위면적당 작용하는 변형률로 정의된다. 일반적인 연속체 내 한 점에 응력상태에 대응하는 변형상태는 그 한 점의 3차원 탄성체인 미소 정육면체의 표면의 변형상태로 나타내질 수 있다. 이러한 미소 평면에 응력상태에 대응하는 변형률도는 그림 5.5와 같이 나타낼 수 있으며, 미소요소의 좌표계는 오른손 좌표계를 사용하여 나타내었고 u, v, w는 임의의 한 점에서의 x, y, z방향의 변위를 나타낸다.

그림 5.5에서 변형의 값을 다음과 같이 기하학적 관계로부터 나타낼 수 있다.

$$(A'B')^2 = \left(dx + \frac{\partial u}{\partial x}dx\right)^2 + \left(\frac{\partial v}{\partial x}\right)^2 dx \tag{5.20}$$

$\varepsilon_x = \dfrac{A'B - AB}{AB}$, $A'B' = AB(1+\varepsilon_x) = dx(1+\varepsilon_x)$이므로 상기 관계를 위 식 (5.20)에 대입하면 다음과 같은 식으로 나타낼 수 있다.

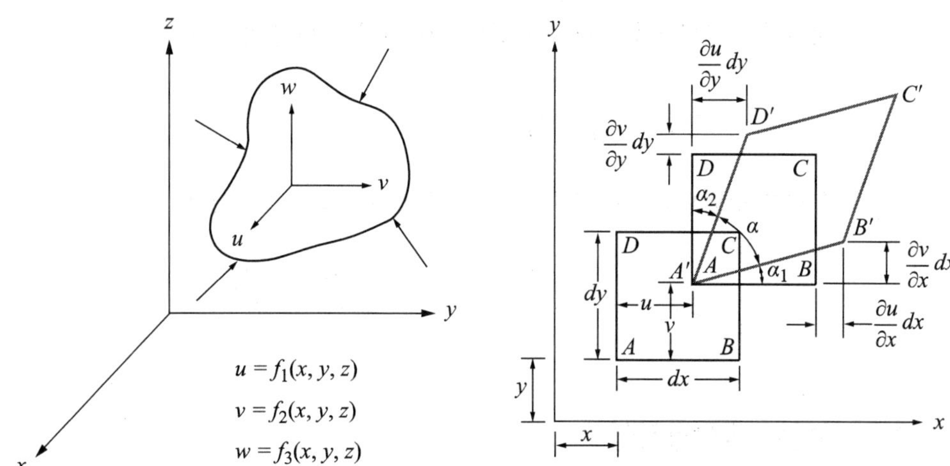

그림 5.5 좌표계와 변형률도

$$2\varepsilon_x + \varepsilon_x^2 = 2\frac{\partial u}{\partial x} + \left(\frac{\partial u}{\partial x}\right)^2 + \left(\frac{\partial v}{\partial x}\right)^2 \tag{5.21}$$

따라서 변형률은 다음과 같은 식으로 나타낼 수 있다.

$$\varepsilon_x = \frac{\partial u}{\partial x} \tag{5.22}$$

동일한 방법으로 수행하여 다음과 같이 나머지 식도 나타낼 수 있다.

$$\varepsilon_y = \frac{\partial v}{\partial y}, \qquad \varepsilon_z = \frac{\partial w}{\partial z} \tag{5.23}$$

또한, 전단변형률은 다음과 같이 기하학적 관계로부터 나타낼 수 있다.

$$\gamma_{xy} = \measuredangle BAD - \measuredangle B'A'D' = \alpha_1 + \alpha_2 \tag{5.24}$$

$$\alpha_1 = \frac{\dfrac{\partial v}{\partial x}dx}{\left(1 + \dfrac{\partial u}{\partial x}\right)dx} \cong \frac{\partial v}{\partial x} \tag{5.25}$$

$$\alpha_2 = \frac{\dfrac{\partial u}{\partial y}dy}{\left(1 + \dfrac{\partial v}{\partial y}\right)dy} \cong \frac{\partial u}{\partial y} \tag{5.26}$$

따라서 전단변형률은 다음과 같이 정리하여 나타낼 수 있다.

$$\gamma_{xy} = \frac{\partial u}{\partial y} + \frac{\partial v}{\partial x} \tag{5.27}$$

동일한 방법으로 다음과 같이 나머지 식도 나타낼 수 있다.

$$\gamma_{xz} = \frac{\partial u}{\partial z} + \frac{\partial w}{\partial x}, \qquad \gamma_{yz} = \frac{\partial v}{\partial z} + \frac{\partial w}{\partial y} \tag{5.28}$$

5.2.3 3차원 적합방정식

전단변형률의 식인 (5.20)으로부터 다음과 같은 식으로 적합방정식을 나타낼 수 있다.

$$\frac{\partial^2 \gamma_{xy}}{\partial x \partial y} = \frac{\partial^3 u}{\partial x \partial y^2} + \frac{\partial^3 v}{\partial x^2 \partial y} = \frac{\partial^2 \varepsilon_x}{\partial y^2} + \frac{\partial^2 \varepsilon_y}{\partial x^2} \tag{5.29}$$

$$\frac{\partial^2 \gamma_{xy}}{\partial x \partial y} = \frac{\partial^2 \varepsilon_x}{\partial y^2} + \frac{\partial^2 \varepsilon_y}{\partial x^2} \tag{5.30}$$

동일한 방법으로 다음과 같이 나머지 식도 나타낼 수 있다.

$$\frac{\partial^2 \gamma_{xz}}{\partial x \partial z} = \frac{\partial^2 \varepsilon_x}{\partial z^2} + \frac{\partial^2 \varepsilon_z}{\partial x^2} \tag{5.31}$$

$$\frac{\partial^2 \gamma_{yz}}{\partial y \partial z} = \frac{\partial^2 \varepsilon_y}{\partial z^2} + \frac{\partial^2 \varepsilon_z}{\partial y^2} \tag{5.32}$$

$$\frac{\partial}{\partial x}\left[-\frac{\partial \gamma_{yz}}{\partial x} + \frac{\partial \sigma_{xz}}{\partial y} + \frac{\partial \sigma_{xy}}{\partial z}\right] = 2\frac{\partial^2 \varepsilon_x}{\partial y \partial z} \tag{5.33}$$

$$\frac{\partial}{\partial y}\left[\frac{\partial \gamma_{yz}}{\partial x} - \frac{\partial \sigma_{zx}}{\partial y} + \frac{\partial \gamma_{xy}}{\partial z}\right] = 2\frac{\partial^2 \varepsilon_y}{\partial z \partial x} \tag{5.34}$$

$$\frac{\partial}{\partial z}\left[\frac{\partial \gamma_{yz}}{\partial x} + \frac{\partial \gamma_{xz}}{\partial y} - \frac{\partial \gamma_{xy}}{\partial z}\right] = 2\frac{\partial^2 \varepsilon_z}{\partial x \partial y} \tag{5.35}$$

5.2.4 3차원 응력 - 변형률 관계: 일반화된 후크(Hooke)의 법칙

비등방성 탄성체의 선형 탄성이론에 의한 응력과 변형률의 관계는 후크(Hooke)의 법칙을 이용하여 일반화된 응력과 변형률의 관계를 다음과 같은 텐서(tensor) 합의 표시법으로 나타낼 수 있다.

$$\sigma_{ij} = C_{ijkl}\varepsilon_{kl} \ (k,\ l=1,\ 2,\ 3) \tag{5.36}$$

여기서, σ_{ij}와 ε_{kl}은 선형 응력과 변형률 텐서이고 C_{ijkl}은 탄성계수, 변형계수 그리고 강성도(stiffness)의 4차의 텐서이다. 이 탄성계수 텐서 또는 강성 텐서는 81개의 성분을 갖고 있으나 이들 텐서는 모두 다른 것이 아니며, 고체역학에서 응력과 변형률은 대칭성을 가지므로 36개의 독립상수 성분으로 수렴된다. 상기 식의 응력과 변형률의 관계에서 C_{ijkl}은 대칭이 요구되므로 다음 식과 같이 나타낼 수 있다.

$$C_{ijkl} = C_{klij} \tag{5.37}$$

복합신소재를 전공하는 많은 연구자들과 엔지니어들은 텐서 표시방법보다는 공학적 표시방법을 많이 사용한다. 공학적인 표시방법과 텐서 표시방법의 차이는 다음과 같다.

① 첨자의 표시방법이 다르다. 텐서 표시방법에서는 응력과 변형률을 표시하기 위하여 다음 표 5.1과 같이 두 개의 지수를 사용한다.

표 5.1 텐서 표시방법과 공학적 표시방법에서의 지수 표시방법

텐서 표시방법	공학적 표시방법
11	1
22	2
33	3
23	4
13	5
12	6

② 전단변형률의 값이 차이가 표 5.2와 같이 생긴다.

표 5.2 전단변형률의 텐서 표시방법과 공학적 표시방법

텐서 표시방법	공학적 표시방법
ε_{12}	$\frac{\varepsilon_6}{2}$
ε_{13}	$\frac{\varepsilon_5}{2}$
ε_{23}	$\frac{\varepsilon_4}{2}$

전단변형률의 공학적인 표시방법에서는 ε_6, ε_5, ε_4 대신에 γ_{12}, γ_{13}, γ_{23}라는 표기법을 사용하여 다음과 같이 표기하기도 한다.

$$\varepsilon_6 = \gamma_{12} \tag{5.38}$$

$$\varepsilon_5 = \gamma_{13} \tag{5.39}$$

$$\varepsilon_4 = \gamma_{23} \tag{5.40}$$

③ 이차원 문제의 경우 공학적인 표시방법에서는 탄성계수 C_{ijkl} 대신에 C_{ij}를 사용한다. 따라서 일반적인 후크의 법칙을 텐서 표시방법으로 나타내면 다음 식과 같다.

$$\sigma_{ij} = C_{ijkl}\varepsilon_{kl} \ (k, \ l=1, \ 2, \ 3) \tag{5.41}$$

그리고 공학적인 표시방법으로 나타내면 다음 식과 같다.

$$\sigma_i = C_{ij}\varepsilon_j \ (i, \ j=1, \ 2, \ 3, \ 4, \ 5, \ 6) \tag{5.42}$$

5.2.5 비등방성 재료의 탄성계수

상기 비등방성 재료의 탄성계수 C_{ijkl}의 성분과 응력과 변형률 관계를 표시하면 다음 행렬상태로 나타낼 수 있다. 이 탄성계수 텐서는 36개의 성분으로 수렴되는데 $C_{ij} = C_{ji}$이므로 탄성계수 텐서 36개의 요소 중에서 15개가 서로 같으므로 서로 다른 탄성계수 텐서의 요소 개수는 21개가 된다. 이러한 비등방성 재료의 탄성계수를 실험으로 구하기가 어렵다. 따라서 복합신소재를 사용하여 구조물을 설계할 때는 재료의 성질이 가능하면 여러 개의 면에 대하여 대칭이 되도록 하여야 한다.

$$\begin{bmatrix} \sigma_1 \\ \sigma_2 \\ \sigma_3 \\ \sigma_4 \\ \sigma_5 \\ \sigma_6 \end{bmatrix} = \begin{bmatrix} C_{11} & C_{12} & C_{13} & C_{14} & C_{15} & C_{16} \\ C_{21} & C_{22} & C_{23} & C_{24} & C_{25} & C_{26} \\ C_{31} & C_{32} & C_{33} & C_{34} & C_{35} & C_{36} \\ C_{41} & C_{42} & C_{43} & C_{44} & C_{45} & C_{46} \\ C_{51} & C_{52} & C_{53} & C_{54} & C_{55} & C_{56} \\ C_{61} & C_{62} & C_{63} & C_{64} & C_{65} & C_{66} \end{bmatrix} \begin{bmatrix} \varepsilon_1 \\ \varepsilon_2 \\ \varepsilon_3 \\ \varepsilon_4 \\ \varepsilon_5 \\ \varepsilon_6 \end{bmatrix} \tag{5.43}$$

여기서 C_{ij} 행렬은 대칭이다. 비등방성 재료인 복합신소재의 성질에 대해 한 평면에 서로 대칭인 경우, 서로 직교하는 3개의 평면에 대하여 대칭이면서 직교이방성인 경우, 그리고 완전히 등방성인 경우에 대해 다음과 같이 탄성계수 C_{ij} 행렬의 성분을 나타낼 수 있다.

① 복합신소재의 성질이 다음 그림 5.6과 같이 한 평면에 서로 대칭인 경우의 상기 식 (5.43)에서 C_{ij} 행렬은 서로 다른 탄성계수 13개의 성분을 갖으며 다음 식 (5.44)와 같다.

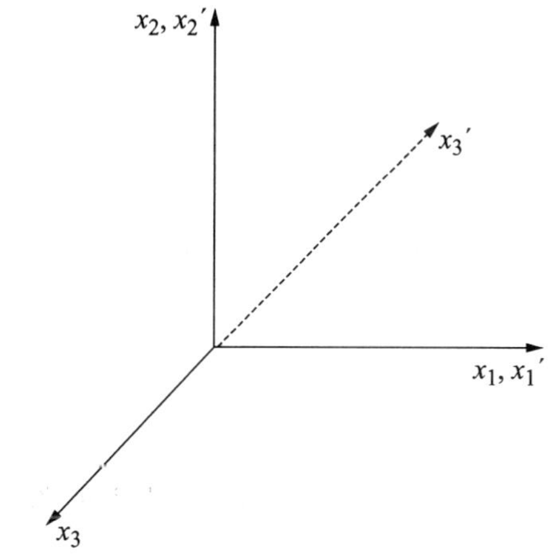

그림 5.6 x_1, x_2 평면이 대칭인 평면인 복합신소재

상기 그림에서 z축 방향은 재료가 대칭이고 x, y축 방향은 재료가 대칭이 아니다.

$$\begin{bmatrix} C_{11} & C_{12} & C_{13} & 0 & 0 & C_{16} \\ C_{21} & C_{22} & C_{23} & 0 & 0 & C_{26} \\ C_{31} & C_{32} & C_{33} & 0 & 0 & C_{36} \\ 0 & 0 & 0 & C_{44} & C_{45} & 0 \\ 0 & 0 & 0 & C_{45} & C_{55} & 0 \\ C_{16} & C_{26} & C_{36} & 0 & 0 & C_{66} \end{bmatrix} \tag{5.44}$$

② 복합신소재의 성질이 다음 그림 5.7과 같이 서로 직교하는 3개의 평면에 대하여 서로 대칭이면서 직교이방성인 경우의 상기 식 (5.43)에서 직교이방성 물질의 탄성계수 C_{ij} 행렬은 서로 다른 9개의 성분을 갖으며 다음 식 (5.45)와 같다.

$$\begin{bmatrix} C_{11} & C_{12} & C_{13} & 0 & 0 & 0 \\ C_{21} & C_{22} & C_{23} & 0 & 0 & 0 \\ C_{31} & C_{32} & C_{33} & 0 & 0 & 0 \\ 0 & 0 & 0 & C_{44} & 0 & 0 \\ 0 & 0 & 0 & 0 & C_{55} & 0 \\ 0 & 0 & 0 & 0 & 0 & C_{66} \end{bmatrix} \tag{5.45}$$

상기 경우의 경우 직교이방성 물질의 인장 및 압축과 전단을 연결하는 커플링(coupling)항이 모두 0이 되므로 직교이방성 물질은 인장 및 압축과 전단변형률이 전단 혹은 인장응력을 발생시키지 않는다.

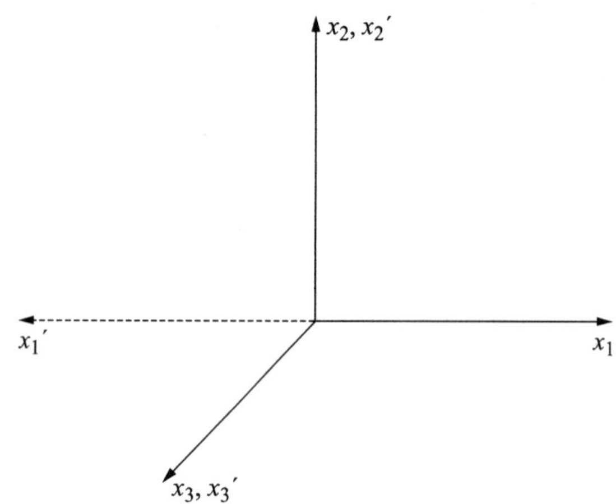

그림 5.7 x_2, x_3 평면이 대칭인 평면인 복합신소재

③ 복합신소재의 성질이 직교이방성인 경우에서 한 평면에 대하여 횡방향으로 등방성인 경우 상기 식 (5.43)에서 직교이방성 물질의 탄성계수 C_{ij} 행렬은 서로 다른 5개의 성분을 갖으며 다음 식 (5.46)과 같다.

$$\begin{bmatrix} C_{11} & C_{12} & C_{13} & 0 & 0 & 0 \\ C_{12} & C_{11} & C_{13} & 0 & 0 & 0 \\ C_{13} & C_{13} & C_{33} & 0 & 0 & 0 \\ 0 & 0 & 0 & \dfrac{(C_{22}-C_{23})}{2} & 0 & 0 \\ 0 & 0 & 0 & 0 & C_{55} & 0 \\ 0 & 0 & 0 & 0 & 0 & C_{66} \end{bmatrix} \tag{5.46}$$

④ 완전히 등방성인 경우의 상기 식 (5.43)에서 C_{ij} 행렬은 2개의 성분을 갖으며 다음 식과 같다.

$$\begin{bmatrix} C_{11} & C_{12} & C_{12} & 0 & 0 & 0 \\ C_{12} & C_{11} & C_{12} & 0 & 0 & 0 \\ C_{12} & C_{12} & C_{11} & 0 & 0 & 0 \\ 0 & 0 & 0 & \dfrac{(C_{11}-C_{12})}{2} & 0 & 0 \\ 0 & 0 & 0 & 0 & \dfrac{(C_{11}-C_{12})}{2} & 0 \\ 0 & 0 & 0 & 0 & 0 & \dfrac{(C_{11}-C_{12})}{2} \end{bmatrix} \tag{5.47}$$

5.2.6 일반 변형률과 응력의 관계

비등방성 재료의 일반적인 후크의 법칙을 변형률과 응력의 관계를 표시하면 다음 식과 텐서(tensor) 합의 표시법으로 나타낼 수 있다.

$$\varepsilon_{kl} = S_{ijkl}\sigma_{ij} \quad (i,\ j,\ k,\ l=1,\ 2,\ 3) \tag{5.48}$$

그리고 공학적인 표시방법으로 나타내면 다음 식과 같다.

$$\varepsilon_i = S_{ij}\sigma_j \quad (i,\ j=1,\ 2,\ 3,\ 4,\ 5,\ 6) \tag{5.49}$$

$$\begin{bmatrix} \varepsilon_1 \\ \varepsilon_2 \\ \varepsilon_3 \\ \varepsilon_4 \\ \varepsilon_5 \\ \varepsilon_6 \end{bmatrix} = \begin{bmatrix} S_{11} & S_{12} & S_{13} & S_{14} & S_{15} & S_{16} \\ S_{21} & S_{22} & S_{23} & S_{24} & S_{25} & S_{26} \\ S_{31} & S_{32} & S_{33} & S_{34} & S_{35} & S_{36} \\ S_{41} & S_{42} & S_{43} & S_{44} & S_{45} & S_{46} \\ S_{51} & S_{52} & S_{53} & S_{54} & S_{55} & S_{56} \\ S_{61} & S_{62} & S_{63} & S_{64} & S_{65} & S_{66} \end{bmatrix} \begin{bmatrix} \sigma_1 \\ \sigma_2 \\ \sigma_3 \\ \sigma_4 \\ \sigma_5 \\ \sigma_6 \end{bmatrix} \tag{5.50}$$

여기서 S_{ij} 행렬은 C_{ij} 행렬의 역행렬로서 순응도(컴플라이언스, compliance) 또는 유연도(flexibility) 행렬이 된다. S_{ij} 행렬은 공학적 상수이며, 대칭이다.

5.3 비등방성 평면 탄성이론: 2차원 탄성체

5.3.1 평면 응력 평형방정식

물체의 응력과 변형률 관계를 간략히 나타내고자 할 때 고려할 수 있는 경우는 평면 응력상태와 평면 변형률상태이다. 물체의 두께가 그 물체의 길이나 폭에 비하여 매우 작아 무시하는 경우, 이 물체가 하중을 받을 때 이 물체를 평면 응력상태에 있다고 가정할 수 있다. 또한 평면 변형률상태는 물체의 두께방향의 변형률을 무시하는 상태이며, 두께가 매우 두꺼운 경우를 말한다.

일반적으로 복합신소재 단층을 해석하기 위해서는 그림 5.8과 같이 단층을 평면 응력상태로 간주하여 해석한다.

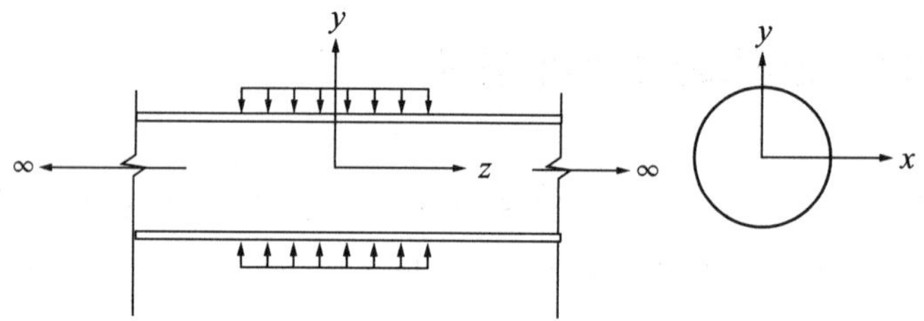

그림 5.8 평면 응력상태의 구조요소

그러므로 평면 응력상태의 0이 아닌 응력 성분은 σ_1, σ_2, σ_6가 된다.

$$\sigma_x = f_1(x,\, y) \qquad \tau_{xz} = 0 \qquad \varepsilon_x \neq 0 \qquad \varepsilon_z = 0 \tag{5.51}$$

$$\sigma_y = f_2(x,\, y) \qquad \tau_{yz} = 0 \qquad \varepsilon_y \neq 0 \qquad \gamma_{xz} = 0 \tag{5.52}$$

$$\sigma_z = f_3(x,\, y) \qquad \tau_{xy} = f_4(x,\, y) \qquad \gamma_{xy} \neq 0 \qquad \gamma_{yz} = 0 \tag{5.53}$$

따라서 평면 응력상태의 평형방정식은 다음 식과 같이 나타낼 수 있다.

$$\frac{\partial \sigma_x}{\partial x} + \frac{\partial \tau_{xy}}{\partial y} = 0 \tag{5.54}$$

$$\frac{\partial \tau_{xy}}{\partial x} + \frac{\partial \sigma_y}{\partial y} = 0 \tag{5.55}$$

$$\frac{\partial \sigma_z}{\partial z} = 0 \tag{5.56}$$

5.3.2 평면 응력상태의 응력과 변형률의 관계

$$\begin{bmatrix} \sigma_x \\ \sigma_y \\ \tau_{xy} \end{bmatrix} = \begin{bmatrix} C_{11} & C_{12} & C_{16} \\ C_{21} & C_{22} & C_{26} \\ C_{61} & C_{62} & C_{66} \end{bmatrix} \begin{bmatrix} \varepsilon_x \\ \varepsilon_y \\ \gamma_{xy} \end{bmatrix} \tag{5.57}$$

$$\begin{bmatrix} \sigma_x \\ \sigma_y \\ \tau_{xy} \end{bmatrix} = \begin{bmatrix} C_{11} & C_{12} & C_{16} \\ C_{21} & C_{22} & C_{26} \\ C_{61} & C_{62} & C_{66} \end{bmatrix} \begin{bmatrix} \dfrac{\partial u}{\partial x} \\ \dfrac{\partial v}{\partial y} \\ \dfrac{\partial v}{\partial x} + \dfrac{\partial u}{\partial y} \end{bmatrix} \tag{5.58}$$

5.3.3 평면 응력상태의 변형률과 변위의 관계

$$\varepsilon_x = \frac{\partial u}{\partial x} \tag{5.59}$$

$$\varepsilon_y = \frac{\partial v}{\partial y} \tag{5.60}$$

$$\varepsilon_z = \frac{\partial w}{\partial z} \tag{5.61}$$

$$\gamma_{xy} = \frac{\partial u}{\partial y} + \frac{\partial v}{\partial x} \tag{5.62}$$

$$\gamma_{xz} = \frac{\partial u}{\partial z} + \frac{\partial w}{\partial x} \tag{5.63}$$

$$\gamma_{yz} = \frac{\partial v}{\partial z} + \frac{\partial w}{\partial y} \tag{5.64}$$

5.3.4 평면 응력상태의 변형률과 응력의 관계

비등방성 재료의 평면 응력상태의 변형률과 응력의 관계를 표시하면 0이 아닌 응력 성분은 σ_x, σ_y, τ_{xy}가 되므로 다음 식과 나타낼 수 있다.

$$\begin{bmatrix} \varepsilon_x \\ \varepsilon_y \\ \gamma_{xy} \end{bmatrix} = \begin{bmatrix} S_{11} & S_{12} & 0 \\ S_{12} & S_{22} & 0 \\ 0 & 0 & S_{66} \end{bmatrix} \begin{bmatrix} \sigma_x \\ \sigma_y \\ \tau_{xy} \end{bmatrix} \tag{5.65}$$

여기서, S_{ij} 행렬은 C_{ij} 행렬의 역행렬로서 컴플라이언스(compliance) 또는 유연도(flexibility) 행렬이 된다. S_{ij} 행렬은 공학적 상수이며, 대칭이다.

5.4 적층 이론

5.4.1 단층(Lamina)의 응력과 변형률 관계

5.3절에서 기술된 평면 응력상태의 응력과 변형률의 관계식을 다음 그림 5.9와 같이 일방향 보강섬유(unidirectional)로 구성되어 있는 복합신소재인 한 개의 단층에 대해 평면 응력상태로 간주하여 적용할 수 있다.

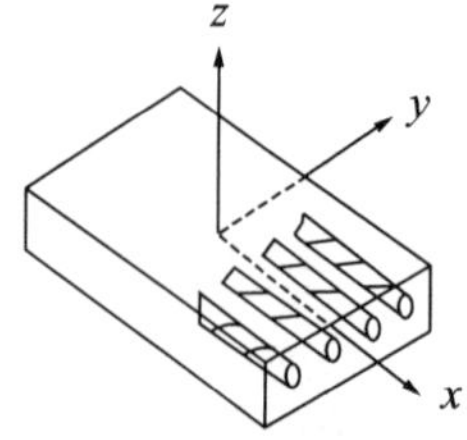

그림 5.9 일방향 보강섬유 구성 단층도

한 개의 단층에 대한 복합신소재에 대해 보강섬유 방향축인 재료축의 응력과 변형률의 관계를 다음 식과 같이 나타낼 수 있다.

$$\begin{bmatrix} \sigma_1 \\ \sigma_2 \\ \tau_{12} \end{bmatrix} = \begin{bmatrix} C_{11} & C_{12} & 0 \\ C_{12} & C_{22} & 0 \\ 0 & 0 & C_{66} \end{bmatrix} \begin{bmatrix} \varepsilon_1 \\ \varepsilon_2 \\ \gamma_{12} \end{bmatrix} \tag{5.66}$$

여기서 강성도 행렬요소의 값은 다음과 같다.

$$C_{11} = \frac{E_1}{1-\nu_{12}\nu_{21}}, \quad C_{12} = \frac{\nu_{12}E_2}{1-\nu_{12}\nu_{21}}, \quad C_{21} = \frac{\nu_{21}E_1}{1-\nu_{12}\nu_{21}},$$

$$C_{22} = \frac{E_2}{1-\nu_{12}\nu_{21}}, \quad C_{66} = \frac{E_1}{2(1+\nu_{12}\nu_{21})} = G_{12} \tag{5.67}$$

그리고 단층에 대한 복합신소재에 대해 보강섬유 방향축인 재료축의 변형률과 응력의 관계를 다음 식과 같이 나타낼 수 있다.

$$\begin{bmatrix} \varepsilon_1 \\ \varepsilon_2 \\ \gamma_{12} \end{bmatrix} = \begin{bmatrix} S_{11} & S_{12} & 0 \\ S_{12} & S_{22} & 0 \\ 0 & 0 & S_{66} \end{bmatrix} \begin{bmatrix} \sigma_1 \\ \sigma_2 \\ \tau_{12} \end{bmatrix} \tag{5.68}$$

여기서 유연도 행렬요소의 값은 다음과 같다.

$$S_{11} = \frac{1}{E_1}, \ S_{12} = -\frac{\nu_{21}}{E_2}, \ S_{21} = -\frac{\nu_{12}}{E_1}, \ S_{22} = \frac{1}{E_2}, \ S_{66} = \frac{1}{G_{12}} \tag{5.69}$$

여기서 E_1는 일방향 섬유로 구성되어 있는 한 개의 단층을 다음 그림과 같이 인장력을 가력하면 섬유방향으로는 팽창하고 섬유에 직각되는 방향으로는 축소가 되는데 파괴가 발생될 때까지 거의 선형적으로 변화하며 이때의 기울기를 측정하여 결정되는 종 탄성계수를 뜻한다. 그리고 주 포아송비 ν_{12}를 정의한다.

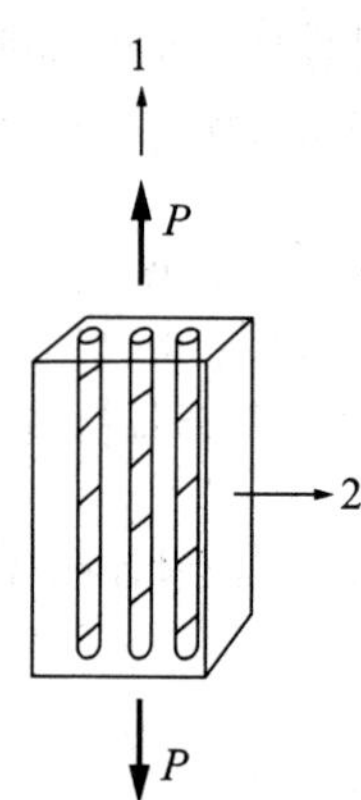

그림 5.10 섬유방향의 하중을 받는 단층

여기서 E_2는 일방향 섬유로 구성되어 있는 한 개의 단층을 다음 그림과 같이 섬유에 직각방향으로 인장력을 가력하면 섬유 직각방향으로는 팽창하고 섬유방향으로는 축소가 되는데 파괴가 발생될 때까지 거의 선형적으로 변화하며 이때의 기울기를 측정하여 결정되는 횡 탄성계수를 뜻한다. 그리고 주 포아송비 ν_{21}를 정의한다.

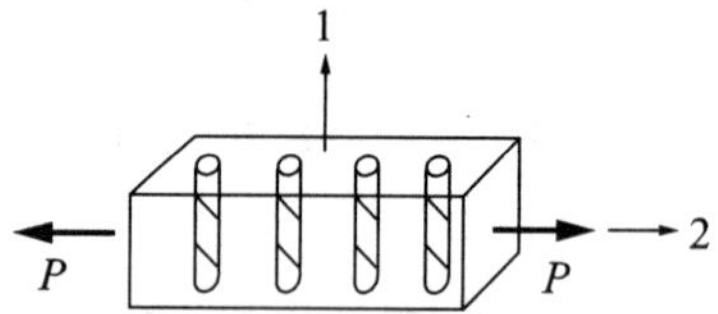

그림 5.11 섬유에 직각방향으로 하중을 받는 단층

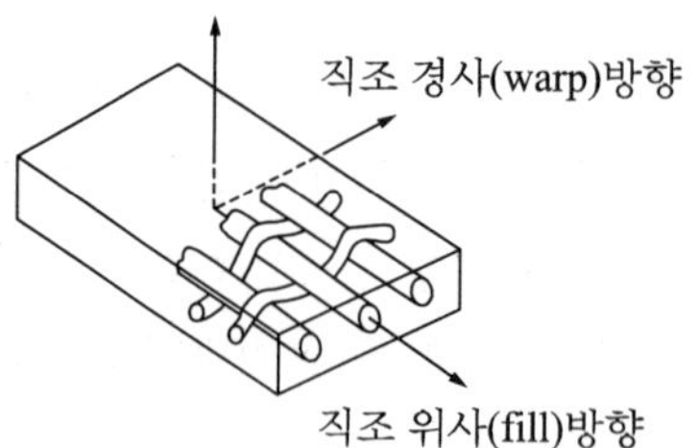

그림 5.12 양방향으로 하중을 받는 단층

여기서 G_{12}는 일방향 섬유로 구성되어 있는 한 개의 단층을 다음 그림과 같이 섬유에 전단력을 가력하면 전단변형률이 발생하는데 파괴가 발생될 때까지 일정한 값을 갖지 않으므로 초기치를 사용하여 이때의 기울기를 측정하여 결정되는 종·횡 전단탄성계수를 뜻한다.

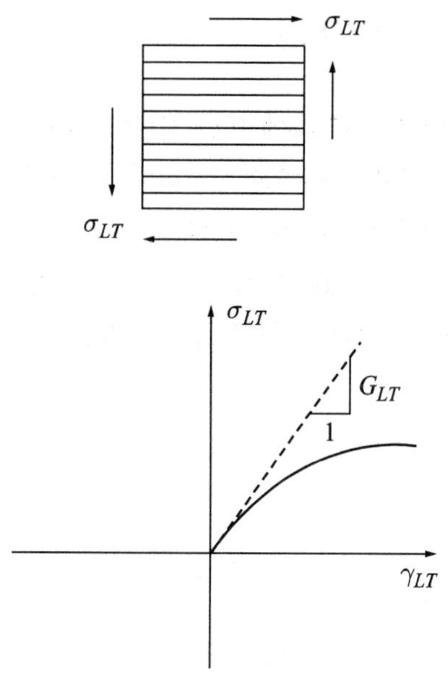

그림 5.13 전단하중을 받는 단층

비등방성 재료가 아닌 경우인 등방성 재료일 경우에는 $E_1 = E_2 = E$, $\nu_{12} = \nu_{21} = \nu$ 이 됨을 알 수 있다. 등방성 재료인 경우 강도 행렬요소의 값은 다음과 같이 나타낼 수 있다.

$$C_{11} = \frac{E}{1-\nu^2}, \quad C_{12} = \frac{\nu E}{1-\nu^2}, \quad C_{66} = \frac{E}{2(1+\nu)} = G \qquad (5.70)$$

5.4.2 단층의 응력과 변형률의 좌표축 변환

비등방성 재료인 복합신소재는 여러 개의 단층(lamina)으로 이루어진 적층(laminate) 재료이며, 또한 각 단층의 섬유배열은 적층 각도가 다를 수 있다. 따라서 각 단층은 섬유방향 및 섬유직각방향으로 좌표축인 재료축이 서로 다르기 때문에 적층 재료에서 각 단층의 응력, 변형률 및 강성의 값을 구조축으로 변환하여 구조해석을 하여야 한다. 한 개의 단층에 대한 복합신소재에 대해 섬유방향인 재료축의 응력과 변형률의 관계는 좌표축 변환을 통하여 구조축의 응력과 변형률의 관계로 나타낼 수 있다.

1. 단층 응력의 좌표변환

지금까지 섬유방향 대칭축에 대한 일방향 복합신소재의 강성도를 다루어 왔다. 그러나 복합신소재 구조물의 응력을 해석하기 위해서는 기하학적 구조축 방향과 섬유방향이 θ만큼 각을 이루고 있을 때 기하학적 구조축 x, y에 대한 강성도를 산정해야 한다. 다음 그림 5.14와 같이 재료축 1, 2가 주어졌을 때, 이 좌표축에서 정의된 응력을 구조축 x, y에 대한 응력으로 변환시킬 수 있다.

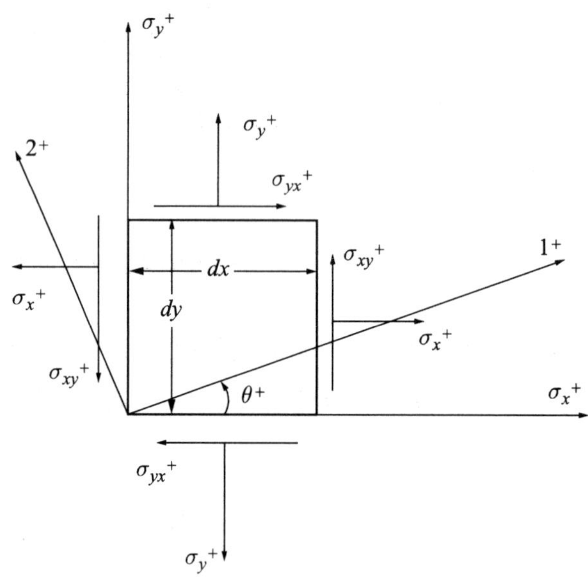

그림 5.14 구조요소의 좌표변환

상기 응력 요소를 구조축 x, y에 대한 응력으로 변환시키면 다음과 같은 행렬식으로 나타낼 수 있다.

$$\begin{bmatrix} \sigma_x \\ \sigma_y \\ \tau_{xy} \end{bmatrix} = \begin{bmatrix} \cos^2\theta & \sin^2\theta & -2\sin\theta\cos\theta \\ \sin^2\theta & \cos^2\theta & 2\sin\theta\cos\theta \\ \sin\theta\cos\theta & -\sin\theta\cos\theta & \cos^2\theta-\sin^2\theta \end{bmatrix} \begin{bmatrix} \sigma_1 \\ \sigma_2 \\ \sigma_{12} \end{bmatrix} \quad (5.71)$$

$$\begin{bmatrix} \sigma_x \\ \sigma_y \\ \tau_{xy} \end{bmatrix} = [T]^{-1} \begin{bmatrix} \sigma_1 \\ \sigma_2 \\ \sigma_{12} \end{bmatrix} \quad (5.72)$$

여기서,

$$[T] = \begin{bmatrix} \cos^2\theta & \sin^2\theta & 2\sin\theta\cos\theta \\ \sin^2\theta & \cos^2\theta & -2\sin\theta\cos\theta \\ -\sin\theta\cos\theta & \sin\theta\cos\theta & \cos^2\theta - \sin^2\theta \end{bmatrix} \qquad (5.73)$$

2. 변형률의 좌표변환

응력의 변환과 같이 재료축 1, 2가 주어졌을 때, 이 좌표축에서 정의된 변형률을 구조축 x, y에 대한 변형률로 다음 행렬식으로 변환시킬 수 있다.

$$\begin{bmatrix} \varepsilon_x \\ \varepsilon_y \\ \dfrac{\gamma_{xy}}{2} \end{bmatrix} = \begin{bmatrix} \cos^2\theta & \sin^2\theta & -2\sin\theta\cos\theta \\ \sin^2\theta & \cos^2\theta & 2\sin\theta\cos\theta \\ \sin\theta\cos\theta & -\sin\theta\cos\theta & \cos^2\theta - \sin^2\theta \end{bmatrix} \begin{bmatrix} \varepsilon_1 \\ \varepsilon_2 \\ \dfrac{\gamma_{12}}{2} \end{bmatrix} \qquad (5.74)$$

$$\begin{bmatrix} \varepsilon_x \\ \varepsilon_y \\ \dfrac{\gamma_{xy}}{2} \end{bmatrix} = [T]^{-1} \begin{bmatrix} \varepsilon_1 \\ \varepsilon_2 \\ \dfrac{\gamma_{12}}{2} \end{bmatrix} \qquad (5.75)$$

여기서,

$$[T] = \begin{bmatrix} \cos^2\theta & \sin^2\theta & 2\sin\theta\cos\theta \\ \sin^2\theta & \cos^2\theta & -2\sin\theta\cos\theta \\ -\sin\theta\cos\theta & \sin\theta\cos\theta & \cos^2\theta - \sin^2\theta \end{bmatrix} \qquad (5.76)$$

3. 단층 강성도의 좌표변환

그림 5.15는 일방향의 섬유로 보강된 복합신소재 단층에 대한 구조축과 재료축의 좌표계를 나타낸 것이며, x, y, z는 구조축을 의미하며, x_1, x_2, x_3는 재료축을 뜻한다. 구조축과 재료축의 각도를 보강섬유의 배열 각도라고 하며, 구조축에 대한 응력과 변형률의 관계는 재료축에 대한 응력과 변형률 관계의 좌표변환을 통해 나타낼 수 있다. 구조축인 x축과 θ만큼 기울어져 있는 k번째 임의 각도로 배열된 적층판의 k번째 단층의 재료축에 대한 응력 - 변형도 관계는 다음 식과 같이 나타낼 수 있다.

$$\sigma = \begin{bmatrix} \sigma_1 \\ \sigma_2 \\ \tau_{12} \end{bmatrix} = \begin{bmatrix} Q_{11} & Q_{12} & Q_{16} \\ Q_{21} & Q_{22} & Q_{26} \\ Q_{61} & Q_{62} & Q_{66} \end{bmatrix} \begin{bmatrix} \varepsilon_1 \\ \varepsilon_2 \\ \gamma_{12} \end{bmatrix} \qquad (5.77)$$

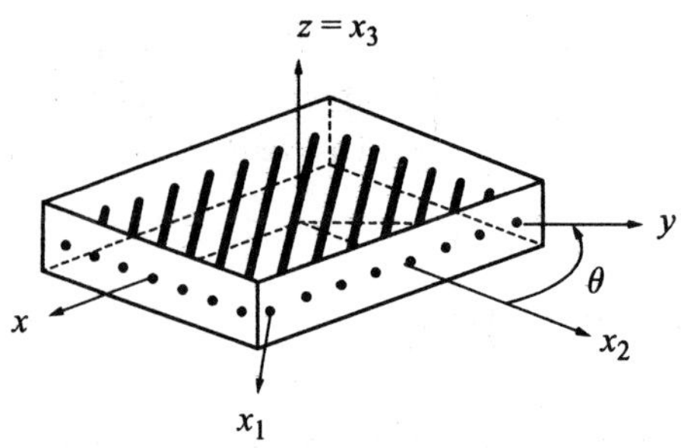

(a) 보강섬유의 구조축 및 재료축

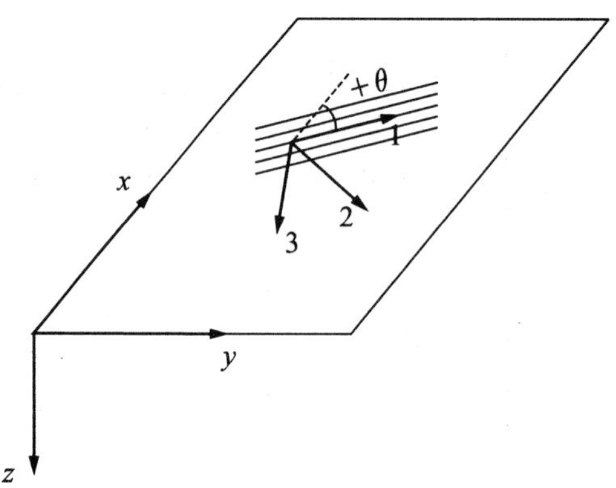

(b) x축과 θ만큼 기울어져 있는 k번째 단층 배열 각도

그림 5.15 섬유로 보강된 재료의 구조축과 재료축

여기서 축소강성 Q_{ij}는 섬유 보강방향이 재료축에 일치된 경우의 공학상수이다. Q_{ij}를 탄성계수, 포아송비, 전단탄성계수로 표시하면 다음 식과 같다.

$$Q_{11} = \frac{E_1}{1-\nu_{12}\nu_{21}},\ Q_{12} = \frac{\nu_{12}E_2}{1-\nu_{12}\nu_{21}} = \frac{\nu_{21}E_1}{1-\nu_{12}\nu_{21}}$$

$$Q_{22} = \frac{E_2}{1-\nu_{12}\nu_{21}},\ Q_{66} = G_{12},\ Q_{44} = G_{23},\ Q_{55} = G_{13} \qquad (5.78)$$

여기서 E_1 및 E_2는 단층(lamina)의 1방향과 2방향의 탄성계수이고, ν_{12} 및 ν_{21}은 포아송비이며, G_{12}, G_{23}, G_{13}는 단층(lamina)의 전단탄성계수이다. 구조축 x와 θ만큼 기울어져 있는 k번째 임의 각도로 보강된 단층을 구조축(structural axis)에 대한 응력 - 변형도 관계는 재료축의 강도를 좌표축 변환하여 표시하면 다음 식과 같다.

$$[R] = \begin{bmatrix} 1 & 0 & 0 \\ 0 & 1 & 0 \\ 0 & 0 & 2 \end{bmatrix} \tag{5.79}$$

상기 식을 도입하면

$$\begin{bmatrix} \varepsilon_1 \\ \varepsilon_2 \\ \gamma_{12} \end{bmatrix} = [R] \begin{bmatrix} \varepsilon_1 \\ \varepsilon_2 \\ \dfrac{\gamma_{12}}{2} \end{bmatrix} \tag{5.80}$$

$$\begin{bmatrix} \varepsilon_x \\ \varepsilon_y \\ \gamma_{xy} \end{bmatrix} = [R] \begin{bmatrix} \varepsilon_x \\ \varepsilon_y \\ \dfrac{\gamma_{xy}}{2} \end{bmatrix} \tag{5.81}$$

$$\begin{bmatrix} \sigma_x \\ \sigma_y \\ \tau_{xy} \end{bmatrix} = [T]^{-1} \begin{bmatrix} \sigma_1 \\ \sigma_2 \\ \tau_{12} \end{bmatrix} = [T]^{-1}[C][R][T][R]^{-1} \begin{bmatrix} \varepsilon_x \\ \varepsilon_y \\ \gamma_{xy} \end{bmatrix} \tag{5.82}$$

여기서 $[\overline{Q}] = [T]^{-1}[C][T]^T$ 축소행렬로서 $\overline{Q}_{ij}$는 구조 좌표계에 대한 탄성계수 또는 강성계수(stiffness coefficients)이며, 다음과 같은 식으로 구조축에 대한 응력과 변형률을 강성계수로 나타낸 행렬식 형태로 나타낼 수 있다.

$$\begin{bmatrix} \sigma_x \\ \sigma_y \\ \tau_{xy} \end{bmatrix} = \begin{bmatrix} \overline{Q}_{11} & \overline{Q}_{12} & \overline{Q}_{16} \\ \overline{Q}_{12} & \overline{Q}_{22} & \overline{Q}_{26} \\ \overline{Q}_{16} & \overline{Q}_{26} & \overline{Q}_{66} \end{bmatrix} \begin{bmatrix} \varepsilon_x \\ \varepsilon_y \\ \gamma_{xy} \end{bmatrix} \tag{5.83}$$

재료축에 대한 강성계수의 값을 좌표축에 변환하여 구조축에 대한 강성계수의 값으로 다음 식과 같이 나타낼 수 있다.

$$\begin{aligned}
\overline{Q}_{11} &= Q_{11}\cos^4\theta + 2(Q_{12} + 2Q_{66})\sin^2\theta\cos^2\theta + Q_{22}\sin^4\theta \\
\overline{Q}_{12} &= (Q_{11} + Q_{22} - 4Q_{66})\sin^2\theta\cos^2\theta + Q_{12}(\cos^4\theta + \sin^4\theta) \\
\overline{Q}_{22} &= Q_{11}\sin^4\theta + 2(Q_{12} + 2Q_{66})\sin^2\theta\cos^2\theta + Q_{22}\cos^4\theta \\
\overline{Q}_{16} &= (Q_{11} - Q_{12} - 2Q_{66})\sin\theta\cos^3\theta + (Q_{12} - Q_{22} + 2Q_{66})\sin^3\theta\cos\theta \\
\overline{Q}_{26} &= (Q_{11} - Q_{12} - 2Q_{66})\sin^3\theta\cos\theta + (Q_{12} - Q_{22} + 2Q_{66})\sin\theta\cos^3\theta \\
\overline{Q}_{66} &= (Q_{11} + Q_{22} - 2Q_{12} - 2Q_{66})\sin^2\theta\cos^2\theta + Q_{66}(\sin^4\theta + \cos^4\theta)
\end{aligned}$$

$$\overline{Q}_{44} = Q_{44}\cos^2\theta + Q_{55}\sin^2\theta$$

$$\overline{Q}_{45} = (Q_{55} - Q_{44})\cos\theta\sin\theta$$

$$\overline{Q}_{55} = Q_{55}\cos^2\theta + Q_{44}\sin^2\theta \tag{5.84}$$

5.4.3 적층의 강성

복합신소재는 다수의 단층이 기지에 의해 결합되어 이루어진 적층판이다. 따라서 다수의 단층으로 이루어진 복합신소재 적층판은 각 단층의 상호작용에 근거한 공학적인 상수를 결정하여야 한다. 복합신소재 적층판 해석은 다음과 같은 세 가지의 가정을 정할 수 있다.

① 적층판이 휨을 받지 않은 상태에서 인장이나 압축 및 전단을 받는 경우에는 적층판의 두께방향으로 변형률이 일정하다.
② 각 단층의 변형률이 같으며, 또한 적층판의 변형률과 같다.
③ 탄성계수는 각 단층마다 서로 다르며, 응력도 각 단층마다 다른 값을 갖는다.

복합신소재 적층판에 작용하는 내력은 적층판의 두께방향으로 각 응력의 성분을 적분하여 구할 수 있다.

$$(N_i,\ M_i) = \int_{-\frac{h}{2}}^{\frac{h}{2}} \sigma_i(1,\ z)\,dz \quad (i = x,\ y) \tag{5.85}$$

$$(Q_x) = \int_{-\frac{h}{2}}^{\frac{h}{2}} \sigma_{xz}dz \tag{5.86}$$

$$(Q_y) = \int_{-\frac{h}{2}}^{\frac{h}{2}} \sigma_{yz}dz \tag{5.87}$$

상기 식에 응력과 변형률 관계식과 변형률과 변위 관계식을 대입하여 정리하면 단면력과 변위 관계식을 다음 식과 같이 적층판의 강성을 나타낼 수 있다.

$$\begin{Bmatrix} N_x \\ N_y \\ N_{xy} \\ M_x \\ M_y \\ M_{xy} \end{Bmatrix} = \begin{bmatrix} A_{11} & A_{12} & A_{16} & B_{11} & B_{12} & B_{16} \\ A_{12} & A_{22} & A_{26} & B_{12} & B_{22} & B_{26} \\ A_{16} & A_{26} & A_{66} & B_{16} & B_{26} & B_{66} \\ B_{11} & B_{12} & B_{16} & D_{11} & D_{12} & D_{16} \\ B_{12} & B_{22} & B_{26} & D_{12} & D_{22} & D_{26} \\ B_{16} & B_{26} & B_{66} & D_{16} & D_{26} & D_{66} \end{bmatrix} \begin{Bmatrix} \varepsilon_x \\ \varepsilon_y \\ \gamma_{xy} \\ \kappa_x \\ \kappa_y \\ \kappa_{xy} \end{Bmatrix} \tag{5.88}$$

$$\begin{Bmatrix} Q_{yz} \\ Q_{xz} \end{Bmatrix} = \begin{bmatrix} A_{44} & A_{45} \\ A_{45} & A_{55} \end{bmatrix} \begin{Bmatrix} \gamma_{yz} \\ \gamma_{xz} \end{Bmatrix} \tag{5.89}$$

여기서, $[A]$는 면내력 강성, $[B]$는 휨 - 면내력 복합강성, $[D]$는 휨강성을 나타내며 다음 식과 같이 나타낼 수 있다.

$$A_{ij} = \sum_{k=1}^{N} \int_{z_{k-1}}^{z_k} \left[\overline{Q}_{ij}\right]_k dz = \sum_{k=1}^{N} \left[\overline{Q}_{ij}\right]_k \left(z_k - z_{k-1}\right) \tag{5.90}$$

$$B_{ij} = \sum_{k=1}^{N} \int_{z_{k-1}}^{z_k} \left[\overline{Q}_{ij}\right]_k z dz = \frac{1}{2} \sum_{k=1}^{N} \left[\overline{Q}_{ij}\right]_k \left(z_k^2 - z_{k-1}^2\right) \tag{5.91}$$

$$D_{ij} = \sum_{k=1}^{N} \int_{z_{k-1}}^{z_k} \left[\overline{Q}_{ij}\right]_k z^2 dz = \frac{1}{3} \sum_{k=1}^{N} \left[\overline{Q}_{ij}\right]_k \left(z_k^3 - z_{k-1}^3\right) \tag{5.92}$$

$$A_{ij} = K \sum_{k=1}^{N} \int_{z_{k-1}}^{z_k} \left[\overline{Q}_{ij}\right]_k dz = K \sum_{k=1}^{N} \left[\overline{Q}_{ij}\right]_k \left(z_k - z_{k-1}\right) \tag{5.93}$$

5.4.4 파괴이론(강도이론)

1. 개요

복합신소재는 탄성거동하며, 강도가 높은 재료이나 항복하지 않고 취성 파괴하는 특성을 나타내고 있다. 복합신소재구조에 하중이 작용하면 변형이 발생하게 되고 작용하중이 복합신소재 구성재료가 저항할 수 있는 응력을 초과하게 되면 기지, 섬유 또는 기지와 섬유사이에서 미세한 균열이 발생하기 시작하는 데 이러한 미세한 균열이 진전되면서 복합신소재구조의 파괴가 발생한다. 복합신소재는 비등방성 재료로서 강성 및 강도는 방향에 따라 다르다. 복합신소재의 강성값은 보강섬유의 각도 변화에 따른

구조축에 대한 좌표변환으로 강성값을 예측할 수 있지만 강도의 경우에는 이러한 좌표변환의 원리를 적용할 수 없다. 따라서 복합신소재구조는 복잡한 파괴거동 특성을 보이고 있어 복합신소재구조를 해석 및 설계하기 위해서는 복합신소재의 보강섬유 각 도방향에 대한 강도를 예측하기 위해 파괴모드를 파악하는 것이 중요하다. 복합신소재의 파괴이론은 복합신소재의 특성 때문에 매우 복잡하고 어렵다. 복합신소재의 파괴기준에 대한 주제는 최근 30~40년 사이 많은 연구자에 의해서 연구되어 왔다. 복합신소재의 파괴이론은 많은 연구에 의한 수많은 이론들이 있지만, 일반적으로 통용되는 파괴기준이 없다는 것이다. 그림 5.16은 1996년에 미국항공우주학회 AIAA(American Institute of Aeronautics and Astronautics)에서 조사한 복합신소재 파괴기준의 사용현황을 나타낸 것이다. 최대 변형률(maximum strain) 기준이 30%, 최대 응력(maximum stress) 기준이 22%, Tsai-Hill 기준이 17%, Tsai-Wu 기준이 12% 사용되고 있다. 이와 같이 사용자 및 재료의 특징 등에 의해서 복합신소재의 파괴기준이 다르게 사용하고 있다.

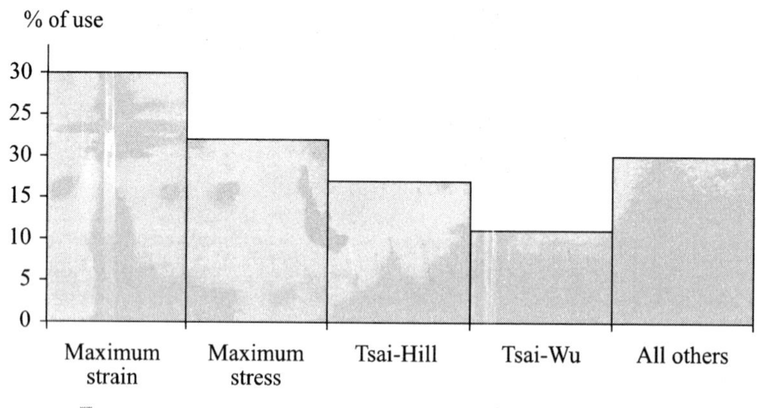

그림 5.16 복합신소재 파괴기준 이론별 조사 내용(AIAA)

이와 같이 사용자 및 재료의 특징 등에 의해서 복합신소재의 파괴기준이 다르게 사용되고 있다. 이 기준이 15년 전의 조사된 자료이지만, 현재도 비슷하게 파괴기준을 사용하는 것으로 판단되며, 다만 보다 진일보한 Hashin 및 Puck의 파괴기준의 사용이 최근에 늘어나고 있는 것으로 조사되고 있다. 복합신소재의 파괴기준은 등방성 재료와 비교해 볼 때, 이론 및 적용이 어렵고, 통용되는 파괴이론이 없어, 결함 및 취약 부위를 판단하기가 쉽지 않다.

복합신소재의 파괴기준을 크게 3가지 즉, 한계기준(limit criteria), 상호기준(interactive criteria), 분리모드기준(separate mode criteria)으로 구분할 수 있으며, 각각 장단점을 가지고 있다. 가장 손쉽게 적용할 수 있는 파괴기준 이론은 한계기준인 최대응력 이론

(maximum stress theory)와 최대변형률 이론(maximum strain theory)이지만, 한계기준의 단점으로는 각각 응력들의 상호관계를 고려할 수 없다는 데 있으며, 보수적인 기준이다. 상호기준인 Tsai-Hill, Tsai-Wu 최대일 이론은 각각 응력들의 상호관계를 고려할 수는 있지만, 파괴기준의 식이 하나의 식으로 표현되기 때문에 파괴모드를 직접적으로 예측할 수 없다는 단점이 있다. 이에 비해 분리모드기준은 한계기준 및 상호기준의 장점을 살린 기준이다. 즉, 분리모드기준인 Hashin, Puck 파괴기준은 파괴모드를 예측할 수 있으며, 각각 응력들의 상호관계를 고려할 수 있다. 하지만, Hashin 기준 역시 넘어야 될 과제가 많이 있다. Hashin의 기본 개념을 발전 및 확립한 Puck 기준이 최근 각광을 받고 있다. 이론의 타당성이 검증되고 많은 실험을 통하여 다른 기준보다 그 우수성이 입증되고 있다. 복합신소재의 파괴기준은 등방성 재료와 비교해 볼 때, 이론 및 적용이 어렵고, 통용되는 파괴기준 이론이 없어, 결함 및 취약 부위를 판단하기가 쉽지 않다. 이에 본 장에서는 복합신소재 파괴기준들을 간단하게 소개하여 복합신소재의 안전성 검토에 도움을 주고자 한다.

2. 일방향 섬유 구성 단층 파괴기준

복합신소재는 비등방성 특성을 가지고 있기 때문에 강성뿐만 아니라 강도도 방향에 따라 다르다. 그러나 강성은 좌표변환에 의하여 보강섬유의 각도 변화에 따른 강성의 변화를 예측할 수 있지만 강도의 경우 이러한 좌표변환의 원리가 적용되지 않는다. 보강섬유의 복합신소재의 각 방향에 대한 강도를 예측하기 위하여 다음 파괴기준 이론을 살펴보고자 한다. 복합신소재 파괴기준의 이해를 돕기 위한 것으로 Puck 이론을 제외하고 평면 응력상태로 가정하여 기술하고자 한다. 평면 응력상태에서 재료의 강도는 표 5.3과 같다. 또한, 파괴모드는 표 5.4와 같이 정의될 수 있다. 파괴모드 1은 섬유(fiber) 파괴모드를, 모드 2, 3은 모재(matrix)의 파괴모드를 나타낸다.

파괴기준을 3가지 그룹 즉, 한계기준(limit criteria), 상호기준(interactive criteria), 분리모드기준(separate mode criteria)으로 분류하여 설명하기로 한다.

표 5.3 복합신소재의 재료강도

기호	내용
X_T, X_C	종방향 섬유 복합신소재 인장 및 압축강도 (1축, 섬유방향과 평행)
Y_T, Y_C	횡방향 섬유 복합신소재 인장 및 압축강도 (2축, 섬유방향과 직각)
S	평면 전단강도

* 변형률 기반 해석의 대응되는 파괴변형률은 상기 기호와 같이 첨자 ε를 표시하여 복합신소재 변형률을 $X_{T\varepsilon}$, $X_{C\varepsilon}$, $Y_{T\varepsilon}$, $Y_{C\varepsilon}$, S_ε와 같이 나타낼 수 있다.

표 5.4 평면 응력상태에서 파괴모드(Modes of failure in 2-D criteria)

파괴모드	내용
모드 1	섬유 파단은 종방향 응력(σ_1) 및 종방향 변형률(ε_1)이 단층 파괴를 지배한다.
모드 2	횡방향 기지 균열은 횡방향 응력(σ_2) 및 횡방향 변형률(ε_2)이 단층 파괴를 지배한다.
모드 3	전단 기지 균열은 전단응력(τ_{12}) 및 전단변형률(γ_{12})이 단층 파괴를 지배한다.

1) 한계기준(Limit criteria)

이 기준은 응력 σ_1, σ_2, τ_{12}(또는 변형률 ε_1, ε_2, γ_{12})과 대응되는 강도를 비교함으로서 파괴강도 및 파괴모드를 결정하는 방법이다. 표 5.5와 같이 최대응력과 최대변형률 기준이 있으며, 응력 또는 변형률 사이의 상호작용이 고려되지 않는다. 최대응력 이론은 단층에서 주축방향의 응력이 표 5.5와 같이 만족하면 단층이 파괴된다는 이론이다. 최대변형률 이론은 파괴의 주요원인이 최대변형률이라고 가정한 것이며, 동일하게 표 5.5와 같이 만족하면 단층이 파괴된다는 이론이다. 이 이론은 그림 5.17은 전형적인 한계기준(limit criteria)의 파괴포락선을 나타낸 것이다. 섬유방향, 모재방향, 전단의 성분들이 서로 관계가 없음(non-interactive)을 알 수 있다. 최대변형률의 파괴포락선은 최대응력의 파괴포락선과 비슷하나, 약간 비스듬하게 경사져 있다. 이러한 차이는 포아송비(ν_{12})에 영향이며, ν_{12}가 클수록 경사가 커지며 포아송비가 0이면, 2개의 파괴기준은 동일하다. 또한, 보통 복합신소재에서 $\nu_{12} \gg \nu_{21}$이기 때문에, 수직방향(σ_2)으로 더욱 경사지게 된다. 복합신소재에서 응력과 변형률의 관계는 식 (5.94)로 표현되며, 재료 변형률강도는 식 (5.95)와 같다. 또한, 포아송비 ν_{21}은 식 (5.96)으로부터 구할 수 있다.

$$\varepsilon_1 = \frac{\sigma_1}{E_1} - \frac{\nu_{12}}{E_1}\sigma_2, \quad \varepsilon_2 = \frac{\sigma_2}{E_2} - \frac{\nu_{21}}{E_2}\sigma_1, \quad \gamma_{12} = \frac{\tau_{12}}{G_{12}} \tag{5.94}$$

$$X_{T\varepsilon} = \frac{X_T}{E_1}, \quad X_{C\varepsilon} = \frac{X_C}{E_1}, \quad Y_{T\varepsilon} = \frac{Y_T}{E_2}, \quad Y_{C\varepsilon} = \frac{Y_C}{E_2}, \quad S_\varepsilon = \frac{S}{G_{12}} \tag{5.95}$$

$$\frac{\nu_{12}}{E_1} = \frac{\nu_{21}}{E_2} \tag{5.96}$$

표 5.5 한계기준(Limit criteria)

파괴모드 형태	최대응력	최대변형률
섬유(모드 1)	$\frac{\sigma_1}{X_T} \geq 1$ 또는 $\frac{\lvert\sigma_1\rvert}{X_C} \geq 1$	$\frac{\varepsilon_1}{X_{T\varepsilon}} \geq 1$ 또는 $\frac{\lvert\varepsilon_1\rvert}{X_{C\varepsilon}} \geq 1$
기지(모드 2)	$\frac{\sigma_2}{Y_T} \geq 1$ 또는 $\frac{\lvert\sigma_2\rvert}{Y_C} \geq 1$	$\frac{\varepsilon_2}{Y_{T\varepsilon}} \geq 1$ 또는 $\frac{\lvert\varepsilon_2\rvert}{Y_{C\varepsilon}} \geq 1$
전단(모드 3)	$\frac{\lvert\tau_{12}\rvert}{S} \geq 1$	$\frac{\lvert\tau_{12}\rvert}{S_\varepsilon} \geq 1$
특성	• 비상호관계(Non-interactive) • 파괴모드 : O	

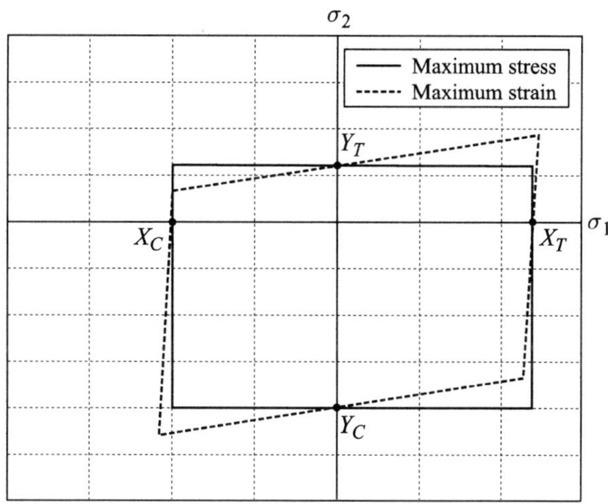

그림 5.17 전형적인 한계기준 파괴포락선

2) 상호기준(Interactive criteria)

일반적인 등방성 재료인 경우 파괴기준은 재료의 뒤틀림 에너지를 이용한 Von Mises 항복 이론이다. Tsai와 Wu는 이러한 Von Mises 항복 이론을 이용하여 비등방성인 복합신소재의 파괴기준을 제안하였다. 이 기준은 하나의 2차식 또는 고차의 다항식을 사용함으로서 파괴강도를 결정하는 방법이다. Tsai와 Wu가 제안한 일반적인 2차 다항식의 형태는 식 (5.97)과 같고 전단응력의 부호를 무시하고($F_4 = F_5 = F_6 = 0$), 2-D기준으로 한정하면 식 (5.98)과 같다.

$$F_i\sigma_i + F_{ii}\sigma_{ii} \geq 1, \tag{5.97}$$

$$i,\ j = 1,\ 2,\ 3,\ \cdots,\ 6(\sigma_4 = \tau_{23},\ \sigma_5 = \tau_{31},\ \sigma_6 = \tau_{12})$$

$$F_1\sigma_1 + F_2\sigma_2 + F_{11}\sigma_1^2 + F_{22}\sigma_2^2 + 2F_{12}\sigma_1\sigma_2 + F_{66}\tau_{12}^2 \geq 1 \tag{5.98}$$

식 (5.97)에서 변수 F_1, F_{i1}의 변화에 의해, Tsai-Hill, Tsai-Wu, Azzi-Tsai, Hoffman, Chamis 등 많은 이론들이 된다. 대표적인 Tsai-Hill, Tsai-Wu 기준이 표 5.6과 같으며, 식 (5.97)과 같이 하나의 식으로 표현되기 때문에 파괴모드를 보강섬유방향 파괴, 섬유 수직방향 파괴, 전단파괴인지를 구분할 필요가 없다. 이러한 특징으로 인하여 복합신소재의 파괴를 해석할 때 다른 파괴기준 이론보다 많이 사용하고 있다.

표 5.6 상호기준(Interactive criteria)

변수	Tsai-Hill	Tsai-Wu
F_1	0	$\frac{1}{X_T} - \frac{1}{X_C}$
F_2	0	$\frac{1}{Y_T} - \frac{1}{Y_C}$
F_{11}	$\frac{1}{X_1^2}$	$\frac{1}{X_T X_C}$
F_{22}	$\frac{1}{Y^2}$	$\frac{1}{Y_T Y_C}$
F_{12}	$-\frac{1}{2X_2^2}$	$-\frac{1}{2\sqrt{X_T X_C Y_T Y_C}}$
F_{66}	$\frac{1}{S^2}$	$\frac{1}{S^2}$
특성	• 상호관계(Interactive) • 파괴모드 : △ (비간접)	

다만, 응력과 강도의 비를 비교함으로서 간접적으로 파괴모드를 예측할 수는 있다. Tsai-Hill, Tsai-Wu 기준을 정리하면 각각 식 (5.99), (5.100)과 같다.

$$\left(\frac{\sigma_1}{X_1}\right)^2 + \left(\frac{\sigma_2}{Y}\right)^2 - \left(\frac{\sigma_1\sigma_2}{X_2^2}\right)^2 + \left(\frac{\tau_{12}}{S}\right)^2 \geq 1 \tag{5.99}$$

$$\left(\frac{1}{X_T} - \frac{1}{X_C}\right)\sigma_1 + \left(\frac{1}{Y_T} - \frac{1}{Y_C}\right)\sigma_2 + \left(\frac{\sigma_1^2}{X_T X_C}\right) + \left(\frac{\sigma_2^2}{Y_T Y_C}\right)$$
$$-\left(\frac{1}{\sqrt{X_T X_C Y_T Y_C}}\right)\sigma_1\sigma_2 + \left(\frac{\tau_{12}}{S}\right)^2 \geq 1 \tag{5.100}$$

그림 5.18은 Tsai-Hill, Tsai-Wu 전형적인 상호기준(limit criteria)의 파괴포락선을 나

타낸 것이다.

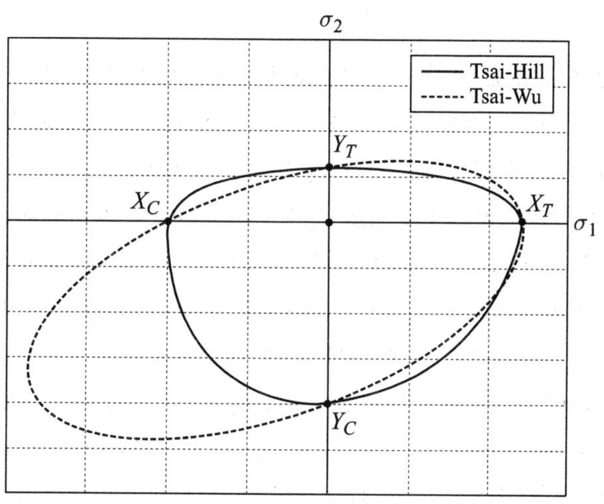

그림 5.18 전형적인 상호기준 파괴포락선

3) 분리모드기준(Separate mode criteria)

이 기준은 모재(matrix) 파괴기준을 섬유(fiber) 파괴기준으로부터 분리하여 생각하자는 기준이다. 즉, 한계기준(limit criteria)과 상호기준(interactive criteria)를 통합한 진일보한 기준이다. Hashin-Rotem, Hashin, Puck 등 다양한 이론들이 있다. Hashin-Rotem과 Hashin의 전형적인 파괴포락선은 전단응력이 없을 경우($\tau_{12}=0$), 최대응력의 파괴포락선과 동일함을 알 수 있다.

최근 복합신소재 파괴기준에서 Puck 이론이 중요시 되고 있다.

표 5.7 분리모드기준(Separate mode criteria)

	Hashin–Rotem	Hashin
섬유(모드 1)	$\dfrac{\sigma_1}{X_T} \geq 1$ 또는 $\dfrac{\lvert\sigma_1\rvert}{X_C} \geq 1$	$\left(\dfrac{\sigma_1}{X_T}\right)^2 + \left(\dfrac{\tau_{12}}{S}\right)^2 \geq 1$ 또는 $\dfrac{\lvert\sigma_1\rvert}{X_C} \geq 1$
기지(모드 2)	$\left(\dfrac{\sigma_2}{Y}\right)^2 + \left(\dfrac{\tau_{12}}{S}\right)^2 \geq 1$	$\left(\dfrac{\sigma_2}{Y}\right)^2 + \left(\dfrac{\tau_{12}}{S}\right)^2 \geq 1$
특성	• 비상호관계(Non-interactive) • 파괴모드 : O	

* 만약에 $\sigma_2 > 0$이면 $Y = Y_2$, $\sigma_2 < 0$이면 $Y = Y_C$

5.5 적층판의 이론

일방향 섬유로 보강된 복합신소재는 섬유방향으로 매우 우수한 역학적(기계적) 특성을 갖는다. 그러나 실제 구조재료로서의 응용에서는 여러 가지 방향으로 하중을 저항할 수 있도록 방향이 서로 다른 일방향 섬유로 보강된 단층이 적층되어 사용하는 것이 일반적이다. 적층판의 경우 적층형태에 따라 두께방향으로 균일성이 없어지고 직교이방성의 특성도 없어질 수 있다. 하중을 받는 복합신소재 적층판의 변위나 변형률은 단층 복합신소재와 달리 각 층 사이의 상호작용으로 인하여 변위나 변형률이 복잡한 형태로 나타나게 되는데 이러한 변위, 변형률을 구체적으로 고전 적층판 이론(classical laminate plate theory)을 이용하여 해석할 수 있다. 본 절에서는 적층판이 휨을 받는 경우에 대해서 5.4절에서 기술된 적층 이론을 적용할 수 있다. 다음 그림 5.19와 같이 적층판은 일반적으로 평면 내에서의 길이 D_1과 D_2가 적층판의 두께 h에 비하여 매우 큰 경우이며, 고전 적층 이론을 이용하여 적층판의 강성을 다음 절차에 따라 산정할 수 있다.

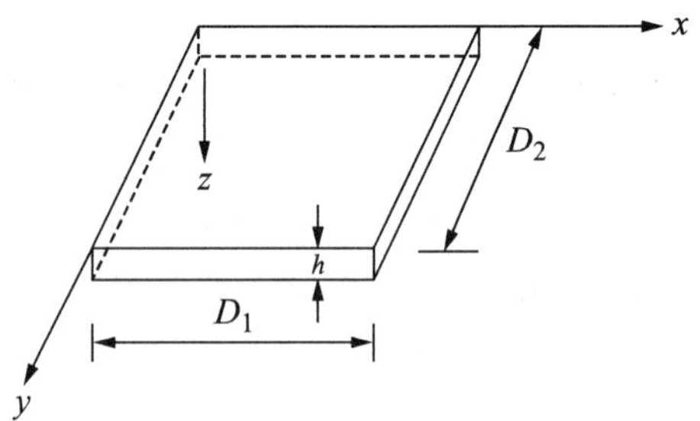

그림 5.19 적층판의 입체도

1. 적층판의 변위 - 변형률 관계를 구한다.
2. 적층판의 응력 - 변형률 관계를 구한다.
3. 적층판에 가해지는 힘과 모멘트를 응력으로 나타낸다.
4. 적층판 중간면에서의 이들 힘과 모멘트에 의한 변형률과 곡률을 산정한다.
5. 응력과 변형률과의 관계로부터 적층판의 강성도를 구한다.
6. 적층판 각 층에 발생되는 응력과 변형률을 산정한다.

5.5.1 적층판의 변위와 변형률 관계

1. 두께방향으로 전단변형(shear deformation)이 없을 경우

복합신소재 적층판은 비등방성 판으로서 각 층간의 상호작용 때문에 등방성 재료에서는 발생하지 않는 변형이 발생한다. 복합신소재 적층판은 휨모멘트를 받으면 이동(translation) 및 회전(rotation)을 하게 된다. 그림 5.20과 같이 $x-y$ 평면과 직각인 면내에서 또 하나의 변형이 일어나며, 이러한 현상을 고려한 응력과 변형률을 구하는 것은 어려워 다음과 같은 가정으로 해석을 할 수 있다.

① 적층판의 두께는 얇기 때문에 평면 응력상태 즉, σ_z는 0으로 가정하여 복합신소재 단층의 응력-변형률의 관계를 다음 식과 같이 나타낼 수 있다.

$$\begin{bmatrix} \sigma_x \\ \sigma_y \\ \tau_{xy} \end{bmatrix} = \begin{bmatrix} \overline{Q}_{11} & \overline{Q}_{12} & \overline{Q}_{16} \\ \overline{Q}_{12} & \overline{Q}_{22} & \overline{Q}_{26} \\ \overline{Q}_{16} & \overline{Q}_{26} & \overline{Q}_{66} \end{bmatrix} \begin{bmatrix} \varepsilon_x \\ \varepsilon_y \\ \gamma_{xy} \end{bmatrix} \tag{5.101}$$

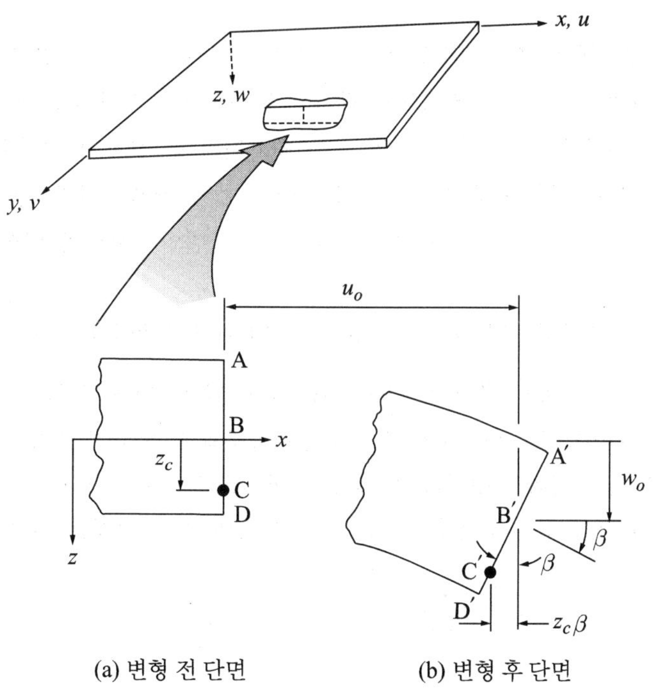

그림 5.20 적층판 단면의 변형 전과 변형 후의 기하학적 형상(두께방향으로 전단변형 없는 경우)

② 적층판 단면이 변형 전에 두께방향으로 연속적이며, 선형적이고 적층판 중간면과 단면이 직각인 상태가 변형 후에도 이러한 상태를 만족하기 위해서는 z축 방향의 수직변형률 $\varepsilon_z = \dfrac{\partial w}{\partial z}$이 0이다.

$$w = f(x, y) = w_o(x, y) \tag{5.102}$$

③ 적층판 단면이 변형 전에 두께방향으로 연속적이며, 선형적이고 적층판 중간면과 단면이 직각인 상태가 변형 후에도 이러한 상태를 만족하기 위해서는 다음 식과 같이 전단변형률 γ_{xz}, γ_{yz}를 무시한다.

$$\gamma_{xz} = \frac{\partial w}{\partial x} + \frac{\partial u}{\partial z} = 0 \ : \ \frac{\partial u}{\partial z} = -\frac{\partial w}{\partial x}$$

$$u = -\frac{\partial w}{\partial x} z + f_1(x, y) \tag{5.103}$$

$$\gamma_{yz} = \frac{\partial w}{\partial y} + \frac{\partial v}{\partial z} = 0 \ : \ \frac{\partial v}{\partial z} = -\frac{\partial w}{\partial y}$$

$$v = -\frac{\partial w}{\partial y} z + f_2(x, y) \tag{5.104}$$

④ x, y방향 각각의 변형률 ε_x, ε_y, γ_{xy}를 x, y, z방향의 변위 u, v, w 등으로 나타낼 수 있다. 그림 5.20과 같이 x축 방향으로 외력에 의해 변형이 발생될 때 x축과 직각인 단면의 일부인 선분 AD 위의 한 점 C가 변형한 후 C′으로 변했을 때 점 C와 점 C′ 간의 x방향 변위를 u_o라 하고 점 B인 중간면과 점 C 사이의 길이를 z_c라고 한다. 여기서 w_o는 중간면의 z방향의 변위이다.

가정 ③에서 기술되어 있는 것처럼 z축 방향의 수직변형률 $\varepsilon_z = \dfrac{\partial w}{\partial z}$이 0이며, x방향의 변위 u와 y방향 변위 v가 0이 되는 순수 휨상태이며, $f_1(x, y) = f_2(x, y) = 0$, 또는 상수 C이므로 복합신소재 적층판 두께방향의 임의의 점 P의 x방향의 변위 u는 다음 식과 같이 나타낼 수 있으며, 동일한 방법으로 y방향 변위 v도 구할 수 있다. 따라서 x, y, z축 방향의 변위 u, v, w는 다음과 같이 가정할 수 있다.

$$u = u_o - z\frac{\partial w}{\partial x} \tag{5.105}$$

$$v = v_o - z\frac{\partial w}{\partial y} \tag{5.106}$$

$$w = w_o(x,\, y) \tag{5.107}$$

여기서 식 (5.105)~(5.107)의 u_o, v_o, w_o는 그림 5.20에 나타난 것처럼 적층판 중심면의 변위이고 식 (5.105)와 (5.106)의 두 번째 항은 적층판의 회전에 관련된 항이다. 이 경우는 적층판의 두께방향으로 전단변형(shear deformation)을 고려하지 않은 고전 적층판 이론의 경우이다. 적층판의 변위와 변형률의 관계를 나타내면 다음 식과 같다.

$$\varepsilon_x = \frac{\partial u}{\partial x} = \frac{\partial u_o}{\partial x} - z\frac{\partial^2 w_o}{\partial x^2} \tag{5.108}$$

$$\varepsilon_y = \frac{\partial v}{\partial y} = \frac{\partial v_o}{\partial y} - z\frac{\partial^2 w_o}{\partial y^2} \tag{5.109}$$

$$\gamma_{xy} = \frac{\partial u}{\partial y} + \frac{\partial v}{\partial x} = \frac{\partial u_o}{\partial y} + \frac{\partial y_o}{\partial x} - 2z\frac{\partial^2 w_o}{\partial x \partial y} = \gamma^o_{xy} - 2z\frac{\partial^2 w_o}{\partial x \partial y} \tag{5.110}$$

$$\begin{bmatrix} \varepsilon_x \\ \varepsilon_y \\ \gamma_{xy} \end{bmatrix} = \begin{bmatrix} \dfrac{\partial u_o}{\partial x} \\ \dfrac{\partial v_o}{\partial y} \\ \dfrac{\partial u_o}{\partial y} + \dfrac{\partial v_o}{\partial x} \end{bmatrix} + \begin{bmatrix} -\dfrac{\partial^2 w_o}{\partial x^2} \\ -\dfrac{\partial^2 w_o}{\partial y^2} \\ -2\dfrac{\partial^2 w_o}{\partial x \partial y} \end{bmatrix} z \tag{5.111a}$$

$$\begin{bmatrix} \varepsilon_x \\ \varepsilon_y \\ \gamma_{xy} \end{bmatrix} = \begin{bmatrix} \varepsilon^o_x \\ \varepsilon^o_y \\ \gamma^o_{xy} \end{bmatrix} + z \begin{bmatrix} \kappa_x \\ \kappa_y \\ \kappa_{xy} \end{bmatrix} \tag{5.111b}$$

여기서, ε^o_x, ε^o_y, γ^o_{xy}는 중립면에서의 변형률을 뜻하며, κ_x와 κ_y는 중간면의 x방향, y방향의 곡률(curvature)이고, κ_{xy}는 중간면의 비틀림 곡률을 뜻한다.

2. 두께방향으로 전단변형이 있을 경우

복합신소재 적층판은 탄성계수와 전단탄성계수의 비가 매우 커서 전단변형 효과를 무시한 고전적인 평판 이론에 의한 해는 처짐이 실제보다 적게 계산되어 많은 오차를 야기시키므로 복합신소재 적층판의 해석에서는 전단변형을 고려해야 한다. 그림 5.21과 같이 적층판 단면의 변형 전의 기하학적 형상 그림(a)와 전단변형을 고려치 않은 적층판의 중립면에 수직인 단면이 변형 후에도 중립면에 수직하다고 본 고전적 이론에 의한 변형 형상 그림(b)과 중립면에 수직하지 않은 전단변형을 고려한 변형 형상 그림(c)을 나타내고 있다.

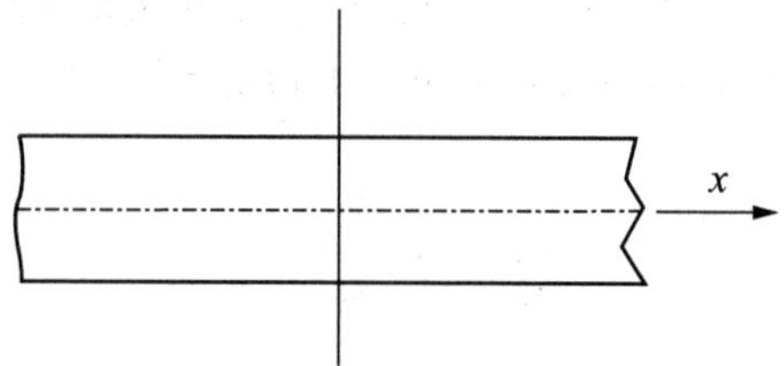

(a) 변형 전 기하학적 형상

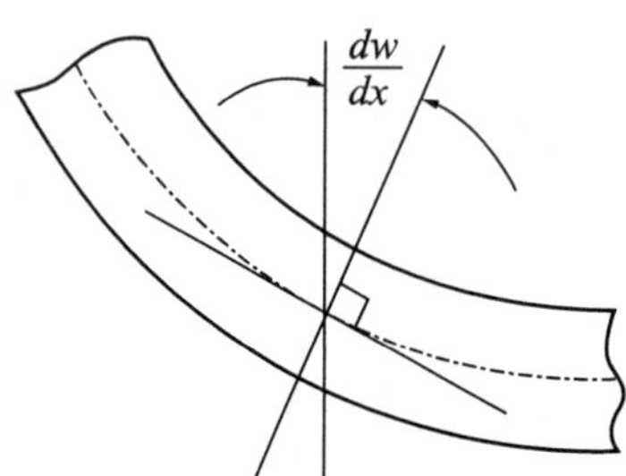

(b) 고전적 이론에 의한 변형 형상

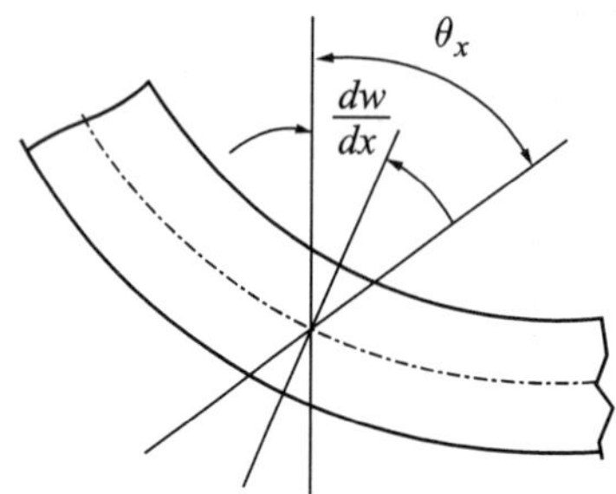

(c) 전단변형을 고려한 변형 형상

그림 5.21 적층판 단면의 변형 전과 변형 후의 기하학적 형상(두께방향으로 전단변형 있는 경우)

적층판 요소에 대한 좌표를 오른손 좌표계를 사용하고 적층판의 중립면에서의 변위를 그림 5.22와 같이 나타낼 수 있다. 여기서 u_o, v_o, w_o는 적층판 중심면의 x, y, z축 방향의 변위이고 θ_x, θ_y는 x, y축 방향의 처짐각으로 그림 5.22(a)와 같이 표시된다. 그리고 그림 5.22(b)와 같이 새로운 회전각 $\Phi_x = -\theta_x$, $\Phi_y = -\theta_y$으로 정의될 수 있다.

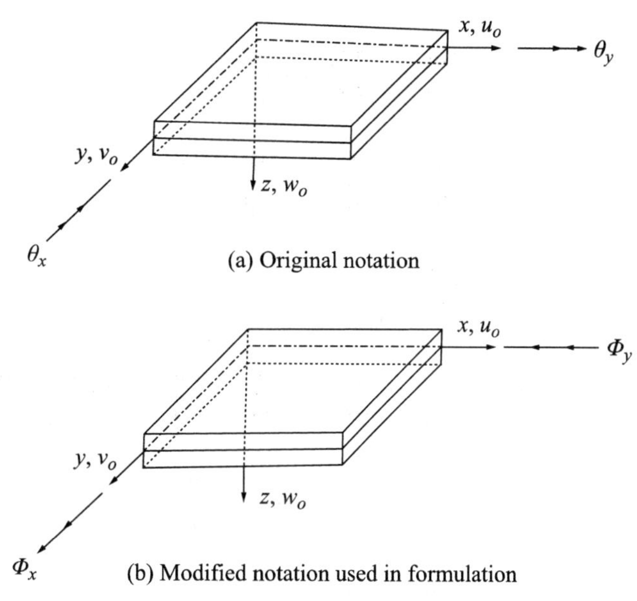

그림 5.22 적층판 요소의 변위

전단변형을 고려하기 위하여 중립면으로부터 거리가 z만큼 떨어져 있는 점의 x, y축 방향의 변위는 중립면의 x, y방향의 변위 u_o, v_o와 두께방향의 일차식을 합하여 나타내고 중립면의 z축 방향의 변위인 w_o는 두께에 따라 일정하다고 가정하면 직교좌표계를 갖는 적층판의 임의 점 $(x,\ y,\ z)$에서의 변위 u, v, w는 다음과 같이 가정할 수 있다.

$$u = u_o + z\Phi_x \tag{5.112}$$

$$v = v_o + z\Phi_y \tag{5.113}$$

$$w = w_o(x,\ y) \tag{5.114}$$

여기서 식 (5.112)~(5.114)의 u_o, v_o, w_o는 그림 5.22에 나타난 것처럼 적층판 중심면의 변위이고 식 (5.112)과 (5.113)의 두 번째 항 Φ_x, Φ_y는 적층판의 중립면에 수직인 선분의 x, y방향의 회전각 변위이다. 따라서 전단변형을 고려하는 경우 각 절점에서의 자유도는 u_o, v_o, w_o, Φ_x, Φ_y의 5개가 된다.

이 경우는 적층판의 두께방향으로 전단변형(shear deformation)을 고려한 적층판의 변위와 변형률의 관계를 나타내면 다음 식과 같다.

$$\varepsilon_x = \frac{\partial u}{\partial x} = \frac{\partial u_o}{\partial x} + z\frac{\partial \Phi_x}{\partial x} \tag{5.115}$$

$$\varepsilon_y = \frac{\partial v}{\partial y} = \frac{\partial v_o}{\partial y} + z\frac{\partial \Phi_y}{\partial y} \tag{5.116}$$

$$\varepsilon_z = \frac{\partial w}{\partial z} = 0 \tag{5.117}$$

$$\gamma_{xy} = \frac{\partial u}{\partial y} + \frac{\partial v}{\partial x} = \frac{\partial u_o}{\partial y} + \frac{\partial y_o}{\partial x} + z\left(\frac{\partial \Phi_x}{\partial y} + \frac{\partial \Phi_y}{\partial x}\right) \tag{5.118}$$

$$\gamma_{xz} = \frac{\partial w}{\partial x} + \frac{\partial u}{\partial z} = \Phi_x + \frac{\partial w_o}{\partial x} \tag{5.119}$$

$$\gamma_{yz} = \frac{\partial w}{\partial y} + \frac{\partial v}{\partial z} = \Phi_y + \frac{\partial w_o}{\partial y} \tag{5.120}$$

$$\begin{bmatrix} \varepsilon_x \\ \varepsilon_y \\ \gamma_{xy} \\ \gamma_{yz} \\ \gamma_{xz} \end{bmatrix} = \begin{bmatrix} \dfrac{\partial u_o}{\partial x} \\ \dfrac{\partial v_o}{\partial y} \\ \dfrac{\partial u_o}{\partial y} + \dfrac{\partial v_o}{\partial x} \\ \dfrac{\partial w_o}{\partial y} + \Phi_y \\ \dfrac{\partial w_o}{\partial x} + \Phi_x \end{bmatrix} + \begin{bmatrix} \dfrac{\partial \Phi_x}{\partial x} \\ \dfrac{\partial \Phi_y}{\partial y} \\ \dfrac{\partial \Phi_x}{\partial x} + \dfrac{\partial \Phi_y}{\partial y} \\ 0 \\ 0 \end{bmatrix} z \tag{5.121}$$

5.5.2 적층판의 응력과 변형률 관계

1. 두께방향으로 전단변형(shear deformation)이 없을 경우

그림 5.23과 같이 적층 단면 내 단층 k의 응력과 변형률의 관계는 그 재료의 주축과 관련되며, 식 (5.122)와 같이 나타낼 수 있다.

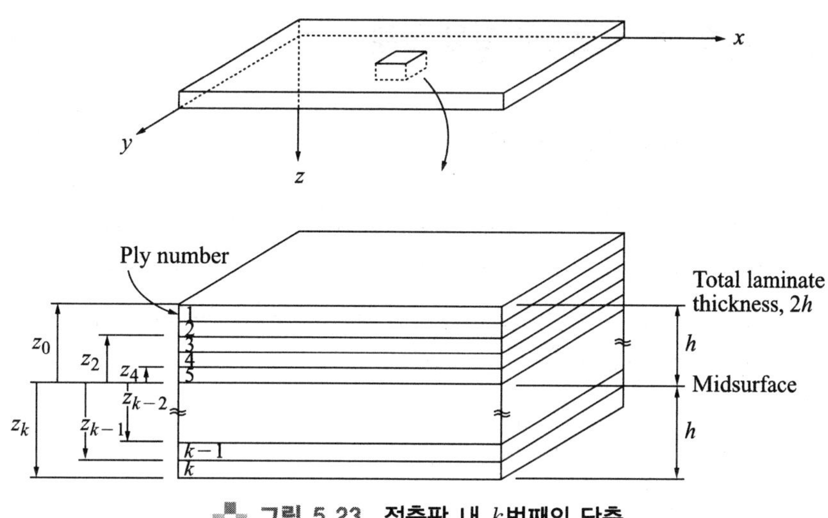

그림 5.23 적층판 내 k번째의 단층

$$\begin{bmatrix} \sigma_x \\ \sigma_y \\ \tau_{xy} \end{bmatrix}_k = \begin{bmatrix} \overline{Q}_{11} & \overline{Q}_{12} & \overline{Q}_{16} \\ \overline{Q}_{12} & \overline{Q}_{22} & \overline{Q}_{26} \\ \overline{Q}_{16} & \overline{Q}_{26} & \overline{Q}_{66} \end{bmatrix}_k \left[\begin{bmatrix} \varepsilon_x^o \\ \varepsilon_y^o \\ \gamma_{xy}^o \end{bmatrix} + z \begin{bmatrix} \kappa_x \\ \kappa_y \\ \kappa_{xy} \end{bmatrix} \right] \tag{5.122}$$

여기서, ε_x^o, ε_y^o, γ_{xy}^o는 중립면에서의 변형률을 뜻하며, κ_x와 κ_y는 중간면의 x방향, y방향의 곡률이고, κ_{xy}는 중간면의 비틀림 곡률을 뜻한다.

2. 두께방향으로 전단변형이 있을 경우

적층 단면 내 단층 k의 응력과 변형률의 관계는 그 재료의 주축과 관련되며, 식 (5.123)과 같이 나타낼 수 있다.

$$\begin{bmatrix} \sigma_x \\ \sigma_y \\ \tau_{xy} \\ \tau_{yz} \\ \tau_{xz} \end{bmatrix}_k = \begin{bmatrix} \overline{Q}_{11} & \overline{Q}_{12} & \overline{Q}_{16} & 0 & 0 \\ \overline{Q}_{12} & \overline{Q}_{22} & \overline{Q}_{26} & 0 & 0 \\ \overline{Q}_{16} & \overline{Q}_{26} & \overline{Q}_{66} & 0 & 0 \\ 0 & 0 & 0 & \overline{Q}_{44} & \overline{Q}_{45} \\ 0 & 0 & 0 & \overline{Q}_{54} & \overline{Q}_{55} \end{bmatrix}_k \begin{bmatrix} \varepsilon_x \\ \varepsilon_y \\ \varepsilon_{xy} \\ \varepsilon_{yz} \\ \varepsilon_{xz} \end{bmatrix} \tag{5.123}$$

5.5.3 적층판의 단면력과 변위 관계

1. 두께방향으로 전단변형(shear deformation)이 없을 경우

복합신소재 적층판에서는 각 층마다 섬유배열 각도가 다르므로 동일한 외력에 대해서도 강성 및 강도가 다르다. 다음 그림 5.24와 같이 적층판의 미소요소에 작용하는 단면력인 축력과 모멘트를 나타낼 수 있으며, 그림 5.25와 같이 적층판의 미소요소에 작용하는 응력도를 정의할 수 있다.

$$\frac{\partial \sigma_x}{\partial x} + \frac{\partial \tau_{xy}}{\partial y} = 0 \tag{5.124}$$

$$\frac{\partial \tau_{xy}}{\partial x} + \frac{\partial \sigma_y}{\partial y} = 0 \tag{5.125}$$

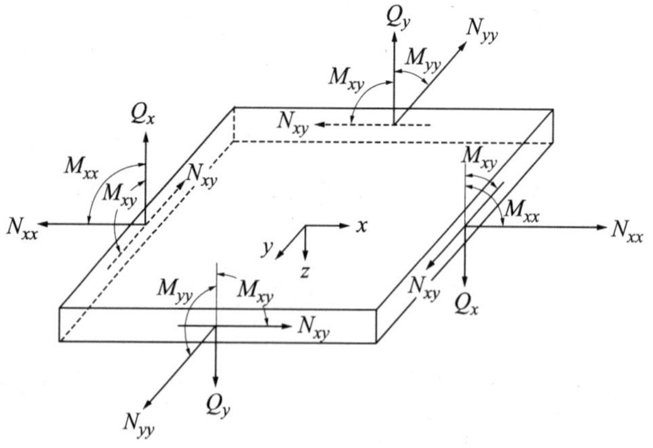

그림 5.24 단면력도

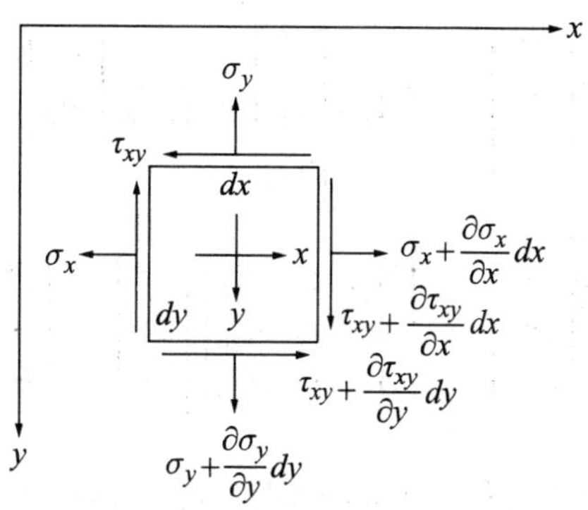

그림 5.25 응력도

적층판 전체에 가해지는 외력에 의해 발생되는 단면력인 축력과 모멘트는 적층판 두께에 따라 각 층마다 힘과 모멘트를 적분함으로써 구할 수 있다. 적층판 단위폭당 축력은 다음 식과 같이 적층판 두께에 따라 각 층마다 힘을 적분함으로써 구할 수 있으며, 다음과 같은 식으로 정의할 수 있다.

$$N_x = \sum_{k=1}^{N} \int_{z_{k-1}}^{z_k} \sigma_x \, dz \tag{5.126}$$

$$\begin{bmatrix} N_x \\ N_y \\ N_{xy} \end{bmatrix} = \sum_{k=1}^{N} \int_{z_{k-1}}^{z_k} \begin{pmatrix} \sigma_x \\ \sigma_y \\ \tau_{xy} \end{pmatrix} dz = \sum_{k=1}^{N} \begin{bmatrix} \overline{Q}_{11} & \overline{Q}_{12} & \overline{Q}_{16} \\ \overline{Q}_{12} & \overline{Q}_{22} & \overline{Q}_{26} \\ \overline{Q}_{16} & \overline{Q}_{26} & \overline{Q}_{66} \end{bmatrix}_k \left[\int_{z_{k-1}}^{zk} \begin{bmatrix} \varepsilon_x^o \\ \varepsilon_y^o \\ \gamma_{xy}^o \end{bmatrix} dz + \int_{z_{k-1}}^{zk} \begin{bmatrix} \kappa_x \\ \kappa_y \\ \kappa_{xy} \end{bmatrix} z \, dz \right] \tag{5.127}$$

$$\begin{bmatrix} N_x \\ N_y \\ N_{xy} \end{bmatrix} = \sum_{k=1}^{N} \left[\overline{Q}_{ij} \right]_k \left[\int_{z_{k-1}}^{z_k} dz \begin{bmatrix} \varepsilon_x^o \\ \varepsilon_y^o \\ \gamma_{xy}^o \end{bmatrix} \right] + \sum_{k=1}^{N} \left[\overline{Q}_{ij} \right]_k \left[\int_{z_{k-1}}^{zk} z \, dz \begin{bmatrix} \kappa_x \\ \kappa_y \\ \kappa_{xy} \end{bmatrix} \right] \tag{5.128}$$

여기서,

$$A_{ij} = \sum_{k=1}^{N} \left[\overline{Q}_{ij} \right]_k \left[z_k - z_{k-1} \right] \tag{5.129}$$

$$B_{ij} = \sum_{k=1}^{N} \left[\overline{Q}_{ij} \right]_k \frac{1}{2} \left[z_k^2 - z_{k-1}^2 \right] \tag{5.130}$$

$$\begin{bmatrix} N_x \\ N_y \\ N_{xy} \end{bmatrix} = [A_{ij}] \begin{bmatrix} \varepsilon_x^o \\ \varepsilon_y^o \\ \gamma_{xy}^o \end{bmatrix} + [B_{ij}] \begin{bmatrix} \kappa_x \\ \kappa_y \\ \kappa_{xy} \end{bmatrix} \tag{5.131}$$

$$\begin{bmatrix} N_x \\ N_y \\ N_{xy} \end{bmatrix} = \begin{bmatrix} A_{11} & A_{12} & A_{16} \\ A_{12} & A_{22} & A_{26} \\ A_{16} & A_{26} & A_{66} \end{bmatrix} \begin{bmatrix} \varepsilon_x^o \\ \varepsilon_y^o \\ \gamma_{xy}^o \end{bmatrix} + \begin{bmatrix} B_{11} & B_{12} & B_{16} \\ B_{12} & B_{22} & B_{26} \\ B_{16} & B_{26} & B_{66} \end{bmatrix} \begin{bmatrix} \kappa_x \\ \kappa_y \\ \kappa_{xy} \end{bmatrix} \tag{5.132}$$

그리고 적층판 단위폭당 모멘트는 다음 식과 같이 적층판 두께에 따라 각 층마다 모멘트를 적분함으로써 다음 식과 같이 구할 수 있다.

$$\begin{bmatrix} M_x \\ M_y \\ M_{xy} \end{bmatrix} = \sum_{k=1}^{N} \int_{z_{k-1}}^{z_k} \begin{pmatrix} \sigma_x \\ \sigma_y \\ \tau_{xy} \end{pmatrix}_k z\,dz$$

$$= \sum_{k=1}^{N} \begin{bmatrix} \overline{Q}_{11} & \overline{Q}_{12} & \overline{Q}_{16} \\ \overline{Q}_{12} & \overline{Q}_{22} & \overline{Q}_{26} \\ \overline{Q}_{16} & \overline{Q}_{26} & \overline{Q}_{66} \end{bmatrix}_k \left[\int_{z_{k-1}}^{zk} \begin{bmatrix} \varepsilon_x^o \\ \varepsilon_y^o \\ \gamma_{xy}^o \end{bmatrix} z\,dz + \int_{z_{k-1}}^{zk} \begin{bmatrix} \kappa_x \\ \kappa_y \\ \kappa_{xy} \end{bmatrix} z^2 dz \right] \tag{5.133}$$

$$\begin{bmatrix} M_x \\ M_y \\ M_{xy} \end{bmatrix} = \begin{bmatrix} \sum_{k=1}^{N} \int_{z_{k-1}}^{z_k} [\overline{Q}_{11}]\, z\,dz & \sum_{k=1}^{N} \int_{z_{k-1}}^{z_k} [\overline{Q}_{12}]\, z\,dz & \sum_{k=1}^{N} \int_{z_{k-1}}^{z_k} [\overline{Q}_{16}]\, z\,dz \\ B_{12} & B_{22} & B_{26} \\ B_{16} & B_{26} & B_{66} \end{bmatrix} \begin{bmatrix} \varepsilon_x^o \\ \varepsilon_y^o \\ \gamma_{xy}^o \end{bmatrix}$$

$$+ \begin{bmatrix} \sum_{k=1}^{N} \int_{z_{k-1}}^{z_k} [\overline{Q}_{11}]\, z^2 dz & D_{12} & D_{16} \\ D_{12} & D_{22} & D_{26} \\ D_{16} & D_{26} & D_{66} \end{bmatrix} \begin{bmatrix} \kappa_x \\ \kappa_y \\ \kappa_{xy} \end{bmatrix} \tag{5.134}$$

여기서, A_{ij}는 면내력 강도(extensional stiffness), B_{ij}는 휨 - 면내력 복합강도(coupling stiffness), D_{ij}는 휨강도(bending stiffness)를 나타내는 것으로 다음 식과 같이 나타낼 수 있다.

$$A_{ij} = \sum_{k=1}^{N} \int_{z_{k-1}}^{z_k} [\overline{Q}_{ij}]_k dz = \sum_{k=1}^{N} [\overline{Q}_{ij}]_k [z_k - z_{k-1}] \quad (i,\ j = 1,\ 2,\ 6)$$

$$B_{ij} = \sum_{k=1}^{N} \int_{z_{k-1}}^{z_k} [\overline{Q}_{ij}]_k z\,dz = \sum_{k=1}^{N} [\overline{Q}_{ij}]_k \frac{1}{2} [z_k^2 - z_{k-1}^2]$$

$(i,\ j=1,\ 2,\ 6)$

$$D_{ij} = \sum_{k=1}^{N} \int_{z_{k-1}}^{z_k} \left[\overline{Q}_{ij}\right]_k z^2 dz = \sum_{k=1}^{N} \left[\overline{Q}_{ij}\right]_k \frac{1}{3}\left[z_k^3 - z_{k-1}^3\right]$$

$$(i,\ j=1,\ 2,\ 6) \tag{5.135}$$

$$\begin{bmatrix} M_x \\ M_y \\ M_{xy} \end{bmatrix} = \begin{bmatrix} B_{11}\ B_{12}\ B_{16} \\ B_{12}\ B_{22}\ B_{26} \\ B_{16}\ B_{26}\ B_{66} \end{bmatrix} \begin{bmatrix} \varepsilon_x^o \\ \varepsilon_y^o \\ \gamma_{xy}^o \end{bmatrix} + \begin{bmatrix} D_{11}\ D_{12}\ D_{16} \\ D_{12}\ D_{22}\ D_{26} \\ D_{16}\ D_{26}\ D_{66} \end{bmatrix} \begin{bmatrix} \kappa_x \\ \kappa_y \\ \kappa_{xy} \end{bmatrix} \tag{5.136}$$

2. 두께방향으로 전단변형이 있을 경우

적층판 전체에 가해지는 외력에 의해 발생되는 단면력인 축력과 모멘트는 적층판 두께에 따라 각 층마다 응력을 두께에 대하여 적분함으로써 구할 수 있다. 다음과 같은 식으로 정의할 수 있다.

$$\begin{bmatrix} N_x \\ N_y \\ N_{xy} \end{bmatrix} = \begin{bmatrix} A_{11}\ A_{12}\ A_{16} \\ A_{12}\ A_{22}\ A_{26} \\ A_{16}\ A_{26}\ A_{66} \end{bmatrix} \begin{bmatrix} \varepsilon_x^o \\ \varepsilon_y^o \\ \gamma_{xy}^o \end{bmatrix} + \begin{bmatrix} B_{11}\ B_{12}\ B_{16} \\ B_{12}\ B_{22}\ B_{26} \\ B_{16}\ B_{26}\ B_{66} \end{bmatrix} \begin{bmatrix} \kappa_x \\ \kappa_y \\ \kappa_{xy} \end{bmatrix} \tag{5.137}$$

$$\begin{bmatrix} M_x \\ M_y \\ M_{xy} \end{bmatrix} = \begin{bmatrix} B_{11}\ B_{12}\ B_{16} \\ B_{12}\ B_{22}\ B_{26} \\ B_{16}\ B_{26}\ B_{66} \end{bmatrix} \begin{bmatrix} \varepsilon_x^o \\ \varepsilon_y^o \\ \gamma_{xy}^o \end{bmatrix} + \begin{bmatrix} D_{11}\ D_{12}\ D_{16} \\ D_{12}\ D_{22}\ D_{26} \\ D_{16}\ D_{26}\ D_{66} \end{bmatrix} \begin{bmatrix} \kappa_x \\ \kappa_y \\ \kappa_{xy} \end{bmatrix} \tag{5.138}$$

$$\begin{bmatrix} Q_x \\ Q_y \end{bmatrix} = \begin{bmatrix} A_{44}\ A_{45} \\ A_{54}\ A_{55} \end{bmatrix} \begin{bmatrix} \Phi_x + \dfrac{\partial w_o}{\partial x} \\ \Phi_y + \dfrac{\partial w_o}{\partial y} \end{bmatrix} \tag{5.139}$$

여기서, A_{ij}는 면내력 강도(extensional stiffness), B_{ij}는 휨 - 면내력 복합강도(coupling stiffness), D_{ij}는 휨강도(bending stiffness), K_i, K_j는 전단보정계수(shear correction factors)를 나타내는 것으로 다음 식과 같이 나타낼 수 있다.

$$A_{ij} = \sum_{k=1}^{N} \int_{z_{k-1}}^{z_k} \left[\overline{Q}_{ij}\right]_k dz = \sum_{k=1}^{N} \left[\overline{Q}_{ij}\right]_k \left[z_k - z_{k-1}\right] \quad (i,\ j=1,\ 2,\ 6)$$

$$A_{ij} = K_i \cdot K_j \sum_{k=1}^{N} \int_{z_{k-1}}^{z_k} \left[\overline{Q}_{ij}\right]_k dz = \sum_{k=1}^{N} \left[\overline{Q}_{ij}\right]_k \left[z_k - z_{k-1}\right]$$

$(i,\ j = 4,\ 5)$

$$B_{ij} = \sum_{k=1}^{N} \int_{z_{k-1}}^{z_k} \left[\overline{Q}_{ij}\right]_k z\,dz = \sum_{k=1}^{N} \left[\overline{Q}_{ij}\right]_k \frac{1}{2}\left[z_k^2 - z_{k-1}^2\right]$$

$(i,\ j = 1,\ 2,\ 6)$

$$D_{ij} = \sum_{k=1}^{N} \int_{z_{k-1}}^{z_k} \left[\overline{Q}_{ij}\right]_k z^2 dz = \sum_{k=1}^{N} \left[\overline{Q}_{ij}\right]_k \frac{1}{3}\left[z_k^3 - z_{k-1}^3\right]$$

$(i,\ j = 1,\ 2,\ 6)$ (5.140)

1) 적층보

그림 5.26과 같이 복합신소재의 적층보에 모멘트 하중을 받게 되면 일반 적층판에 대한 단면력과 변위 관계식인 (5.132)와 (5.136)은 적층보에서는 식 (5.141)과 같이 단면력과 변위 관계식으로 줄여서 나타낼 수 있다.

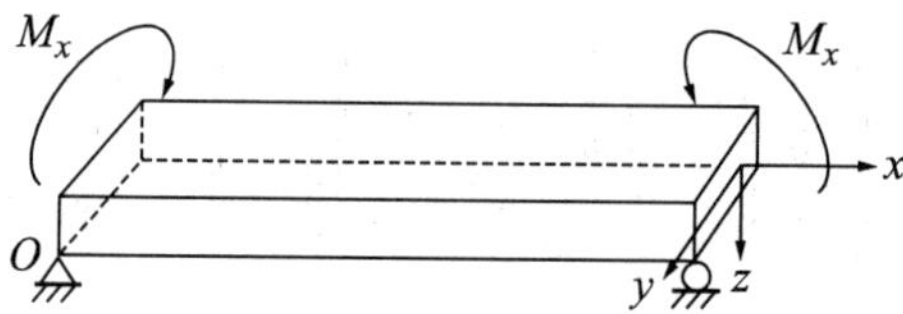

그림 5.26 모멘트 하중을 받는 적층보

$$[N_x] = [A_{11}\ A_{12}\ A_{16}]\begin{bmatrix}\varepsilon_x^o \\ \varepsilon_y^o \\ \gamma_{xy}^o\end{bmatrix} + [B_{11}\ B_{12}\ B_{16}]\begin{bmatrix}\kappa_x \\ \kappa_y \\ \kappa_{xy}\end{bmatrix}$$

$$[M_x] = [B_{11}\ B_{12}\ B_{16}]\begin{bmatrix}\varepsilon_x^o \\ \varepsilon_y^o \\ \gamma_{xy}^o\end{bmatrix} + [D_{11}\ D_{12}\ D_{16}]\begin{bmatrix}\kappa_x \\ \kappa_y \\ \kappa_{xy}\end{bmatrix} \tag{5.141}$$

만약에 적층보가 중립면에 대칭이고 직교이방성 또는 등방성이라면 $D_{16} = 0$이 된다. 또한 단순보일 때 $B_{ij} = 0,\ D_{12} = D_{16} = 0$이 되므로 상기 식 (5.141)은 다음과 같은 식으로 나타낼 수 있다.

$$N_x = A_{11}\varepsilon_x^o$$

$$M_x = D_{11}\kappa_x = -D_{11}\frac{\partial^2 w}{\partial x^2} \tag{5.142}$$

적층보 연단에서는 전단응력이 0이므로 다음과 같은 평형방정식을 얻을 수 있다.

$$\frac{dV}{dx} = -q(x), \qquad \frac{dM}{dx} = V, \qquad \frac{dN_x}{dx} = 0 \tag{5.143}$$

여기서, $P \equiv N_x b$, $V \equiv Q_x b$, $M = M_x b$, $q(x) \equiv p(x)b$이며, 중립면에서 대칭이고 복합신소재 적층보의 평형방정식은 다음 식과 같다.

$$P = bA_{11}\varepsilon_x^o = bA_{11}\frac{du_o}{dx}, \qquad \frac{dP}{dx} = 0 \tag{5.144}$$

$$u_o(x) = \left(\frac{P}{bA_{11}}\right)x + C_o \tag{5.145}$$

따라서 식 (5.145)는 축하중 P를 받는 봉의 변위를 나타내는 식이다. 일반 등방성 보의 축강성인 EA 대신에 bA_{11}을 적용한 것이다. 봉의 길이가 $x = L$이면 등방성 보와 비등방성 보인 복합신소재 적층보 봉의 변위($u = \delta$)는 다음과 같이 대비된다.

등방성 봉의 변위 : $\delta_{x=L} = \dfrac{PL}{EA}$

비등방성 적층 봉의 변위 : $\delta_{x=L} = \dfrac{PL}{bA_{11}}$

$$M = bD_{11}\kappa_x = -bD_{11}\frac{\partial^2 w}{\partial x^2} \tag{5.146}$$

$$bD_{11}\frac{\partial^4 w}{\partial x^4} = q(x) \tag{5.147}$$

복합신소재 적층보 처짐방정식 (5.146)을 이용하여 작용하중에 대한 처짐은 상기 식을 적분함으로서 구할 수 있다. 그림 5.27과 같이 지간 L을 갖는 복합신소재 적층보에 등분포하중 q_o가 작용하고 경계조건이 단순지지인 경우 보의 중앙점에서 처짐(δ)은 다음과 같이 구할 수 있다.

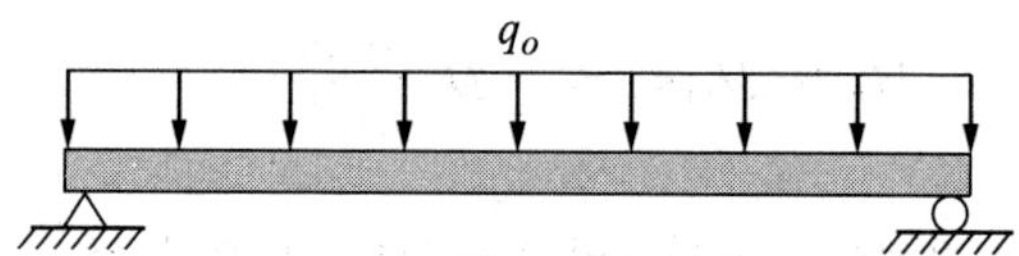

그림 5.27 등분포하중을 받는 복합신소재 적층보

단순지지인 경우 경계조건은 다음과 같다.

$$w = 0,\ M = 0,\ 즉\ \frac{d^2w}{dx^2} = 0 \tag{5.148}$$

$\dfrac{\partial^4 w}{\partial x^4} = \dfrac{q_o}{bD_{11}}$ 이므로 이 식을 적분하면 다음 식과 같다.

$$w(x) = \frac{q_o}{bD_{11}}\frac{x^4}{24} + \frac{C_1x^3}{6} + \frac{C_2x^2}{2} + C_3x + C_4 \tag{5.149}$$

상기 식에 경계조건 식 (5.148)을 도입하면 다음 식과 같다.

$$w(x=0) = 0,\ w(x=L) = 0,\ \frac{d^2w}{dx^2}(x=0) = 0,\ \frac{d^2w}{dx^2}(x=L) = 0 \tag{5.150}$$

식 (5.150)을 식 (5.149)에 적용하면 복합신소재 적층보 임의 지점에서의 처짐방정식은 다음 식과 같이 된다.

$$w(x) = \frac{q_o}{bD_{11}}\frac{x^4}{24}\cdot(L^3 - 2Lx^2 + x^3) \tag{5.151}$$

중앙점에서의 처짐($x = \dfrac{L}{2}$)은 다음 식과 같다.

$$w(x = L/2) = \frac{5q_oL^4}{384bD_{11}} \tag{5.152}$$

따라서 식 (5.152)는 등분포하중 q_o를 받는 비등방성 적층 단순보의 변위를 나타내는 식이다. 일반 등방성 보의 휨강성인 EI 대신에 bD_{11}을 적용한 것이다. 단순보의 중앙점 $x = L/2$에서 등방성 단순보와 비등방성 단순보인 복합신소재 적층보의 처짐($w = \delta$)는 다음과 같이 대비된다.

$$\text{등방성 보의 처짐 : } \delta_{x=L/2} = \frac{5q_oL^4}{384EI}$$

$$\text{비등방성 적층보의 처짐 : } \delta_{x=L/2} = \frac{5q_oL^4}{384bD_{11}}$$

등방성 재료를 갖는 보와 복합신소재를 갖는 보에 있어서의 차이점은 각 층의 재료의 강성과 컴플라이언스(compliance)의 차이가 있으므로 이와 같은 복합신소재 보에서는 설계와 해석에서 응력과 변형률의 관계를 특별히 주의해야만 할 것이다.

2) 적층판

적층판의 강성은 그림 5.28과 같이 적층판에 외력이 가해졌을 때 얼마만큼의 변형이 발생하였는가를 나타내는 공학적 성질의 값이다. 강성은 인장강성 A_{ij}, 연계강성 B_{ij} 및 휨강성 D_{ij}으로 분류할 수 있다.

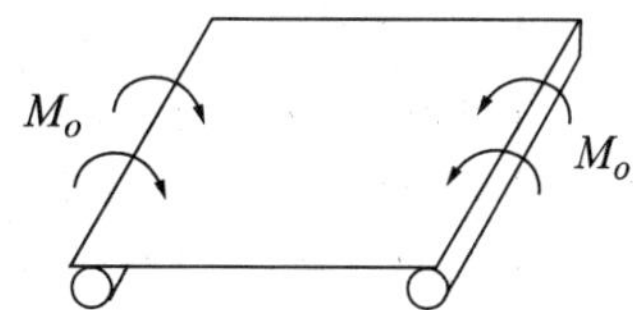

그림 5.28 모멘트 하중을 받는 적층판

복합신소재 적층판은 모든 층이 동일한 적층각으로만 구성되어 있는 균일 적층판, 중간면을 중심으로 적층각 및 적층 두께가 서로 대칭인 대칭 적층판, 중간면을 중심으로 적층 두께는 같고 적층각의 절대값은 동일하나 부호가 반대인 역대칭 적층판 및 대칭성이 전혀 없는 비대칭 적층판 등으로 분류할 수 있다.

(1) 균일 적층판

균일 적층판은 구성하고 있는 층들이 같은 물성을 갖고 있으므로 단층 복합신소재와 같은 구조적 거동을 지니고 있으며, 다음과 같이 네 가지 형태로 분류하여 각각의 경우 적층판의 강성을 구할 수 있다.

① 등방성 적층판

등방성은 모든 층의 물성이 방향성을 갖지 않고 모든 방향에 대하여 물성이 동일한 재료를 뜻한다. 따라서 이 경우는 단층의 강성과 일치하는 $E_1 = E_2$

$= E$, $\nu_{12} = \nu_{21} = \nu$, $\sigma_{12} = \sigma_{21} = \sigma$이며, 적층판의 강성은 다음 식을 이용하여 구할 수 있다.

$$A_{11} = \frac{Et}{1-\nu^2} = A \tag{5.153}$$

$$A_{12} = \nu A_{11} = \nu A \tag{5.154}$$

$$A_{16} = A_{26} = 0 \tag{5.155}$$

$$A_{66} = \frac{Et}{2(1+\nu)} = \frac{1-\nu}{2}A \tag{5.156}$$

$$[A_{ij}] = \begin{bmatrix} \frac{Et}{1-\nu^2} & \frac{\nu Et}{1-\nu^2} & 0 \\ \frac{\nu Et}{1-\nu^2} & \frac{Et}{1-\nu^2} & 0 \\ 0 & 0 & \frac{Et}{2(1+\nu)} \end{bmatrix} \tag{5.157}$$

$$[B_{ij}] = 0 \tag{5.158}$$

$$[D_{ij}] = \begin{bmatrix} \frac{Et^3}{12(1-\nu^2)} & \frac{\nu Et^3}{12(1-\nu^2)} & 0 \\ \frac{\nu Et^3}{12(1-\nu^2)} & \frac{Et^3}{12(1-\nu^2)} & 0 \\ 0 & 0 & \frac{Et^3}{24(1+\nu)} \end{bmatrix} \tag{5.159}$$

② 특별 직교이방성 적층판

특별 직교이방성은 물성이 방향성을 갖지만 주응력방향으로 섬유방향을 유지하고 있는 경우이다. 이 경우는 $A_{16} = A_{26} = 0$, $B_{ij} = 0$, $D_{16} = D_{26} = 0$이 되므로 적층판의 강성은 다음 식과 같이 나타낼 수 있다.

$$[A_{ij}] = \begin{bmatrix} Q_{11}t & Q_{12}t & 0 \\ Q_{12}t & Q_{22}t & 0 \\ 0 & 0 & Q_{66}t \end{bmatrix} \tag{5.160}$$

여기서, 공학상수

$$Q_{11} = \frac{E_1}{1-\nu_{12}\nu_{21}}, \quad Q_{12} = \frac{\nu_{12}E_2}{1-\nu_{12}\nu_{21}}, \quad Q_{21} = \frac{\nu_{21}E_1}{1-\nu_{12}\nu_{21}},$$

$$Q_{22} = \frac{E_2}{1-\nu_{12}\nu_{21}}, \quad Q_{66} = \frac{E_1}{2(1+\nu_{12}\nu_{21})} = G_{12}$$

이다. 그리고 $[B_{ij}]=0$이다.

$$[D_{ij}] = \begin{bmatrix} \dfrac{Q_{11}t^3}{12} & \dfrac{Q_{12}t^3}{12} & 0 \\ \dfrac{Q_{12}t^3}{12} & \dfrac{Q_{22}t^3}{12} & 0 \\ 0 & 0 & \dfrac{Q_{66}t^3}{12} \end{bmatrix} \tag{5.161}$$

③ **일반 직교이방성 적층판**

일반 직교이방성은 주응력방향이 아닌 다른 방향으로 물성이 방향성을 갖고 있는 경우이다. 이 경우는 $A_{16}=A_{26}=0$, $B_{ij}=0$, $D_{16}=D_{26}=0$이 되므로 적층판의 강성은 다음 식과 같이 구할 수 있다.

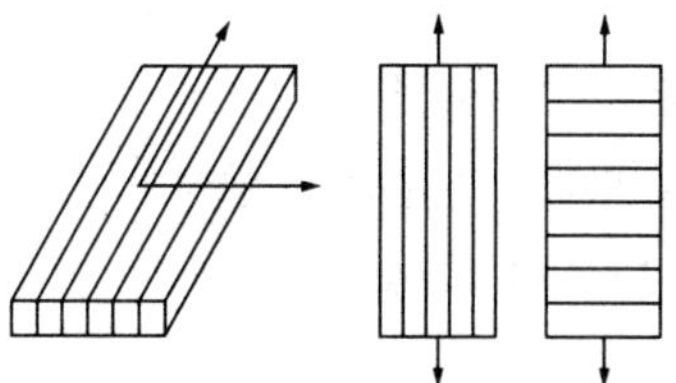

그림 5.29 직교이방성 적층판

모든 층의 적층각이 같으므로 $(\overline{Q}_{ij})_k$는 모두 같으므로 적층판의 강성은 다음 식으로 나타낼 수 있다.

$$[A_{ij}] = \begin{bmatrix} Q_{11}t & Q_{12}t & 0 \\ Q_{12}t & Q_{22}t & 0 \\ 0 & 0 & Q_{66}t \end{bmatrix} \tag{5.162}$$

여기서,

$$Q_{11} = \frac{E_1}{1-\nu_{12}\nu_{21}}, \quad Q_{12} = \frac{\nu_{12}E_2}{1-\nu_{12}\nu_{21}}, \quad Q_{21} = \frac{\nu_{21}E_1}{1-\nu_{12}\nu_{21}},$$

$$Q_{22} = \frac{E_2}{1-\nu_{12}\nu_{21}}, \quad Q_{66} = \frac{E_1}{2(1+\nu_{12}\nu_{21})} = G_{12}$$

$[B_{ij}]=0$이므로

$$[D_{ij}] = \begin{bmatrix} \dfrac{Q_{11}t^3}{12} & \dfrac{Q_{12}t^3}{12} & 0 \\ \dfrac{Q_{12}t^3}{12} & \dfrac{Q_{22}t^3}{12} & 0 \\ 0 & 0 & \dfrac{Q_{66}t^3}{12} \end{bmatrix} \tag{5.163}$$

$$\begin{bmatrix} N_x \\ N_y \\ N_{xy} \end{bmatrix} = \begin{bmatrix} A_{11} & A_{12} & 0 \\ A_{12} & A_{22} & 0 \\ 0 & 0 & A_{66} \end{bmatrix} \begin{bmatrix} \varepsilon_x^o \\ \varepsilon_y^o \\ \gamma_{xy}^o \end{bmatrix}$$

$$\begin{bmatrix} M_x \\ M_y \\ M_{xy} \end{bmatrix} = \begin{bmatrix} D_{11} & D_{12} & 0 \\ D_{12} & D_{22} & 0 \\ 0 & 0 & D_{66} \end{bmatrix} \begin{bmatrix} \kappa_x \\ \kappa_y \\ \kappa_{xy} \end{bmatrix} \tag{5.164}$$

④ 비등방성 적층판

비등방성인 경우는 방향성이 없이 모든 방향으로 물성이 다른 재료를 말하며, 다음 식과 같이 구할 수 있다.

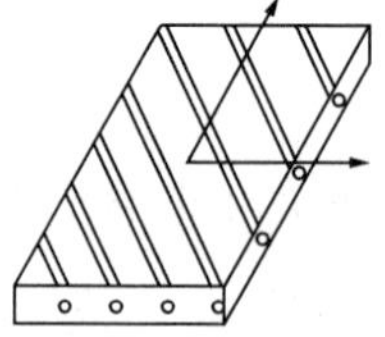

그림 5.30 앵글플라이(angle-ply)를 갖는 적층판

$$\begin{bmatrix} N_x \\ N_y \\ N_{xy} \end{bmatrix} = \begin{bmatrix} A_{11} & A_{12} & A_{16} \\ A_{12} & A_{22} & A_{26} \\ A_{16} & A_{26} & A_{66} \end{bmatrix} \begin{bmatrix} \varepsilon_x^o \\ \varepsilon_y^o \\ \gamma_{xy}^o \end{bmatrix}$$

$$\begin{bmatrix} M_x \\ M_y \\ M_{xy} \end{bmatrix} = \begin{bmatrix} D_{11} & D_{12} & D_{16} \\ D_{12} & D_{22} & D_{26} \\ D_{16} & D_{26} & D_{66} \end{bmatrix} \begin{bmatrix} \kappa_x \\ \kappa_y \\ \kappa_{xy} \end{bmatrix} \tag{5.165}$$

(2) 대칭 적층판

대칭 적층판은 중간면을 중심으로 기하학적으로나 재료의 물성값이 대칭으로 구

성하고 있는 적층판을 뜻한다. 대칭 적층판은 비대칭 적층판에 비하여 복합신소재 제조 때 열변형에 의한 비틀림을 방지할 수 있으며, 또한 응력해석 및 구조설계 때 간단히 수행할 수 있다는 것이다. 따라서 특별한 경우를 제외하고는 대칭 적층판을 사용한다. 대칭 적층판에서는 임의의 층의 강성 $(\overline{Q}_{ij})_k$와 층 두께 t_k가 중간면에서 대하여 대칭이므로 연계 강성 B_{ij}는 0이다. 대칭 적층판은 다음과 같이 네 가지 형태로 분류하여 각각의 경우 적층판의 강성을 구할 수 있다.

① **등방성 대칭 적층판**

등방성 대칭 적층판은 그림 5.31과 같이 중간면을 중심으로 위, 아래가 서로 대칭이면서 각 층은 등방성 재료로 이루어진 나무와 같은 적층판이다. 등방성 대칭 적층판의 강성은 다음 식으로 나타낼 수 있다.

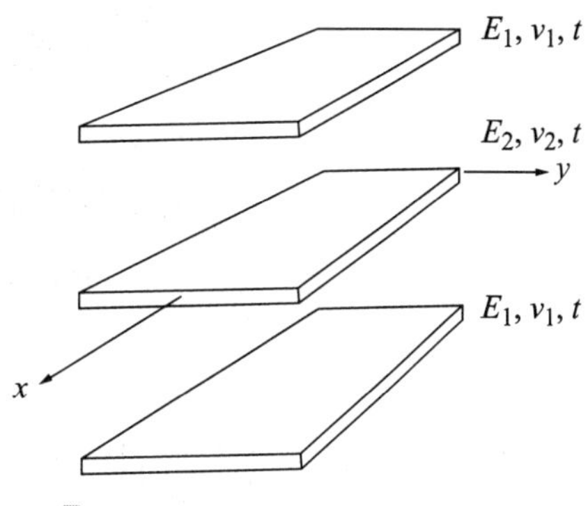

그림 5.31 등방성 대칭 적층판

$$\begin{bmatrix} N_x \\ N_y \\ N_{xy} \end{bmatrix} = \begin{bmatrix} A_{11} & A_{12} & 0 \\ A_{12} & A_{22} & 0 \\ 0 & 0 & A_{66} \end{bmatrix} \begin{bmatrix} \varepsilon_x^o \\ \varepsilon_y^o \\ \gamma_{xy}^o \end{bmatrix} \tag{5.166}$$

$$\begin{bmatrix} M_x \\ M_y \\ M_{xy} \end{bmatrix} = \begin{bmatrix} D_{11} & D_{12} & 0 \\ D_{12} & D_{22} & 0 \\ 0 & 0 & D_{66} \end{bmatrix} \begin{bmatrix} \kappa_x \\ \kappa_y \\ \kappa_{xy} \end{bmatrix} \tag{5.167}$$

$$\left[\overline{Q}_{12}\right]_k = \frac{\nu_k E_k}{1-\nu_k^2}, \quad \left[\overline{Q}_{66}\right]_k = \frac{E_k}{2(1+\nu_k)}, \quad \left[\overline{Q}_{16}\right]_k = \left[\overline{Q}_{26}\right]_k = 0 \tag{5.168}$$

여기서, 대칭 적층판이므로 $[B_{ij}] = 0$이다.

② **특별 직교이방성 대칭 적층판**

특별 직교이방성 대칭 적층판은 그림 5.32와 같이 중간면을 기준으로 물성값, 층 두께, 위치 등이 서로 대칭으로 이루어져 있고 적층수가 홀수로만 이루어져 있으며, 적층각이 주응력방향으로 구성되어 있는 것을 말한다. 특별 직교이방성 대칭 적층판은 합판과 같은 적층판이다. 대칭이므로 인장과 휨의 연계효과는 없기 때문에 연계 강성 B_{ij}는 0이다. 특별 직교이방성 대칭 적층판의 강성은 다음 식으로 나타낼 수 있다.

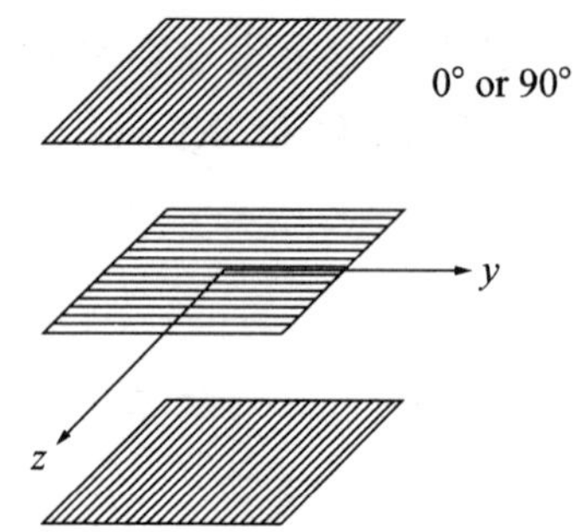

그림 5.32 특별 직교이방성 대칭 적층판

$$\begin{bmatrix} N_x \\ N_y \\ N_{xy} \end{bmatrix} = \begin{bmatrix} A_{11} & A_{12} & 0 \\ A_{12} & A_{22} & 0 \\ 0 & 0 & A_{66} \end{bmatrix} \begin{bmatrix} \varepsilon_x^o \\ \varepsilon_y^o \\ \gamma_{xy}^o \end{bmatrix} \tag{5.169}$$

$$\begin{bmatrix} M_x \\ M_y \\ M_{xy} \end{bmatrix} = \begin{bmatrix} D_{11} & D_{12} & 0 \\ D_{12} & D_{22} & 0 \\ 0 & 0 & D_{66} \end{bmatrix} \begin{bmatrix} \kappa_x \\ \kappa_y \\ \kappa_{xy} \end{bmatrix} \tag{5.170}$$

$$\left[\overline{Q}_{11}\right]_k = \frac{E_1^k}{1-\nu_{12}^k \nu_{21}^k}, \quad \left[\overline{Q}_{16}\right]_k = 0, \quad \left[\overline{Q}_{12}\right]_k = \frac{\nu_{12}^k E_1^k}{1-\nu_{12}^k \nu_{21}^k},$$

$$\left[\overline{Q}_{26}\right]_k = 0, \quad \left[\overline{Q}_{22}\right]_k = \frac{E_2^k}{1-\nu_{12}^k \nu_{21}^k}, \quad \left[\overline{Q}_{66}\right]_k = G_{12}^k \tag{5.171}$$

③ **일반 직교이방성 대칭 적층판**

일반 직교이방성 대칭 적층판은 그림 5.33과 같이 기하학적으로 중간면을 기준으로 각 층의 물성값, 두께, 위치 등이 서로 대칭으로 이루어져 있고 적

층각이 주응력방향과 각을 이루는 적층판이다. 대칭이므로 인장과 휨의 연계효과는 없기 때문에 연계 강성 B_{ij}는 0이다. 일반 직교이방성 대칭 적층판의 강성은 다음 식으로 나타낼 수 있다.

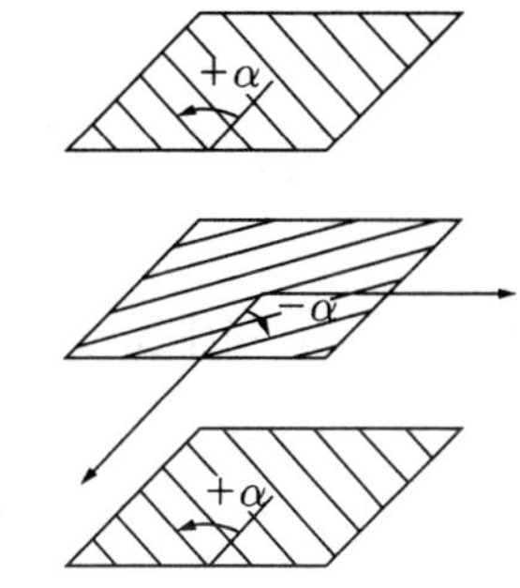

그림 5.33 일반 직교이방성 대칭 적층판

④ **비등방성 대칭 적층판**

비등방성인 대칭 적층판인 경우는 각 층의 재료가 비등방성이며, 적층판 중간면을 기준으로 대칭인 적층판을 뜻한다. 대칭이기 때문에 연계 강성 B_{ij}는 0이다. 비등방성 대칭 적층판의 강성은 다음 식으로 나타낼 수 있다.

$$\begin{bmatrix} N_x \\ N_y \\ N_{xy} \end{bmatrix} = \begin{bmatrix} A_{11} & A_{12} & A_{16} \\ A_{12} & A_{22} & A_{26} \\ A_{16} & A_{26} & A_{66} \end{bmatrix} \begin{bmatrix} \varepsilon_x^o \\ \varepsilon_y^o \\ \gamma_{xy}^o \end{bmatrix} \tag{5.172}$$

$$\begin{bmatrix} M_x \\ M_y \\ M_{xy} \end{bmatrix} = \begin{bmatrix} D_{11} & D_{12} & D_{16} \\ D_{12} & D_{22} & D_{26} \\ D_{16} & D_{26} & D_{66} \end{bmatrix} \begin{bmatrix} \kappa_x \\ \kappa_y \\ \kappa_{xy} \end{bmatrix} \tag{5.173}$$

(3) 역대칭 적층판

역대칭 적층판은 대칭 적층판과 달리 적층수가 짝수이며, 대칭이 아니기 때문에 강성은 대칭 적층판에 비하여 복잡하다. 등방성 및 비등방성은 방향성이 없으므로 역대칭 적층판에서는 무의미하다. 역대칭 적층판은 직교차(cross-ply) 역대칭 적층판과 엇교차(angle-ply) 역대칭 적층판으로 나타낼 수 있다. 역대칭 적층판의 강성은 다음 식으로 나타낼 수 있다.

$$\begin{bmatrix} N_x \\ N_y \\ N_{xy} \end{bmatrix} = \begin{bmatrix} A_{11} & A_{12} & 0 \\ A_{12} & A_{22} & 0 \\ 0 & 0 & A_{66} \end{bmatrix} \begin{bmatrix} \varepsilon_x^o \\ \varepsilon_y^o \\ \gamma_{xy}^o \end{bmatrix} + \begin{bmatrix} B_{11} & B_{12} & B_{16} \\ B_{12} & B_{22} & B_{26} \\ B_{16} & B_{26} & B_{66} \end{bmatrix} \begin{bmatrix} \kappa_x \\ \kappa_y \\ \kappa_{xy} \end{bmatrix} \quad (5.174)$$

$$\begin{bmatrix} M_x \\ M_y \\ M_{xy} \end{bmatrix} = \begin{bmatrix} B_{11} & B_{12} & B_{16} \\ B_{12} & B_{22} & B_{26} \\ B_{16} & B_{26} & B_{66} \end{bmatrix} \begin{bmatrix} \varepsilon_x^o \\ \varepsilon_y^o \\ \gamma_{xy}^o \end{bmatrix} + \begin{bmatrix} D_{11} & D_{12} & 0 \\ D_{12} & D_{22} & 0 \\ 0 & 0 & D_{66} \end{bmatrix} \begin{bmatrix} \kappa_x \\ \kappa_y \\ \kappa_{xy} \end{bmatrix} \quad (5.175)$$

① 직교차(Cross-ply) 역대칭 적층판

직교차 역대칭 적층판인 경우 적층판의 중간면을 기준으로 위, 아래의 주응력방향인 0°, 90° 층으로 구성된 것을 뜻한다. 이 경우는 $A_{16} = A_{26} = 0$, $D_{16} = D_{26} = 0$이지만 B_{ij} 값은 존재한다. 직교차 역대칭 적층판의 강성은 다음 식과 같이 나타낼 수 있다.

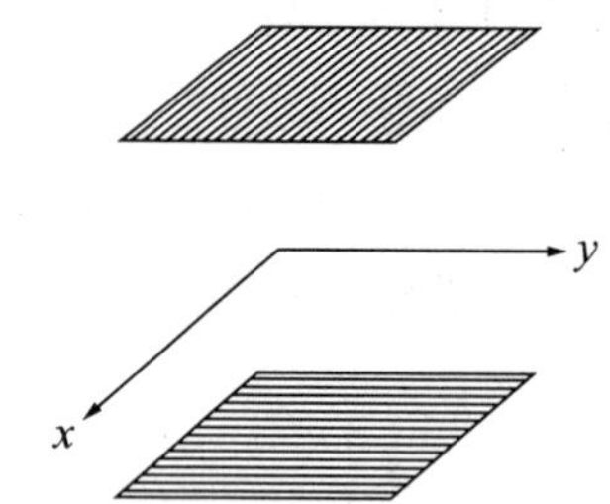

그림 5.34 직교차 역대칭 적층판

$$\begin{bmatrix} N_x \\ N_y \\ N_{xy} \end{bmatrix} = \begin{bmatrix} A_{11} & A_{12} & 0 \\ A_{12} & A_{22} & 0 \\ 0 & 0 & A_{66} \end{bmatrix} \begin{bmatrix} \varepsilon_x^o \\ \varepsilon_y^o \\ \gamma_{xy}^o \end{bmatrix} + \begin{bmatrix} B_{11} & 0 & 0 \\ 0 & -B_{11} & 0 \\ 0 & 0 & 0 \end{bmatrix} \begin{bmatrix} \kappa_x \\ \kappa_y \\ \kappa_{xy} \end{bmatrix} \quad (5.176)$$

$$\begin{bmatrix} M_x \\ M_y \\ M_{xy} \end{bmatrix} = \begin{bmatrix} B_{11} & 0 & 0 \\ 0 & -B_{11} & 0 \\ 0 & 0 & 0 \end{bmatrix} \begin{bmatrix} \varepsilon_x^o \\ \varepsilon_y^o \\ \gamma_{xy}^o \end{bmatrix} + \begin{bmatrix} D_{11} & D_{12} & 0 \\ D_{12} & D_{22} & 0 \\ 0 & 0 & D_{66} \end{bmatrix} \begin{bmatrix} \kappa_x \\ \kappa_y \\ \kappa_{xy} \end{bmatrix} \quad (5.177)$$

② 엇교차(Angle-ply) 역대칭 적층판

엇교차 역대칭 적층판인 경우 적층판의 중간면을 기준으로 위, 아래의 주응력방향이 아닌 임의 각인 $+\alpha°$, $-\alpha°$각도 층으로 구성된 것으로 연계 강성 B_{ij}도 존재하고 있다.

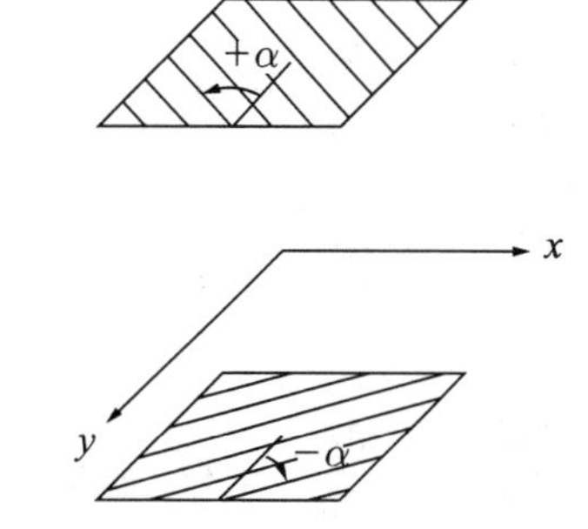

그림 5.35 엇교차 역대칭 적층판

엇교차 역대칭 적층판의 강성은 다음 식으로 나타낼 수 있다.

$$\begin{bmatrix} N_x \\ N_y \\ N_{xy} \end{bmatrix} = \begin{bmatrix} A_{11} & A_{12} & 0 \\ A_{12} & A_{22} & 0 \\ 0 & 0 & A_{66} \end{bmatrix} \begin{bmatrix} \varepsilon_x^o \\ \varepsilon_y^o \\ \gamma_{xy}^o \end{bmatrix} + \begin{bmatrix} 0 & 0 & B_{16} \\ 0 & 0 & B_{26} \\ B_{16} & B_{26} & 0 \end{bmatrix} \begin{bmatrix} \kappa_x \\ \kappa_y \\ \kappa_{xy} \end{bmatrix} \tag{5.178}$$

$$\begin{bmatrix} M_x \\ M_y \\ M_{xy} \end{bmatrix} = \begin{bmatrix} 0 & 0 & B_{16} \\ 0 & 0 & B_{26} \\ B_{16} & B_{26} & 0 \end{bmatrix} \begin{bmatrix} \varepsilon_x^o \\ \varepsilon_y^o \\ \gamma_{xy}^o \end{bmatrix} + \begin{bmatrix} D_{11} & D_{12} & 0 \\ D_{12} & D_{22} & 0 \\ 0 & 0 & D_{66} \end{bmatrix} \begin{bmatrix} \kappa_x \\ \kappa_y \\ \kappa_{xy} \end{bmatrix} \tag{5.179}$$

(4) 비대칭 적층판

비대칭 적층판은 적층판의 중간면을 중심으로 대칭성이 전혀 없는 적층판을 뜻하며, 대칭 적층판과 같이 등방성, 특별 직교이방성, 일반 직교이방성 및 비등방성과 같이 네 가지 형태로 분류하여 각각의 경우 적층판의 강성을 구할 수 있다.

5.5.4 적층판의 평형방정식

적층판의 평형방정식은 다음 식과 같이 변형에너지(U)와 외력에 의한 일(V)을 고려한 전체 포텐셜(potential) 에너지(Π)에 대해 변분원리를 적용하여 구할 수 있다.

$$\delta \int_0^t (-U + V)\, dt = \delta \int_0^t (-\Pi)\, dt = 0 \tag{5.180}$$

상기 식 (5.180)을 부분 적분하여 정리하면 적층판의 평형방정식 다섯 개를 얻을 수 있다.

$$\frac{\partial N_x}{\partial x} + \frac{\partial N_{xy}}{\partial y} = 0 \tag{5.181}$$

$$\frac{\partial N_{xy}}{\partial x} + \frac{\partial N_y}{\partial y} = 0 \tag{5.182}$$

$$\frac{\partial M_x}{\partial x} + \frac{\partial M_{xy}}{\partial y} - Q_x = 0 \tag{5.183}$$

$$\frac{\partial M_{xy}}{\partial x} + \frac{\partial M_y}{\partial y} - Q_y = 0 \tag{5.184}$$

$$\frac{\partial Q_x}{\partial x} + \frac{\partial Q_y}{\partial x} + p(x, y) = 0 \tag{5.185}$$

1. 전단변형을 고려하지 않은 적층판의 휨

식 (5.183)과 (5.184)를 식 (5.185)에 대입하면 다음 식을 얻을 수 있다.

$$\frac{\partial^2 M_x}{\partial x^2} + 2\frac{\partial^2 M_{xy}}{\partial x \partial y} + \frac{\partial^2 M_y}{\partial y^2} = -p(x, y) \tag{5.186}$$

식 (5.181), (5.182) 및 (5.186)에 식 (5.137), (5.138)을 대입하여 정리하면 다음과 같은 적층판의 평형방정식을 얻을 수 있다.

$$\begin{aligned} & A_{11}\frac{\partial^2 u}{\partial x^2} + 2A_{16}\frac{\partial^2 u}{\partial x \partial y} + A_{66}\frac{\partial^2 u}{\partial y^2} + A_{16}\frac{\partial^2 v}{\partial x^2} + (A_{12} + A_{66})\frac{\partial^2 v}{\partial x \partial y} + A_{26}\frac{\partial^2 v}{\partial y^2} \\ & - B_{11}\frac{\partial^3 w}{\partial x^3} - 3B_{16}\frac{\partial^3 w}{\partial x^2 \partial y} - (B_{12} + 2B_{66})\frac{\partial^3 w}{\partial x \partial y^2} - B_{26}\frac{\partial^3 w}{\partial y^3} = 0 \end{aligned} \tag{5.187}$$

$$\begin{aligned} & A_{16}\frac{\partial^2 u}{\partial x^2} + (A_{12} + A_{66})\frac{\partial^2 u}{\partial x \partial y} + A_{26}\frac{\partial^2 u}{\partial y^2} + A_{66}\frac{\partial^2 v}{\partial x^2} + 2A_{26}\frac{\partial^2 v}{\partial x \partial y} + A_{22}\frac{\partial^2 v}{\partial y^2} \\ & - B_{16}\frac{\partial^3 w}{\partial x^3} - (B_{12} + 2B_{66})\frac{\partial^3 w}{\partial x^2 \partial y} - 3B_{26}\frac{\partial^3 w}{\partial x \partial y^2} - B_{22}\frac{\partial^3 w}{\partial y^3} = 0 \end{aligned} \tag{5.188}$$

$$D_{11}\frac{\partial^4 w}{\partial x^4}+4D_{16}\frac{\partial^4 w}{\partial x^3\partial y}+2(D_{12}+2D_{66})\frac{\partial^4 w}{\partial x^2\partial y^2}+4D_{26}\frac{\partial^4 w}{\partial x\partial y^3}+D_{22}\frac{\partial^4 w}{\partial y^4}$$
$$-B_{11}\frac{\partial^3 u}{\partial x^3}-3B_{16}\frac{\partial^3 u}{\partial x^2\partial y}-(B_{12}+2B_{66})\frac{\partial^3 u}{\partial x\partial y^2}-B_{26}\frac{\partial^3 u}{\partial y^3}$$
$$-B_{16}\frac{\partial^3 v}{\partial x^3}-(B_{12}+2B_{66})\frac{\partial^3 v}{\partial x^2\partial y}-3B_{26}\frac{\partial^3 v}{\partial x\partial y^2}-B_{22}\frac{\partial^3 v}{\partial y^3} = p(x,\, y) \quad (5.189)$$

복합신소재 적층판이 대칭이고 밸런스(balance)된 경우에 구성방정식은 다음과 같이 나타낼 수 있다.

$$M_x = D_{11}\kappa_x + D_{12}\kappa_y \quad (5.190)$$

$$M_y = D_{12}\kappa_x + D_{22}\kappa_y \quad (5.191)$$

$$M_{xy} = 2D_{66}\kappa_{xy} \quad (5.192)$$

적층판의 전단변형을 무시하면 상기 식 (5.190)~(5.192)는 다음과 같이 나타낼 수 있다.

$$M_x = -D_{11}\frac{\partial^2 w}{\partial x^2} - D_{12}\frac{\partial^2 w}{\partial y^2} \quad (5.193)$$

$$M_y = -D_{12}\frac{\partial^2 w}{\partial x^2} - D_{22}\frac{\partial^2 w}{\partial y^2} \quad (5.194)$$

$$M_{xy} = -2D_{66}\frac{\partial^2 w}{\partial x\partial y} \quad (5.195)$$

상기 식 (5.193)~(5.195)를 식 (5.186)에 대입하면 다음과 같은 복합신소재 직교이방성($D_{16}=D_{26}=0$) 적층판 처짐의 지배방정식을 나타낼 수 있다.

$$D_{11}\frac{\partial^4 w}{\partial x^4}+2(D_{12}+2D_{66})\frac{\partial^4 w}{\partial x^2\partial y^2}+D_{22}\frac{\partial^4 w}{\partial y^4} = p(x,\, y) \quad (5.196)$$

등방성 평판인 경우 $D_{11}=D_{22}=D,\ D_{12}=\nu D,\ D_{66}=\frac{(1-\nu)D}{2}$가 되므로 식 (5.196)은 다음 식 (5.197)과 같이 된다.

$$D\frac{\partial^4 w}{\partial x^4} + 2D\frac{\partial^4 w}{\partial x^2 \partial y^2} + D\frac{\partial^4 w}{\partial y^4} = p(x,\, y) \tag{5.197}$$

식 (5.197)은 횡방향의 분포하중 $p(x,\, y)$을 받으며, 그리고 평판의 두께방향의 전단변형, 열 및 습도의 영향을 무시할 경우의 처짐 지배방정식이 된다. 그러나 실제의 복합신소재 적층판의 경우에 전단변형, 열 및 습도의 영향을 무시할 수 없는 경우이므로 상기 식은 복합신소재 적층판의 예비설계할 때 사용될 수 있다. 상기 식 (5.197)의 해는 Navier 방법, Levy의 방법 및 섭동방법(perturbation)에 의한 직접 미분방정식을 풀어서 처짐을 구할 수 있으며, 유한요소법을 이용한 근사해법을 이용하여 구할 수 있다.

2. 전단변형을 고려한 적층판의 휨

전단변형을 고려한 적층판의 평형방정식은 다음 식과 같이 5개를 얻을 수 있는데 x축 방향 힘의 평형방정식, y축 방향 힘의 평형방정식, z축 방향 힘의 평형방정식, Φ_x방향 힘의 평형방정식, Φ_y방향 힘의 평형방정식을 각각 얻을 수 있다.

$$\begin{aligned}
&A_{11}\frac{\partial^2 u}{\partial x^2} + 2A_{16}\frac{\partial^2 u}{\partial x \partial y} + A_{66}\frac{\partial^2 u}{\partial y^2} + A_{16}\frac{\partial^2 v}{\partial x^2} + (A_{12}+A_{66})\frac{\partial^2 v}{\partial x \partial y} + A_{26}\frac{\partial^2 v}{\partial y^2} \\
&- B_{11}\frac{\partial^2 \Phi_x}{\partial x^2} - 2B_{16}\frac{\partial^2 \Phi_x}{\partial x \partial y} - B_{66}\frac{\partial^2 \Phi_x}{\partial y^2} - B_{16}\frac{\partial^2 \Phi_y}{\partial x^2} - (B_{12}+B_{66})\frac{\partial^2 \Phi_x}{\partial x \partial y} - B_{26}\frac{\partial^2 \Phi_y}{\partial y^2} \\
&= q_x
\end{aligned} \tag{5.198}$$

$$\begin{aligned}
&A_{16}\frac{\partial^2 u}{\partial x^2} + (A_{12}+A_{66})\frac{\partial^2 u}{\partial x \partial y} + A_{26}\frac{\partial^2 u}{\partial y^2} + A_{66}\frac{\partial^2 v}{\partial x^2} + 2A_{26}\frac{\partial^2 v}{\partial x \partial y} + A_{22}\frac{\partial^2 v}{\partial y^2} \\
&- B_{11}\frac{\partial^2 \Phi_x}{\partial x^2} - 2B_{16}\frac{\partial^2 \Phi_x}{\partial x \partial y} - B_{66}\frac{\partial^2 \Phi_x}{\partial y^2} - B_{16}\frac{\partial^2 \Phi_y}{\partial x^2} - (B_{12}+B_{66})\frac{\partial^2 \Phi_x}{\partial x \partial y} - B_{26}\frac{\partial^2 \Phi_y}{\partial y^2} \\
&= q_y
\end{aligned} \tag{5.199}$$

$$\begin{aligned}
&A_{55}\frac{\partial^2 w_o}{\partial x^2} + 2A_{45}\frac{\partial^2 w_o}{\partial x \partial y} + A_{44}\frac{\partial^2 w_o}{\partial y^2} - A_{55}\frac{\partial \Phi_x}{\partial x} - A_{45}\frac{\partial \Phi_x}{\partial y} - A_{45}\frac{\partial \Phi_y}{\partial x} - A_{44}\frac{\partial \Phi_y}{\partial y} \\
&= q_z
\end{aligned} \tag{5.200}$$

$$B_{11}\frac{\partial^2 u}{\partial x^2}+2B_{16}\frac{\partial^2 u}{\partial x\partial y}+B_{66}\frac{\partial^2 u}{\partial y^2}+B_{16}\frac{\partial^2 v}{\partial x^2}+(B_{12}+B_{66})\frac{\partial^2 v}{\partial x\partial y}+B_{26}\frac{\partial^2 v}{\partial y^2}$$
$$+A_{55}\frac{\partial w_o}{\partial x}+A_{45}\frac{\partial w_o}{\partial y}-D_{11}\frac{\partial^2 \Phi_x}{\partial x^2}-2D_{16}\frac{\partial^2 \Phi_x}{\partial x\partial y}-D_{66}\frac{\partial^2 \Phi_x}{\partial y^2}+A_{55}\Phi_x$$
$$-D_{16}\frac{\partial^2 \Phi_y}{\partial x^2}-(D_{12}+D_{66})\frac{\partial^2 \Phi_x}{\partial x\partial y}-D_{26}\frac{\partial^2 \Phi_y}{\partial y^2}+A_{45}\Phi_y = m_x \tag{5.201}$$

$$B_{16}\frac{\partial^2 u}{\partial x^2}+2B_{26}\frac{\partial^2 v}{\partial x\partial y}+B_{16}\frac{\partial^2 u}{\partial x^2}+B_{22}\frac{\partial^2 v}{\partial y^2}+B_{16}\frac{\partial^2 v}{\partial x^2}+(B_{12}+B_{66})\frac{\partial^2 u}{\partial x\partial y}+B_{26}\frac{\partial^2 u}{\partial y^2}$$
$$+A_{45}\frac{\partial w_o}{\partial x}+A_{44}\frac{\partial w_o}{\partial y}-D_{16}\frac{\partial^2 \Phi_x}{\partial x^2}-2D_{16}\frac{\partial^2 \Phi_y}{\partial x\partial y}-D_{66}\frac{\partial^2 \Phi_x}{\partial x^2}+A_{45}\Phi_x$$
$$-D_{66}\frac{\partial^2 \Phi_y}{\partial x^2}-2D_{26}\frac{\partial^2 \Phi_y}{\partial x\partial y}-D_{22}\frac{\partial^2 \Phi_y}{\partial y^2}+A_{44}\Phi_y = m_y \tag{5.202}$$

5.6 적층판의 자유진동 및 좌굴

5.6.1 층간 전단변형이 없을 경우의 자유진동 및 좌굴

1. 고유진동수

이 절에서는 시간에 따라 변화하는 하중이 작용할 경우의 복합신소재 적층판의 거동과 안정성 또는 좌굴에 대해서 기술한다. 밸런스(balance)된 복합신소재 적층판에 횡하중 $p(x, y, t)$가 작용하면 5.5절의 식 (5.196)은 관성력의 영향 때문에 다음과 같이 나타낼 수 있다.

$$D_{11}\frac{\partial^4 w}{\partial x^4}+2(D_{12}+2D_{66})\frac{\partial^4 w}{\partial x^2\partial y^2}+D_{22}\frac{\partial^4 w}{\partial y^4}$$
$$= p(x, y, t)-\rho h\frac{\partial^2 w(x, y, t)}{\partial t^2} \tag{5.203}$$

여기서 h는 적층판의 두께이고 ρ는 복합신소재의 밀도를 나타낸다. 네 변이 단순지지

된 복합신소재 적층판의 경우에 처짐 w는 다음 식과 같이 나타낼 수 있다.

$$w(x,\,y,\,t) = \sum_{m=1}^{\infty}\sum_{n=1}^{\infty} A_{mn}\sin\frac{m\pi x}{a}\sin\frac{n\pi y}{b}\cos\omega_{mn}t \tag{5.204}$$

식 (5.204)를 식 (5.203)에 대입하면 하중을 가하지 않는 경우에 고유진동수 ω_{mn}은 다음과 같이 나타낼 수 있다.

$$\omega_{mn} = \frac{\pi^2}{\sqrt{\rho h}}\sqrt{D_1\left(\frac{m}{a}\right)^4 + 2D_3\left(\frac{m}{a}\right)^2\left(\frac{n}{b}\right)^2 + D_2\left(\frac{n}{b}\right)^4} \tag{5.205}$$

여기서, $D_1 = D_{11}$, $D_2 = D_{22}$, $D_3 = (D_{12} + 2D_{66})$이다. 기본 고유진동수 ω_{11}은 $m = n = 1$을 식 (5.205)에 대입하여 얻을 수 있다.

2. 임계좌굴하중

복합신소재 적층판에 면에 평행으로 작용하는 힘 N_x, N_{xy} 및 N_y가 존재할 경우에는 적층판의 좌굴이 발생할 수 있으며, 이 경우에 지배방정식은 다음과 같은 식으로 나타낼 수 있다.

$$\begin{aligned} &D_{11}\frac{\partial^4 w}{\partial x^4} + 2(D_{12} + 2D_{66})\frac{\partial^4 w}{\partial x^2 \partial y^2} + D_{22}\frac{\partial^4 w}{\partial y^4} \\ &= p(x,\,y) + N_x\frac{\partial^2 w}{\partial x^2} + 2N_{xy}\frac{\partial^2 w}{\partial x \partial y} + N_y\frac{\partial^2 w}{\partial y^2} \end{aligned} \tag{5.206}$$

네 변이 단순지지된 복합신소재 적층판의 경우에 처짐 w는 다음 식과 같이 나타낼 수 있다.

$$w(x,\,y) = \sum_{m=1}^{\infty}\sum_{n=1}^{\infty} A_{mn}\sin\frac{m\pi x}{a}\sin\frac{n\pi y}{b} \tag{5.207}$$

식 (5.166)을 식 (5.165)에 대입하면 하중을 가하지 않는 경우에 임계좌굴하중 N_{cr}은 다음과 같이 나타낼 수 있다.

$$N_{cr} = -\frac{\pi^2 a^2}{m^2}\left[D_1\left(\frac{m}{a}\right)^4 + 2D_3\left(\frac{m}{a}\right)^2\left(\frac{n}{b}\right)^2 + D_2\left(\frac{n}{b}\right)^4\right] \tag{5.208}$$

여기서, $D_1 = D_{11}$, $D_2 = D_{22}$, $D_3 = (D_{12} + 2D_{66})$이다.

CHAPTER

6

복합신소재구조 설계

6.1 개요

복합신소재구조 설계는 콘크리트, 강재와 달리 비등방성 재료로서 구성재료의 서로 다른 탄성계수, 강도 및 열팽창계수를 고려해서 설계해야 한다. 또한, 복합신소재는 보강섬유의 특정방향에 따라 탄성계수, 강도 및 열팽창계수가 상이하므로 구조 설계할 때는 이러한 보강섬유의 방향성을 고려하여야 한다. 복합신소재는 그림 6.1과 같이 섬유의 방향에 대하여 비스듬히 당겼을 때의 변화 교차탄력성(cross elasticity) 현상과 그림 6.2와 같이 인장 - 전단, 인장 - 비틀림, 인장 - 휨과 같은 구부러지거나 비틀어지는 변형 현상인 결합(커플링, coupling) 효과 현상을 나타내고 있어 5장에서 기술되어

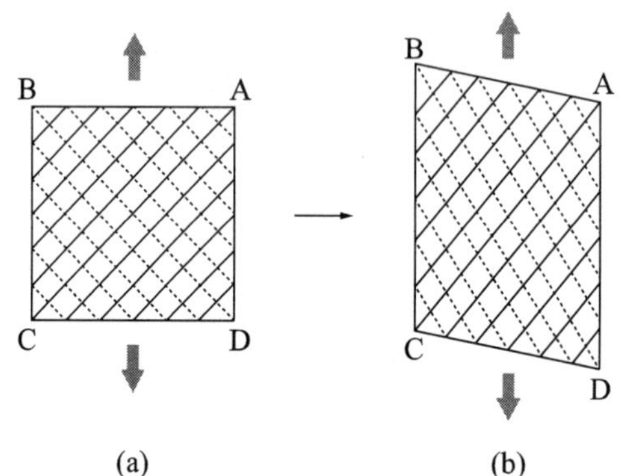

그림 6.1 교차탄력성(Cross elasticity) 효과

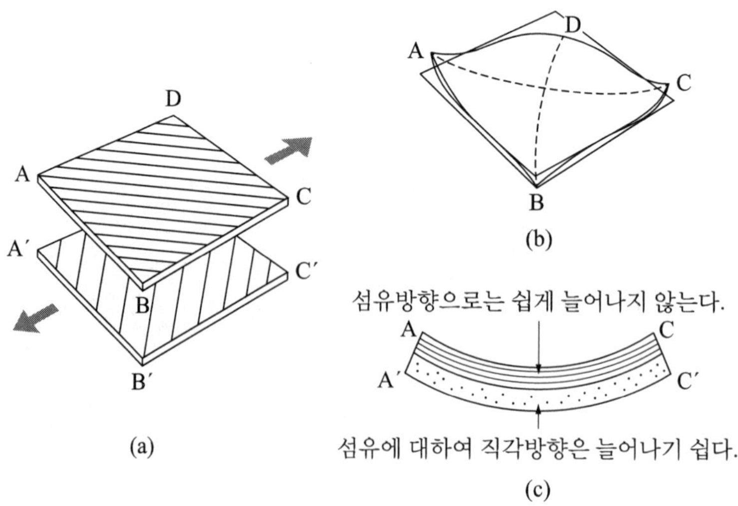

그림 6.2 커플링(Coupling) 효과

있는 바와 같이 적층판의 적층할 때 보강섬유의 균형된 배열상태(balanced arrangement) 또는 적층판의 중앙면에 대해 대칭인 배열상태(symmetric arrangement)를 고려하여 설계하여서 이러한 커플링 현상이 발생하지 않도록 먼저 재료설계를 하여야 한다.

따라서 설계 기술로는 복합신소재 구조물은 극한한계상태에 이르기 전에 충분한 파괴예고(warning of failure)가 있도록 설계되어야 한다. 일반적으로, 복합신소재 구조물은 재료의 응력 - 변형률 선형거동의 비례한계점 이하에서는 어떠한 연성거동을 보이지 않는다. 재료의 파괴점에 도달 시 국부적으로 파괴가 발생하게 될 것이다. 설계 시 사용한계상태(serviceability limit state)가 파괴모드에 대해서 극한한계상태 전에 먼저 도달되는 거동을 충분히 알고 고려해야 한다. 복합신소재 구조물의 각 구조부재의 구조거동에서 있어서 형태, 부피비율, 적층의 보강강도, 두께, 적층순서나 수에 대한 영향을 검증해야 한다. 특히, 다음과 같은 복합신소재구조 설계 기술의 주요 사항을 제시한다.

1. 적층판은 대칭으로 적층시켜야 한다. 그래서 전반적인 균형은 평면의 coupling 또는 인장 · 전단 coupling으로 이루어진, bending-stretching-torsion coupling이 발생하지 않도록 해야 한다.
2. Woven fabric을 사용한 경우를 제외하고, 인접한 판은 60° 미만으로 이루어져야 한다.
3. 가능하다면, 0°과 90°가 함께 묶여지는 것을 피해야 한다. 층간 전단과 하중재하 시 두께에 전반적인 응력을 최소화하기 위해 45°의 각으로 분리해야 한다.
4. 가능하면 유사한 적층을 함께 묶는 것을 피해야 한다.
5. 외부의 표면 적층은 연속적이며, 45°의 각으로 이루어져야 한다. 가능하다면, 층간 전단효과가 최소가 되도록 해야 한다.
6. 가능하면, 적층은 중립면에 대해서 대칭이 되도록 해야 한다.

복합신소재는 보강섬유를 한 종류 이상의 혼합(hybrid)섬유로 구성하여 비용 감소와 성능 증대를 위한 복합신소재를 제조할 수 있다. 예를 들어 탄소섬유와 유리섬유를 포함하는 혼합 보강섬유로 적층시켜 저비용과 고강도를 얻을 수 있는 복합신소재를 그림 6.3과 같이 제조할 수 있다.

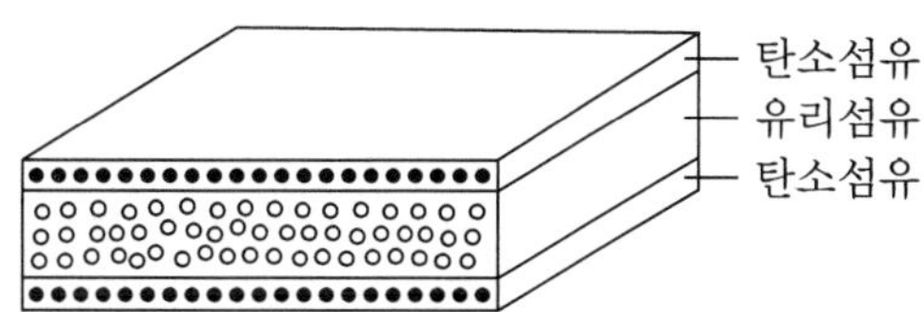

그림 6.3 혼합(Hybrid)섬유로 보강된 복합신소재 적층판

그림 6.4는 상하부 플랜지(flange) 및 복부(web) 구조부재는 그림 6.3과 같이 혼합 보강섬유로 탄소섬유와 유리섬유를 사용하여 저비용 고강도 복합신소재 거더(girder)를 제작하여 교량 상부구조를 건설한 전경을 보여주고 있다. 일반적으로 복합신소재구조 설계과정은 재료설계와 단면설계로 진행되고 있다. 복합신소재구조 부재는 섬유와 레진으로 구성된 단층으로 적층되어 일정한 두께를 갖는 적층구조이며, 극한한계상태와 사용한계상태의 설계조건을 만족해야 한다. 복합신소재의 구성재료인 섬유와 수지의 중량, 섬유배열과 관계가 있는 단층에 대한 재료설계를 먼저 수행하여야 하며, 재료설계 순서는 단층설계와 적층설계이다. 이러한 재료설계가 끝나면 건설용 대상 구조설계 구조부재의 축강성($E_L A$)과 휨강성($E_L I$)이 확보된 단면설계를 한다.

그림 6.4 혼합(Hybrid)섬유로 보강된 복합신소재 거더(girder) 교량 전경

6.2 재료설계

이 장의 개요에서 기술하였듯이 복합신소재의 장점 가운데 하나는 보강섬유 배열을 통해 구조부재의 물성을 사용자의 요구대로 재단설계 즉 재료설계를 할 수 있는 것이다. 특히 건설용 복합신소재구조는 주로 유리섬유를 사용하고 있는데 강도 및 가격 경쟁력인 면에서 매우 유리하기 때문이다. 이 절에서는 섬유의 다양한 배열 형태를 이용한 재료설계를 단층설계, 적층설계에 대해서 설계 절차를 기술하였다.

6.2.1 단층(Lamina)설계

1. 단층 두께

단층설계에 있어서 가장 중요한 요구사항은 섬유와 수지의 중량과 관계가 있다. 복합신소재구조 부재는 단층으로 구성된 적층구조로서 선택하는 각 재료인 섬유와 수지의 중량에 대한 두께의 값으로부터 섬유가 수지에 함침시켜 제조되는 단층 두께를 계산하여야 한다. 복합신소재구조 부재의 두께에 대해서 섬유의 제직형태에 따라 단층 두께를 계산하며, 그에 따른 부재의 재료적 성질인 물성값을 계산할 수 있다. 이 책의 제4장에서 기술된 바와 같이 섬유와 수지의 종류별 재료적 성질인 밀도에 따른 두께 상수의 기본 데이터를 이용하여 단층 두께를 계산할 수 있다.

2. 단층 강성

1) 일방향 섬유 구성 단층

일방향 섬유 구성 단층의 강성은 섬유와 수지의 부피비율을 기반으로 재료역학적인 방법인 혼합법(rule of mixtures)인 식 (6.1)~(6.3)을 이용하여 단층의 두께별로 결정할 수 있다.

$$V_f = \frac{\dfrac{w_f}{\rho_f}}{\left\{\dfrac{w_f}{\rho_f} + \dfrac{w_m}{\rho_m}\right\}} \tag{6.1}$$

$$V_m = 1 - V_f \tag{6.2}$$

여기서, w_f, w_m은 섬유와 수지의 중량비를 각각 나타내며, ρ_f, ρ_m은 섬유와 수지의 비중을 각각 나타낸다. 그리고 V_f, V_m는 섬유와 수지의 부피를 각각 나타낸다. 그리고 재료역학적인 방법인 혼합법을 이용하여 계산되는 단층의 역학적 성질은 다음 식 (6.3)으로 구할 수 있다.

$$E_1 = E_f V_f + E_m V_m \tag{6.3a}$$

$$E_2 = \frac{1}{\left\{\dfrac{V_f}{E_f} + \dfrac{V_m}{E_m}\right\}} \tag{6.3b}$$

$$G_{12} = \frac{1}{\left\{\dfrac{V_f}{G_f} + \dfrac{V_m}{G_m}\right\}} \tag{6.3c}$$

$$\nu_{12} = \nu_f V_f + \nu_m V_m \tag{6.3d}$$

여기서, E_f, E_m는 각각 섬유와 수지의 탄성계수를 나타내며, E_1, E_2는 섬유방향인 0° 및 섬유직각방향 90°의 각각 단층의 탄성계수를 말하며, G_{12}, ν_{12}는 단층의 면내 전단탄성계수 및 포아송비를 나타낸다. 상기 식 (6.3)을 통하여 계산된 단층의 역학적 물성값을 이용하여 복합신소재 구조부재의 소요두께에 도달되도록 적층설계를 하여야 한다.

복합신소재에 대한 부피비 및 중량비의 계산은 대부분 부피비에 기초하여 수행되지만 제조에서는 중량비로 간단히 작업되는 것이 일반적이다.

2) 제직섬유 구성 단층

현재 국내에서 생산되고 있는 제직섬유를 이용한 우븐로빙(woven rovings)과 같은 단층의 제직형태는 4장에서 기술되었듯이 섬유의 직조형태는 표에서 알 수 있듯이 섬유배열이 단층의 작용하중과 같은 방향인 경우 0°, 섬유배열이 단층의 작용하중과 직각방향인 경우 90° 그리고 섬유배열이 단층의 작용하중과 사선방향인 경우 ±45°로 일반적으로 섬유배열 각도를 나타낼 수 있다. 이러한 제직섬유 구성 단층의 강성값은 실험 결과 또는 제조사의 데이터를 사용하여 신뢰성 있게 결정되어야 한다.

6.2.2 적층설계

1. 개요

적층설계는 복합신소재 구조부재의 두께에 맞추어 각 단층별로 직조섬유방향의 다양한 각도배열을 가지고 적층 강성과 적층 강도를 구하는 것을 말한다. 이 책의 6장의 6.1절에서 기술하였듯이 적층설계 할 때는 복합신소재구조 부재의 적층배열 시 커플링 효과가 발생하지 않도록 대칭 적층($+\theta/-\theta/-\theta/+\theta$)이 요구되고 있다. 또한 대칭적

층을 하면 커플링 효과는 소멸하지만 판 전체는 비등방성 판이 되므로 역시 비스듬히 당기면 "cross elasticity" 효과가 발생될 수 있다. 이러한 비등방성이 방해가 될 때에는 섬유의 방향이 정육각형(그림 참조)으로 하거나 정팔각형의 대각선방향이 되도록 적층하면 적층판 전체의 신축이 방향에 따르지 않고 일정한데 이를 "준(의사)등방성(quasi-isotropy) 적층판"이라 칭하는 적층설계를 할 수 있다. 표 6.1은 준등방성 적층설계 예에 대해서 설명하고 있다.

표 6.1 준등방성 적층설계 예시

준등방성(Quasi-isotropic) 적층		
재료 물성 특성	섬유배열 각도	섬유방향 형태
$E_L^L = E_T^T$ $\nu_{LT}^L = \nu_{TL}^L$	[$-60°/0°/60°/60°/0°/-60°$] • 모든 방향에 대해 면강성(extensional stiffness) A_{ij}의 값이 같음	0, 60, −60, −60, 60, 0 정육각형의 섬유방향
$E_L^L = E_T^T$ $\nu_{LT}^L = \nu_{TL}^L$	[$0°/-45°/45°/90°/90°/45°/-45°/0°$] • 모든 방향에 대해 면강성(extensional stiffness) A_{ij}의 값이 같음	0, 45, −45, 90, 90, −45, 45, 0 정팔각형의 섬유방향

2. 적층 강성

적층 강성은 실험 결과나 제조사의 데이터로부터 결정되어야 하나 실험 또는 제조사의 데이터가 없을 시, 물성은 고전 적층 이론과 각 방향별 단층의 물성값을 고려하여 계산할 수 있다. 일반적으로 적층 강성은 다음 단계와 같이 결정할 수 있다.

단계 1

단층설계를 통하여 얻어진 물성값인 E_1, E_2, G_{12}, ν_{12}를 사용하여 식 (6.4)를 이용하여 복합신소재 단층의 축소강성인 Q_{11}, Q_{22}, Q_{66}, Q_{12}를 결정하여야 한다.

$$\begin{aligned} Q_{11} &= E_1 / (1-\nu_{12}\nu_{21}) \\ Q_{22} &= E_2 / (1-\nu_{12}\nu_{21}) \\ Q_{66} &= G_{12} \\ Q_{12} &= \nu_{21}E_1 / (1-\nu_{12}\nu_{21}) \\ \nu_{21} &= (E_2/E_1)\nu_{12} \end{aligned} \tag{6.4}$$

단계 2

각 단층의 재료축(1, 2)에 대한 축소강성 Q_{ij} 얻어지면, 각 좌표축 변환을 통해 구조축(x, y)에 대한 축소강성 $\overline{Q}_{ij}$을 계산한다.

	Q_{11}	Q_{22}	Q_{12}	Q_{66}
$\overline{Q}_{11}$	n^4	n^4	$2m^2n^2$	$4m^2n^2$
$\overline{Q}_{22}$	n^4	m^4	$2m^2n^2$	$4m^2n^2$
$\overline{Q}_{12}$	m^2n^2	m^2n^2	m^4+n^4	$-4m^2n^2$
$\overline{Q}_{66}$	m^2n^2	m^2n^2	$-2m^2n^2$	$(m^2-n^2)^2$
$\overline{Q}_{16}$	$-m^3n$	mn^3	$-mn(m^2-n^2)$	$-2mn(m^2-n^2)$
$\overline{Q}_{26}$	$-mn^3$	m^3n^2	$mn(m^2-n^2)$	$2mn(m^2-n^2)$

여기서, $m=\cos\theta$, $n=\sin\theta$이다. θ는 섬유의 주축인 구조축에 상대적인 각도를 뜻한다.

단계 3

적층 중간 평판으로부터 k^{th}번째의 아래 적층평판까지의 거리 h_{k-1}와 위 적층평판까지의 거리 h_k을 각 적층 조건에 대해서 결정한다.

단계 4

다음 식 (6.5)를 이용하여 적층에 대한 A_{ij}, B_{ij} 그리고 D_{ij}을 구한다.

$$A_{ij} = \sum_{k=1}^{n} \left(\overline{Q}_{ij}\right)_k (h_k - h_{k-1}) \qquad i,\ j=1,\ 2,\ 6$$

$$B_{ij} = 1/2 \sum_{k=1}^{n} \left(\overline{Q}_{ij}\right)_k (h_k^2 - h_{k-1}^2) \qquad i,\ j=1,\ 2,\ 6 \tag{6.5}$$

$$D_{ij} = 1/3 \sum_{k=1}^{n} \left(\overline{Q}_{ij}\right)_k (h_k^3 - h_{k-1}^3) \qquad i,\ j=1,\ 2,\ 6$$

여기서, A_{ij} : 적층에 관한 면내력 강성(extensional stiffness)

B_{ij} : 적층에 관한 휨 - 면내력 복합강성(coupling stiffness)

D_{ij} : 적층에 관한 휨강성(bending stiffness)

n : 단층의 적층수

A_{ij}, B_{ij}, D_{ij}를 다음의 힘과 모멘트, 변형률과 곡률의 관계로 나타낸다.

	ε_x	ε_y	ε_{xy}	κ_x	κ_y	κ_{xy}
N_x	A_{11}	A_{12}	A_{16}	B_{11}	B_{12}	B_{16}
N_y	A_{21}	A_{22}	A_{26}	B_{12}	B_{22}	B_{26}
N_{xy}	A_{16}	A_{26}	A_{66}	B_{16}	B_{26}	B_{66}
M_x	B_{11}	B_{12}	B_{16}	D_{11}	D_{12}	D_{16}
M_y	B_{12}	B_{22}	B_{26}	D_{12}	D_{22}	D_{26}
M_{xy}	B_{16}	B_{26}	B_{66}	D_{16}	D_{26}	D_{66}

여기서, N은 힘, M은 모멘트, ε은 변형률, κ는 곡률을 나타낸다.

단계 5

적층 강성을 이루는 A_{ij}, B_{ij} 그리고 D_{ij}을 구해지면, 적층 강성행렬을 역변환함으로서 연관되는 컴플라인스 a_{ij}, b_{ij}, d_{ij}를 계산한다.

단계 6

컴플라인스 a_{ij}, b_{ij}, d_{ij}이 구해지면, 적층의 탄성계수를 계산한다. 등가 멤브레인 탄성계수는 다음 식으로부터 구할 수 있다.

$$E_x = 1/h\,a_{11}$$

$$E_y = 1/h\,a_{22}$$

$$G_{xy} = 1/h\,a_{66} \tag{6.6}$$
$$\nu_{xy} = -a_{12}/a_{11}$$
$$\nu_{yx} = -a_{12}/a_{22}$$

등가 휨탄성계수는 다음 식으로부터 구할 수 있다.

$$E_x = 12/h^3 d_{11}$$
$$E_y = 12/h^3 d_{22}$$
$$G_{xy} = 12/h^3 d_{66} \tag{6.7}$$
$$\nu_{xy} = -d_{12}/d_{11}$$
$$\nu_{yx} = -d_{12}/d_{22}$$

적층 강성과 등가 탄성특성에 대한 위 단계는 그림 6.5의 순서도로 요약되어 있다.

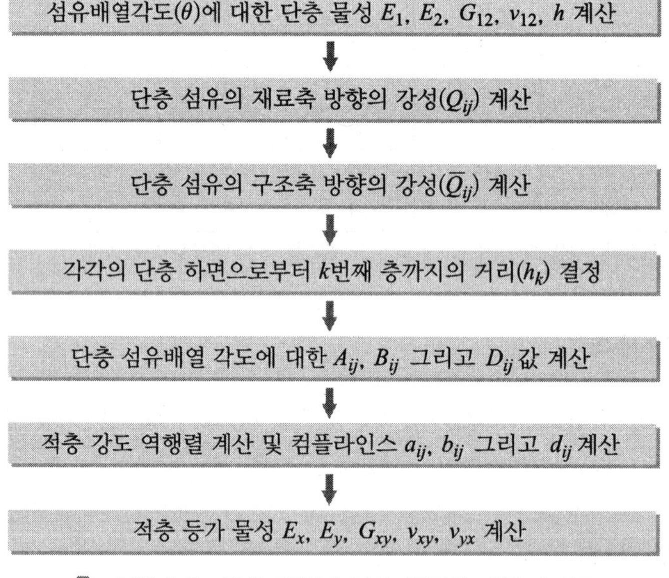

그림 6.5 적층 강성과 등가 물성의 계산 순서도

3. 적층 강도

적층 강도는 실험값이나 가공 시 데이터로부터 결정되어진다. 적층에 대한 강도의 실험값이나 가공 시 데이터가 없을 시, 적층의 파괴는 적정한 파괴이론에 의한 기준을

사용하여 적용해야 할 것이다. 적층 강도는 다음 단계를 수행하여 결정하여야 한다.

단계 1

적층의 면내력, 휨 - 면내력 그리고 휨강성 A_{ij}, B_{ij}, D_{ij}을 구한다.

단계 2

A_{ij}, B_{ij}, D_{ij}로부터 a_{ij}, b_{ij}, d_{ij}의 컴플라이언스(compliance)를 계산한다.

단계 3

$x-y$축에 대해서 적층의 중앙면에 대한 변형 ε_x, ε_y, ε_z 그리고 곡률 κ_x, κ_y, κ_{xy}을 계산한다.

	N_x	N_y	N_{xy}	M_x	M_y	M_{xy}
ε_x	a_{11}	a_{12}	a_{16}	b_{11}	b_{12}	b_{16}
ε_y	a_{21}	a_{22}	a_{26}	b_{12}	b_{22}	b_{26}
ε_{xy}	a_{16}	a_{26}	a_{66}	b_{16}	b_{26}	b_{66}
κ_x	b_{11}	b_{12}	b_{16}	d_{11}	d_{12}	d_{16}
κ_y	b_{12}	b_{22}	b_{26}	d_{12}	d_{22}	d_{26}
κ_{xy}	b_{16}	b_{26}	b_{66}	d_{16}	d_{26}	d_{66}

단계 4

각각의 단층에 대해서, 면내력과 휨 변형률부터 발생되는 전체 적층 변형률을 계산한다.

$$\begin{Bmatrix} \bar{\varepsilon}_x \\ \bar{\varepsilon}_y \\ \bar{\varepsilon}_{xy} \end{Bmatrix} = \begin{Bmatrix} \varepsilon_x - z\kappa_x \\ \varepsilon_y - z\kappa_y \\ \varepsilon_{xy} - z\kappa_{xy} \end{Bmatrix} \tag{6.8}$$

단계 5

재료축(1－2)로부터 주축($x-y$)으로 단층 변형률을 변환한다.

	$\bar{\varepsilon}_x$	$\bar{\varepsilon}_y$	$\bar{\varepsilon}_{xy}$
ε_1	m^2	n^2	mn
ε_2	n^2	m^2	$-mn$
ε_{12}	$-2mn$	$2mn$	m^2-n^2

단계 6

전체 변형률로부터 주축 $x-y$에 대한 단층 응력을 계산한다.

	ε_1	ε_2	ε_{12}
σ_1	Q_{11}	Q_{12}	0
σ_2	Q_{21}	Q_{22}	0
σ_{12}	0	0	Q_{66}

단계 7

단층의 강도를 계산한다. 임의의 단층이 적층 내에서 파괴될지를 결정할 것이다. 적층 강도 계산에 대한 위 단계는 그림 6.6의 흐름도로 요약되었다.

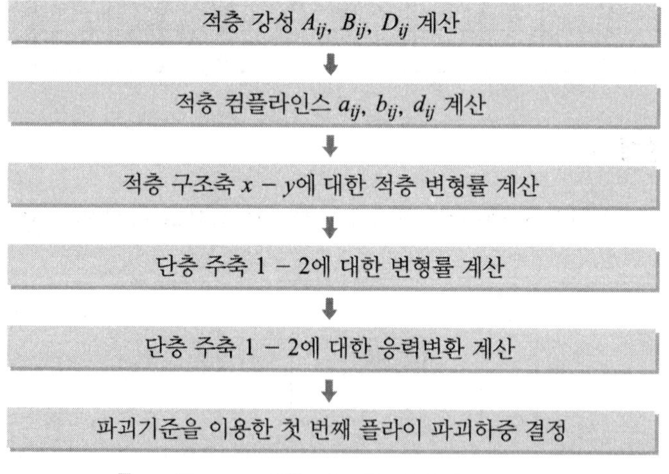

그림 6.6 적층 강도를 계산하는 흐름도

6.2.3 재료설계 예제

1. 단층설계

예제 1 Q&A

유리섬유 매트(chopped strand mat)를 수지에 함침시켜 만든 단층(lamina)의 두께 값은? (단, 유리섬유 매트 중량 = 600 g/m^2, 유리섬유밀도 = 2.56 Mg/m^3, 수지밀도 = 1.2 Mg/m^3, 수지 : 섬유의 중량비 = 2(1/4) : 1)

풀 이

$$\text{적층판 두께(mm)} = \text{재료 중량}(\text{kg/m}^2)\times\text{두께상수},\quad \text{두께상수} = \frac{1}{\text{밀도}(\text{Mg/m}^3)}$$

$$\text{유리섬유 매트 중량} = 600\ \text{g/m}^2 = 0.6\ \text{kg/m}^2$$

$$\text{유리섬유 매트 두께} = 0.6\times 0.391 = 0.235\ \text{mm},\quad \text{여기서 두께상수}: \frac{1}{2.56} = 0.391$$

$$\text{수지 두께} = 2\frac{1}{4}\times 0.6\times 0.833 = 1.125\ \text{mm},\quad \text{여기서 두께상수}: \frac{1}{1.2} = 0.833$$

$$\text{따라서 총 단층 두께} = 0.235\ \text{mm} + 1.125\ \text{mm} = 1.360\ \text{mm}$$

예제 2 Q&A

섬유함유율 55%인 유리섬유 우븐로빙(woven roving) 5개 층을 수지에 함침시켜 만든 적층판(laminate)의 두께 값은? (단, 우븐로빙 중량 = 600 g/m^2, 수지밀도 = 1.3 Mg/m^3)

풀 이

$$\text{적층판 두께(mm)} = \text{재료 중량}(\text{kg/m}^2)\times\text{두께상수}$$

$$\text{두께상수} = \frac{1}{\text{밀도}(\text{Mg/m}^3)},\quad \frac{\text{수지}}{\text{유리섬유}} = \frac{100-55}{55} = \frac{45}{55} = \frac{0.818}{1}$$

$$\text{수지 중량} = 0.818\times 5\times 0.8 = 3.27\ \text{kg}$$

$$\text{유리섬유 우븐로빙 두께} = 5\times 0.8\times 0.391 = 1.564\ \text{mm}$$

$$\text{여기서, 두께상수} = \frac{1}{2.56} = 0.391$$

$$\text{수지 두께} = 3.27\times 0.769 = 2.514\ \text{mm}$$

$$\text{여기서, 두께상수} = \frac{1}{1.3} = 0.769$$

$$\text{따라서 총 적층판 두께} = 1.564\ \text{mm} + 2.514\ \text{mm} = 4.078\ \text{mm}$$

예제 3

Q&A

에폭시 수지와 일방향(unidirection) 유리섬유로 구성된 복합신소재의 인장탄성계수(E)을 혼합법을 사용하여 구한 값은? (단, 섬유함유율 30%, 수지탄성계수; $E_m = 3.5$ GN/m², 섬유탄성계수; $E_f = 76$ GN/m².)

풀이

복합신소재 탄성계수 : $E_k = E_f V_f + E_m V_m = E_f V_f + E_m(1 - V_f)$

$E_m = 3.5\ \text{GN/m}^2$, $E_f = 76\ \text{GN/m}^2$, $V_f = 0.3$이므로

$E_k = 76 \times 0.3 + 3.5 \times (1 - 0.3) = 25.25\ \text{GN/m}^2$

예제 4

Q&A

종방향 복합신소재(FRP재료)의 포아송비 계산값은? (단, 섬유함유율 60%, 섬유 포아송비 $\nu_f = 0.22$, 기지 포아송비 $\nu_m = 0.33$.)

풀이

종방향 포아송비 : $\nu_{LT} = V_f \nu_f + V_m \nu_m$, 횡방향 포아송비 : $\nu_{TL} = \nu_{LT} \dfrac{E_T}{E_L}$

$V_f = 0.6$, $\nu_f = 0.22$, $\nu_m = 0.33$

$\nu_{LT} = 0.6 \times 0.22 = (1 - 0.6) \times 0.33 = 0.264$

예제 5

Q&A

폴리에스터 수지와 유리섬유 우븐로빙(0°/90°)으로 구성된 복합신소재(FRP재료)에 대해 하중작용방향으로의 인장탄성계수 값은? (단, 섬유함유율 32%, 수지탄성계수; $E_m =$ 3477 MN/m², 섬유탄성계수; $E_f = 68948$ MN/m², 섬유 포아송비; $\nu_f = 0.22$, 수지 포아송비; $\nu_m = 0.33$.)

풀이

$$E_x = \frac{E_L + E_T}{2(1 - \nu_{LT} \cdot \nu_{TL})}$$

$$E_L = E_f V_f + E_m V_m = 68948 \times 0.32 + 3447 \times (1 - 0.32) = 24407\ \text{MN/m}^2$$

$$E_T = \frac{E_f \cdot E_m}{E_m \cdot V_f + E_f \cdot V_m} = \frac{68948 \times 3447}{3477 \times 0.32 + 68948 \times (1 - 0.32)} = 4953\ \text{MN/m}^2$$

$$\nu_{LT} = V_f \nu_f + V_m \nu_m = 0.32 \times 0.22 + (1-0.32) \times 0.33 = 0.295$$

$$\nu_{TL} = \nu_{LT} \frac{E_T}{E_L} = 0.06$$

$$E_x = \frac{24407 + 4953}{2(1-0.295 \times 0.06)} = 14944 \text{ MN/m}^2$$

2. 적층설계

예제 1

총 두께 6 mm를 갖는 적층판이 있으며, 첫 번째 층은 두께 2 mm이고 섬유방향이 구조축과 45°이고 두 번째 층은 두께 4 mm이고 섬유방향이 구조축과 동일한 방향인 0°일 때 각 층의 구조축 강성 $\overline{Q}_{11(1)}$와 $\overline{Q}_{11(2)}$의 값은? (단, $E_{11} = 138.0$ GPa, $E_{22} = 8.96$ GPa, $G_{12} = 7.10$ GPa, $\nu_{12} = 0.30$, $\nu_{21} = 0.0195$)

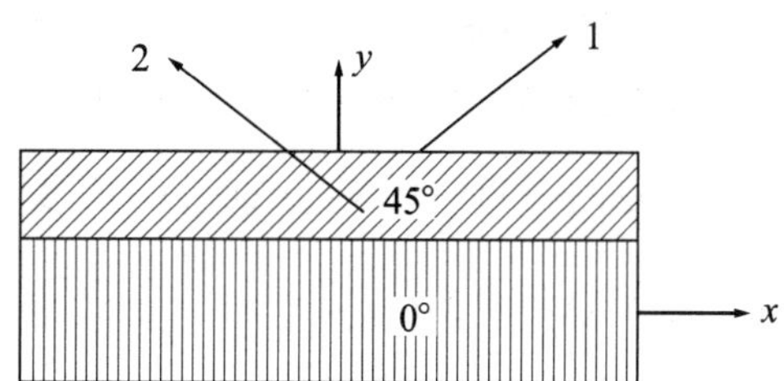

풀이

$$Q_{11} = \frac{E_{11}}{1-\nu_{12} \cdot \nu_{21}}, \quad Q_{12} = \frac{\nu_{21} E_{11}}{1-\nu_{12} \cdot \nu_{21}}, \quad Q_{21} = \frac{\nu_{12} E_{11}}{1-\nu_{12} \cdot \nu_{21}},$$

$$Q_{22} = \frac{E_{22}}{1-\nu_{12} \cdot \nu_{21}}, \quad Q_{33} = G_{12}$$

$$Q_{11} = \frac{138}{1-0.3 \times 0.0195} = 138.81, \quad Q_{12} = \frac{0.0195 \times 138}{1-0.3 \times 0.0195} = 2.70,$$

$$Q_{22} = \frac{8.96}{1-0.3 \times 0.0195} = 9.01, \quad Q_{33} = 7.10$$

$\overline{Q}_{11} = Q_{11} \cos^4\theta + 2(Q_{12} + 2Q_{33}) \sin^2\theta \cos^2\theta + Q_{22} \sin^4\theta$ 으로부터

$$\overline{Q}_{11(1)} = 138.1 \times \cos^4 45° + 2(2.70 + 2 \times 7.10) \times \sin^2 45° \cos^2 45° + 9.01 \times \sin^4 45°$$

$$\therefore \overline{Q}_{11(1)} = 45.41$$

예제 2 Q&A

구조축 강성 $\overline{Q}_{11(1)}$와 $\overline{Q}_{11(2)}$를 사용하여 2개 층으로 적층된 적층판의 휨강도(D; bending stiffness)에서 D_{11}의 계산값은?

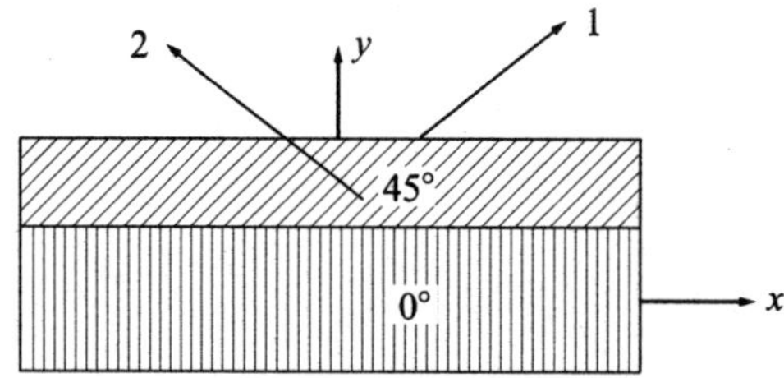

풀이

$$D_{rs} = \frac{1}{3}\sum_{1}^{2}\overline{Q}_{rsj}\left[h_j^3 - h_{j-1}^3\right]$$

여기서, (1)번째 층(45°) : $h_j = -1$, $h_{j-1} = -3$,

(2)번째 층(0°) : $h_j = 3$, $h_{j-1} = -1$

$$D_{rs} = \frac{1}{3}\overline{Q}_{rs1}\left[(-1)^3 - (-3)^3\right] + \overline{Q}_{rs2}\left[3^3 - (-1)^3\right] = \frac{1}{3}\left[26\overline{Q}_{rs1} + 28\overline{Q}_{rs2}\right]$$

$$D_{11} = \frac{1}{3}\left[26\overline{Q}_{11(1)} + 28\overline{Q}_{11(2)}\right]$$

$$\therefore\ D_{11} = \frac{1}{3}[26 \times 45.41 + 28 \times 138.81] = 1689.1\ \mathrm{kNmm}$$

6.3 단면설계

6.3.1 설계법의 종류와 비교

1. 개요

구조물의 설계법 종류와 비교는 허용응력설계법, 강도설계법 그리고 한계상태설계법 또는 하중저항계수설계법으로 표 6.2와 6.3과 같이 나타낼 수 있다. 허용응력설계법과 강도설계법은 재료의 역학적 거동에 기초한 것이며, 모두 구조물이 임의의 조건

(하중과 재료의 물리적 성질 등)에 놓여 있다고 할 때, 해석과 설계 시 결정된 값이 시공 단계나 시공 완료 이후에도 변함없이 동일한 상태를 유지한다고 하는 결정론적인 가정 하에서 사용된다. 따라서 재료의 특성이 등방성이고, 항복응력까지 거의 탄성체에 가까우며, 재료의 파괴하중을 쉽게 알 수 있는 경우에는 허용응력설계법의 적용이 간편하고 실용적이다. 허용응력설계법에서 사용되는 안전계수는 고정된 전체 안전계수로 부재에 작용되는 다양한 하중군들의 특성을 반영하지 않고 일률적으로 같은 값을 사용한다. 이는 설계의 편의성만을 지나치게 강조하고 있는 것으로 어느 하중에 대해서는 지나치게 안전하게 또 다른 하중에 대해서는 지나치게 불안전하게 될 수 있으며, 모든 하중에 대해서 안전하게 하기 위해서는 너무 과다 설계되어 비경제적인 설계가 될 수 있다. 그러나 재료의 품질관리에 아무리 주의를 기울인다고 하더라도, 설계 시의 제안값을 완공 시까지 유지시키는 것은 거의 불가능하다.

표 6.2 설계법의 종류

종류	허용응력설계법(ASD)	강도설계법(USD)	한계상태설계법(LSD) / 하중저항계수설계법(LRFD)
응력한계	선형(비례)탄성응력	극한응력	극한응력
변형률분포	선형	선형(0.003)	선형
응력 분포	선형	비선형	비선형
안전율	허용응력	강도감소계수와 하중계수	부분안전계수
설계법	$F_{외력} \le F_{내력}$	$F_{외력} \le F_{내력}$	$F_{외력} \le F_{내력}$

표 6.3 설계법의 비교

<table>
<tr><td>설계법</td><td colspan="6">$F_{외력} \le F_{내력}$; 부재단면 결정</td></tr>
<tr><td rowspan="3">종류</td><td colspan="2">허용응력설계법(ASD)</td><td colspan="2">강도설계법(USD)</td><td colspan="2">한계상태설계법(LSD) / 하중저항계수설계법(LRFD)</td></tr>
<tr><td>$F_{외력}$</td><td>$F_{내력}$</td><td>$F_{외력}$</td><td>$F_{내력}$</td><td>$F_{외력}$</td><td>$F_{내력}$</td></tr>
<tr><td>구조해석 결과로 결정</td><td>구조물의 저항능력</td><td>구조해석 결과로 결정</td><td>구조물의 저항능력</td><td>구조해석 결과로 결정</td><td>구조물의 저항능력</td></tr>
</table>

	선형 탄성 구조해석 사용	선형 응력 - 변형도 곡선 이용	선형 탄성 구조해석 사용	비선형 (탄소성)	비선형 구조해석, 소성 구조해석	비선형 (탄소성) 응력 - 변형도 곡선 이용
해석 기법	• 사용하중상태의 응력이 허용응력보다 작도록 설계하는 방법 • 부재력을 비교하지 않고 부재응력을 검토		• 구조재료의 비탄성적인 역학적 성질을 고려하여, 사용하중을 증가시킨 극한하중상태 하에서 강도가 유지되도록 설계 • 사용하중상태에서 사용성 검토하는 설계하는 방법		• 구조물 전체 안정성을 검토하여 설계하는 방법으로 소성해석과 기하학적 비선형 해석을 이용하여 부재의 단면력을 계산 • 극한하중상태 하에서 강도가 유지되도록 설계하고 사용하중상태에서 사용성 검토	

6.3.2 한계상태설계

1. 개요

구조물의 설계는 재료강도의 변동에 대해 고려하여야만 구조물이 안전하게 해석되고 설계되었다고 할 수 있다. 또 하중의 적용에 있어서도 시방서에서 주어지는 하중은 실제에 있어서 어떤 형태의 분포를 갖는 확률량이므로 이에 대한 변동을 확률론적으로 고려해야 구조물의 안전성이 제대로 평가될 것이다. 이와 같은 개념에서 출발한 것이 한계상태설계법이다. 한계상태설계법은 하중과 재료강도의 확률량을 통해 구조물의 안전성을 구조물이 파괴될 확률(파괴확률), 또는 구조물이 파괴되지 않을 확률(신뢰성)로 나타내는 또 다른 설계법이라 할 수 있다. 한계상태설계법은 하중작용과 재료강도의 변동을 고려하여 구조물의 안전성을 확률론적으로 다루려는 신뢰성 이론에 의하여 안전성을 확보하려는 설계법이다. 따라서 재료강도의 변동에 대해 고려하여야만 구조물이 안전하게 해석되고 설계되었다고 할 수 있다. 일반적으로 구조물을 설계할 때 안전율 개념을 이용한 허용응력설계법은 작용하중이 작아서 구조물의 사용 시 처짐이나 균열이 문제시되지 않는 경우에는 충분히 적용이 가능했지만 구조물의 해석 및 설계능력의 발달과 고강도 철근 및 콘크리트의 재료가 개발됨에 따라 안전율이 점차 작아져 왔다.

한계상태설계법은 설계하려는 구조물에 대해 사용목적에 적합하지 않은 한계상태를 명확히 설정하고, 여기에 도달되는 확률을 허용한도 이내로 제한한다면 결정론적인 가정에 의해 취급하는 것보다 훨씬 합리적인 설계를 할 수 있다. 한계상태설계법은 영국

의 설계기준에서 최초로 채택되었다. 일반적으로 사용되는 한계상태는 극한한계상태와 사용한계상태이다. 그러나 현재의 단계에서는 이러한 확률의 자료가 충분하지 못하기 때문에 하중작용과 재료강도에 대한 부분안전계수를 도입하여 설계법을 채택하고 있다. 이 설계법을 미국에서는 하중저항계수설계법(LRFD)라 부르기도 한다. 현재 국내 도로교 표준시방서에서는 강구조물에 이 방법으로 사용하여 검증하기도 한다. 극한한계상태는 구조물 또는 구조부재의 최대 하중저항능력을 나타내는 상태로 다음 3가지 중 하나가 발생할 경우 구조물 또는 구조부재가 극한한계상태에 도달했다고 본다.

① 구조물 일부 또는 전체가 비탄성상태에 도달하거나 2차 좌굴거동을 보이는 경우
② 구조물의 파괴에 의해 구조부재가 강체로 거동함으로써 힘의 평형상태가 이루어지지 않는 경우
③ 사용한계상태는 구조부재 또는 구조물 전체에 손상이 발생해 사용상 문제가 발생되고, 대규모의 보수가 필요한 경우로 주로 구조물의 균열과 응력한계에 관련된다.

한계상태설계법에 대한 요구사항은 다음과 같이 표현될 수 있다.

설계강도(내력) : f_d $\geq$ 설계하중(외력) : F_d

여기서, f_d : $\dfrac{f_d}{\gamma_m}$, F_d : $\gamma_f \cdot F_k$, γ_f, γ_m : 부분안전계수를 뜻한다. 여기서 부분안전계수는 강도설계법에서의 강도감소계수와 하중계수의 개념이라고 할 수 있다.

2. 설계개념

설계자의 목표는 안전성, 내구성, 사용성, 시공성, 경제성 및 미관을 고려한 구조물이 되도록 설계하는 것이다. 구조물 설계의 안전성 평가에서 중요한 고려 요소가 재료강도 변동과 하중작용 변동을 반영하는 것인데 이에 대한 변동을 계측자료의 축적을 통한 확률론적으로 제시되는 한계상태의 개념이다. 현재의 단계에서는 이러한 확률의 자료가 충분하지 못하기 때문에 하중작용과 재료강도에 대한 부분안전계수를 도입하여 한계상태설계법을 적용하고 있다. 한계상태설계법은 하중작용과 재료강도의 변동을 고려하여 구조물의 안전성을 확률적으로 다루려는 신뢰성 이론에 의하여 안전성을 확보하려는 설계법이다. 신뢰도 기반의 설계법인 한계상태설계법이 국제적인 설계 흐름이며, 영국이 최초로 한계상태설계법을 채택하였으며, 세계 선진 각국은 한계상태설계법을 기반으로 하는 구조물 설계기준을 제정하여 사용하고 있다.

1) 한계상태

구조물 또는 구조요소가 사용성, 안전성, 내구성의 목적달성에 만족하지 못하거나 구조적 기능을 상실하는 상태를 뜻한다. 한계상태는 두 가지로 분류하는데 첫 번째가 설계수명 동안 강도, 안정성 등 붕괴 또는 이와 유사한 형태의 구조적인 파괴에 대한 한계상태인 극한한계상태(ultimate limit state)를 뜻한다. 두 번째로 균열, 처짐, 피로 등의 사용성에 관한 한계상태로서 일반적으로 구조물 또는 부재의 특정한 사용 성능에 해당하는 한계상태인 사용한계상태(serviceability limit states)를 뜻한다.

2) 신뢰성 분석

구조물에 재하되는 하중의 빈도수 분포 Q와 구조물의 저항능력 빈도수 분포 R은 다음 그림과 같이 random variable인(출처; withiam, et al., 1998) 구조 확률적 모델을 기반으로 신뢰성 분석이 이루어진다.

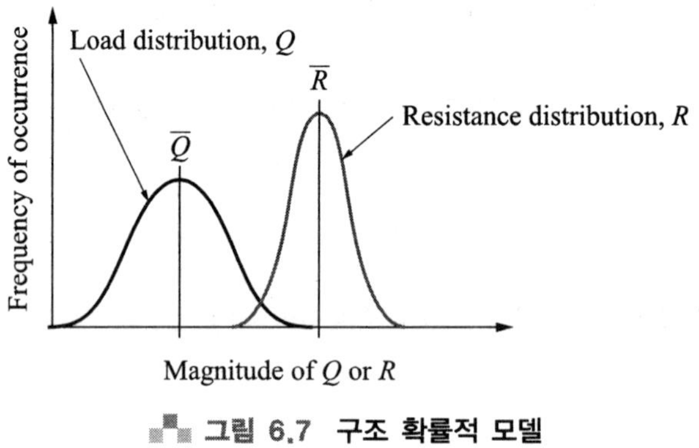

그림 6.7 구조 확률적 모델

또한, $\ln\left(\dfrac{R}{Q}\right)$의 빈도수를 나타낸 개념적 그림으로서 그림 6.8의 '0'보다 작은 회색 부분이 파괴확률을 신뢰성 지수를 통해 이루어진다.

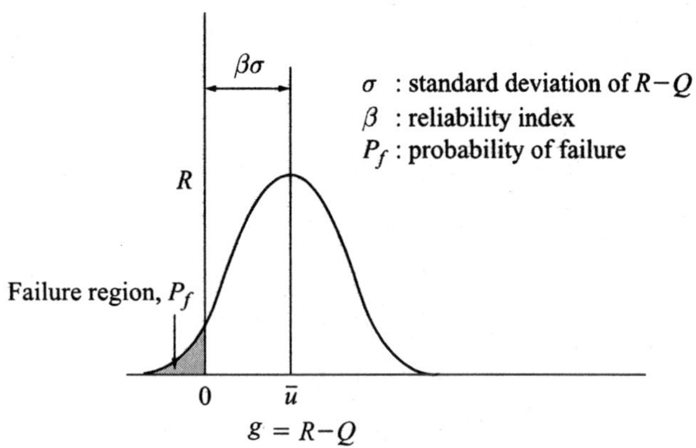

그림 6.8 신뢰성 지수의 빈도수 분포

여기서, Q와 R의 평균값 Q_m, R_m과 분산 σ_Q, σ_R을 이용하여 $\ln\left(\frac{R}{Q}\right)$의 분산을 근사적으로 구한 값, 즉 표준편차 $\sigma_{\ln\left(\frac{R}{Q}\right)} = \sqrt{V_R^2 + V_Q^2}$ 을 이용하여 $\ln\left(\frac{R}{Q}\right)$의 평균값과 '0' 값 사이의 거리를 결정하는 β 값을 정할 수 있으며, 이 β를 신뢰성 지수(reliability index)라고 하며, 각 부재에 대한 일관성 있는 값을 사용하므로서 일관성 있는 부분안전계수를 정의할 수 있다. 그리고 신뢰성 지수(β)는 다음 식을 이용하여 구할 수 있다.

$$\text{신뢰성 지수 } \beta = \frac{\ln\left(\frac{R_m}{Q_m}\right)}{\sqrt{V_R^2 + V_Q^2}}, \quad V_R = \frac{\sigma_R}{R_m}, \quad V_Q = \frac{\sigma_Q}{Q_m} \tag{6.9}$$

일반 건설재료인 강재, 콘크리트의 신뢰성 지수(β)는 $2.0 < \beta < 4.0$(Ellingwood, 2003)의 범위에 들어오며, 신뢰성 지수 $\beta = 2.5$일 때 파괴확률은 $P_f = 0.005$이다. 일반적으로 인발제조공법으로 성형된 복합신소재구조 부재의 목표 신뢰성 지수(β)는 $3.0 < \beta < 4.0$의 범위를 두고 있다.

3. 극한한계상태 해석

극한한계상태는 구조물 또는 구조부재의 최대 하중저항능력을 나타내는 상태로서 구조물 일부 또는 전체가 비탄성상태에 도달하거나 2차 좌굴거동을 보이는 경우, 구조물의 파괴에 의해 구조부재가 강체로 거동함으로써 힘의 평형상태가 상실이 되는 경우, 구조물에 과도한 국부변형 불안정에 의한 전체구조 붕괴로 확대되는 경우를 말

한다. 따라서 극한한계상태 해석 요구사항 및 하중조합은 다음 식과 같이 만족하여야 한다.

S_d : 소요강도(외력)
R_d : 설계강도(내력)
R_k : 재료기준강도
$G_{k,j}$: 불변(영구)하중의 기준값
$Q_{k,j}$: 가변(변동)하중의 기준값
$\gamma_{G,j}$: 불변(영구)하중에 대한 부분안전계수
$\gamma_{Q,j}$: 가변(변동)하중에 대한 부분안전계수
γ_m : 재료에 대한 부분안전계수

$$S_d \leq R_d \tag{6.10}$$

$$S_d = \sum_{j=1,\cdots,m} \gamma_{G,j} \cdot G_{k,j} + \gamma_{Q,j} \cdot Q_{k,j} \tag{6.11}$$

$$R_d = \frac{R_k}{\gamma_m}, \qquad \gamma_m = \gamma_{m,1} \cdot \gamma_{m,2} \cdot \gamma_{m,3} \cdot \gamma_{m,4} \tag{6.12}$$

여기서, $\gamma_{m,1}$은 재료 물성 실험값과의 편차(불확실한 수준)에 대한 부분안전계수이며, $\gamma_{m,2}$은 재료와 생산과정에 관련된 부분안전계수이고, $\gamma_{m,3}$은 환경영향과 하중작용 기간에 관련된 부분안전계수를 뜻한다. 각각의 부분안전계수에 대해서 표 6.4와 6.5에 나타낼 수 있다.

표 6.4 작용하중에 대한 부분안전계수

조건	지속하중	변동하중(γ_Q)	
	γ_G	기준값이 1.0인 경우	여타의 조합값인 경우
유리한 영향	1.0	-	-
불리한 영향	1.35	1.5	1.5

표 6.5 재료강도에 대한 부분안전계수

부분안전계수	$\gamma_{m,i}$	
	최대	최소
$\gamma_{m,1}$	2.25	1.0
$\gamma_{m,2}$	2.7	1.1
$\gamma_{m,3}$	3.0	1.0

4. 사용한계상태 해석

사용한계상태는 구조부재 또는 구조물 전체에 손상이 발생해 구조물의 구조적 기능이 저하되어 극한한계상태 전에 먼저 구조물의 파괴모드에 도달하는 상태를 말하며, 과도한 처짐, 변형, 좌굴 및 비틂으로 복합신소재 국부 손상이 발생되는 경우, 외관, 내구성, 방수에 영향을 미치는 복합신소재의 엽렬(delamination), 파단이 발생되는 경우를 뜻한다.

따라서 사용한계상태 해석 요구사항 및 하중조합은 다음 식과 같이 만족하여야 한다.

S_d : 설계하중에 의한 처짐값
R_d : 처짐 한계
$G_{k,j}$: 불변하중의 기준값
$Q_{k,i}$: 가변하중의 기준값

$$S_d \leq R_d \tag{6.13}$$

$$S_d = \sum_{j=1,\cdots,m} G_{k,j} + \sum_{i=1,\cdots,m} Q_{k,i} \tag{6.14}$$

$$R_d = \frac{L}{200} \sim \frac{L}{400} \tag{6.15}$$

6.4 해석

6.4.1 간편 해석

복합신소재 바닥판은 비등방성 재료로 단면형태가 샌드위치 및 중공형태의 구조이다. 기본 설계단계에서 실제 모델에 대한 해석이 요구되지만 간편 설계를 위해서 탄성 등가 모델링을 이용한 간편 해석방법이 필요하다. 복합소재 바닥판은 해석을 위해서 동일한 폭과 두께를 갖는 탄성 등가의 직교이방성판으로 나타낼 수 있다. 본 장에서 제시하는 간편 해석방법은 그림 6.9와 같이 복합소재 바닥판을 등가 직교이방성판으로 모델링하여 해석하는 방법으로서 단계 I, II를 통하여 동일한 바닥판의 폭과 두께를 가지는 등가 직교이방성판, 즉 1개 층 적층판(laminated plate)으로 모델링하여 간편 해석을 할 수 있다. 본 간편 해석방법은 교량 설계자가 쉽게 1개 층의 적층판 이론을 사용하여 해석할 수 있는 장점을 가지고 있다.

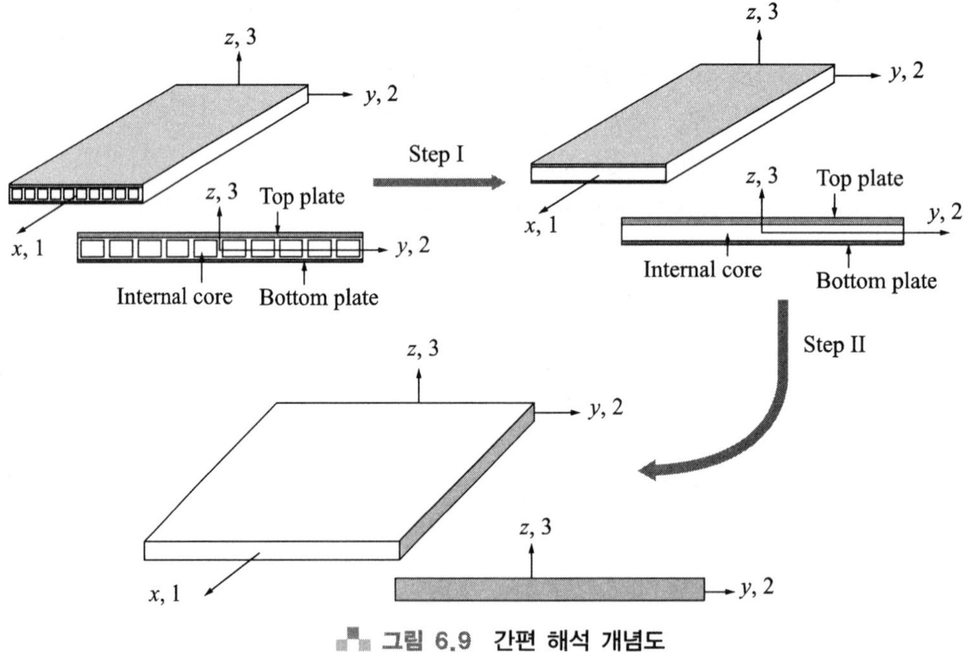

그림 6.9 간편 해석 개념도

간편 해석방법은 기본 설계단계에서 설계자가 복합신소재 바닥판 단면설계를 위한 유용한 해석방법으로서 대표적인 샌드위치 및 중공 형태를 갖는 복합신소재 바닥판을 등가 직교이방성판으로 변환시켜 계산된 휨강성값을 기반으로 탄성 등가모델링을 이용하여 수행하는 것이며, 그 간편 해석 예로서 해석과정을 다음과 같이 기술한다.

1. 단면가정

인발성형된 중공 튜브(tube) 형태를 갖는 복합신소재 바닥판은 플랜지와 웨브 접착부에서 박리파괴모드와 같은 주요 파괴양상을 보이고 있다. 이 책에서는 이러한 파괴모드를 줄이면서 복합신소재 바닥판 구조성능을 높일 수 있는 바닥판 단면을 고려하였다. 그림 6.10과 같이 인발성형된 GFRP 튜브를 갖는 심재(core)와 GFRP 면재(facing)로 구성된 단면으로 가정한다.

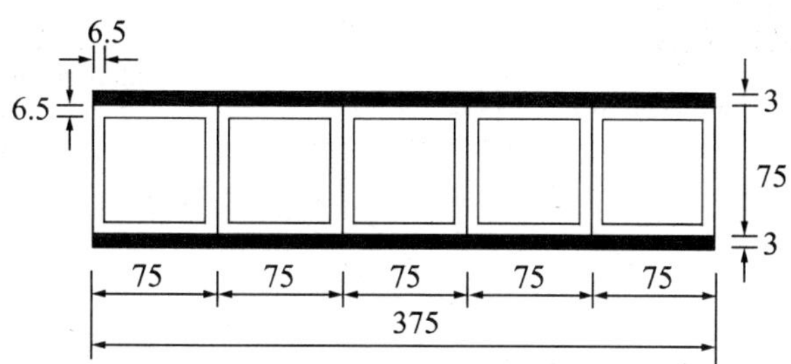

그림 6.10 복합신소재 바닥판 단면(단위 : mm)

2. 등가 직교이방성판 재료적 성질

이 절에서 제시하는 간편 해석방법과 같이 그림 6.11과 같이 복합소재 바닥판을 등가 직교이방성판으로 모델링하여 해석하는 방법으로서 단계 I, II를 통하여 동일한 바닥판의 폭과 두께를 가지는 등가 직교이방성판, 즉 한 개 층 적층판(laminated plate)으로 모델링한다. 이러한 간편 해석방법은 교량 설계자가 쉽게 한 개 층의 적층판 이론을 사용하여 해석할 수 있는 장점을 가지고 있다. 다음은 해석 시 필요한 등가 직교이방성판의 x방향, y방향의 재료 성질을 구하는 것을 기술한다.

등가 직교이방성판 재료적 성질은 상·하층 면재의 재료적 성질과 심재의 재료적 성질을 계산하여 각각 구한 후 등가 직교이방성판 재료적 성질을 구할 수 있다. 등가 직교이방성판 재료적 성질은 면재의 재료적 성질과 심재의 재료적 성질을 계산하여 각각 구한 후 등가 직교이방성판 재료적 성질을 구할 수 있다. 표 6.6은 재료 물성을 추정하는 방법인 혼합법을 사용하여 계산한 면재의 재료적 성질을 나타내고 있다. 여기서 E_1, E_2는 각각 lamina의 섬유방향 및 섬유직각방향의 탄성계수를 말하며 G_{12}, ν_{12}는 lamina의 면내 전단탄성계수 및 포아송비를 나타낸다.

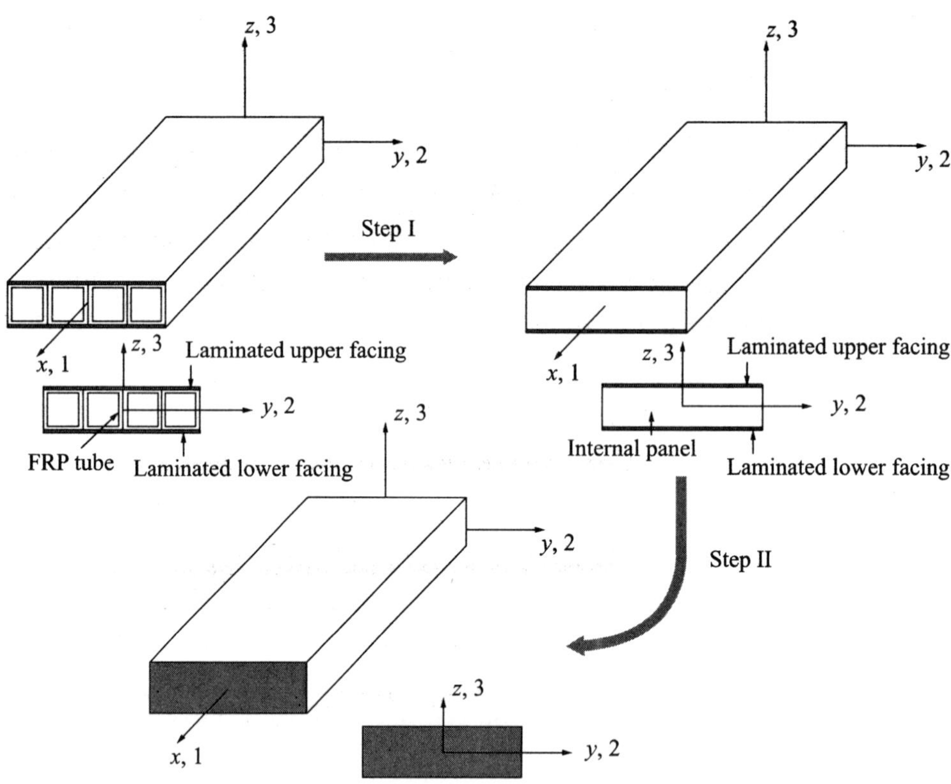

그림 6.11 간편 해석 등가 복합신소재 바닥판 단면

표 6.6 면재(facing)의 등가 재료 물성

물성	계산값	사용공식(혼합법)
E^e_{xx}	33,152 N/mm^2	$E_1 = E_f V_f + E_m V_m$
E^e_{yy}	9069.65 N/mm^2	$E_2 = \frac{1}{\left(\frac{V_f}{E_f} + \frac{V_m}{E_m}\right)}$
G^e_{xy}	5499.7 N/mm^2	$G_{12} = \frac{1}{\left(\frac{V_f}{G_f} + \frac{V_m}{G_m}\right)}$
ν^e_{xy}	0.324	$\nu_{12} = \nu_f V_f + \nu_m V_m$

다음은 심재의 재료적 성질을 계산하는 과정을 나타낸다. 대부분의 복합소재 바닥판의 심재는 다실형태를 이루고 있다. 동일한 높이에 대한 등가 강성을 사용한 적층판의 재료적 성질을 계산하여 해석할 수 있다. 먼저 심재의 튜브 강성을 다음 식을 이용하여 계산할 수 있다. 튜브는 등가 직교이방성판으로 동일한 길이와 폭 그리고 두께로 모델화할 수 있다. 한 개의 직사각형 튜브 단면은 그림 6.11에 나타내었다. 그림 6.11로부터 등가 직교이방성판의 직교이방성 휨강성계수를 다음 식 (6.16)~(6.19)로부터 계산할 수 있다. 종방향 휨강성 D_{xx}은 다음 식 (6.16)으로 구한다.

$$D_{xx} = E_{xx} \cdot i_{xx} = E_{xx} \cdot \frac{I_{xx}}{b} \tag{6.16}$$

횡방향 휨강성 D_{yy}은 튜브 웨브는 두께가 얇기 때문에 횡방향 휨강성 계산 시 뒤틀림 단면에 의한 전단변형을 고려해야 한다. 따라서 다음 식 (6.17)을 이용하여 구할 수 있다.

$$i_{yy} = \frac{(H_t + H_b) \times h^2}{4} + \frac{H_t^3 + H_b^3}{12} \tag{6.17a}$$

$$D_{yy}' = E_{yy} \cdot i_{yy} \tag{6.17b}$$

$$GA_s = \frac{2 \cdot E_{yy} \cdot (2H_w)^3 \cdot H_t^3 \cdot H}{h \cdot b \cdot \left[h \cdot H_t^3 + b \cdot (2H_w)^3\right]} \tag{6.17c}$$

$$D_{yy} = \frac{D_{yy}' \cdot GA_s \cdot (W - H_w)^2}{GA_s \cdot (W - H_w)^2 + 18 \cdot D_{yy}'} \tag{6.17d}$$

그리고 D_{xy}는 다음 식 (6.18)로부터 쉽게 구할 수 있다.

$$D_{xy} = \nu_{xy} \cdot D_{yy} \tag{6.18}$$

마지막으로 뒤틀림 휨강성 D_{66} 다음 식 (6.19)로부터 구할 수 있다.

$$D_{66} = \frac{GJ}{4 \cdot b} = \frac{G_{xy} \cdot J_{xy}}{4 \cdot b} \tag{6.19}$$

여기서, G_{xy}는 튜브의 전단탄성계수, J_{xy}는 뒤틀림 강성값이다. 상기 식을 이용하여 튜브에 대한 강성값을 계산하여 다음 표 6.7과 같이 나타낼 수 있다.

표 6.7 심재(core)의 휨강성

휨강성	계산값	사용 공식
D_{xx}	621,205,454.5 N · mm	$D_{xx} = E_{xx} \cdot i_{xx} = E_{xx} \cdot \dfrac{I_{xx}}{b}$
D_{yy}	6,931,924.37 N · mm	$D_{yy} = \dfrac{D_{yy}{}' \cdot GA_s \cdot (W-H_w)^2}{GA_s \cdot (W-H_w)^2 + 18 \cdot D_{yy}{}'}$
D_{xy}	2,245,943.49 N · mm	$D_{xy} = \nu_{xy} \cdot D_{yy}$
D_{66}	51,526,960.62 N · mm	$D_{66} = \dfrac{GJ}{4 \cdot b} = \dfrac{G_{xy} \cdot J_{xy}}{4 \cdot b}$

상기 표 6.7을 사용하여 심재 튜브단면을 한 개의 층으로 나타낸 등가 직교이방성판으로 변환하여 등가 직교이방성판 재료 성질을 다음 식 (6.20)으로 구할 수 있다.

$$E_{xx}^{e} = \frac{12 \cdot D_{xx} \cdot (1 - \nu_{xy}^{e} \cdot \nu_{yx}^{e})}{H^3} \tag{6.20a}$$

$$E_{yy}^{e} = \frac{12 \cdot D_{yy} \cdot (1 - \nu_{xy}^{e} \cdot \nu_{yx}^{e})}{H^3} \tag{6.20b}$$

$$G_{xy}^{e} = \frac{12 \cdot D_{66}}{H^3} \tag{6.20c}$$

$$\nu_{xy}^{e} = \nu_{xy} \tag{6.20d}$$

상기 식을 사용하여 등가 심재에 대한 재료 성질을 표 6.8과 같이 나타낼 수 있다.

표 6.8 심재(core)의 등가 재료 물성

물성	계산값	사용공식
E_{xx}^{e}	15,814.93 N/mm^2	$E_{xx}^{e} = \dfrac{12 \cdot D_{xx} \cdot (1-\nu_{xy}^{e} \cdot \nu_{yx}^{e})}{H^3}$
E_{yy}^{e}	176.48 N/mm^2	$E_{yy}^{e} = \dfrac{12 \cdot D_{yy} \cdot (1-\nu_{xy}^{e} \cdot \nu_{yx}^{e})}{H^3}$
G_{xy}^{e}	1,465.66 N/mm^2	$G_{xy}^{e} = \dfrac{12 \cdot D_{66}}{H^3}$
ν_{xy}^{e}	0.324	$\nu_{xy}^{e} = \nu_{xy}$

표 6.6～6.8을 이용하여 중공형태의 심재를 갖는 샌드위치 구조인 복합소재 바닥판을 한 개 층(single-layer)인 등가 직교이방성판을 변환하여 등가 직교이방성판에 대한 재료 물성과 휨강성을 최종적으로 표 6.9, 6.10과 같이 얻을 수 있다.

표 6.9 등가 직교이방성판의 재료 성질

물성	계산값	사용공식
E^e_{xx}	17,097.87 N/mm^2	$E_{11}=\alpha_{UF}\cdot E^{UF}_{11}+\alpha_{core}\cdot E^{core}_{11}+\alpha_{LF}\cdot E^{LF}_{11}$
E^e_{yy}	834.57 N/mm^2	$E_{22}=\alpha_{UF}\cdot E^{UF}_{22}+\alpha_{core}\cdot E^{core}_{22}+\alpha_{LF}\cdot E^{LF}_{22}$
G^e_{xy}	1,764.17 N/mm^2	$G_{12}=\alpha_{UF}\cdot G^{UF}_{12}+\alpha_{core}\cdot G^{core}_{12}+\alpha_{LF}\cdot G^{LF}_{12}$
ν^e_{xy}	0.324	$\nu_{12}=\alpha_{UF}\cdot \nu^{UF}_{12}+\alpha_{core}\cdot \nu^{core}_{12}+\alpha_{LF}\cdot \nu^{LF}_{12}$

여기서, $\alpha_{UF}=\dfrac{H_{UF}}{H}$, $\alpha_{core}=\dfrac{H_{core}}{H}$, $\alpha_{LF}=\dfrac{H_{LF}}{H}$이며, UF(upper facings)는 샌드위치 구조의 상층면재, core는 심재 그리고 LF(lower facings)는 하층면재를 뜻한다. 그리고 H는 복합소재 바닥판의 총 두께를 뜻한다.

표 6.10 등가 직교이방성판의 휨강성

휨강성	계산값	사용공식
D_{11}	84.6×10^7 N·mm^2	$D_{11}=\dfrac{h^3}{12}\cdot\dfrac{E_{xx}}{1-\nu_{xy}\nu_{yx}}$
D_{12}	27.4×10^7 N·mm^2	$D_{12}=\dfrac{h^3}{12}\cdot\dfrac{\nu_{xy}E_{xx}}{1-\nu_{xy}\nu_{yx}}$
D_{22}	41.3×10^6 N·mm^2	$D_{22}=\dfrac{h^3}{12}\cdot\dfrac{E_{yy}}{1-\nu_{xy}\nu_{yx}}$
D_{66}	78.1×10^6 N·mm^2	$D_{66}=\dfrac{G_{12}h^3}{12}$

3. 등가 직교이방성판 해석

상기 표 6.9, 6.10의 휨강성값을 사용하여 복합신소재 적층판인 등가 직교이방성판에 대해 해석을 할 수 있다.

6.4.2 수치해석

1. 요소별 특성분석

현재 복합신소재구조의 거동에 대한 수치해석에 있어서 유한요소해석 방법은 가장 강력한 해석도구로 활용되고 있다. 다음과 같이 요소별 특성분석을 기술한다.

1) Brick 요소

복합신소재의 적층특성을 구조해석에 효과적으로 고려하기 위해서 특별한 요소가 사용되어야 한다. 이론적으로는 brick 요소의 한 층이 복합신소재의 한 층을 나타내는 3차원 벽돌 요소의 사용이 가능하다. 그러나 이 요소를 적용하면 두 가지 면에서 비실용적이다. 둘째로는 상대적으로 두께가 얇은 판의 해석에 brick 요소를 사용하게 되는 경우 ill-condition 상태의 방정식이 나타날 수 있다. 이러한 이유 때문에 brick 요소는 복합신소재가 매우 두껍거나 기하구조가 판보다는 solid와 비슷할 때, 그리고 판의 끝단에서 일어날 수 있는 재료의 3차원 응력장이 존재할 때 사용하는 것이 바람직하다. 응력장의 3차원적인 성질은 일반적으로 두께의 3～5배 정도의 길이를 갖는 짧은 구간에서는 그 효과가 크게 나타난다.

2) 4절점 판(Plate)요소

4절점 판요소는 박판 구조의 평면 내 응력만을 가질 수 있기 때문에 2차원적으로 알려져 있다. 이러한 요소는 평면 판의 평면 내 거동을 모델링하는 복합신소재 해석에 널리 사용되고 있다. 그러나 평면 외부로는 응력과 변위가 모두 0이 되어야 하며, 그렇지 않은 경우에는 유효하지 않다. 적층된 복합신소재에서 이는 층의 방향성에 의존한다. 만약 적층방법이 balanced 되어 있지 않다면 이러한 2차원 요소는 사용될 수 없다.

3) 9절점 쉘(Shell)요소

일반적으로 적층복합신소재의 모델링에는 판과 쉘 요소가 적용된다. 변형률은 쉘의 두께를 따라서는 상수이고 선형 변화의 조합으로 가정되는 일반적인 휨 이론이 사용된다. 이는 쉘의 변형이 쉘의 중립 평면의 신장(일정한 변형률 요소)과 회전(선형변형률 요소)으로 정의됨을 뜻한다. 2차원 고체요소와 일반적인 판요소는 모두 사변형 혹은 삼각형이 될 수 있다. 내부 절점을 가진 요소는 쉘의 휨 거동 예측의 정확도를 높이는 데 유용하게 사용된다. 쉘 이론은 얇은 쉘에 대한 거동을 매우 정확하게 반영할 수

있다. 중립면의 평면에 수직한 방향으로는 모든 응력과 변형률이 0이라고 가정한다. 이러한 이상적인 거동이 적용될 때는 변위와 회전만을 중립 평면요소의 자유도로써 정의한다. 그러나 휨 변형률을 구하기 위하여 수직 변위를 두 번 미분해야 하기 때문에 고전적 Kirchhoff의 이론이 사용된다면 매우 간단한 직사각형 기하구조를 제외하고는 유한요소의 정식화를 유도하는 과정이 복잡하게 된다. 실제 수직 변형률은 판의 윗면과 아랫면에서 0의 값을 나타내므로 두께를 따라서 상수일 수 없으며 일반적으로 두께를 따라 포물선의 형태로 변화한다. 따라서 Mindlin 이론의 수직 전단은 두께를 따르는 평균값을 나타낸다. 얇은 판에 대해서 두께를 따르는 변화의 결과는 2차이며, 따라서 평균값은 충분한 정확도를 갖는다. 그러나 두께를 따르는 변화를 고려하기 위해 전단 수정 상수를 적용하여 복합신소재를 이용할 때에는 특별한 주의가 필요하다.

4) 고체(Solid) 쉘(shell)요소

쉘요소의 또 다른 형태는 고체 쉘요소이다. 고체 쉘요소는 고체 요소의 기하학적 정의를 가지고 있지만 쉘의 거동을 한다. 요소는 실제 정식화에 따라 어떠한 절점수라도 가질 수 있지만 두께를 따라 오직 두 개의 절점을 지닌다. 고체 쉘요소는 윗면과 아랫면에 9개의 절점을 가지고 있고 중립면에는 절점이 없는 18절점 요소이며, 각 절점은 회전 자유도가 없이 오직 세 개의 평행이동 자유도를 가지고 있다. Mindlin 쉘요소와 정확히 같은 수의 자유도를 가지고 있다. 요소 평면의 평행이동 변위의 요소는 요소의 신장과 휨 모두를 정의한다. 윗면과 아랫면의 절점 한 쌍의 평균값은 평면 내 신장과 같고 그 차이를 두께로 나눈 값은 중립면의 회전과 같다.

2. 복합신소재구조 거동의 수치해석에 적합한 요소선정

상기에서 언급한 바와 같이 복합신소재구조 거동 해석을 위하여 범용 유한요소해석 프로그램을 사용하는데 있어서 적합한 요소선정이 매우 중요하다. 이미 복합신소재구조의 거동 실험결과와 유한요소해석 결과를 비교하여 유한요소 모델링의 적합성을 입증한 사례가 있으므로 유사한 구조체에 대하여 요소를 선정하여 구조해석을 실시하는 것이 타당할 것이다.

6.4.3 해석 프로그램

복합신소재 구조물의 해석과 설계를 위해 적합한 유한요소의 선정과 관련하여 적합한 범용 유한요소해석 프로그램을 선별하여 사용해야 한다. 일부 프로그램은 복합신

소재의 특성을 반영하지 못한 모듈이 포함되어 있기 때문에 복합신소재 적층 이론을 기본으로 하는 상용 프로그램을 선별하여 설계자가 적절한 목적에 따라 사용해야 할 것이다. 복합신소재 적층구조물 해석에 있어, 대표적인 범용 상용 프로그램으로 ABAQUS, ANSYS, LUSAS, NASTRAN 등이 있으며, 이들 프로그램의 특성은 서로 유사하며 신뢰성, 편리성 등의 상대적인 차이는 크지 않다.

1. 일반사항

상용 프로그램은 복합신소재 적층구조물의 해석과 설계를 위해 개발되었다. 상용 프로그램은 복합신소재 적층구조물의 복잡한 역학적 거동으로 인해 설계자가 적절한 목적에 따라 이용해야 할 것이다.

2. 필요한 계산

요구되는 계산은 이 책에 제시되어 있다. 보통 복합신소재 적층구조물 설계에서 해석과 설계능력은 유용하지만 필요하지는 않다.

3. 컴퓨터 프로그램에 필요한 일반적인 사항

효과적이고 사용자가 편한 해석/설계 프로그램을 위해 필요한 사항은 이 책에 제시되어 있다.

4. 이용할 수 있는 프로그램

복합신소재 적층구조물 요소의 해석과 설계에 대해 개발된 전문 프로그램은 이 책에 제시되어 있다.

5. 프로그램 선택

프로그램의 선택은 프로그램에 필요한 사항을 정확히 정의한 특정한 것에 기반을 두어야 한다. 프로그램에 사용에 있어서 주요 영향을 미치는 해석/설계 능력과 특징은 특정치가 정의되어 있을시 고려되어야 한다.

CHAPTER

7 인장부재 해석과 설계

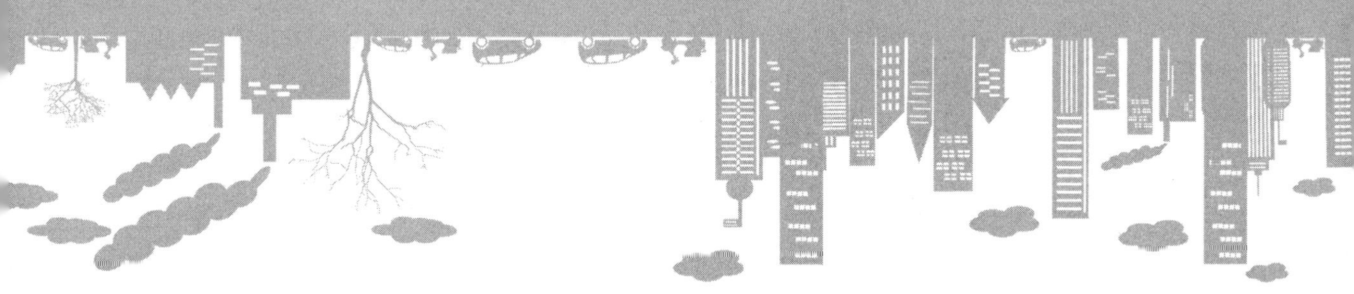

7.1 일반사항

인장부재는 교량, 지붕 트러스, 탑, 브레이싱(bracing) 시스템 및 타이 로드(tie rod)와 같은 구조물에서 확인될 수 있다. 인장부재는 좌굴에 대한 파괴의 위험이 없기 때문에 사용되는 단면의 산정이 중요한 문제이다.

7.2 세장비 제한

부재의 세장비는 부재의 비지지길이에 대한 최소 회전반경의 비율이며, 허용세장비의 상한계를 규정하고 있다. 비록 부재는 정상적인 하중에서는 좌굴되지 않음에도 불구하고 바람직스럽지 못한 횡방향 처짐이나 진동을 방지하기 위해 충분한 강도를 갖는 단면을 사용하도록 하기 위함이다. 이 절에서는 단지 인장력을 받는 요소만 간주한다. 요소를 복합신소재 적층에서 구조축과 평행하게 배열한다.

7.3 인장강도

각 단면에서 설계인장력 $N_{t,Sd}$에 대한 설계저항력은 다음 조건을 만족해야 한다.

$$N_{t,Sd} \leqq N_{t,Rd} \tag{7.1}$$

여기서, $N_{t,Rd}$는 단면의 설계인장저항력이다. 최소 전체단면에 대한 설계인장저항력은 다음 식 (7.2)로부터 구할 수 있다.

$$N_{t,Rd} = A\sigma_{x,t,k}/\gamma_m \tag{7.2}$$

여기서, A는 인장부재의 총 단면적이며, $\sigma_{x,t,k}$는 적층에서 전체단면에 작용하는 인장강도를 뜻하며, γ_m은 부분안전계수를 뜻한다. 볼트 구멍을 고려한 순수단면적에 대한 설계인장저항력은 다음 식과 같다.

$$N_{t,Rd} = 0.9A_n\sigma_{x,t,k}/\gamma_m \tag{7.3}$$

상기 식에서 A_n는 인장재의 순단면적을 뜻한다. 끝단의 연결은 연결부에 인장력이 전달하도록 적당히 설계되어야 한다. 그리고 구성요소가 사용 중 화학작용에 대한 저항이 요구될 시, 다음 인장력 $N_{t,Sd}$로 인한 축변형률(ε)은 다음 조건을 만족해야 한다.

$$\varepsilon \leqq 0.2\%, \qquad \varepsilon \leqq 0.1\varepsilon_{mf} \tag{7.4}$$

여기서, ε_{mf}은 기지의 파괴변형률을 뜻하며, $E_{x,t,k}$은 축방향에서 부재의 특정 인장탄성계수를 뜻하며, 축변형률(ε)은 다음과 같다.

$$\varepsilon = N_{t,Sd} L / A_n E_{x,t,k} \tag{7.5}$$

7.4 조립부재 인장강도

조립 인장부재는 2개 이상의 복합신소재구조 부재로 제작된 것을 말한다. 이렇게 해서 제작된 인장부재의 세장비(l/r)는 300 이하의 값이라야 한다. 여기서 l은 부재의 길이를 뜻하며, r은 부재 총 단면의 단면 2차 반지름을 말하고 있다. 이러한 내용은 복합신소재의 조립 인장부재의 강성을 확보할 목적으로 부재의 세장비를 규정하는 것이다. 부재의 길이 l은 생각하는 방향에 따라 다른 경우가 있으므로 각각의 방향에 관하여 세장비를 산출하고 그 중에서 최댓값에 대하여 이 조항을 적용할 수 있다.

7.5 인장부재 설계 예제

사용재료	• 일방향 유리섬유/폴리에스터 수지
제조방법	• 인발공법(Pultrusion)
설계조건	• 복합신소재 봉(rod) 직경 결정
	• 길이 : $L = 5.0$ m
	• 작용하중 : $N_k = 50$ kN
	• 신장률 : 최대 $\delta_{\max} = 20$ mm

재료 물성값	• 종방향 인장탄성계수 : $E_{x,t,k} = 41\ \mathrm{kN/mm^2}$
	• 종방향 극한인장강도 : $f_{x,t,k} = 690\ \mathrm{N/mm^2}$
	• 재료특성별 부분안전계수 : $\gamma_{m1} = 2.25$, $\gamma_{m2} = 1.1$, $\gamma_{m3} = 1.2$
	• 재료 부분안전계수 : $\gamma_m = 2.97$이므로 $\gamma_m = 3.0$ 적용
한계상태	• 극한한계상태 : 인장파괴
	• 사용한계상태 : 처짐(변위)
	• 부분안전계수 : $\gamma_f = 1.5$(극한한계상태), $\gamma_f = 1.0$(사용한계상태)
	• 재료 부분안전계수(강도) : $\gamma_m = 3.0$(극한한계상태)
	• 재료 부분안전계수(강성) : $\gamma_m = 1.0$(사용한계상태)

7.5.1 설계

1. 극한한계상태(인장파괴)

설계인장강도 (극한한계상태)	• $f_{x,t,d} = \dfrac{f_{x,t,k}}{\gamma_m} = \dfrac{690}{3.0} = 230\ \mathrm{N/mm^2}$
설계하중 (극한한계상태)	• $N_{sd} = \gamma_f \cdot N_k = 1.5 \times 50 = 75\ \mathrm{kN}$
봉의 소요단면적	• $A \geq \dfrac{75{,}000}{230} = 326\ \mathrm{mm^2}$
봉의 소요지름	• $D = 20.4\ \mathrm{mm}$

2. 사용한계상태(변위)

설계인장탄성계수 (사용한계상태)	• $E_{x,t,d} = \dfrac{E_{x,t,k}}{\gamma_m} = \dfrac{41}{1.0} = 41\ \mathrm{N/mm^2}$
설계하중 (사용한계상태)	• $N_{sd} = \gamma_f \cdot N_k = 1.0 \times 50 = 50\ \mathrm{kN}$
봉의 변위	• $\delta = \dfrac{N_{sd} \cdot L}{E_{x,t,d} \cdot A} = \dfrac{50{,}000 \times 5{,}000}{41{,}000 \times 326} = 18.7\ \mathrm{mm}$
사용한계상태변위	• $\delta = 18.7\ \mathrm{mm} < $ 최대변위 : $\delta_{\max} = 20\ \mathrm{mm}$

3. 극한한계상태와 사용한계상태를 달성하기 위한 소요 봉의 직경(D)

$D = 20.4\ \mathrm{mm}$

CHAPTER

압축부재(기둥) 해석과 설계

8.1 일반사항

하중이 부재를 압착시키거나 또는 길이를 단축시킬 때의 부재를 압축부재라 부른다. 압축부재는 기둥이 가장 알려진 부재이다. 다른 여러 형태 중에는 트러스의 상현재, 브레이싱재, 보의 압축플랜지와 조립보 단면 및 휨과 압축을 동시에 받는 부재 등이 있다. 기둥은 일반적으로 두께에 비해 길이가 훨씬 큰 수직부재라 할 수 있다. 또한 압축하중은 하중작용 면외로 부재를 휘게 하려는 좌굴과 같은 성질이 있으며, 이것으로 인해 기둥의 부재의 탄성한도보다 훨씬 낮은 응력에서 파괴될 수 있다.

8.2 유효좌굴길이와 세장비 제한

부재가 좌굴하려는 경향은 통상적으로 세장비에 의해 측정되며, 이것은 부재의 길이와 최소 회전반경과의 비로서 정의된다. 여기서는 휨이 배제된 축방향력만 받는 부재에 적용되며, 비틀림에 대한 영향은 무시한다.

8.3 일반단면 압축부재 임계좌굴응력

일반단면을 갖는 압축부재는 처짐으로 인한 모멘트의 증가 등의 2차적인 효과에 대한 영향을 1차적인 효과 이상의 증가가 10% 초과한다면 고려해야 할 것이다. 2차적 영향에 대해 고려한 구조물의 안전설계는 강도한계상태에서 가장 최악의 하중작용의 조합에 대해서, 정적 평형조건의 상실이 발생하지 않거나 휨모멘트와 축방향력을 받는 단면의 저항력이 한계를 넘지 않도록 해야 한다. 구조적 거동은 2차적 영향으로 인한 파괴가 발생하는 방향으로 고려해야 한다. 비대칭 단면의 경우에 있어서, 유효단면의 중심축에 대한 편심으로 인한 부가적인 모멘트가 허용범위 내에 있도록 해야 한다. 끝단연결과 연결은 압축력을 전달하도록 설계해야 한다. 연결부위에서 구속에 대한 가능한 불안정은 고려해야 한다. 축방향 압축을 받는 부재에 대해, 각 단면에서 설계압축력 $N_{c,Sd}$는 다음 식 (8.1)을 만족해야 한다.

$$N_{c,Sd} \leqq N_{c,Rd} \tag{8.1}$$

여기서, $N_{c,Rd}$는 단면에 대한 설계압축저항력이다. 다음 1., 2., 3. 중 계산한 값 중에서 가장 작은 값을 취한다.

1. 단면에 대한 설계극한저항력

$$N_{c,Rd} = A\sigma_{c,R}/\gamma_m \tag{8.2}$$

여기서, A는 단면적이며, $\sigma_{c,R}$는 적층판의 특정 압축강도이고, γ_m는 저항력에 대한 부분안전계수이다.

2. 부재의 좌굴저항력

$$N_{c,Rd} = k\pi^2 E_{x,d} I_{zz}/L^2\gamma_m \tag{8.3}$$

여기서, I_{zz}는 단면의 2차 모멘트, k는 양단 핀(pin)지지 기둥 1, 양단 고정지지 기둥 4이다.

3. 단면에 대한 설계 국부좌굴저항력

$$N_{c,Rd} = A_{eff}\sigma_{c,cr}/\gamma_m \tag{8.4}$$

여기서, A_{eff}는 단면의 유효면적이고, $\sigma_{c,cr}$는 다음 사항에서 결정된 단면의 각 단면요소에 대한 최소 임계좌굴응력을 뜻한다. $\sigma_{c,cr}$는 길이방향으로 양단이 단순지지 직사각형판으로 정의된 단면요소에 대해서 다음 식 (8.5), (8.6)과 같이 나타낼 수 있다.

$$\sigma_{c,cr,y} = 2\pi^2\left\{(D_x D_y)^{1/2} + H_0\right\}/tb^2 \tag{8.5}$$

$$H_0 = 1/2(\nu_{xy}D_y + \nu_{yx}D_x) + 2\left(G_{xy}t^3/12\right) \tag{8.6}$$

여기서, b는 평판요소의 유효폭이며, t는 평판요소의 두께이고 D_x, D_y는 적층판의 강성을 뜻한다.

길이방향으로 일단 핀으로 타단 자유단으로 지지된 직사각형평판으로 정의된 단면의 요소에 대해서 $\sigma_{c,cr}$는 다음 식 (8.7)과 같다.

$$\sigma_{c,cr,y} = \pi^2\left\{(D_x(b/a)^2) + (12D_{xy}'/\pi^2)\right\}/tb^2 \tag{8.7}$$

여기서, a는 좌굴의 반파장길이, b는 평판요소의 유효폭, t는 평판요소의 두께이고 D_x, D_y, D_{xy}'는 적층평판의 강성을 뜻한다.

등방성으로 구성되어 있고, $r/t > 10$인 관모양의 단면에 대해서는 $\sigma_{c,cr}$는 다음 식 (8.8)과 같다.

$$\sigma_{c,cr,y} = 0.25E_{x,c,k}tr \tag{8.8}$$

여기서, $E_{x,c,k}$는 특정 축방향 압축계수이고, t는 관의 두께이며, r는 관의 평균반경을 뜻한다.

8.4 조립부재 압축강도

조립 압축부재는 2개 이상의 복합신소재구조 부재로 제작된 것을 말한다. 이렇게 해서 제작된 인장부재의 세장비(l/r)는 200 이하의 값이라야 한다. 여기서 l은 부재의 길이를 뜻하며, r은 부재 총 단면의 단면 2차 반지름을 말하고 있다. 이러한 내용은 복합신소재의 조립 인장부재의 강성을 확보할 목적으로 부재의 세장비를 규정하는 것이다. 부재의 길이 l은 생각하는 방향에 따라 다른 경우가 있으므로 각각의 방향에 관하여 세장비를 산출하고 그 중에서 최댓값에 대하여 이 조항을 적용할 수 있다.

8.5 압축부재 설계 예제

사용재료	• 유리섬유 매트, 로빙/폴리에스터 수지
제조방법	• 인발공법(Pultrusion)
설계조건	• 최대 설계압축력 결정
	• 지지조건 : 양단 힌지(hinge)연결 기둥

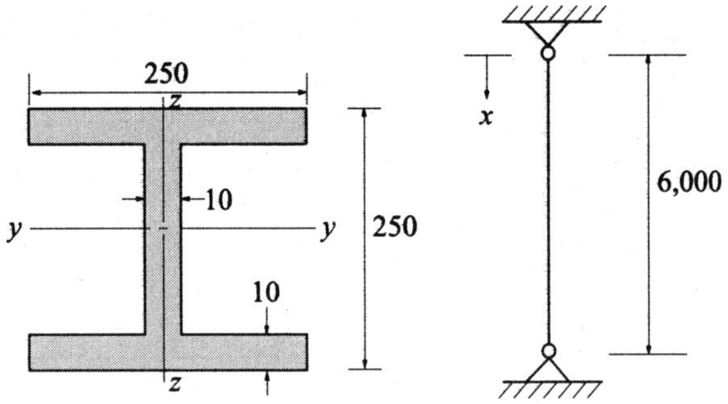

<table>
<tr><td rowspan="1"></td><td>

그림 GFRP 압축부재 단면(단위 : mm)</td></tr>
<tr><td rowspan="8">재료 물성 값</td><td>• 종방향 압축탄성계수 : $E_{x,c,k} = 17.2\ \mathrm{kN/mm^2}$</td></tr>
<tr><td>• 횡방향 압축탄성계수 : $E_{y,c,k} = 5.5\ \mathrm{kN/mm^2}$</td></tr>
<tr><td>• 종방향 극한압축강도 : $f_{x,c,k} = 207\ \mathrm{N/mm^2}$</td></tr>
<tr><td>• 종방향 전단탄성계수 : $G_{xy,k} = 2.9\ \mathrm{kN/mm^2}$</td></tr>
<tr><td>• 포아송비(x, y방향) : $\nu_{xy,k} = 0.33$</td></tr>
<tr><td>• 포아송비(y, x) : $\nu_{yx,k} = 0.11$</td></tr>
<tr><td>• 재료 부분안전계수 : $\gamma_{m1} = 1.5$, $\gamma_{m2} = 1.1$, $\gamma_{m3} = 1.2$</td></tr>
<tr><td>• $\gamma_m = 1.98$이므로 $\gamma_m = 2.0$ 적용</td></tr>
<tr><td rowspan="3">단면계수</td><td>• 단면 2차 모멘트(Y-Y축) : $I_{yy} = 8.22 \times 10^7\ \mathrm{mm^4}$</td></tr>
<tr><td>• 단면 2차 모멘트(Z-Z축) : $I_{zz} = 2.61 \times 10^7\ \mathrm{mm^4}$</td></tr>
<tr><td>• 단면적 : $A = 7{,}300\ \mathrm{mm^2}$</td></tr>
<tr><td rowspan="5">한계상태</td><td>• 극한한계상태 : 압축파괴, 국부좌굴(단주 파괴형태), 횡변형(장주 파괴형태)</td></tr>
<tr><td>• 사용한계상태 : 처짐(변위)</td></tr>
<tr><td>• 하중 부분안전계수 : $\gamma_f = 2.5$</td></tr>
<tr><td>• 재료 부분안전계수(강도) : $\gamma_m = 2.0$</td></tr>
<tr><td>• 재료 부분안전계수(강성) : $\gamma_m = 1.0$</td></tr>
</table>

8.5.1 설계

1. 압축파괴

설계 압축강도 (극한한계상태)	• $f_{x,c,d} = \dfrac{f_{x,c,k}}{\gamma_m} = \dfrac{207}{2.0} = 103.5\ \mathrm{N/mm^2}$

2. 국부좌굴

설계 종방향탄성계수 (사용한계상태)		• $E_{x,d} = \dfrac{E_{x,k}}{\gamma_m} = \dfrac{17.2}{1.0} = 17.2\ \mathrm{kN/mm^2}$
설계 횡방향탄성계수 (사용한계상태)		• $E_{y,d} = \dfrac{E_{y,k}}{\gamma_m} = \dfrac{5.5}{1.0} = 5.5\ \mathrm{kN/mm^2}$
설계 전단탄성계수 (사용한계상태)		• $G_{xy,d} = \dfrac{G_{xy,k}}{\gamma_m} = \dfrac{2.9}{1.0} = 2.9\ \mathrm{kN/mm^2}$
복부	경계조건	• 양단 힌지의 경계조건을 갖는 장지간 평판
	제원	• 평판요소의 최대 안쪽 폭 : $b = 230\ \mathrm{mm}$ • 복부 두께 : $t = 10\ \mathrm{mm}$
	국부좌굴응력	• $\sigma_{x,cr,b} = \dfrac{2\pi^2\left[(D_x \cdot D_y)^{1/2} + H_0\right]}{t \cdot b^2}$ • $H_0 = D_{xy} + 2D_{xy}'$ • $D_x = \dfrac{E_{x,d} \cdot t^3}{12(1-\nu_{xy} \cdot \nu_{yx})} = \dfrac{17.2 \times 10^3 \times 10^3}{12(1-0.33 \times 0.33)}$ $= 1{,}490\ \mathrm{N \cdot m}$ • $D_y = \dfrac{E_{y,d} \cdot t^3}{12(1-\nu_{xy} \cdot \nu_{yx})} = \dfrac{5.5 \times 10^3 \times 10^3}{12(1-0.33 \times 0.33)} = 476\ \mathrm{N \cdot m}$ • $D_{xy} = \dfrac{\nu_{yx} \cdot E_{xy,d} \cdot t^3}{12(1-\nu_{xy} \cdot \nu_{yx})} = \dfrac{0.11 \times 17.2 \times 10^3 \times 10^3}{12(1-0.33 \times 0.33)}$ $= 163\ \mathrm{N \cdot m}$ • $D_{xy}' = \dfrac{G_{xy,d} \cdot t^3}{12} = \dfrac{2.9 \times 10^3 \times 10^3}{12} = 241\ \mathrm{N \cdot m}$ • $H_0 = D_{xy} + 2D_{xy}' = 163 + 2 \times 241 = 645\ \mathrm{N \cdot m}$

		• $\sigma_{x,cr,b} = \dfrac{2\pi^2(D_x \cdot D_y)^{1/2} + H_0}{tb^2}$ $= \dfrac{2\pi^2 \times ((1{,}490 \times 476)^{1/2} + 645)}{10 \times 230^2} \times 1{,}000$ $= 55.4\,\mathrm{N/mm^2}$
플랜지	경계조건	• 일단 힌지, 타단 자유의 경계조건을 갖는 장지간 평판
	제원	• a : 좌굴의 반파장 길이, $a = 6{,}000\,\mathrm{mm}$ (평판 길이) • b : 플랜지의 바깥 폭, $b = 120\,\mathrm{mm}$ • t : 플랜지의 두께, $t = 10\,\mathrm{mm}$
	국부좌굴응력	• $\sigma_{x,cr,b} = \dfrac{\pi^2\left[D_x \cdot \left(\dfrac{b}{a}\right)^2 + \dfrac{12D_{xy}{}'}{\pi^2}\right]}{t \cdot b^2}$ $= \dfrac{\pi^2\left[1{,}490 \times \left(\dfrac{120}{6{,}000}\right)^2 + \dfrac{12 \times 241}{\pi^2}\right] \times 1{,}000}{10 \times 120^2}$ $= 20.1\,\mathrm{N/mm^2}$

3. 전체좌굴: 장주(오일러)좌굴

기둥 (장주)	경계조건	• 양단 힌지의 경계조건을 갖는 기둥
	전체좌굴응력	• $\sigma_{x,cr,b} = \dfrac{N_{c,R_d}}{A}$ • 부재 좌굴강도 : $N_{c,R_d} = \dfrac{\pi^2 \cdot E_{x,d} \cdot I_{zz}}{(kL)^2}$ $N_{c,R_d} = \dfrac{\pi^2 \times 17.2 \times 10^3 \times 2.61 \times 10^7}{(1.0 \times 6{,}000)^2} = 123{,}000\,\mathrm{N}$ • 양단 힌지의 지지조건 : $k = 1.0$ • $\sigma_{x,cr,b} = \dfrac{123{,}000}{7{,}300} = 16.86\,\mathrm{N/mm^2}$
임계파괴응력 값		• 상기 계산한 (1) 압축파괴(설계 압축강도), (2) 국부좌굴응력, (3) 전체좌굴응력 값 중에서 가장 작은 값 • 따라서, (3) 전체좌굴응력 값이 임계파괴응력 값

4. 기둥 설계하중

기둥 설계하중	• $N_{sd} = \sigma_{x,cr,b} \cdot A = 16.86 \times 7{,}300 = 123\ \mathrm{kN}$

5. 기둥 허용하중

기둥 허용하중	• $N_{sd,a} = \dfrac{N_{sd}}{\gamma_f} = \dfrac{123}{2.5} = 49.2\ \mathrm{kN}$

CHAPTER

9

휨부재(보) 해석과 설계

9.1 일반사항

설계저항력은 휨강도, 축방향강도, 전단강도, 휨응력, 휨으로 인한 복부의 좌굴, 전단으로 인한 복부의 좌굴, 휨과 전단으로 인한 복부의 좌굴, 복부의 손상, 압축플랜지의 좌굴, 측면 비틀림 좌굴 강도한계상태와 동일하거나 초과해야 한다. 설계저항력은 강도한계상태에서 휨과 전단으로 인한 변형을 초과하지 않도록 결정되어야 한다. 단면 2차 모멘트(I)와 전단 면적은 휨과 전단으로 인한 최대허용변형을 초과하지 않도록 결정되어야 한다. 단면계수(W)는 단면에서의 최대허용 인장·압축응력을 초과하지 않도록 결정되어야 한다. 플랜지 폭과 두께의 최소비는 플랜지에서 국부좌굴이 일어나지 않으면서 요구되는 압축응력을 유지하도록 결정되어야 한다. 복부 폭과 두께의 최소비는 복부에서 국부좌굴이 일어나지 않으면서 요구되는 압축응력을 유지하도록 결정되어야 한다. 부재의 저항력은 측면 비틀림 좌굴이 일어나지 않도록 적절해야 한다. 또한 부재의 변형은 구조물의 기능과 외관에 역으로 영향을 받지 않도록 해야 한다. 단·장기간 하중작용으로 인한 총 변형이 최대허용변형을 초과하지 않아야 한다. 변형은 초과되지 않게 격벽, 유리, 포장 등과 같은 다른 연결요소에 의해 조절할 수 있어야 한다. 몇 가지 경우에 있어서, 제한은 기계나 구조물을 지지하고 있는 장비의 알맞은 기능을 유지하거나 지붕에 물이 괴지 않게 해야 할 것이다. 진동에 있어서, 건설의 사용자에게 불편함이나 경고, 더 나아가 구조물의 손상을 입히지 않도록 제한을 두어야 한다. 등방성이고 균질한 보의 휨에 대한 방정식은 그대로 복합신소재에 사용될 수 있으며, 단순보의 경우에 휨처짐(δ_b)은 다음 식 (9.1)로부터 구할 수 있다.

$$\delta_b = \frac{k_1 F_v L^3}{EI} \tag{9.1}$$

여기서, EI는 완전단면에 대한 적절한 휨강성이며, F_v는 보에 작용하는 총 수직하중을 뜻한다. 그리고 k_1는 하중의 형태와 단부조건에 따른 계수를 의미한다.

표 9.1 처짐에 대한 요구한계치

일반적인 조건사항	한계	
	δ_{max}	δ_2
보도교	$L/150$	$L/175$
일반 적용	$L/175$	$L/200$
일반 바닥판	$L/250$	$L/300$
일반지지 지붕 및 바닥판	$L/250$	$L/350$
기둥지지 바닥판	$L/400$	$L/500$
구조물 외관을 해칠 수 있는 최대처짐 한계	$L/250$	-

여기서, δ_{max}는 최종처짐이며, δ_2는 변동하중에 의한 처짐과 영구하중에 의한 처짐을 뜻한다.

표 9.2 k_1과 k_2의 값

지지조건	하중 종류	k_1	k_2
자유단	집중하중(끝단)	1/3	1
자유단	등분포하중	1/8	1/2
양단 단순지지	집중하중(중앙점)	1/48	1/4
양단 단순지지	등분포하중	5/384	1/8
양단 고정	등분포하중	1/384	1/24

지간/높이 비가 25를 넘지 않는 보에 대해서는, 전단에 의한 처짐을 예상해야 한다. 전단에 의한 처짐(δ_s)방정식은 다음 식 (9.2)와 같다.

$$\delta_s = \frac{k_2 F_v L}{A_v G_{xy}} \tag{9.2}$$

여기서, k_2는 하중의 형태와 단부조건에 따른 계수이며, F_v는 총 수직 하중이고 A_v는 복부의 전단면적을 뜻한다. 그리고 G_{xy}는 복부의 평면 내 전단탄성계수를 뜻한다.

9.2 휨강도

각 단면에서 내부 휨 모멘트 M_{Sd}의 설계값은 다음 조건을 만족해야 한다.

$$M_{Sd} \leqq M_{Rd} \tag{9.3}$$

여기서, M_{Rd}는 단면의 설계모멘트저항력이며, 다음 중 가장 작은 값으로 결정한다.

1. 전체 단면의 설계 극한저항모멘트

$$M_{Rd} = W_t \sigma_{t,k} / \gamma_m \tag{9.4}$$

2. 전체 단면의 설계 국부좌굴저항력

$$M_{Rd} = M_{c,cr} / \gamma_m \tag{9.5}$$

$$M_{Rd} = W_c \sigma_{c,k} / \gamma_m \tag{9.6}$$

여기서, $M_{c,cr}$는 단면의 국부좌굴저항력, γ_m은 저항력에 대한 부분안전계수이고, W_c는 압축을 받는 단면계수이다. 그리고 $\sigma_{t,k}$, $\sigma_{c,k}$는 각각 적층판의 특정 인장, 압축강도를 뜻한다.

3. 부재의 횡비틀림 좌굴저항모멘트

$$M_{Rd} = M_{b,cr} / \gamma_m \tag{9.7}$$

여기서, $M_{b,cr}$는 부재의 측면 비틀림 좌굴모멘트저항력, γ_m는 저항력에 대한 부분안전계수이다.

단부연결과 연결은 모멘트가 절점을 통해 전달되도록 알맞게 설계해야 한다. 부재는 설계의 요구사항이 부재의 모든 단면에서 만족하도록 충분한 단면으로 해석해야 한다.

9.3 휨부재 설계 예제

사용재료	• 유리섬유 매트, 로빙/폴리에스터 수지
제조방법	• 인발공법(Pultrusion)
설계조건	• 최대 등분포하중 결정 : W
	• 처짐한계 : $\delta_a = \dfrac{L}{200}$
	(a) 등분포하중 단순보 (b) GFRP보 단면 **그림 등분포하중을 받는 GFRP 단순보(단위 : mm)**
재료 물성값	• 종방향 압축탄성계수 : $E_{x,c,k} = 17.2\ \mathrm{kN/mm^2}$
	• 종방향 압축탄성계수 : $E_{x,c,k} = 17.2\ \mathrm{kN/mm^2}$
	• 횡방향 인장탄성계수 : $E_{y,t,k} = 5.5\ \mathrm{kN/mm^2}$
	• 횡방향 압축탄성계수 : $E_{y,c,k} = 5.5\ \mathrm{kN/mm^2}$
	• 종방향 극한인장강도 : $f_{x,t,k} = 207\ \mathrm{N/mm^2}$
	• 종방향 극한압축강도 : $f_{x,c,k} = 207\ \mathrm{N/mm^2}$
	• 횡방향 극한인장강도 : $f_{y,t,k} = 48\ \mathrm{N/mm^2}$
	• 횡방향 극한압축강도 : $f_{y,c,k} = 103\ \mathrm{N/mm^2}$
	• 종방향 전단탄성계수 : $G_{xy,k} = 2.9\ \mathrm{kN/mm^2}$
	• 종방향 전단강도 : $\tau_{xy,k} = 31\ \mathrm{N/mm^2}$
	• 포아송비(x, y방향) : $\nu_{xy,k} = 0.33$
	• 포아송비(y, x) : $\nu_{yx,k} = 0.11$

<table>
<tr><td rowspan="7">단면계수</td><td colspan="4">• 단면 2차 모멘트(Y-Y축) : $I_{yy} = 4.62 \times 10^7\ \text{mm}^4$</td></tr>
<tr><td colspan="4">• 단면 2차 모멘트(Z-Z축) : $I_{zz} = 3.27 \times 10^7\ \text{mm}^4$</td></tr>
<tr><td colspan="4">• 단면유효상승모멘트 : $J_{eff} = 1.6 \times 10^5\ \text{mm}^4$</td></tr>
<tr><td colspan="4">• 단면계수(Y-Y축) : $W_{yy} = 3.69 \times 10^5\ \text{mm}^3$</td></tr>
<tr><td colspan="4">• 단면계수(Z-Z축) : $W_{zz} = 5.24 \times 10^4\ \text{mm}^3$</td></tr>
<tr><td colspan="4">• 단면적 : $A = 4{,}800\ \text{mm}^2$</td></tr>
<tr><td colspan="4">• 복부단면적 : $A_w = 2{,}300\ \text{mm}^2$</td></tr>
<tr><td rowspan="10">한계상태
고려사항</td><td colspan="2">• 사용한계상태</td><td colspan="2">휨변형, 전단변형</td></tr>
<tr><td colspan="2" rowspan="9">• 극한한계상태</td><td colspan="2">휨강도</td></tr>
<tr><td colspan="2">전단강도</td></tr>
<tr><td colspan="2">지지강도</td></tr>
<tr><td colspan="2">휨에 의한 복부좌굴</td></tr>
<tr><td colspan="2">전단에 의한 복부좌굴</td></tr>
<tr><td colspan="2">휨과 전단에 의한 복부좌굴</td></tr>
<tr><td colspan="2">복부기능상실</td></tr>
<tr><td colspan="2">플랜지 압축좌굴</td></tr>
<tr><td colspan="2">휨비틀림좌굴</td></tr>
<tr><td rowspan="4">부분계수</td><td colspan="2">구분</td><td>극한한계상태</td><td>사용한계상태</td></tr>
<tr><td colspan="2">• 하중 부분안전계수(γ_f)</td><td>2.5</td><td>1.0</td></tr>
<tr><td rowspan="2">• 재료 부분안전계수(γ_m)</td><td>강도</td><td>2.0</td><td>-</td></tr>
<tr><td>강성</td><td>1.1</td><td>1.1</td></tr>
</table>

9.3.1 설계

1. 사용한계상태: 변형

설계 종방향탄성계수	• $E_{x,d} = \dfrac{E_{x,k}}{\gamma_m} = \dfrac{17.2}{1.0} = 17.2\ \mathrm{kN/mm^2}$
설계 횡방향탄성계수	• $E_{y,d} = \dfrac{E_{y,k}}{\gamma_m} = \dfrac{5.5}{1.0} = 5.5\ \mathrm{kN/mm^2}$
최대 허용처짐	• $\delta_a = \dfrac{L}{200} = \dfrac{5,000}{200} = 25\ \mathrm{mm}$
휨과 전단에 의한 처짐	• $\delta = \dfrac{5wL^4}{384E_{x,d}I_{yy}} + \dfrac{0.125wL^2}{G_{xy,d}A_w}$
허용 설계 하중	• $w = \dfrac{\delta_a}{\left(\dfrac{5L^4}{384E_{x,d}I_{yy}}\right)+\left(\dfrac{0.125L}{G_{xy,d}A_w}\right)}$ $= \dfrac{25}{\left(\dfrac{5\times 5,000^4}{384\times 17.2\times 10^3\times 4.62\times 10^7}\right)+\left(\dfrac{0.125\times 5,000}{2.9\times 10^3\times 2300}\right)}$ $\therefore\ w = 1,082\ \mathrm{N/m}$

2. 극한한계상태: 휨강도

설계 재료강도 (인장, 압축)	• $f_{x,c,d} = \dfrac{f_{x,c,k}}{\gamma_m} = \dfrac{207}{2.0} = 103.5\ \mathrm{N/mm^2}$
설계 하중	• $N_{sd} = \dfrac{8\times f_{x,d}\times W_{yy}}{L}$, W_{yy} =단면계수 $N_{sd} = \dfrac{8\times 103.5\times 3.69\times 10^5}{5,000} = 61.1\times 10^3\ \mathrm{N}$

3. 극한한계상태: 전단강도

설계 재료 전단강도	• $\tau_{xy,d} = \frac{\tau_{xy,k}}{\gamma_m} = \frac{31}{2.0} = 15.5\ \mathrm{N/mm^2}$
설계 전단하중	• $V_{xy,d} = \tau_{xy,d} \cdot A_w = 15.5 \times 2{,}300 = 35{,}650\ \mathrm{N}$
설계 하중	• $N_{sd} = 2V_{xy,d}$ $= 2 \times 35{,}650 = 7.13 \times 10^4\ \mathrm{N}$

4. 극한한계상태: 휨에 의한 복부좌굴

복부	임계 좌굴응력	• 순수 휨상태에서 복부에 의한 임계좌굴응력 • $\sigma_{x,cr,b} = \frac{k\pi^2 D_x}{d_w^2 \cdot t_w}$ • $k = 20$(단순지지 플랜지/복부의 분기점) • 복부깊이 : $d_w = 230\ \mathrm{mm}$ • 복부두께 : $t_w = 10\ \mathrm{mm}$
		• $D_x = \frac{E_{x,d} \cdot t^3}{12(1 - \nu_{xy} \cdot \nu_{yx})} = \frac{17.2 \times 10^3 \times 10^3}{12(1 - 0.33 \times 0.1)}$ $= 1{,}490 \times 10^3\ \mathrm{N \cdot mm}$ • $\sigma_{x,cr,b} = \frac{20 \times \pi^2 \times 1{,}490 \times 10^3}{230^2 \times 10} = 556\ \mathrm{N/mm^2}$

5. 극한한계상태: 전단에 의한 복부좌굴

복부	임계 좌굴응력	• 순수 전단상태에서 복부에 대한 임계좌굴응력 • $\sigma_{x,cr,b} = \frac{4k(D_x \cdot D_y^3)^{0.25}}{d_w^2 \cdot t_w}$ • $k = 8$ • 복부깊이 : $d_w = 230\ \mathrm{mm}$ • 복부두께 : $t_w = 10\ \mathrm{mm}$

		• $D_x = \dfrac{E_{x,d} \cdot t^3}{12(1-\nu_{xy} \cdot \nu_{yx})} = \dfrac{17.2 \times 10^3 \times 10^3}{12(1-0.33 \times 0.33)}$ $= 1{,}490 \times 10^3\ \mathrm{N \cdot mm}$ • $D_y = \dfrac{E_{y,d} \cdot t^3}{12(1-\nu_{xy} \cdot \nu_{yx})} = \dfrac{5.5 \times 10^3 \times 10^3}{12(1-0.33 \times 0.33)}$ $= 476 \times 10^3\ \mathrm{N \cdot mm}$ • $\sigma_{x,cr,b} = \dfrac{4 \times 8 \times [1{,}490 \times 10^3 \times (476 \times 10^3)^3]^{0.25}}{230^2 \times 10}$ $= 38.2\ \mathrm{N/mm^2}$

6. 극한한계상태: 압축플랜지의 국부좌굴

플랜지	임계 좌굴응력	• 일단 자유와 타단 힌지로 지지된 종방향 단을 갖는 장대 평판에 대한 국부좌굴 • $\sigma_{x,cr,b} = \dfrac{\pi^2\left[\left\{D_x \cdot \left(\dfrac{b_f}{a}\right)^2\right\} + \left(\dfrac{12D_{xy}'}{\pi^2}\right)\right]}{t_f \cdot b_f^2}$ • $D_{xy}' = \dfrac{G_{xy,d} \cdot t_f^3}{12} = \dfrac{2.9 \times 10^3 \times 10^3}{12} = 241 \times 10^3\ \mathrm{N \cdot mm}$ • $a =$ 좌굴의 반파장 길이 : $a = 5{,}000\ \mathrm{mm}$(보의 길이) • $b_f =$ 플랜지의 바깥 폭 : $b_f = 57.5\ \mathrm{mm}$ • $t =$ 플랜지의 두께 : $t = 10\ \mathrm{mm}$ • $\sigma_{x,cr,b} = \dfrac{\pi^2\left[\left\{1{,}490 \times \left(\dfrac{57.5}{5{,}000}\right)^2\right\} + \left(\dfrac{12 \times 241}{\pi^2}\right)\right] \times 1{,}000}{10 \times 57.5^2}$ $= 87.8\ \mathrm{N/mm^2}$
		• 상기 계산값들로부터 휨과 전단에 의한 처짐의 사용한계상태는 허용하중을 제한한다.

7. 양단지지에 대한 복부좌굴(횡방향 강도와 국부좌굴)을 저항하기 위한 최소지지길이

강도	최소 지지길이	• 최소지지길이 : $S_s = \dfrac{R_u}{t_w \cdot f_{y,c,d}}$ • 지점 반력 : $R_u = \dfrac{N_{sd} \cdot r_f}{2} = \dfrac{9{,}800 \times 2.5}{2} = 12{,}250\ \text{N}$ • $f_{y,c,d} = \dfrac{f_{y,c,k}}{\gamma_m} = \dfrac{103}{2.0} = 51.5\ \text{N/mm}^2$ • $S_s = \dfrac{12{,}250}{10 \times 51.5} = 24\ \text{mm}$
좌굴	최소 지지길이	• $n = \dfrac{12 \cdot d_w^2 \cdot R_u}{\pi^2 \cdot E_{y,c,d} \cdot t_w^3} = \dfrac{12 \times 230^2 \times 12{,}250}{\pi^2 \times 5.5 \times 1000 \times 10^3} = 158\ \text{mm}$ • 좌굴이 지배적이므로 최소지지길이는 $n = 158\ \text{mm}$ 사용

8. 횡비틀림 좌굴을 방지하기 위한 횡브레이싱 최대간격(L_b) 계산

브레이싱 간격	임계 좌굴 모멘트	• $M_{b,cr} = \dfrac{P_{ey}}{C_1}\left(k\dfrac{I_w}{I_{zz}} + \dfrac{G \cdot J}{P_{ey}}\right)^{0.25}$ • P_{ey} : 약축에 대한 기둥의 오일러 좌굴하중 • $P_{ey} = \dfrac{\pi^2 \cdot E_{z,b,d} \cdot I_{zz}}{(kL)^2}$ • $I_w = I_f \cdot \dfrac{(D-t)^2}{2}$ • $I_f = \dfrac{b \cdot t_f^3}{12}$ $k = 1.0,\ C_1 = 1.132,\ L$: 지지길이
	임계 좌굴 휨응력	• $f_{x,d} = \dfrac{f_{x,k}}{\gamma_m} = \dfrac{207}{2.0} = 103.5\ \text{N/mm}^2$ • $L_b = \dfrac{5{,}000}{4} + 100 = 1{,}350\ \text{mm}$ • 여기서, 4개 브레이싱이 필요하며, 각 지점에서 1개 필요하다.

CHAPTER

10

전단부재 해석과 설계

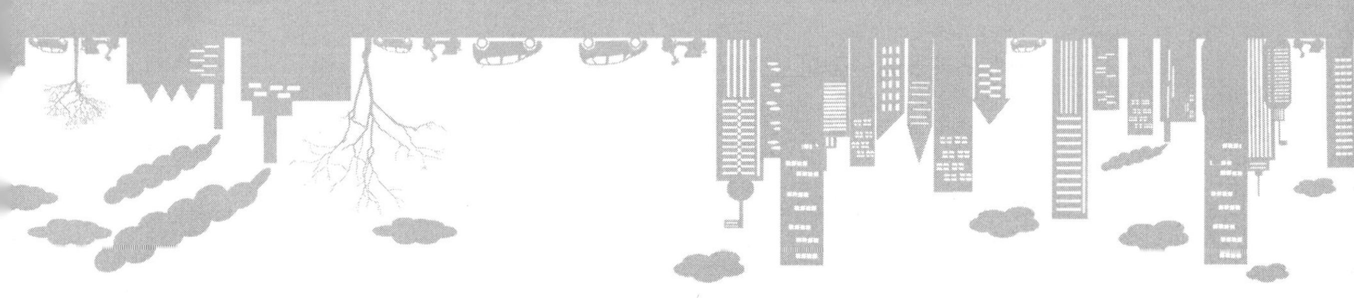

10.1 일반사항

전단좌굴저항력은 다음 구조안정 해석과 설계의 장에서 명기된 것으로써 검증되어야 할 것이다. 단부연결과 연결은 절점을 통해 전단력이 전달되도록 설계되어야 한다.

10.2 전단강도

각 단면에서 전단력의 설계값 V_{Sd}는 다음을 만족해야 한다.

$$V_{Sd} \leqq V_{Rd} \tag{10.1}$$

여기서, V_{Rd}는 다음에 의해 주어지는 설계 저항력이다.

$$V_{Rd} = A_v \tau_{xy,k} / \gamma_m \tag{10.2}$$

여기서, $\tau_{xy,k}$는 적층의 평면 내 전단강도를 뜻한다.

전단 면적 A_v는 다음 값에 따른다.

1. 제작된 I, H 그리고 중공 박스 단면에서, 전단에 평행하게 하중이 작용된 경우

$$A_v = \sum(d_w t_w) \tag{10.3}$$

2. 제작된 I, H 그리고 채널(channel) 단면에서, 플랜지에 평행하게 하중이 작용된 경우

$$A_v = A - \sum(d_w t_w) \tag{10.4}$$

3. 원형 중공 단면과 일정한 두께를 가진 튜브(tube)인 경우

$$A_v = 2A / \pi \tag{10.5}$$

4. 판(Plate)과 solid bar의 경우

$$A_v = A \tag{10.6}$$

여기서, d_w는 복부의 높이이고, t_w는 복부의 두께를 뜻한다.

다른 경우에, A_v는 위와 유사한 방법으로 결정해야 한다. 적절한 경우에, 상기 A_v를 구하는 방법은 조립단면요소에 적용될 수 있다. 복부의 두께가 일정하지 않다면, t_w는 최소두께로 취한다.

CHAPTER

구조안정 해석과 설계

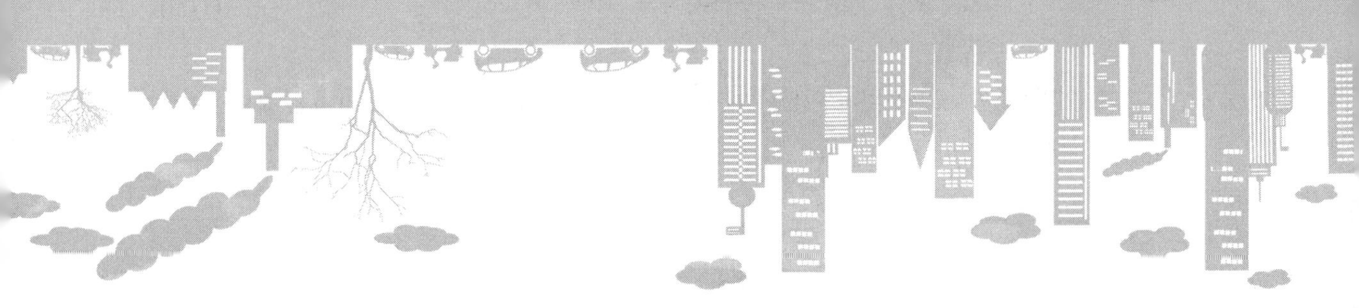

11.1 일반사항

복합신소재구조의 좌굴은 연직하중이나 전단하중이 작용할 때 좌굴이 발행하는 현상이다. 이 때 작용하중이 작다면 구조부재에서는 면내 거동만이 발생하게 되며, 안정한 상태에 있게 된다. 그렇지만 면내 하중이 어느 정도 이상으로 커진다면 안정상태의 구조부재에 변형이 일어나며, 면내 거동 외에 면외 거동이 발생하게 된다. 이러한 상태를 불안정한 상태라고 하며, 이때의 하중이 임계좌굴하중이 된다. 복합신소재구조 부재에 있어서 임계좌굴하중을 결정하는 것은 매우 중요한 문제 중의 하나인데 이는 복합신소재를 사용함으로서 단일 재료의 구조물보다 부재의 두께가 얇아지므로 좌굴거동이 발생하기 쉽기 때문이다. 따라서 비등방성 복합신소재로 제작된 구조부재에 대한 좌굴 해석을 섬유배열 각도 등에 따라 역학적인 안정성을 규명하여야 한다.

11.2 복부의 임계휨응력

평면 내 휨응력은 다음 관계를 만족해야 한다.

$$\sigma_{x,b} \leqq \sigma_{x,cr,b} \tag{11.1}$$

여기서, $\sigma_{x,b}$는 평면 내 휨응력이고, $\sigma_{x,cr,b}$는 전단응력이 배제된 임계좌굴 평면 내 휨응력을 뜻한다. 평면 내 휨을 받는 직사각형 판의 임계좌굴응력 $\sigma_{x,cr,b}$은 다음과 같이 재료별로 나타낼 수 있다.

11.2.1 등방성 재료

$$\sigma_{x,cr,b} = \frac{k\pi^2 E(t_w/d_w)^2}{12(1-\nu_{xy}^2)} \tag{11.2}$$

여기서, d_w는 복부의 깊이를 뜻하며 $d-2t_f$이고 t_w는 복부의 두께, ν_{xy}는 포아송비를 뜻한다.

11.2.2 특별 직교이방성 재료

$$\sigma_{x,cr,b} = \frac{k\pi^2 D_x}{d_w^2 t_w} \tag{11.3}$$

여기서, 복부가 플랜지에 고정되어 있는 경우는 다음 식을 따른다.

$D_y / D_x = 1$의 경우 $k = 50$

$D_y / D_x = 0.5$의 경우 $k = 20$

여기서, D_x는 종방향의 휨강성, D_y는 횡방향의 휨강성을 뜻한다.

11.3 복부의 임계전단응력

복부에서 평면 내 전단응력 τ_{xy}은 다음 관계를 만족해야 한다.

$$\tau_{xy} \leqq \tau_{xy,cr,b} \tag{11.4}$$

평면 내 전단응력을 받는 직사각형판의 극한좌굴응력은 재료별로 다음과 같이 나타낼 수 있다.

11.3.1 등방성 재료

$$\tau_{xy,cr,b} = k\pi^2 E(t_w / d_w)^2 / 12(1-\nu^2) \tag{11.5}$$

여기서, 단순지지이고 a는 종방향 판의 길이, b는 횡방향 판의 길이를 뜻하며, 판의 폭 $a/b > 10$인 판에 대해서 k값은 다음과 같다.

$k = 5.35$

조립부재 끝단을 갖는 판과 $a/b > 10$인 판에 대해서 k값은 다음과 같다.

$k = 8.98$

11.3.2 특별 직교이방성 재료

$$\tau_{cr} = 4k(D_x D_y^3)^{0.25}/d_w^2 t_w \tag{11.6}$$

여기서, $k = 8$이며, D_x와 D_y는 다음 식과 같다.

$$D_x = \frac{E_x t^3}{12(1-\nu_{xy}\nu_{yx})}, \qquad D_y = \frac{E_y t^3}{12(1-\nu_{xy}\nu_{yx})} \tag{11.7}$$

11.4 복부의 평면 내 휨과 전단 조합

조합하중을 받는 보강된 것과 되지 않은 복부는 다음 범위를 만족해야 한다.

$$(\tau_{xy}/\tau_{xy,cr,b})^2 + (\sigma_{b,x}/\sigma_{x,cr,b})^2 \leqq 1 \tag{11.8}$$

좌굴응력은 평면 내 응력이 평면 내 강도보다 더 크지 않으면 적정한 복부 보강재와 함께 증가될 수 있다. 보강재는 알맞은 간격으로 배치하며, 과도한 변형이 일어나지 않도록 해야 한다. 동일한 부재의 탄성특성을 가진 등방성 웹 보강재는 다음 범위를 만족해야 한다. 복부에 대한 최소 2차 관성모멘트 I_s는 다음 관계를 만족해야 한다.

$$I_s = 0.34 d_w^4 (t_w/b_s)^3 \tag{11.9}$$

11.5 횡방향력에 대한 복부의 저항력

11.5.1 개요

플랜지를 통해 작용한 횡방향력을 받는 비보강된 복부의 저항력은 파괴모드 상에서 점검을 해야 한다. 플랜지를 통해 작용한 횡방향력을 받는 비보강된 복부의 지지길이

는 그림 11.1과 같다.

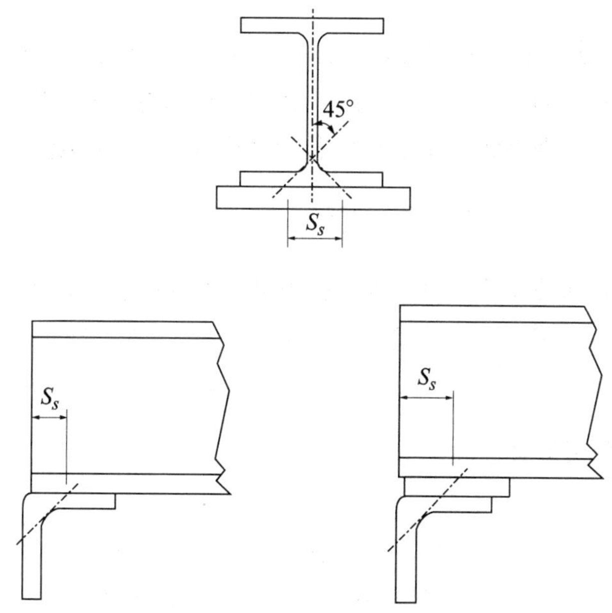

여기서, S_s는 보강재의 지지길이를 뜻한다.

그림 11.1 지지길이

11.5.2 기본사항

플랜지를 통해 작용한 횡방향 하중을 받는 비보강된 복부의 저항력은 다음의 파괴 모드 상에서 점검을 해야 한다.

① 복부의 압착
② 부재의 높이의 대부분에서의 좌굴

하중적용의 두 가지 형태에 따른 차이는 플랜지에 작용한 힘과 복부(web)에서의 전단력에 의한 저항력과 플랜지에 작용한 힘과 복부에서의 다른 플랜지로 하중을 전달하는 전달력이 된다. 부가적으로, 부재의 모멘트 저항력상에서 횡방향력의 효과는 고려되어야 한다.

11.5.3 강성지지의 길이

작용된 하중이 효과적으로 분포되어 있을 시, 강성지지의 길이 S_s는 솔리드(solid) 복합신소재에서 1 : 1 경사 하중의 분산으로 결정되어야 한다. 분산이 느슨하게 뭉쳐 있는 곳을 통과하지 않아야 한다. 강성지지의 최소길이는 다음 식 (11.10)과 같다.

$$S_s = R_u / (t_w \sigma_{y,c,d,w}) \tag{11.10}$$

여기서, S_s는 그림 11.1에 보이는 보강재의 길이이고 R_u는 지지반력이고, $E_{y.d}$는 탄성계수를 뜻한다. t_w는 웹의 두께 $\sigma_{y,c,k,w}$는 복부의 특정 횡 압축강도를 뜻한다.

11.5.4 압도저항력

복합신소재구조 부재의 형태에서 I, H 또는 U형 단면을 가진 복부의 설계 압도저항력 $V_{y,Rd}$은 다음 식 (11.11)과 같이 나타낼 수 있다.

$$V_{y,Rd} = (S_s + S_n) t_w \sigma / \gamma_m \tag{11.11}$$

여기서, S_s는 그림 11.1에 주어진 적극 지지력의 길이이고, S_n는 단면 깊이의 반을 통과하는 45°에서 분산에 의한 길이를 뜻한다. 그리고 t_w는 복부의 두께이고 γ_m는 복합신소재 특성에 대한 부분안전계수를 뜻한다.

11.5.5 좌굴저항력

복합신소재구조 부재의 형태에서 I, H 또는 U형 단면을 가진 복부의 설계 좌굴저항력 $R_{b,Rb}$은 유효폭 b_{eff}을 가진 복부를 압축부재로 고려하여 결정될 것이다.

$$b_{eff} = (h^2 + S_s^2)^{0.5} \tag{11.12}$$

부재 끝단 부근에서, 유효폭 b_{eff}는 중간높이에서 측정된 폭이 실제로 이용할 수 있는 것보다 크게 되지 말아야 한다.

임계좌굴응력(σ_{cr})은 다음 식 (11.13)과 같이 구할 수 있다.

$$\sigma_{cr} = \frac{k\pi^2\sqrt{D_x D_y}}{b_{eff}^2 t_w} \tag{11.13}$$

여기서,

$$k = 2\left(1+\frac{H}{\sqrt{D_x D_y}}\right),\ H_0 = 1/2\left(\nu_{xy}D_y + \nu_{yx}D_x\right) + \frac{(G t_w^3)}{6} \tag{11.14}$$

등방성인 경우 $D_x = D_y = H_0$, $k = 4$이다. 하중을 받는 플랜지는 하중 작용점 위치에서 구속이 가능해야 하며, 그럴 수 없을 경우에 특별한 좌굴 조사를 수행해야 한다.

11.5.6 압축플랜지의 좌굴

길이방향 압축플랜지는 부재의 모든 점에서 다음과 같은 관계를 만족해야 한다.

$$\sigma_{c,x} \leqq \sigma_{x,cr,c}/\gamma_m \tag{11.15}$$

여기서, $\sigma_{x,cr,c}$는 임계좌굴응력이다. 플랜지가 폭에 비해 상당히 긴 등방성의 경우에 있어서, 임계좌굴응력 $\sigma_{x,cr,c}$은 다음 식과 같이 나타낼 수 있다.

$$\sigma_{x,cr,c} = G_{xy,d}(2t_f/b_f)^2 \tag{11.16}$$

여기서, G_{xy}는 플랜지의 평면에서 전단계수를 뜻한다. 직교이방성인 경우, 길이방향에서 자유단과 핀으로 지지된 판의 국부좌굴응력은 다음 식과 같이 나타낼 수 있다.

$$\sigma_{x,cr,b} = \pi^2\left\{(D_x(b_f/a)^2) + (12D_{xy}'/\pi^2)\right\}/t_f b_f^2 \tag{11.17}$$

여기서, a는 좌굴의 반파장 길이, 또는 플랜지의 길이를 나타낸다.

11.5.7 횡방향 비틀림 좌굴

임계좌굴모멘트는 다음 식과 나타낼 수 있다.

$$M_b C_1 = P_{ey}\left[K\frac{I_w}{I_{zz}} + \frac{GJ}{P_{ey}}\right]^{0.25} \tag{11.18}$$

P_{ey}는 약축(weak axis)에 관한 오일러 기둥의 좌굴하중을 뜻하며, 다음과 같다.

$$P_{ey} = \pi^2 E_{x,b,d} I_{zz} / (KL)^2 \tag{11.19}$$

여기서, L는 횡구속력을 가진 포인트 사이 보의 길이, I_{zz}는 약축(minor axis)에 관한 단면의 2차 모멘트, J는 비틀림 상수, I_w는 뒤틀림 상수, $E_{z,b,k}$는 탄성계수, G_{xy}는 플랜지 신소재에 대한 전단계수, K는 약축(minor axis)에 관한 단부회전을 고려한 유효길이계수를 뜻한다. K는 완벽히 고정된 경우 0.5, 그렇지 않은 경우 1.0의 값을 사용한다. C_1은 하중과 단부 구속조건에 따른 계수를 뜻한다. 주축에 대해서 단순지지 보의 경우 등분포하중과 k가 1.0인 경우는 $C_1 = 1.132$, 등분포하중과 k가 0.5인 경우는 $C_1 = 0.972$, 중앙 집중하중과 k가 1.0인 경우는 $C_1 = 1.365$, 중앙 집중하중과 k가 0.5인 경우는 $C_1 = 1.070$이 된다.

$$I_w = I_f \frac{(D-t)^2}{2}, \qquad I_f = \frac{bt^3}{12} \tag{11.20}$$

CHAPTER

12

조립부재 해석과 설계

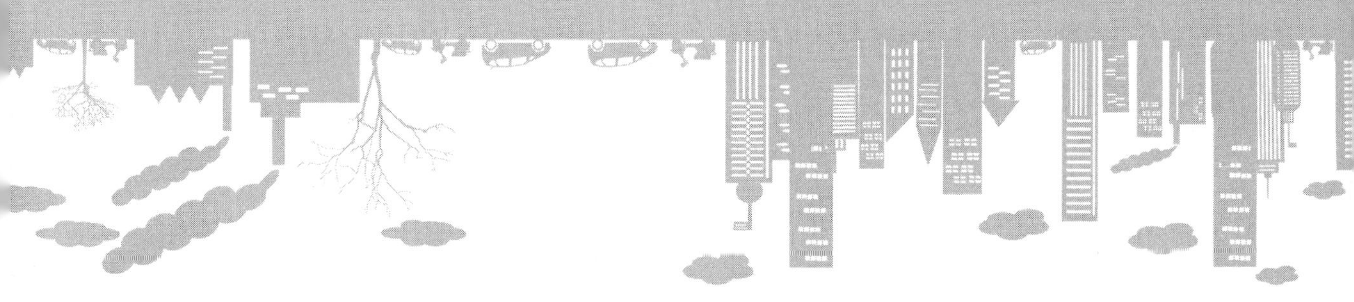

12.1 일반사항

작용하중이 복합신소재구조 부재에 복합적으로 작용하는 경우로서 부재의 축방향과 평행하게 압축 또는 인장과 연직방향 축에 관한 휨을 받는 부재에 적용된다. 이 장에서 정의하고 있는 x축은 길이 종방향 축, y축은 휨을 고려한 횡방향 축, 그리고 z축은 휨에 대한 연직방향 축으로 정의한다. 인장, 압축 그리고 휨을 받는 단면으로써 정의한다.

12.2 설계 절차

극한한계상태에서 복합신소재구조 부재가 인장력과 휨하중이 작용하는 경우 각 단면에서 다음 식의 조건이 만족되어야 한다.

$$\frac{N_{t,Sd,x}}{N_{t,Rd,x}} + \frac{M_{Sd,y}}{M_{Rd,y}} + \frac{M_{Sd,z}}{M_{Rd,z}} \leqq 1 \tag{12.1a}$$

$$\frac{N_{t,Sd,x}}{N_{t,Rd,x}} + \frac{M_{Sd,y}}{M_{b,cr,y}} + \frac{M_{Sd,z}}{M_{b,cr,z}} \leqq 1 \tag{12.1b}$$

여기서, $N_{t,Sd}$: 설계인장력, $N_{t,Rd}$: 단면에 대한 설계인장저항력, M_{Sd} : 설계휨모멘트, M_{Rd} : 단면에 대한 설계휨모멘트저항력, $M_{b,cr}$: 부재의 측면 비틀림 좌굴모멘트 저항력이다.

사용한계상태에서 복합신소재구조 부재가 인장력과 휨하중이 작용하는 경우 부재의 임의의 단면에서 최대 조합 인장변형률은 유사한 환경과 사용조건하에 있는 인장부재에 대한 값을 초과하지 않아야 한다. 극한한계상태에서의 복합신소재구조 부재가 압축력과 휨하중이 작용하는 경우 각 단면에서 다음 식의 조건에 만족해야 한다.

$$\frac{N_{c,Sd,x}}{N_{c,Rd,x}} + \frac{M_{Sd,y}}{M_{Rd,y}} + \frac{M_{Sd,z}}{M_{Rd,z}} \leqq 1 \tag{12.2a}$$

$$\frac{N_{c,Sd,x}}{N_{c,Rd,x}} + \frac{M_{Sd,y}}{M_{c,cr,y}} + \frac{M_{Sd,z}}{M_{c,cr,z}} \leqq 1 \tag{12.2b}$$

$$X_x + X_y + X_z \leqq 1 \tag{12.2c}$$

여기서, $N_{c,Sd}$: 설계압축력, $N_{c,Rd}$: 단면에 대한 설계압축저항력, $M_{c,cr}$: 단면의 국부좌굴저항력이다.

$$X_x = MAX\begin{bmatrix} \dfrac{N_{c,Sd,x}}{0.7N_{cr,y}} \\ \\ \dfrac{N_{c,Sd,x}}{0.7N_{cr,z}} \end{bmatrix} \tag{12.3}$$

여기서, $N_{cr,y}$: y축에 관한 휨과 관련된 임계좌굴하중

$N_{cr,z}$: z축에 관한 휨과 관련된 임계좌굴하중

$$X_y = MAX\begin{bmatrix} M_{Sd,y} / M_{Rd,y}\left(1-\dfrac{N_{c,Sd,x}}{N_{cr,y}}\right) \\ \\ M_{Sd,y} / M_{b,cr,y}\left(1-\dfrac{N_{c,Sd,x}}{N_{cr,y}}\right) \end{bmatrix} \tag{12.4a}$$

$$X_z = MAX\begin{bmatrix} M_{Sd,z} / M_{Rd,z}\left(1-\dfrac{N_{c,Sd,x}}{N_{cr,z}}\right) \\ \\ M_{Sd,z} / M_{b,cr,z}\left(1-\dfrac{N_{c,Sd,x}}{N_{cr,z}}\right) \end{bmatrix} \tag{12.4b}$$

상기 식에서 구한 임계좌굴하중에 대한 크리프 효과는 고려해야 한다. 사용한계상태에서 압축과 휨에 대해, 위의 기술된 모든 조건을 만족하면서, 크리프로 인한 부가적인 처짐을 고려해서 처짐의 한계상태를 고려할 필요가 있다. 일반적으로, 국부적인 손상에 대한 한계상태는 압축과 휨을 받는 단면에서 고려할 필요가 없다.

CHAPTER

13

평판 해석과 설계

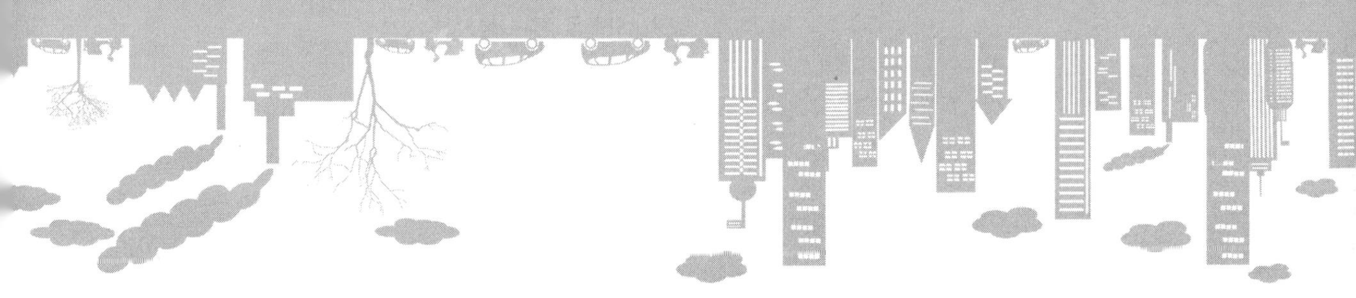

13.1 일반사항

제5장 5.5.4절에서 비등방성 복합신소재 적층평판 처짐의 지배방정식을 다음 식과 같이 나타내었다.

$$D_{11}\frac{\partial^4 w}{\partial x^4}+4D_{16}\frac{\partial^4 w}{\partial x^3\partial y}+2(D_{12}+2D_{66})\frac{\partial^4 w}{\partial x^2\partial y^2}+4D_{26}\frac{\partial^4 w}{\partial x\partial y^3}+D_{22}\frac{\partial^4 w}{\partial y^4}$$
$$-B_{11}\frac{\partial^3 u}{\partial x^3}-3B_{16}\frac{\partial^3 u}{\partial x^2\partial y}-(B_{12}+2B_{66})\frac{\partial^3 u}{\partial x\partial y^2}-B_{26}\frac{\partial^3 u}{\partial y^3}-B_{16}\frac{\partial^3 v}{\partial x^3}$$
$$-(B_{12}+2B_{66})\frac{\partial^3 v}{\partial x^2\partial y}-3B_{26}\frac{\partial^3 v}{\partial x\partial y^2}-B_{22}\frac{\partial^3 v}{\partial y^3}=p(x,\,y) \tag{13.1}$$

식 (13.1)은 횡방향의 분포하중 $p(x,\,y)$을 받으며, 그리고 평판의 두께방향의 전단변형, 열 및 습도의 영향을 무시할 경우의 처짐 지배방정식이 된다. 상기 식 (13.1)의 해는 Navier 방법, Levy의 방법 및 섭동방법(perturbation)에 의한 직접 미분방정식을 풀어서 처짐을 구할 수 있으며, 유한요소법을 이용한 근사해법을 이용하여 구할 수 있다. 이 장에서는 상기 식의 근사식을 이용하여 적층평판의 해석방법을 기술하고 예제를 제시하고자 한다. 적층평판은 두께가 길이에 비해 다소 작은 두 방향의 하중전달요소로 이루어진 평면으로 정의된다. 적층평판은 유형Ⅰ(등방성 평판), 유형Ⅱ(특별 직교이방성 평판) 또는 유형Ⅲ(비등방성 평판)로서 분류한다. 적층평판의 해석과 설계는 수치해석기법에 제시된 표를 통해 수행되어진다. 그림 13.1~13.3과 같이 적층평판의 끝단이 지지되어 있고, 연직하중 q_0을 받고 있다.

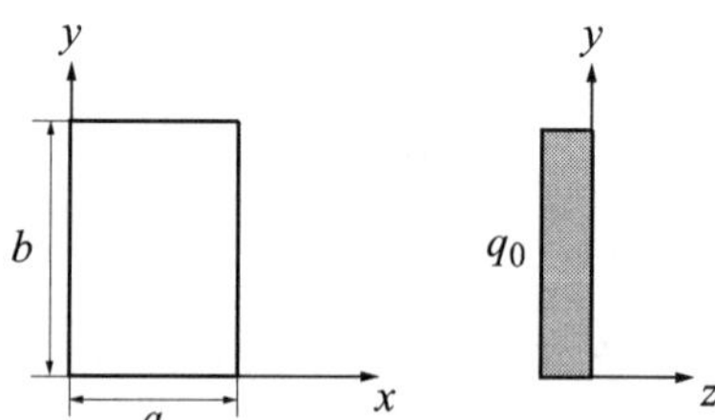

그림 13.1 등분포하중을 받는 평판의 체계

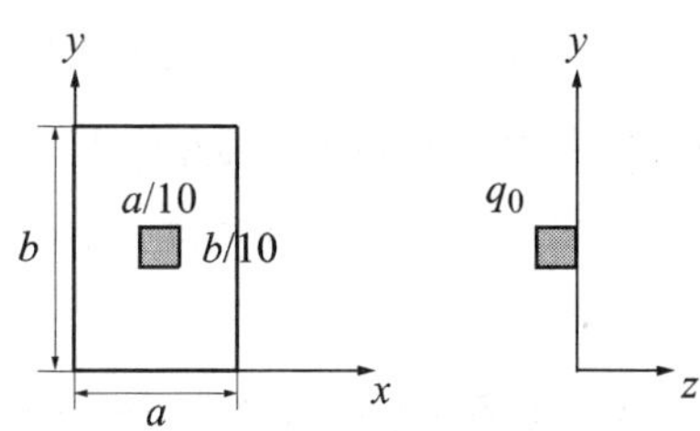

그림 13.2 부분등분포하중을 받는 평판의 체계

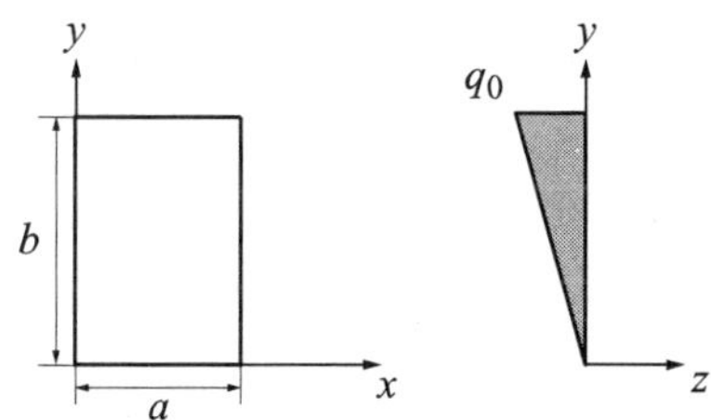

그림 13.3 삼각형등분포하중을 받는 평판의 체계

13.2 휨 해석

비등방성 적층평판의 중심방향에서 처짐 w는 상기 식 (13.1)에 대한 다음 설계 간편 공식 (13.2)를 사용하여 계산할 수 있다.

$$w = \frac{\alpha\, q_0\, b\, a^3}{D_{22}} \tag{13.2}$$

여기서, D_{ij}는 적층평판의 휨강성이며, a와 b는 판의 제원(x방향, y방향), q_0는 하중 밀도, w는 처짐, α는 강성계수를 뜻한다. 적층평판 중앙부에서의 모멘트 M_x, M_y는 다음 식과 같이 나타낼 수 있다.

$$M_x = \beta_x\, q_0\, a^2 \tag{13.3}$$

$$M_y = \beta_y\, q_0\, a^2 \tag{13.4}$$

적층평판의 강성계수 α와 모멘트 응력집중계수 β_x와 β_y는 적층평판의 기하학적 조건 a/b, 단부 조건과 하중밀도 조건 q_0, 탄성계수 E_x, E_y, G_{xy}, ν_{xy}에 따른다. 식

(13.2)~(13.4)에서 계수 α, β_x 및 β_y는 미소변위해석에 기본을 두고 있으며, 적층평판 두께비가 반 이하의 최대 처짐에서 유효하다. 복합신소재 적층평판의 유형별 휨 해석을 위한 처짐과 모멘트 계수의 값에 대한 내용은 표 13.1에 정리하여 나타내었다.

표 13.1 평판의 유형별 처짐과 모멘트 계수에 대한 표

판의 유형	4변 단순지지	4변 고정지지
유형Ⅰ(등방성 평판)	표 13.2	표 13.3
유형Ⅱ(특별 직교이방성 평판)	표 13.4~13.15	표 13.16~13.27
유형Ⅲ(비등방성 평판)	표 13.28~13.39	

식 (13.2)~(13.4)에서 계수 D_{11}/D_{22}와 a/b에서의 계수 α, β_x, β_y는 다음과 같은 평판의 제원, 하중 재하 조건 및 평판의 특성별로 표 13.2~13.39에 표로 제시되어 있다.

1. 판의 제원

계수는 다음과 같은 비율로 주어진다.

$$a/b = 0.25,\ 0.5,\ 0.75 \text{ 그리고 } 1.0$$

여기서, a와 b는 평판의 제원을 뜻한다.

2. 하중 재하

① 등분포하중(UDL) q_0
② 선형으로 변하는 삼각형등분포하중(TL) q_0
③ 부분(Patch)등분포하중(PL), 판의 중심부에 $a/10$, $b/10$의 제원에 작용하는 하중

3. 평판의 특성

① 평판의 유형Ⅰ의 경우
모멘트와 처짐 계수는 $D_{12}/D_{11} = 0.15,\ 0.3$의 값을 사용한다.
② 평판의 유형Ⅱ의 경우
모멘트와 처짐 계수는 다음 강성 조합으로 사용한다.

$D_{11}/D_{12} = 0.5,\ 2.0,\ 4.0,\ 10.0$

$D_{12}/D_{11} = 0.15,\ 0.3$

$D_{66}/D_{22} = 0.1,\ 0.3,\ 0.6$

③ 평판의 유형Ⅲ의 경우

$D_{16}/D_{11} = D_{26}/D_{11} = 0.35,\ 0.65,\ 1.0$에 대해 주어져 있다.

모멘트와 처짐 계수는 다음 강성의 조합으로 사용한다.

$D_{11}/D_{22} = 0.5,\ 2.0,\ 4.0,\ 10.0$

$D_{12}/D_{11} = 0.15,\ 0.3$ 그리고 $D_{66}/D_{22} = 0.1,\ 0.3,\ 0.6,\ 1.0$

13.3 설계 절차

휨을 받는 적층평판의 설계 절차는 다음과 같다.

단계 1

적층평판의 탄성계수와 강도특성을 실험값 혹은 제조 시의 데이터로부터 알고 있다면, 다음 단계 2로 넘어간다. 사전에 정의한 보강형태로부터, 적층평판의 탄성계수와 강도특성을 결정한다.

단계 2

실험값과 제조 시의 데이터로부터 적층평판의 탄성계수와 강도를 알고 있다면, 다음 단계 3으로 넘어간다. 사전에 정의한 보강형태로부터, 적층평판의 탄성계수와 강도특성을 결정한다.

단계 3

적층평판의 처짐과 휨모멘트의 최댓값을 결정한다. 적층평판 지배방정식은 처짐과 휨모멘트의 최댓값을 구하기 위해 설계지침서의 표 13.2~13.39에 주어진 계수의 값을 사용할 수 있다.

⬇

단계 4

사용성과 강도한계상태의 요구조건을 점검하고, 만족하지 않는다면 판의 설계 절차 변경을 하고 단계 1로 다시 돌아간다.

1. 평판의 유형 I (등방성 평판)

평판의 유형 I 은 등방성 평판을 말한다. 복합신소재의 특성을 보면 $B_{ij}=0$, $D_{16}=D_{26}=0.0$과 $D_{11}=D_{22}=D$, $D_{12}=\nu D$, $D_{66}=\dfrac{(1-\nu)D}{2}$가 된다. 임의 하중 재하에 판의 처짐, 응력 그리고 변형률의 결정은 수치적인 방법을 이용할 수가 있다. 평판의 유형 I 는 등방성 평판으로 다음 식과 같이 엄밀 휨 해석을 해야 한다. 식 (13.1)은 다음 식 (13.5)과 같이 된다.

$$D\frac{\partial^4 w}{\partial x^4}+2D\frac{\partial^4 w}{\partial x^2 \partial y^2}+D\frac{\partial^4 w}{\partial y^4}=p(x,\,y) \tag{13.5}$$

평판의 유형 I (등방성 평판)은 하중종류와 경계조건에 따른 처짐과 모멘트 계수는 표 13.2와 13.3에 제시되어 있다.

2. 평판의 유형 II (특별 직교이방성 평판)

평판의 유형 II (특별 직교이방성 평판)는 $B_{ij}=0$, $D_{16}=D_{26}=0.0$과 $D_{11}\neq D_{22}$인 복합신소재특성을 가진 판으로 정의한다. 평판의 유형 II 는 직교 또는 일방향의 적층으로 이루어져 다음 식과 같이 엄밀 휨 해석을 해야 한다.

$$D_{11}\frac{\partial^4 w}{\partial x^4}+2(D_{12}+2D_{66})\frac{\partial^4 w}{\partial x^2 \partial y^2}+D_{22}\frac{\partial^4 w}{\partial y^4}=q(x,\,y) \tag{13.6}$$

평판의 유형 II (특별 직교이방성 평판)는 하중종류와 양단 지지조건에 대한 처짐과 모멘트 계수는 표 13.4에서 13.27에 걸쳐서 제시되어 있다.

3. 평판의 유형 III (비등방성 평판)

평판의 유형 III (비등방성 평판)는 복합신소재의 적층평판으로서 임의방향으로 섬유

배열로 적층이 이루어졌다. 이 경우에는 연직하중 하에서 $D_{16} \neq 0.0$, $D_{26} \neq 0.0$이므로 다음 식과 같이 커플링 효과를 고려하여 엄밀 휨 해석을 해야 한다.

$$D_{11}\frac{\partial^4 w}{\partial x^4} + 4D_{16}\frac{\partial^4 w}{\partial x^3 \partial y} + 2(D_{12} + 2D_{66})\frac{\partial^4 w}{\partial x^2 \partial y^2} + 4D_{26}\frac{\partial^4 w}{\partial x \partial y^3} + D_{22}\frac{\partial^4 w}{\partial y^4} = q(x, y) \quad (13.7)$$

평판의 유형Ⅲ(비등방성 평판)의 하중종류와 지지조건에 대한 처짐과 모멘트 계수는 표 13.28에서 13.39에 걸쳐서 제시되어 있다.

13.4 평판 설계 예제

1. 평판의 유형 I (등방성 평판)

평판 제원	• $a = b = 1.0$ m
적층 배열	• 4개 적층, 각 층 등방성 단층
단층 두께	• $t = 2.5$ mm
단층 물성	• $E_1 = E_2 = 38$ kN/mm^2
하중 조건	• 등분포하중 : $q_o = 1.0$ kN/m^2
경계 조건	• 4변 단순지지
단계 1	• 휨강성 D_{ij} 계산 : $D_{11} = D_{22} = 3.48$ kNm, $D_{16} = D_{26} = 0.0$
	• 적층평판 판정 : 평판 유형 I (등방성 평판)
단계 2	• 휨강성 D 비율 계산 : $D_{11}/D_{22} = 1.0$
단계 3	• 적층평판 판정된 평판 유형에 대한 간략 공식의 주어진 표에서 계수 값 결정용 표(표 13.2~13.39) 확인 - $a/b = 1.0$, 등분포하중 작용, 4변 단순지지의 해당 표 확인 : 표 13.2
단계 4	• 처짐 및 모멘트 계산용 계수 값 확인 : 표 13.2 적용 - $\alpha = 0.00406$ - $\beta_x = 0.04792$ - $\beta_y = 0.04792$

	• 처짐 계산 : $w=\alpha q_o ba^3/D_{22}=1.17\times10^{-3}$ m
	• 모멘트 계산 M_x : $M_x=\beta_x q_o a^2=0.048$ kNm
	• 모멘트 계산 M_y : $M_y=\beta_y q_o a^2=0.048$ kNm

2. 평판의 유형II(특별 직교이방성 평판)

평판 제원	• $a=1.0$ m, $b=2.0$ m
적층 배열	• 4개 적층 : $[0°]_4$, 직교이방성
단층 두께	• $t=2.5$ mm
단층 물성	• $E_1=50$ kN/mm², $E_2=30$ kN/mm², $\nu_{12}=0.3$, $\nu_{21}=0.18$ • $G_{12}=15.31$ kN/mm², $G_{13}=G_{23}=G_{12}$ 가정
하중 조건	• 등분포하중 : $q_o=1.0$ kN/m²
경계 조건	• 4변 단순지지
단계 1	• 휨강성 D_{ij} 계산 - $D_{11}=4.405$ kNm, $D_{22}=2.643$ kNm, $D_{12}=0.793$ kNm, $D_{66}=1.276$ kNm - $D_{16}=D_{26}=0.0$
	• 적층평판 판정 : 평판의 유형Ⅱ(특별 직교이방성 평판)
단계 2	• 휨강성 D 비율 계산 - $D_{11}/D_{22}=1.67$, $D_{12}/D_{11}=0.18$, $D_{66}/D_{22}=0.48$
단계 3	• 적층평판 판정된 평판 유형에 대한 간략 공식의 주어진 표에서 계수 값 결정용 표(표 13.2~13.39) 확인 - $a/b=0.5$, 등분포하중 작용, 4변 단순지지의 해당 표 확인 : 표 13.5
단계 4	• 처짐 및 모멘트 계산용 계수 값 확인 : 표 13.5 - $\alpha=0.0039$ - $\beta_x=0.1039$ - $\beta_y=0.0309$
	• 처짐 계산 : $w=\alpha q_o ba^3/D_{22}=2.9\times10^{-3}$ m
	• 모멘트 계산 M_x : $M_x=\beta_x q_o a^2=0.104$ kNm
	• 모멘트 계산 M_y : $M_y=\beta_y q_o a^2=0.03$ kNm

3. 평판의 유형Ⅲ(비등방성 평판)

평판 제원	• $a=3.0\ \mathrm{m}$, $b=4.0\ \mathrm{m}$
적층 배열	• $[90°/+45°/-45°/0°/90°/0°/-45°/+45°/90°]$
단층 두께	• $t(0°, 90°)=1.0\ \mathrm{mm}$, $t(+45°, -45°)=4.0\ \mathrm{mm}$
단층 물성	• $E_1=50\ \mathrm{kN/mm^2}$, $E_2=30\ \mathrm{kN/mm^2}$, $\nu_{12}=0.3$, $\nu_{21}=0.18$ • $G_{12}=15.31\ \mathrm{kN/mm^2}$, $G_{13}=G_{23}=G_{12}$ 가정
하중 조건	• 등분포하중 : $q_o=1.0\ \mathrm{kN/m^2}$
경계 조건	• 4변 단순지지
단계 1	• 휨강성 D_{ij} 계산 - $D_{11}=29.93\ \mathrm{kNm}$, $D_{22}=34.11\ \mathrm{kNm}$, $D_{12}=7.95\ \mathrm{kNm}$, $D_{66}=12.43\ \mathrm{kNm}$ - $D_{16}=D_{26}=2.74\ \mathrm{kNm}$
	• 적층평판 판정 : 평판의 유형Ⅲ(비등방성 평판)
단계 2	• 휨강성 D 비율 계산 - $D_{11}/D_{22}=0.88$, $D_{12}/D_{11}=0.27$, $D_{66}/D_{22}=0.36$, $D_{16}/D_{11}=0.06\,(=D_{26}/D_{11})$
단계 3	• 적층평판 판정된 평판 유형에 대한 간략 공식의 주어진 표에서 계수 값 결정용 표(표 13.2~13.39) 확인 - $a/b=0.75$, 등분포하중 작용, 4변 단순지지의 해당 표 확인 : 표 13.30
단계 4	• 처짐 및 모멘트 계산용 계수 값 확인 : 표 13.30 - $\alpha=0.00617$ - $\beta_x=0.0605$ - $\beta_y=0.0544$
	• 처짐 계산 : $w=\alpha q_o b a^3/D_{22}=0.0194\ \mathrm{m}$
	• 모멘트 계산 M_x : $M_x=\beta_x q_o a^2=0.55\ \mathrm{kNm}$
	• 모멘트 계산 M_y : $M_y=\beta_y q_o a^2=0.49\ \mathrm{kNm}$

표 13.2 판의 설계지수
(지지조건: 단순지지, 재하하중: 종류별 하중, 사용재료: 판의 유형 I)

$D_{11}/D_{22}=1.0$, $a/b=0.25/0.5/0.75/1.0$

a/b		0.25		0.5		0.75		1.0	
포아송비		0.15	0.3	0.15	0.3	0.15	0.3	0.15	0.3
등분포하중	$\alpha/0.01$	0.321	0.321	0.506	0.506	0.497	0.497	0.406	0.406
	$\beta_x/0.01$	12.3	12.3	9.91	10.1	6.67	7.15	4.23	4.79
	$\beta_y/0.01$	2.03	3.87	3.19	4.64	4.10	5.03	4.23	4.79
부분등분포하중	$\alpha/0.01$	0.0158	0.0158	0.0160	0.0160	0.0142	0.0142	0.0114	0.0114
	$\beta_x/0.01$	0.939	0.996	0.540	0.584	0.357	0.395	0.250	0.283
	$\beta_y/0.01$	0.509	0.642	0.370	0.444	0.298	0.346	0.250	0.283
삼각형등분포하중	$\alpha/0.01$	0.208	0.208	0.272	0.272	0.254	0.254	0.205	0.205
	$\beta_x/0.01$	8.08	8.21	5.36	5.60	3.43	3.73	2.14	2.45
	$\beta_y/0.01$	3.12	3.97	2.880	3.52	2.69	3.10	2.44	2.69

표 13.3 판의 설계지수
(지지조건: 고정, 재하하중: 종류별 하중, 사용재료: 판의 유형 I)

$D_{11}/D_{22}=1.0$, $a/b=0.25/0.5/0.75/1.0$

a/b		0.25		0.5		0.75		1.0	
포아송비		0.15	0.13	0.15	0.3	0.15	0.3	0.15	0.3
등분포하중	$\alpha/0.01$	0.402	0.0497	0.125	0.119	0.14	0.146	0.126	0.126
	$\beta_x/0.01$	11.1	−12.0	−9.62	−9.62	−6.61	−5.36	−4.58	−4.60
	$\beta_y/0.01$	−11.4	−5.81	−3.54	−3.54	−2.11	−5.47	−4.58	−4.60
부분등분포하중	$\alpha/0.01$	0.0068	0.0061	0.0068	0.0067	0.0066	0.0065	0.0053	0.0053
	$\beta_x/0.013$	−0.729	−0.673	−0.406	−0.393	0.332	−0.310	−0.201	0.194
	$\beta_y/0.013$	0.307	0.359	−0.169	0.297	0.291	0.255	−0.201	0.194
삼각형등분포하중	$\alpha/0.01$	0.106	0.0487	0.0772	0.0773	0.0887	0.0849	0.0693	0.0693
	$\beta_x/0.01$	−12.8	−5.95	−4.51	−4.52	−3.28	−3.36	−2.21	−2.24
	$\beta_y/0.01$	−20.8	−6.95	−2.30	−2.26	−1.13	−3.34	−2.99	−2.90

표 13.4 판의 설계지수 (지지조건: 단순지지, 재하하중: 등분포하중, 사용재료: 판의 유형II)

$D_{16}/D_{11} = D_{26}/D_{11} = 0.0$, $a/b = 0.25$

D_{66}/D_{22}	D_{11}/D_{22}	0.5		2.0		4.0		10.0	
	D_{12}/D_{11}	0.15	0.3	0.15	0.3	0.15	0.3	0.15	0.3
0.1	$\alpha/0.01$	0.665	0.659	0.163	0.163	0.081	0.081	0.032	0.032
	$\beta_x/0.01$	12.7	12.7	12.5	12.5	12.5	12.5	12.5	12.6
	$\beta_y/0.01$	2.06	4.04	1.88	3.79	1.90	3.78	1.91	3.78
0.3	$\alpha/0.01$	0.63	0.622	0.163	0.162	0.081	0.081	0.032	0.032
	$\beta_x/0.01$	12.1	12.0	12.5	12.5	12.5	12.5	12.5	12.5
	$\beta_y/0.01$	2.32	4.12	1.91	3.80	1.90	3.78	1.90	3.78
0.6	$\alpha/0.01$	0.572	0.565	0.161	0.160	0.081	0.081	0.0326	0.0325
	$\beta_x/0.01$	11.0	10.9	12.4	12.3	12.5	12.5	12.5	12.5
	$\beta_y/0.01$	2.33	3.95	1.94	3.79	1.91	3.78	1.907	3.77
1.0	$\alpha/0.01$	0.505	0.499	0.158	0.156	0.080	0.080	0.0325	0.032
	$\beta_x/0.01$	9.68	9.63	12.1	12.0	12.4	12.4	12.5	12.5
	$\beta_y/0.01$	2.19	3.60	1.94	3.73	1.91	3.76	1.90	3.77

표 13.5 판의 설계지수 (지지조건: 단순지지, 재하하중: 등분포하중, 사용재료: 판의 유형II)

$D_{16}/D_{11} = D_{26}/D_{11} = 0.0$, $a/b = 0.5$

D_{66}/D_{22}	D_{11}/D_{22}	0.5		2.0		4.0		10.0	
	D_{12}/D_{11}	0.15	0.3	0.15	0.3	0.15	0.3	0.15	0.3
0.1	$\alpha/0.01$	1.14	1.08	0.331	0.313	0.166	0.158	0.06571	0.0631
	$\beta_x/0.01$	11.2	11.0	12.9	12.5	12.9	12.5	12.6	12.4
	$\beta_y/0.01$	6.06	7.311	2.68	4.416	2.15	3.95	1.93	3.73
0.3	$\alpha/0.01$	0.890	0.854	0.307	0.291	0.161	0.152	0.651	0.0624
	$\beta_x/0.01$	8.69	8.58	12.0	11.6	12.5	12.1	12.5	12.2
	$\beta_y/0.01$	4.71	5.73	2.58	4.17	2.14	3.85	1.934	3.69
0.6	$\alpha/0.01$	0.666	0.646	0.276	0.263	0.152	0.145	0.0640	0.0613
	$\beta_x/0.01$	6.43	6.42	10.8	10.5	11.9	11.5	12.4	12.0
	$\beta_y/0.01$	3.53	4.33	2.40	3.82	2.09	3.70	1.92	3.64
1.0	$\alpha/0.01$	0.498	0.487	0.243	0.233	0.142	0.136	0.0626	0.0597
	$\beta_x/0.01$	4.75	4.78	9.51	9.32	11.1	10.8	12.1	11.8
	$\beta_y/0.01$	2.64	3.26	2.17	3.42	2.00	3.49	1.90	3.56

표 13.6 판의 설계지수
(지지조건: 단순지지, 재하하중: 등분포하중, 사용재료: 판의 유형II)

$D_{16}/D_{11}=D_{26}/D_{11}=0.0$, $a/b=0.75$

D_{66}/D_{22}	D_{11}/D_{22}	0.5		2.0		4.0		10.0	
	D_{12}/D_{11}	0.15	0.3	0.15	0.3	0.15	0.3	0.15	0.3
0.1	$\alpha/0.01$	1.08	1.0108	0.419	0.375	0.228	0.202	0.0946	0.0838
	$\beta_x/0.01$	7.35	7.32	11.4	10.8	12.3	11.5	12.6	11.8
	$\beta_y/0.01$	8.43	8.75	4.13	5.11	2.94	4.16	2.18	3.57
0.3	$\alpha/0.01$	0.773	0.733	0.362	0.329	0.210	0.188	0.091	0.0814
	$\beta_x/0.01$	5.13	5.226	9.84	9.49	11.3	10.7	12.2	11.4
	$\beta_y/0.01$	5.87	6.232	3.55	4.46	2.72	3.87	2.12	3.47
0.6	$\alpha/0.01$	0.538	0.518	0.301	0.277	0.188	0.170	0.087	0.0779
	$\beta_x/0.01$	3.50	3.62	8.11	7.95	10.1	9.71	11.6	10.9
	$\beta_y/0.01$	4.00	4.31	2.93	3.74	2.44	3.50	2.04	3.33
1.0	$\alpha/0.01$	0.382	0.372	0.245	0.229	0.164	0.150	0.082	0.0736
	$\beta_x/0.01$	2.44	2.55	6.55	6.52	8.86	8.59	10.9	10.4
	$\beta_y/0.01$	2.79	3.04	2.38	3.08	2.15	3.11	1.93	3.15

표 13.7 판의 설계지수
(지지조건: 단순지지, 재하하중: 등분포하중, 사용재료: 판의 유형II)

$D_{16}/D_{11}=D_{26}/D_{11}=0.0$, $a/b=1.0$

D_{66}/D_{22}	D_{11}/D_{22}	0.5		2.0		4.0		10.0	
	D_{12}/D_{11}	0.15	0.3	0.15	0.3	0.15	0.3	0.15	0.3
0.1	$\alpha/0.01$	0.795	0.740	0.4079	0.353	0.245	0.207	0.110	0.0917
	$\beta_x/0.01$	4.13	4.35	8.79	8.52	10.6	9.93	11.8	10.7
	$\beta_y/0.01$	8.03	7.94	4.82	5.14	3.48	4.09	2.41	3.301
0.3	$\alpha/0.01$	0.569	0.540	0.339	0.300	0.218	0.187	0.105	0.0877
	$\beta_x/0.01$	2.90	3.12	7.24	7.18	9.39	8.96	11.1	10.2
	$\beta_y/0.01$	5.65	5.71	3.96	4.33	3.090	3.69	2.28	3.15
0.6	$\alpha/0.01$	0.398	0.384	0.270	0.245	0.187	0.164	0.0973	0.0822
	$\beta_x/0.01$	1.98	2.17	5.71	5.80	8.01	7.80	10.3	9.64
	$\beta_y/0.01$	3.88	3.98	3.12	3.49	2.63	3.21	2.11	2.95
1.0	$\alpha/0.01$	0.284	0.276	0.212	0.196	0.158	0.141	0.0887	0.0760
	$\beta_x/0.01$	1.39	1.53	4.43	4.59	6.69	6.64	9.40	8.89
	$\beta_y/0.01$	2.71	2.81	2.42	2.76	2.20	2.74	1.92	2.72

표 13.8 판의 설계지수

(지지조건: 단순지지, 재하하중: 부분등분포하중, 사용재료: 판의 유형 II)

$D_{16}/D_{11} = D_{26}/D_{11} = 0.0$, $a/b = 0.25$

D_{66}/D_{22}	D_{11}/D_{22}	0.5		2.0		4.0		10.0	
	D_{12}/D_{11}	0.15	0.3	0.15	0.3	0.15	0.3	0.15	0.3
0.1	$\alpha/0.01$	0.0322	0.0311	0.0111	0.0103	0.00632	0.00575	0.00289	0.00255
	$\beta_x/0.01$	0.958	0.973	1.29	1.31	1.47	1.48	1.69	1.68
	$\beta_y/0.01$	0.794	0.889	0.546	0.665	0.457	0.587	0.371	0.517
0.3	$\alpha/0.01$	0.0272	0.0265	0.0101	0.00955	0.00592	0.00546	0.00278	0.00248
	$\beta_x/0.01$	0.819	0.836	1.18	1.213	1.38	1.40	1.63	1.633
	$\beta_y/0.01$	0.634	0.726	0.484	0.603	0.421	0.552	0.355	0.501
0.6	$\alpha/0.01$	0.0226	0.0221	0.00906	0.00864	0.00546	0.00509	0.00265	0.00238
	$\beta_x/0.01$	0.690	0.707	1.07	1.09	1.28	1.30	1.55	1.56
	$\beta_y/0.01$	0.496	0.581	0.417	0.534	0.378	0.509	0.334	0.481
1.0	$\alpha/0.01$	0.0187	0.0184	0.00805	0.00775	0.00498	0.00469	0.00249	0.00227
	$\beta_x/0.01$	0.583	0.597	0.959	0.989	1.17	1.20	1.46	1.49
	$\beta_y/0.01$	0.392	0.467	0.356	0.468	0.336	0.464	0.311	0.457

표 13.9 판의 설계지수

(지지조건: 단순지지, 재하하중: 부분등분포하중, 사용재료: 판의 유형 II)

$D_{16}/D_{11} = D_{26}/D_{11} = 0.0$, $a/b = 0.5$

D_{66}/D_{22}	D_{11}/D_{22}	0.5		2.0		4.0		10.0	
	D_{12}/D_{11}	0.15	0.3	0.15	0.3	0.15	0.3	0.15	0.3
0.1	$\alpha/0.01$	0.0339	0.0322	0.119	0.0110	0.00685	0.00622	0.00322	0.00282
	$\beta_x/0.01$	0.557	0.568	0.789	0.813	0.922	0.952	1.11	0.150
	$\beta_y/0.01$	0.566	0.616	0.393	0.459	0.334	0.406	0.275	0.356
0.3	$\alpha/0.01$	0.0265	0.0255	0.0107	0.0100	0.00641	0.00587	0.00310	0.00274
	$\beta_x/0.01$	0.452	0.466	0.718	0.745	0.864	0.899	1.07	1.11
	$\beta_y/0.01$	0.458	0.504	0.351	0.417	0.309	0.382	0.263	0.344
0.6	$\alpha/0.01$	0.0201	0.019	0.00947	0.00894	0.00587	0.00543	0.00294	0.00262
	$\beta_x/0.01$	0.358	0.373	0.637	0.666	0.793	0.832	1.017	1.06
	$\beta_y/0.01$	0.362	0.402	0.305	0.368	0.278	0.351	0.247	0.329
1.0	$\alpha/0.01$	0.0152	0.0149	0.00818	0.00779	0.00530	0.00495	0.00276	0.00249
	$\beta_x/0.01$	0.286	0.299	0.557	0.587	0.720	0.760	0.955	1.00
	$\beta_y/0.01$	0.287	0.321	0.262	0.321	0.248	0.318	0.229	0.311

표 13.10 판의 설계지수
(지지조건: 단순지지, 재하하중: 부분등분포하중, 사용재료: 판의 유형II)

$D_{16}/D_{11} = D_{26}/D_{11} = 0.0$, $a/b = 0.75$

D_{66}/D_{22}	D_{11}/D_{22}	0.5		2.0		4.0		10.0	
	D_{12}/D_{11}	0.15	0.3	0.15	0.3	0.15	0.3	0.15	0.3
0.1	$\alpha/0.01$	0.0294	0.0277	0.0121	0.0109	0.00708	0.00627	0.00333	0.00287
	$\beta_x/0.01$	0.365	0.376	0.574	0.590	0.680	0.705	0.837	0.875
	$\beta_y/0.01$	0.473	0.496	0.317	0.359	0.265	0.314	0.217	0.272
0.3	$\alpha/0.01$	0.0216	0.0206	0.0105	0.00965	0.00651	0.00582	0.00319	0.00277
	$\beta_x/0.01$	0.284	0.298	0.509	0.531	0.631	0.661	0.804	0.846
	$\beta_y/0.01$	0.371	0.395	0.282	0.323	0.245	0.293	0.208	0.263
0.6	$\alpha/0.01$	0.0154	0.0149	0.00887	0.00821	0.00582	0.00526	0.00301	0.00263
	$\beta_x/0.01$	0.219	0.232	0.439	0.464	0.571	0.605	0.759	0.805
	$\beta_y/0.01$	0.287	0.309	0.244	0.282	0.221	0.268	0.195	0.250
1.0	$\alpha/0.01$	0.0113	0.0110	0.00731	0.00686	0.00510	0.00467	0.00279	0.00247
	$\beta_x/0.01$	0.172	0.184	0.374	0.400	0.509	0.545	0.708	0.758
	$\beta_y/0.01$	0.226	0.245	0.207	0.243	0.196	0.241	0.181	0.236

표 13.11 판의 설계지수
(지지조건: 단순지지, 재하하중: 부분등분포하중, 사용재료: 판의 유형II)

$D_{16}/D_{11} = D_{26}/D_{11} = 0.0$, $a/b = 1.0$

D_{66}/D_{22}	D_{11}/D_{22}	0.5		2.0		4.0		10.0	
	D_{12}/D_{11}	0.15	0.3	0.15	0.3	0.15	0.3	0.15	0.3
0.1	$\alpha/0.01$	0.0218	0.0204	0.0111	0.00980	0.00693	0.00591	0.00335	0.00278
	$\beta_x/0.01$	0.243	0.257	0.433	0.449	0.534	0.555	0.673	0.706
	$\beta_y/0.01$	0.392	0.403	0.275	0.298	0.227	0.257	0.182	0.220
0.3	$\alpha/0.01$	0.0160	0.0152	0.00942	0.00842	0.00621	0.00539	0.00318	0.00266
	$\beta_x/0.01$	0.191	0.2057	0.377	0.399	0.489	0.514	0.642	0.679
	$\beta_y/0.01$	0.306	0.320	0.241	0.265	0.208	0.239	0.173	0.212
0.6	$\alpha/0.01$	0.0115	0.0111	0.00763	0.00697	0.00539	0.00476	0.00295	0.00250
	$\beta_x/0.01$	0.149	0.161	0.320	0.344	0.435	0.466	0.602	0.644
	$\beta_y/0.01$	0.237	0.250	0.205	0.229	0.186	0.216	0.162	0.201
1.0	$\alpha/0.01$	0.00842	0.00822	0.006111	0.00569	0.00458	0.00412	0.00269	0.00232
	$\beta_x/0.01$	0.117	0.127	0.269	0.294	0.382	0.415	0.556	0.603
	$\beta_y/0.01$	0.186	0.198	0.173	0.196	0.163	0.193	0.150	0.188

표 13.12 판의 설계지수

(지지조건: 단순지지, 재하하중: 삼각형등분포하중, 사용재료: 판의 유형II)

$D_{16}/D_{11} = D_{26}/D_{11} = 0.0$, $a/b = 0.25$

D_{66}/D_{22}	D_{11}/D_{22}	0.5		2.0		4.0		10.0	
	D_{12}/D_{11}	0.15	0.3	0.15	0.3	0.15	0.3	0.15	0.3
0.1	$\alpha/0.01$	0.450	0.436	0.122	0.118	0.0612	0.0593	0.0242	0.0237
	$\beta_x/0.01$	8.78	8.64	9.62	9.39	9.61	9.41	9.51	9.39
	$\beta_y/0.01$	5.41	5.96	3.29	4.09	2.60	3.51	2.02	3.0650
0.3	$\alpha/0.01$	0.386	0.377	0.116	0.113	0.060	0.0581	0.0241	0.0235
	$\beta_x/0.01$	7.46	7.39	9.15	8.96	9.41	9.22	9.47	9.33
	$\beta_y/0.01$	4.12	4.65	2.87	3.66	2.38	3.29	1.94	2.97
0.6	$\alpha/0.01$	0.323	0.317	0.109	0.106	0.058	0.0564	0.0239	0.0232
	$\beta_x/0.01$	6.18	6.15	8.54	8.40	9.11	8.937	9.382	9.23
	$\beta_y/0.01$	3.06	3.540	2.42	3.18	2.13	3.0167	1.83	2.85
1.0	$\alpha/0.01$	0.268	0.264	0.101	0.0988	0.0558	0.0542	0.0235	0.0229
	$\beta_x/0.01$	5.08	5.08	7.87	7.77	8.72	8.57	9.24	9.09
	$\beta_y/0.01$	2.30	2.70	2.028	2.73	1.88	2.72	1.72	2.71

표 13.13 판의 설계지수

(지지조건: 단순지지, 재하하중: 삼각형등분포하중, 사용재료: 판의 유형II)

$D_{16}/D_{11} = D_{26}/D_{11} = 0.0$, $a/b = 0.5$

D_{66}/D_{22}	D_{11}/D_{22}	0.5		2.0		4.0		10.0	
	D_{12}/D_{11}	0.15	0.3	0.15	0.3	0.15	0.3	0.15	0.3
0.1	$\alpha/0.01$	0.603	0.571	0.192	0.178	0.100	0.092	0.0407	0.0377
	$\beta_x/0.01$	5.95	5.87	7.77	7.48	8.15	7.77	8.23	7.84
	$\beta_y/0.01$	5.17	5.52	3.05	3.64	2.35	3.06	1.77	2.62
0.3	$\alpha/0.01$	0.464	0.444	0.174	0.163	0.0952	0.0884	0.039	0.0370
	$\beta_x/0.01$	4.52	4.51	6.99	6.79	7.69	7.38	8.05	7.68
	$\beta_y/0.01$	3.87	4.20	2.62	3.21	2.14	2.84	1.70	2.53
0.6	$\alpha/0.01$	0.344	0.333	0.153	0.144	0.0884	0.0826	0.0386	0.0359
	$\beta_x/0.01$	3.30	3.34	6.10	5.97	7.10	6.86	7.79	7.46
	$\beta_y/0.01$	2.81	3.08	2.18	2.73	1.89	2.57	1.60	2.41
1.0	$\alpha/0.01$	0.256	0.250	0.132	0.126	0.0809	0.0761	0.0371	0.0346
	$\beta_x/0.01$	2.42	2.46	5.22	5.16	6.45	6.28	7.47	7.18
	$\beta_y/0.01$	2.05	2.27	1.79	2.29	1.64	2.29	1.49	2.28

표 13.14 판의 설계지수

(지지조건: 단순지지, 재하하중: 삼각형등분포하중, 사용재료: 판의 유형II)

$D_{16}/D_{11}=D_{26}/D_{11}=0.0$, $a/b=0.75$

D_{66}/D_{22}	D_{11}/D_{22}	0.5		2.0		4.0		10.0	
	D_{12}/D_{11}	0.15	0.3	0.15	0.3	0.15	0.3	0.15	0.3
0.1	$\alpha/0.01$	0.54	0.511	0.218	0.195	0.121	0.107	0.0517	0.0451
	$\beta_x/0.01$	3.68	3.71	6.08	5.86	6.83	6.45	7.30	6.77
	$\beta_y/0.01$	4.87	4.96	2.95	3.27	2.26	2.70	1.66	2.23
0.3	$\alpha/0.01$	0.392	0.372	0.188	0.170	0.111	0.099	0.0497	0.0436
	$\beta_x/0.01$	2.59	2.66	5.20	5.08	6.23	5.95	7.00	6.54
	$\beta_y/0.01$	3.56	3.68	2.50	2.83	2.03	2.46	1.577	2.14
0.6	$\alpha/0.01$	0.273	0.263	0.156	0.143	0.0991	0.0893	0.0471	0.0416
	$\beta_x/0.01$	1.78	1.86	4.27	4.24	5.50	5.32	6.61	6.22
	$\beta_y/0.01$	2.54	2.65	2.04	2.34	1.76	2.18	1.46	2.0155
1.0	$\alpha/0.01$	0.195	0.189	0.126	0.118	0.0864	0.0789	0.0440	0.0392
	$\beta_x/0.01$	1.24	1.31	3.43	3.46	4.76	4.67	6.14	5.84
	$\beta_y/0.01$	1.83	1.92	1.63	1.91	1.49	1.89	1.33	1.87

표 13.15 판의 설계지수

(지지조건: 단순지지, 재하하중: 삼각형등분포하중, 사용재료: 판의 유형II)

$D_{16}/D_{11}=D_{26}/D_{11}=0.0$, $a/b=1.0$

D_{66}/D_{22}	D_{11}/D_{22}	0.5		2.0		4.0		10.0	
	D_{12}/D_{11}	0.15	0.3	0.15	0.3	0.15	0.3	0.15	0.3
0.1	$\alpha/0.01$	0.398	0.371	0.207	0.179	0.126	0.106	0.0581	0.0478
	$\beta_x/0.01$	2.05	2.18	4.49	4.42	5.55	5.28	6.42	5.91
	$\beta_y/0.01$	4.26	4.21	2.81	2.91	2.15	2.38	1.55	1.91
0.3	$\alpha/0.01$	0.286	0.271	0.172	0.153	0.112	0.0965	0.0550	0.0457
	$\beta_x/0.01$	1.45	1.58	3.71	3.74	4.91	4.76	6.06	5.63
	$\beta_y/0.01$	3.12	3.14	2.34	2.48	1.91	2.14	1.45	1.82
0.6	$\alpha/0.01$	0.201	0.193	0.137	0.124	0.0965	0.0845	0.0508	0.0428
	$\beta_x/0.01$	1.00	1.11	2.93	3.02	4.19	4.14	5.58	5.25
	$\beta_y/0.01$	2.23	2.27	1.87	2.02	1.62	1.87	1.33	1.69
1.0	$\alpha/0.01$	0.143	0.140	0.108	0.100	0.0812	0.0725	0.0462	0.0395
	$\beta_x/0.01$	0.709	0.794	2.28	2.40	3.49	3.52	5.04	4.83
	$\beta_y/0.01$	1.61	1.66	1.47	1.62	1.35	1.59	1.19	1.55

표 13.16 판의 설계지수

(지지조건: 고정, 재하하중: 등분포하중, 사용재료: 판의 유형II)

$D_{16}/D_{11}=D_{26}/D_{11}=0.0$, $a/b=0.25$

D_{66}/D_{22}	D_{11}/D_{22}	0.5		2.0		4.0		10.0	
	D_{12}/D_{11}	0.15	0.3	0.15	0.3	0.15	0.3	0.15	0.3
0.1	$\alpha/0.01$	0.194	0.193	0.0539	0.0548	0.0295	0.029	0.0134	0.0129
	$\beta_x/0.01$	−12.2	−12.2	−13.6	−13.7	−14.9	−14.9	−16.9	−16.3
	$\beta_y/0.01$	−4.92	−4.41	−4.82	−4.13	−3.46	−4.49	−2.54	−4.91
0.3	$\alpha/0.01$	0.186	0.186	0.0528	0.0531	0.0290	0.028	0.013	0.0127
	$\beta_x/0.01$	−11.7	−11.6	−13.3	−13.3	−14.6	−14.6	−16.7	−16.1
	$\beta_y/0.01$	−3.93	−3.54	−4.39	−4.01	−3.26	−4.38	−2.51	−4.84
0.6	$\alpha/0.01$	0.179	0.195	0.0513	0.0512	0.0282	0.028	0.0129	0.0125
	$\beta_x/0.01$	−11.0	−11.2	−12.9	−12.9	−14.3	−14.1	−16.4	−15.8
	$\beta_y/0.01$	−1.69	15.1	−3.94	−3.88	−3.01	−4.25	−2.46	−4.75
1.0	$\alpha/0.01$	0.156	0.160	0.0496	0.0494	0.0274	0.0271	0.0126	0.0122
	$\beta_x/0.01$	−11.2	−10.7	−12.5	−12.4	−13.9	−13.7	−16.0	−15.4
	$\beta_y/0.01$	−12.2	−7.62	−3.53	−3.74	−2.75	−4.12	−2.40	−4.64

표 13.17 판의 설계지수

(지지조건: 고정, 재하하중: 등분포하중, 사용재료: 판의 유형II)

$D_{16}/D_{11}=D_{26}/D_{11}=0.0$, $a/b=0.5$

D_{66}/D_{22}	D_{11}/D_{22}	0.5		2.0		4.0		10.0	
	D_{12}/D_{11}	0.15	0.3	0.15	0.3	0.15	0.3	0.15	0.3
0.1	$\alpha/0.01$	0.297	0.291	0.0868	0.0854	0.046	0.0454	0.0189	0.00961
	$\beta_x/0.01$	−9.47	−9.35	−11.3	−10.4	−11.1	−13.7	−11.3	−17.3
	$\beta_y/0.01$	−5.99	−5.93	−2.52	−3.17	−1.73	−4.12	−3.19	−5.19
0.3	$\alpha/0.01$	0.271	0.266	0.084	0.0830	0.0453	0.045	0.019	−0.0247
	$\beta_x/0.01$	−8.69	−8.56	−10.9	−10.4	−7.63	−10.3	−11.5	−10.4
	$\beta_y/0.01$	−5.53	−5.48	−2.42	−3.15	−1.87	−3.11	−2.37	−18.4
0.6	$\alpha/0.01$	0.239	0.236	0.0810	0.0796	0.044	0.0436	0.0188	0.0233
	$\beta_x/0.01$	−7.73	−7.65	−10.1	−10.0	−11.63	−10.8	−11.5	−18.7
	$\beta_y/0.01$	−4.99	−4.94	−2.27	−3.04	−1.75	−3.27	−1.93	−5.62
1.0	$\alpha/0.01$	0.207	0.205	0.0769	0.0756	0.0427	0.0423	0.0185	0.0195
	$\beta_x/0.01$	−6.81	−6.72	−9.92	−9.71	−11.0	−10.8	−11.1	−10.7
	$\beta_y/0.01$	−4.43	−4.38	−2.13	−2.93	−1.67	−3.25	−1.70	−3.23

표 13.18 판의 설계지수
(지지조건: 고정, 재하하중: 등분포하중, 사용재료: 판의 유형II)

$D_{16}/D_{11}=D_{26}/D_{11}=0.0,\ a/b=0.75$

D_{66}/D_{22}	D_{11}/D_{22}	0.5		2.0		4.0		10.0	
	D_{12}/D_{11}	0.15	0.3	0.15	0.3	0.15	0.3	0.15	0.3
0.1	$\alpha/0.01$	0.292	0.286	0.106	0.102	0.0593	0.056	0.0253	0.025
	$\beta_x/0.01$	−6.41	−6.21	−9.10	−8.81	−9.76	−9.55	−10.7	−10.6
	$\beta_y/0.01$	−6.93	−6.92	−2.86	−2.86	−1.98	−2.88	−1.61	−3.20
0.3	$\alpha/0.01$	0.266	0.260	0.101	0.0982	0.0564	0.0561	0.0254	0.0245
	$\beta_x/0.01$	5.31	5.43	−8.66	−8.39	−9.73	9.46	−10.3	7.96
	$\beta_y/0.01$	−7.06	−2.97	−2.73	−2.80	−1.65	−2.78	−1.57	−2.09
0.6	$\alpha/0.01$	0.263	0.273	0.0983	0.0912	0.0544	0.0517	0.0249	0.0241
	$\beta_x/0.01$	11.4	14.1	−7.63	−7.52	−9.33	−9.12	−10.2	−10.0
	$\beta_y/0.01$	−10.5	−13.6	−3.548	−2.13	−1.56	−2.71	−1.54	−3.02
1.0	$\alpha/0.01$	−0.142	−0.0903	0.0886	0.08631	0.0527	0.0538	0.0229	0.0238
	$\beta_x/0.01$	−62.2	−47.4	−7.11	−6.92	−8.29	11.6	−10.6	11.0
	$\beta_y/0.01$	−31.0	18.4	−2.86	−2.73	−1.81	−2.96	−1.56	−2.89

표 13.19 판의 설계지수
(지지조건: 고정, 재하하중: 등분포하중, 사용재료: 판의 유형II)

$D_{16}/D_{11}=D_{26}/D_{11}=0.0,\ a/b=1.0$

D_{66}/D_{22}	D_{11}/D_{22}	0.5		2.0		4.0		10.0	
	D_{12}/D_{11}	0.15	0.3	0.15	0.3	0.15	0.3	0.15	0.3
0.1	$\alpha/0.01$	0.213	0.207	0.107	0.101	0.0650	0.0614	0.0300	0.283
	$\beta_x/0.01$	−3.67	−3.58	−6.96	−6.53	−8.29	−7.74	−9.13	10.8
	$\beta_y/0.01$	−6.85	−6.72	−3.73	−4.12	−2.40	−2.34	−1.38	−2.33
0.3	$\alpha/0.01$	0.186	0.182	0.100	0.0956	0.0623	0.058	0.0295	0.0275
	$\beta_x/0.01$	−3.26	−3.19	−6.50	−6.39	−7.98	−7.43	−8.85	−8.47
	$\beta_y/0.01$	−6.08	−5.98	−3.47	−3.35	−2.31	−2.25	−1.34	−2.54
0.6	$\alpha/0.01$	0.157	0.154	0.0913	0.0874	0.0587	0.0556	0.0286	0.0260
	$\beta_x/0.01$	−2.79	−2.81	−5.97	−5.79	−7.55	−7.02	7.96	−7.70
	$\beta_y/0.01$	−5.26	−5.10	−3.19	−3.09	−2.19	−2.16	−1.19	−2.32
1.0	$\alpha/0.01$	0.131	0.129	0.0816	0.0785	0.0546	0.0518	0.0276	0.0262
	$\beta_x/0.01$	−2.39	−2.35	−5.41	−5.23	−7.06	−6.91	−8.74	9.87
	$\beta_y/0.01$	−4.44	−4.39	−2.89	−2.81	−2.05	−2.08	−1.32	1.12

표 13.20 판의 설계지수 (지지조건: 고정, 재하하중: 부분등분포하중, 사용재료: 판의 유형II)

$D_{16}/D_{11}=D_{26}/D_{11}=0.0,\ a/b=0.25$

D_{66}/D_{22}	D_{11}/D_{22}	0.5		2.0		4.0		10.0	
	D_{12}/D_{11}	0.15	0.3	0.15	0.3	0.15	0.3	0.15	0.3
0.1	$\alpha/0.01$	0.00867	0.00850	0.00298	0.00279	0.00166	0.00153	0.00075	−0.00069
	$\beta_x/0.015$	−0.591	−0.584	−0.797	−0.757	−0.880	−0.828	−0.993	−0.932
	$\beta_y/0.015$	−0.314	−0.344	−0.119	−0.227	−0.132	−0.248	−0.149	−0.279
0.3	$\alpha/0.01$	0.00832	0.00817	0.00291	0.00278	0.00164	0.00154	0.000751	0.000698
	$\beta_x/0.015$	−0.569	−0.561	−0.779	−0.752	−0.869	−0.829	−0.983	−0.930
	$\beta_y/0.015$	−0.305	−0.357	−0.117	−0.225	−0.130	−0.249	−0.147	−0.279
0.6	$\alpha/0.01$	0.00770	0.00680	0.0027	0.00271	0.00159	0.00152	0.0007384	0.000695
	$\beta_x/0.015$	−0.532	−0.476	−0.751	−0.733	−0.849	−0.821	−0.968	−0.925
	$\beta_y/0.015$	−0.373	−1.16	−0.112	−0.220	−0.127	−0.246	−0.145	−0.277
1.0	$\alpha/0.01$	0.00754	0.00734	0.00264	0.00259	0.00154	0.00148	0.000721	0.000686
	$\beta_x/0.015$	−0.512	−0.505	−0.715	−0.704	−0.821	−0.801	−0.949	−0.915
	$\beta_y/0.015$	0.09298	−0.152	−0.107	−0.211	−0.123	−0.240	−0.142	−0.274

표 13.21 판의 설계지수 (지지조건: 고정, 재하하중: 부분등분포하중, 사용재료: 판의 유형II)

$D_{16}/D_{11}=D_{26}/D_{11}=0.0,\ a/b=0.5$

D_{66}/D_{22}	D_{11}/D_{22}	0.5		2.0		4.0		10.0	
	D_{12}/D_{11}	0.15	0.3	0.15	0.3	0.15	0.3	0.15	0.3
0.1	$\alpha/0.01$	0.0111	0.0109	0.00341	0.00331	0.00187	0.00173	0.000944	0.00133
	$\beta_x/0.015$	−0.391	−0.375	−0.476	−0.481	−0.532	−0.571	−0.676	0.919
	$\beta_y/0.015$	−0.257	−0.262	−0.136	−0.145	−0.110	−0.202	−0.101	−0.213
0.3	$\alpha/0.01$	0.0109	0.0100	0.00333	0.00325	0.00185	0.00176	0.000914	0.00295
	$\beta_x/0.015$	−0.348	−0.351	−0.468	−0.462	−0.563	−0.523	−0.647	1.588
	$\beta_y/0.015$	−0.245	−0.245	−0.130	−0.138	−0.103	−0.157	−0.0971	0.787
0.6	$\alpha/0.01$	0.00906	0.00894	0.0033	0.00315	0.00182	0.00175	0.000896	0.000637
	$\beta_x/0.015$	−0.322	−0.304	0.796	−0.468	−0.506	−0.496	−0.630	0.516
	$\beta_y/0.015$	−0.224	−0.222	−0.118	−0.140	−0.101	−0.149	−0.0945	−0.161
1.0	$\alpha/0.01$	0.00790	0.00781	0.00307	0.00301	0.00178	0.00171	0.000879	0.000795
	$\beta_x/0.015$	−0.282	−0.281	−0.428	−0.413	−0.499	−0.477	−0.617	−0.574
	$\beta_y/0.015$	−0.202	−0.202	−0.115	−0.124	−0.097	−0.145	−0.0926	−0.172

표 13.22 판의 설계지수
(지지조건: 고정, 재하하중: 부분등분포하중, 사용재료: 판의 유형II)

$D_{16}/D_{11} = D_{26}/D_{11} = 0.0$, $a/b = 0.75$

D_{66}/D_{22}	D_{11}/D_{22}	0.5		2.0		4.0		10.0	
	D_{12}/D_{11}	0.15	0.3	0.15	0.3	0.15	0.3	0.15	0.3
0.1	α/0.01	0.00930	0.00916	0.00377	0.00384	0.00169	0.00189	0.000814	0.000757
	β_x/0.015	−0.0538	−0.0039	0.175	0.409	−0.417	0.109	−0.227	−0.122
	β_y/0.015	−0.319	−0.262	−0.164	−0.202	−0.061	−0.113	−0.118	−0.111
0.3	α/0.01	0.00766	0.00605	0.00353	0.00341	0.00218	0.00154	0.000977	0.000706
	β_x/0.015	−0.0931	−0.0931	0.131	0.160	0.428	−0.494	0.406	−0.684
	β_y/0.015	−0.173	0.298	−0.165	−0.159	−0.136	−0.116	−0.0523	−1.338
0.6	α/0.01	0.00295	0.00126	0.00319	0.00323	0.00197	0.00209	0.000834	0.000765
	β_x/0.015	−0.673	−0.912	0.0282	0.206	0.178	0.646	−0.0545	−0.131
	β_y/0.015	0.302	0.642	−0.125	−0.109	−0.110	−0.100	−0.066	−0.132
1.0	α/0.01	0.0253	0.0211	0.00291	0.00279	0.00171	0.00167	0.00113	0.000812
	β_x/0.015	3.97	2.93	0.0491	0.00995	−0.0540	0.210	1.24	0.174
	β_y/0.015	1.65	−1.46	−0.113	−0.122	−0.0596	−0.080	−0.111	−0.126

표 13.23 판의 설계지수
(지지조건: 고정, 재하하중: 부분등분포하중, 사용재료: 판의 유형II)

$D_{16}/D_{11} = D_{26}/D_{11} = 0.0$, $a/b = 1.0$

D_{66}/D_{22}	D_{11}/D_{22}	0.5		2.0		4.0		10.0	
	D_{12}/D_{11}	0.15	0.3	0.15	0.3	0.15	0.3	0.15	0.3
0.1	α/0.01	0.00784	0.00766	0.00394	0.00371	0.00239	0.00217	0.00111	0.00104
	β_x/0.015	−0.137	−0.141	−0.284	−0.323	−0.330	−0.287	−0.431	0.450
	β_y/0.015	−0.267	−0.270	−0.152	−0.179	−0.100	−0.210	−0.064	−0.0832
0.3	α/0.01	0.00687	0.00674	0.00369	0.00352	0.00230	0.00216	0.00111	0.00101
	β_x/0.015	−0.156	−0.129	−0.260	0.248	−0.318	−0.360	0.359	0.354
	β_y/0.015	−0.229	−0.251	−0.137	−0.139	−0.0965	−0.108	−0.0539	−0.079
0.6	α/0.01	0.00585	0.00574	0.00337	0.00323	0.00217	0.00206	0.00108	0.00108
	β_x/0.015	−0.108	−0.127	−0.242	0.231	−0.304	−0.316	0.496	1.17
	β_y/0.015	−0.234	−0.178	−0.127	−0.127	−0.0921	−0.094	−0.0484	0.292
1.0	α/0.01	0.00489	0.00482	0.00302	0.00291	0.00203	0.00193	0.00104	0.000986
	β_x/0.015	−0.101	0.103	−0.222	0.213	−0.286	0.289	−0.352	0.424
	β_y/0.015	−0.173	−0.178	−0.117	−0.117	−0.0869	−0.0877	−0.0559	−0.0660

표 13.24 판의 설계지수

(지지조건: 고정, 재하하중: 삼각형등분포하중, 사용재료: 판의 유형II)

$D_{16}/D_{11}=D_{26}/D_{11}=0.0$, $a/b=0.25$

D_{66}/D_{22}	D_{11}/D_{22}	0.5		2.0		4.0		10.0	
	D_{12}/D_{11}	0.15	0.3	0.15	0.3	0.15	0.3	0.15	0.3
0.1	$\alpha/0.01$	0.0494	0.043	0.0244	0.0193	0.0101	0.0088	0.0040	0.0036
	$\beta_x/0.01$	−3.08	−2.72	−6.12	−4.92	−5.25	−4.71	−5.35	−5.13
	$\beta_y/0.02$	−1.20	1.04	−4.26	−2.84	−2.05	−1.53	−1.07	−0.794
0.3	$\alpha/0.01$	0.0399	0.0282	0.0225	0.0188	0.0099	0.0088	0.0039	0.0036
	$\beta_x/0.01$	−2.48	−1.77	−5.65	−4.76	−5.44	−4.65	−5.28	−5.07
	$\beta_y/0.02$	0.674	0.846	−3.744	−2.68	−1.94	−1.50	−1.03	−0.78
0.6	$\alpha/0.01$	0.0110	−0.184	0.0208	0.0182	0.0096	0.0088	0.0039	0.0036
	$\beta_x/0.01$	−0.623	11.3	−5.206	−4.59	−4.98	−4.58	−5.20	−4.99
	$\beta_y/0.02$	6.48	50.2	−3.23	−2.49	−1.80	−1.44	−0.987	−0.77
1.0	$\alpha/0.01$	0.129	0.0827	0.0193	0.0177	0.0094	0.0087	0.0038	0.0036
	$\beta_x/0.01$	−9.06	−4.88	−4.83	−4.40	−4.83	−4.50	−5.10	−4.92
	$\beta_y/0.02$	−21.2	−10.4	−2.79	−2.29	−1.66	−1.38	−0.932	−0.758

표 13.25 판의 설계지수

(지지조건: 고정, 재하하중: 삼각등분포하중, 사용재료: 판의 유형II)

$D_{16}/D_{11}=D_{26}/D_{11}=0.0$, $a/b=0.5$

D_{66}/D_{22}	D_{11}/D_{22}	0.5		2.0		4.0		10.0	
	D_{12}/D_{11}	0.15	0.3	0.15	0.3	0.15	0.3	0.15	0.3
0.1	$\alpha/0.01$	0.150	0.147	0.0469	0.0459	0.0255	0.0277	−0.0055	0.0041
	$\beta_x/0.01$	−4.36	−4.28	−5.36	−5.13	−5.69	7.05	−7.76	−30.1
	$\beta_y/0.02$	−4.27	−4.16	−1.56	−1.35	−0.725	1.46	−7.45	6.22
0.3	$\alpha/0.01$	20.1	0.132	0.0452	0.0444	0.0252	0.0269	0.0009	0.0032
	$\beta_x/0.01$	−3.94	−3.91	−5.26	−5.07	−5.44	6.06	−2.80	−12.3
	$\beta_y/0.02$	−3.77	−3.68	−1.44	−1.20	−1.57	−0.86	−4.73	−10.4
0.6	$\alpha/0.01$	0.117	0.115	0.0428	0.0424	0.0247	0.0270	0.0043	0.0098
	$\beta_x/0.01$	−3.50	−3.45	−11.5	−4.91	−5.53	6.21	−2.52	4.51
	$\beta_y/0.02$	−3.21	−3.13	−1.62	−1.01	−0.428	1.04	−3.25	0.506
1.0	$\alpha/0.01$	0.100	0.0990	0.0406	0.0402	0.0242	0.0289	0.0060	0.0092
	$\beta_x/0.01$	−3.05	−2.98	−4.79	−4.69	−5.52	7.30	−3.41	−4.86
	$\beta_y/0.02$	−2.64	−2.58	−1.02	−0.738	−0.666	2.41	−2.45	−0.601

표 13.26 판의 설계지수
(지지조건: 고정, 재하하중: 삼각형등분포하중, 사용재료: 판의 유형II)

$D_{16}/D_{11}=D_{26}/D_{11}=0.0,\ a/b=0.75$

D_{66}/D_{22}	D_{11}/D_{22}	0.5		2.0		4.0		10.0	
	D_{12}/D_{11}	0.15	0.3	0.15	0.3	0.15	0.3	0.15	0.3
0.1	$\alpha/0.01$	0.150	0.146	0.0567	0.054	0.0316	0.0308	0.0141	0.0138
	$\beta_x/0.01$	−2.88	−2.83	−4054	−4.34	−5.12	−4.81	−5.66	−5.40
	$\beta_y/0.02$	−4.86	−4.79	−2.13	−2.06	−1.38	1.49	0.919	1.58
0.3	$\alpha/0.01$	0.128	0.148	0.053	0.0519	0.0306	0.0294	0.0136	0.0126
	$\beta_x/0.01$	−2.77	4.40	−4.29	−4.11	−4.92	−4.64	−5.77	−3.22
	$\beta_y/0.02$	−4.47	0.940	−2.01	−1.97	1.24	1.41	0.38	2.69
0.6	$\alpha/0.01$	0.130	0.134	0.0509	0.0486	0.0295	0.0282	0.0133	0.0134
	$\beta_x/0.01$	8.17	6.21	−3.77	−3.75	−4.72	−4.52	−5.52	−5.00
	$\beta_y/0.02$	−5.55	−7.02	−2.08	1.77	1.18	1.88	0.852	1.36
1.0	$\alpha/0.01$	−0.114	−0.0501	0.0509	0.0480	0.0283	0.0267	0.0131	0.0135
	$\beta_x/0.01$	−48.9	−24.9	6.33	5.57	−4.15	−3.68	−5.29	5.81
	$\beta_y/0.02$	−18.1	10.6	2.83	3.38	1.44	2.15	1.19	0.82

표 13.27 판의 설계지수
(지지조건: 고정, 재하하중: 삼각형등분포하중, 사용재료: 판의 유형II)

$D_{16}/D_{11}=D_{26}/D_{11}=0.0,\ a/b=1.0$

D_{66}/D_{22}	D_{11}/D_{22}	0.5		2.0		4.0		10.0	
	D_{12}/D_{11}	0.15	0.3	0.15	0.3	0.15	0.3	0.15	0.3
0.1	$\alpha/0.01$	0.107	0.104	0.0552	0.0522	0.0338	0.031	0.0159	0.0148
	$\beta_x/0.01$	−1.74	−1.72	2.75	−3.3731	−4.13	−3.86	−4.96	−3.79
	$\beta_y/0.02$	−4.05	−4.00	−2.55	−2.5548	−1.64	1.37	−0.880	1.27
0.3	$\alpha/0.01$	0.0942	0.0922	0.0514	0.0489	0.0323	0.0304	0.0156	0.0146
	$\beta_x/0.01$	−1.58	−1.56	−3.21	−3.1157	−3.97	−3.77	−4.81	−4.12
	$\beta_y/0.02$	−3.64	−3.50	−2.27	−2.1649	−1.56	−1.44	−0.855	1.39
0.6	$\alpha/0.01$	0.0798	0.0780	0.0467	0.0447	0.0304	0.0287	0.0151	0.0118
	$\beta_x/0.01$	−1.39	−1.33	−2.95	−2.8560	−3.71	−3.57	−4.53	−6.12
	$\beta_y/0.02$	−3.00	−3.36	−2.07	−1.9830	−1.46	−1.38	−0.78	−4.43
1.0	$\alpha/0.01$	0.066	0.0652	0.0417	0.0401	0.0282	0.0267	0.0145	0.0139
	$\beta_x/0.01$	−1.16	−1.14	−2.67	−2.5941	−3.55	−3.40	−4.46	4.22
	$\beta_y/0.02$	−2.82	−2.74	−1.85	−1.7877	−1.35	−1.26	−0.76	0.824

표 13.28 판의 설계지수
(지지조건: 단순지지, 재하하중: 등분포하중, 사용재료: 판의 유형Ⅲ)

$D_{16}/D_{11} = D_{26}/D_{11} = 0.35$, $a/b = 0.25$

D_{66}/D_{22}	D_{11}/D_{22}	0.5		2.0		4.0		10.0	
	D_{12}/D_{11}	0.15	0.3	0.15	0.3	0.15	0.3	0.15	0.3
0.1	$\alpha/0.01$	0.670	0.668	0.104	0.207	−0.143	0.082	0.012	0.208
	$\beta_x/0.01$	12.8	12.7	6.14	22.1	−34.3	13.2	2.49	117.0
	$\beta_y/0.01$	1.51	3.64	−1.84	9.33	−4.54	3.49	1.19	15.9
0.3	$\alpha/0.01$	0.644	0.637	0.338	0.158	0.093	0.057	0.010	0.053
	$\beta_x/0.01$	12.3	12.2	47.0	11.2	15.2	5.80	1.50	25.3
	$\beta_y/0.01$	2.17	4.50	21.4	2.87	1.71	1.03	1.33	4.81
0.6	$\alpha/0.01$	0.586	0.578	0.161	0.161	0.057	0.099	−0.005	0.039
	$\beta_x/0.01$	11.2	11.1	12.1	12.2	6.66	19.3	−6.31	16.6
	$\beta_y/0.01$	2.32	3.98	1.58	3.55	−0.054	5.81	1.67	3.81
1.0	$\alpha/0.01$	0.515	0.509	0.160	0.159	0.143	0.078	0.061	0.034
	$\beta_x/0.01$	9.86	9.80	12.2	12.1	32.1	11.1	26.6	13.8
	$\beta_y/0.01$	2.20	3.64	1.79	3.65	6.43	3.27	0.96	3.48

표 13.29 판의 설계지수
(지지조건: 단순지지, 재하하중: 등분포하중, 사용재료: 판의 유형Ⅲ)

$D_{16}/D_{11} = D_{26}/D_{11} = 0.35$, $a/b = 0.5$

D_{66}/D_{22}	D_{11}/D_{22}	0.5		2.0		4.0		10.0	
	D_{12}/D_{11}	0.15	0.3	0.15	0.3	0.15	0.3	0.15	0.3
0.1	$\alpha/0.01$	1.31	1.23	0.514	0.748	0.270	0.17	0.107	0.109
	$\beta_x/0.01$	13.0	12.5	41.3	25.8	27.1	10.9	27.3	25.3
	$\beta_y/0.01$	6.71	8.15	4.26	33.4	4.82	2.43	1.59	6.53
0.3	$\alpha/0.01$	0.966	0.921	2.68	0.321	0.560	1.23	0.248	0.113
	$\beta_x/0.01$	9.41	9.22	366.7	10.2	101.9	−1028.4	22.6	26.3
	$\beta_y/0.01$	5.00	6.11	109.6	2.20	21.7	−161.0	5.11	6.79
0.6	$\alpha/0.01$	0.698	0.675	0.310	0.293	−1.23	0.231	0.109	0.137
	$\beta_x/0.01$	6.67	6.64	12.0	11.4	−1059.0	17.1	21.2	44.3
	$\beta_y/0.01$	3.63	4.46	2.02	3.69	27.0	8.25	3.50	9.51
1.0	$\alpha/0.01$	0.512	0.500	0.268	0.255	0.138	0.119	0.111	0.007
	$\beta_x/0.01$	4.82	4.85	10.3	10.0	43.4	3.68	24.0	−7.62
	$\beta_y/0.01$	2.68	3.31	1.97	3.41	−9.18	0.433	3.14	−0.899

표 13.30 판의 설계지수
(지지조건: 단순지지, 재하하중: 등분포하중, 사용재료: 판의 유형III)

$D_{16}/D_{11} = D_{26}/D_{11} = 0.35$, $a/b = 0.75$

D_{66}/D_{22}	D_{11}/D_{22}	0.5		2.0		4.0		10.0	
	D_{12}/D_{11}	0.15	0.3	0.15	0.3	0.15	0.3	0.15	0.3
0.1	α/0.01	1.33	1.20	−0.991	−0.154	0.241	11.89	0.258	0.16
	β_x/0.01	9.20	8.79	50.8	−192.8	−14.8	2808.6	161.6	19.1
	β_y/0.01	10.8	10.7	71.6	−104.6	4.29	207.7	1.42	4.93
0.3	α/0.01	0.85	0.799	0.694	0.462	0.006	0.265	0.280	0.145
	β_x/0.01	5.55	5.60	30.9	4.19	−49.7	64.4	14.3	15.9
	β_y/0.01	6.47	6.79	8.66	3.41	6.48	24.3	2.04	4.44
0.6	α/0.01	0.564	0.541	0.399	0.350	0.265	0.333	0.187	0.126
	β_x/0.01	3.59	3.70	10.4	9.85	53.3	32.7	20.8	10.5
	β_y/0.01	4.15	4.47	2.85	4.08	16.5	9.63	2.59	3.73
1.0	α/0.01	0.392	0.381	0.29	0.266	0.265	0.270	0.149	0.087
	β_x/0.01	2.45	2.56	7.71	7.43	9.92	22.3	14.7	−26.8
	β_y/0.01	2.83	3.08	2.35	3.21	0.545	10.0	2.51	1.36

표 13.31 판의 설계지수
(지지조건: 단순지지, 재하하중: 등분포하중, 사용재료: 판의 유형III)

$D_{16}/D_{11} = D_{26}/D_{11} = 0.35$, $a/b = 1.0$

D_{66}/D_{22}	D_{11}/D_{22}	0.5		2.0		4.0		10.0	
	D_{12}/D_{11}	0.15	0.3	0.15	0.3	0.15	0.3	0.15	0.3
0.1	α/0.01	0.948	0.859	0.008	0.722	−0.581	0.030	−1.21	0.30
	β_x/0.01	4.72	4.90	−29.7	−29.3	131.8	32.1	−184.8	44.4
	β_y/0.01	9.87	9.43	−8.32	−4.63	−13.8	11.1	5.80	8.93
0.3	α/0.01	0.620	0.583	0.529	0.718	0.158	−0.017	2.64	0.232
	β_x/0.01	3.02	3.25	−18.3	27.0	5.33	−26.8	329.7	37.8
	β_y/0.01	6.17	6.61	−22.2	16.2	5.83	10.6	8.54	7.60
0.6	α/0.01	0.415	0.399	0.425	0.343	−0.017	−0.462	0.504	0.199
	β_x/0.01	2.00	2.19	8.82	8.19	−35.1	−93.1	61.7	14.5
	β_y/0.01	4.02	4.11	3.54	4.40	19.2	−32.9	3.49	3.17
1.0	α/0.01	0.29	0.282	0.267	0.238	0.251	0.286	0.248	0.103
	β_x/0.01	1.38	1.53	5.49	5.43	65.5	18.8	34.6	100.4
	β_y/0.01	2.75	2.85	2.63	3.03	29.1	5.44	2.35	9.47

표 13.32 판의 설계지수

(지지조건: 단순지지, 재하하중: 등분포하중, 사용재료: 판의 유형Ⅲ)

$D_{16}/D_{11} = D_{26}/D_{11} = 0.65$, $a/b = 0.25$

D_{66}/D_{22}	D_{11}/D_{22}	0.5		2.0		4.0		10.0	
	D_{12}/D_{11}	0.15	0.3	0.15	0.3	0.15	0.3	0.15	0.3
0.1	α/0.01	5.01	−1.42	0.379	1.00	0.163	0.190	0.063	0.068
	β_x/0.01	−86.4	−60.6	32.7	94.6	25.0	33.3	23.9	27.9
	β_y/0.01	198.8	−72.2	6.52	36.0	4.19	9.70	3.52	7.6
0.3	α/0.01	0.662	0.662	−0.854	0.167	0.177	0.261	0.064	0.071
	β_x/0.01	12.8	12.7	−74.6	41.4	29.6	48.0	24.8	29.9
	β_y/0.01	1.36	3.42	−25.2	5.36	4.37	14.0	3.43	8.03
0.6	α/0.01	0.620	0.613	0.156	0.197	0.261	−0.11	0.066	0.078
	β_x/0.01	11.9	11.8	1.77	9.02	46.3	−21.5	26.5	33.8
	β_y/0.01	2.11	3.92	2.17	4.26	6.83	−7.62	3.35	8.90
1.0	α/0.01	0.54	0.534	0.493	0.097	−0.002	0.061	0.070	0.100
	β_x/0.01	10.3	10.2	66.1	5.52	4.12	−0.085	28.6	45.4
	β_y/0.01	2.13	3.66	−4.68	1.08	−1.73	0.998	3.55	11.7

표 13.33 판의 설계지수

(지지조건: 단순지지, 재하하중: 등분포하중, 사용재료: 판의 유형Ⅲ)

$D_{16}/D_{11} = D_{26}/D_{11} = 0.65$, $a/b = 0.5$

D_{66}/D_{22}	D_{11}/D_{22}	0.5		2.0		4.0		10.0	
	D_{12}/D_{11}	0.15	0.3	0.15	0.3	0.15	0.3	0.15	0.3
0.1	α/0.01	4.89	1.24	0.653	0.470	0.592	0.429	0.605	0.250
	β_x/0.01	−71.8	−18.8	−2.62	−85.2	22.4	−30.2	62.1	17.0
	β_y/0.01	−36.8	−38.2	5.48	−24.6	1.18	−3.48	−8.12	0.894
0.3	α/0.01	1.33	1.21	0.164	0.354	0.455	0.322	0.433	0.218
	β_x/0.01	13.2	12.4	25.5	−11.9	5.57	56.0	41.8	6.52
	β_y/0.01	6.39	8.06	−5.60	1.90	1.57	9.26	−4.99	−0.480
0.6	α/0.01	0.800	0.76	0.199	−0.366	0.322	0.296	0.308	0.181
	β_x/0.01	7.51	7.40	−20.2	−102.9	54.1	−7.67	25.0	−37.0
	β_y/0.01	3.96	4.91	5.44	−3.18	−0.623	1.14	−2.76	−7.90
1.0	α/0.01	0.549	0.534	0.185	0.510	0.252	0.203	0.226	0.158
	β_x/0.01	5.02	5.04	47.4	25.6	4.06	5.44	6.86	65.9
	β_y/0.01	2.73	3.40	−15.0	7.17	2.64	3.12	−1.34	11.8

표 13.34 판의 설계지수

(지지조건: 단순지지, 재하하중: 등분포하중, 사용재료: 판의 유형III)

$D_{16}/D_{11}=D_{26}/D_{11}=0.65,\ a/b=0.75$

D_{66}/D_{22}	D_{11}/D_{22}	0.5		2.0		4.0		10.0	
	D_{12}/D_{11}	0.15	0.3	0.15	0.3	0.15	0.3	0.15	0.3
0.1	$\alpha/0.01$	0.321	1.77	0.813	0.401	−0.539	−1.45	−0.072	−0.166
	$\beta_x/0.01$	−86.8	21.2	28.0	11.2	−45.9	−27.7	−14.3	−57.4
	$\beta_y/0.01$	−122.6	25.4	14.5	11.2	−3.17	−4.69	4.01	−6.87
0.3	$\alpha/0.01$	1.31	1.12	0.306	2.36	−0.365	2.08	−0.082	0.031
	$\beta_x/0.01$	9.46	8.09	4.87	331.5	57.0	85.7	−15.2	76.5
	$\beta_y/0.01$	12.2	10.6	11.2	−39.7	12.2	27.0	4.11	25.6
0.6	$\alpha/0.01$	0.648	0.615	−0.067	0.346	2.08	0.490	−0.110	−0.157
	$\beta_x/0.01$	3.86	3.97	58.0	−5.75	80.1	15.1	−26.6	−23.8
	$\beta_y/0.01$	4.67	4.97	−7.14	5.43	14.8	10.8	3.76	7.14
1.0	$\alpha/0.01$	0.418	0.405	2.28	0.229	0.354	0.298	1.44	−0.124
	$\beta_x/0.01$	2.47	2.59	−42.4	−2.33	−4.23	39.5	938.6	16.1
	$\beta_y/0.01$	2.92	3.18	49.3	−20.1	14.3	3.72	88.9	0.784

표 13.35 판의 설계지수

(지지조건: 단순지지, 재하하중: 등분포하중, 사용재료: 판의 유형III)

$D_{16}/D_{11}=D_{26}/D_{11}=0.65,\ a/b=1.0$

D_{66}/D_{22}	D_{11}/D_{22}	0.5		2.0		4.0		10.0	
	D_{12}/D_{11}	0.15	0.3	0.15	0.3	0.15	0.3	0.15	0.3
0.1	$\alpha/0.01$	2.23	0.974	0.807	0.327	−0.279	−0.357	−0.032	−0.040
	$\beta_x/0.01$	9.91	−25.2	−3.85	−4.20	40.3	−17.8	−4.74	−9.22
	$\beta_y/0.01$	20.7	−20.4	11.7	3.82	0.990	−5.17	4.81	0.749
0.3	$\alpha/0.01$	0.862	0.769	0.236	−0.804	−0.270	−0.797	0.023	−0.048
	$\beta_x/0.01$	3.40	3.82	−6.80	−98.0	−15.5	−31.7	−2.73	−6.86
	$\beta_y/0.01$	8.83	8.34	4.04	−38.5	−1.75	−11.0	0.298	1.38
0.6	$\alpha/0.01$	0.469	0.446	0.220	0.026	−0.797	1.11	−0.044	−0.066
	$\beta_x/0.01$	2.03	2.25	12.2	6.90	−29.0	27.8	6.21	−0.608
	$\beta_y/0.01$	4.48	4.52	9.54	9.65	−6.85	14.6	3.47	2.65
1.0	$\alpha/0.01$	0.308	0.298	1.65	0.533	0.580	1.43	−0.046	−0.059
	$\beta_x/0.01$	1.36	1.52	−51.3	6.30	6.42	219.0	−6.73	−21.4
	$\beta_y/0.01$	2.85	2.95	−40.5	23.1	6.64	58.9	2.93	−0.057

표 13.36 판의 설계지수
(지지조건: 단순지지, 재하하중: 등분포하중, 사용재료: 판의 유형III)

$D_{16}/D_{11} = D_{26}/D_{11} = 1.0$, $a/b = 0.25$

D_{66}/D_{22}	D_{11}/D_{22}	0.5		2.0		4.0		10.0	
	D_{12}/D_{11}	0.15	0.3	0.15	0.3	0.15	0.3	0.15	0.3
0.1	$\alpha/0.01$	0.063	1.40	0.319	0.302	0.167	0.158	0.069	0.065
	$\beta_x/0.01$	18.6	49.3	26.8	24.1	30.1	27.8	31.8	29.5
	$\beta_y/0.01$	−41.4	25.3	1.23	5.59	0.250	5.27	−0.334	5.03
0.3	$\alpha/0.01$	1.34	1.18	0.296	0.281	0.161	0.153	0.068	0.064
	$\beta_x/0.01$	24.7	27.6	22.6	18.3	28.3	26.1	31.09	28.8
	$\beta_y/0.01$	7.35	11.0	1.60	5.20	0.389	5.08	−0.268	4.96
0.6	$\alpha/0.01$	0.989	0.675	0.266	0.249	0.153	0.145	0.066	0.063
	$\beta_x/0.01$	20.0	15.8	−17.5	26.6	25.7	23.4	29.9	27.9
	$\beta_y/0.01$	10.0	6.04	10.0	3.59	0.594	4.82	−0.177	4.85
1.0	$\alpha/0.01$	0.606	0.597	0.258	0.230	0.143	0.137	0.064	0.061
	$\beta_x/0.01$	11.6	11.4	28.6	18.0	21.9	14.1	28.6	26.7
	$\beta_y/0.01$	1.98	3.76	1.96	6.91	1.00	4.56	−0.065	4.72

표 13.37 판의 설계지수
(지지조건: 단순지지, 재하하중: 등분포하중, 사용재료: 판의 유형III)

$D_{16}/D_{11} = D_{26}/D_{11} = 1.0$, $a/b = 0.5$

D_{66}/D_{22}	D_{11}/D_{22}	0.5		2.0		4.0		10.0	
	D_{12}/D_{11}	0.15	0.3	0.15	0.3	0.15	0.3	0.15	0.3
0.1	$\alpha/0.01$	0.037	−3.78	−1.54	−0.694	−0.292	−0.575	−0.061	−0.105
	$\beta_x/0.01$	−3.77	−127.5	−121.7	74.7	44.4	103.7	19.0	43.5
	$\beta_y/0.01$	17.8	22.5	−7.82	37.6	2.92	−17.4	7.10	−1.23
0.3	$\alpha/0.01$	−1.90	1.42	−2.10	2.67	−0.373	−0.236	−0.069	−0.139
	$\beta_x/0.01$	28.2	2.18	22.2	54.5	−49.4	30.3	−21.9	−66.7
	$\beta_y/0.01$	−148.3	37.0	29.0	6.10	4.87	21.2	7.13	−5.51
0.6	$\alpha/0.01$	0.780	1.63	1.03	0.643	−0.236	−0.029	−0.084	−2.47
	$\beta_x/0.01$	29.8	17.9	25.4	14.8	36.0	54.0	−29.0	−1947.2
	$\beta_y/0.01$	−25.9	14.8	3.66	8.21	18.8	7.59	7.14	−373.2
1.0	$\alpha/0.01$	0.660	0.634	0.688	0.321	−0.544	7.36	−0.128	−0.045
	$\beta_x/0.01$	5.65	5.62	161.5	37.9	−7.98	330.1	−54.6	30.9
	$\beta_y/0.01$	2.98	3.77	−65.3	2.06	10.4	−18.9	6.58	15.4

■ 표 13.38 판의 설계지수

(지지조건: 단순지지, 재하하중: 등분포하중, 사용재료: 판의 유형Ⅲ)

$D_{16}/D_{11}=D_{26}/D_{11}=1.0$, $a/b=0.75$

D_{66}/D_{22}	D_{11}/D_{22}	0.5		2.0		4.0		10.0	
	D_{12}/D_{11}	0.15	0.3	0.15	0.3	0.15	0.3	0.15	0.3
0.1	$\alpha/0.01$	0.438	−0.106	−0.260	−0.401	−0.087	−0.070	−0.003	−0.013
	$\beta_x/0.01$	−9.72	−8.70	−3.62	−5.24	−3.61	−0.332	−6.21	−3.26
	$\beta_y/0.01$	−14.6	−27.0	−0.367	−1.61	6.91	1.72	8.78	4.51
0.3	$\alpha/0.01$	0.759	1.42	−0.474	−0.975	0.055	−0.114	−0.006	−0.015
	$\beta_x/0.01$	−89.0	13.5	−4.56	15.3	−0.707	−1.97	−5.14	−2.69
	$\beta_y/0.01$	152.2	−6.16	−0.931	0.209	−7.33	2.57	7.83	4.24
0.6	$\alpha/0.01$	0.218	1.07	−4.19	1.58	−0.114	−0.050	−0.010	−0.018
	$\beta_x/0.01$	−67.3	8.84	−71.9	20.4	−2.60	39.6	−3.98	−1.77
	$\beta_y/0.01$	43.6	13.2	−21.9	12.4	3.59	11.4	6.81	3.85
1.0	$\alpha/0.01$	0.490	0.469	0.439	0.229	−0.189	−0.589	−0.014	−0.022
	$\beta_x/0.01$	2.50	2.64	−0.251	−8.25	30.2	−62.4	−2.84	0.34
	$\beta_y/0.01$	3.24	3.50	3.72	0.358	5.77	2.38	5.84	2.96

■ 표 13.39 판의 설계지수

(지지조건: 단순지지, 재하하중: 등분포하중, 사용재료: 판의 유형Ⅲ)

$D_{16}/D_{11}=D_{26}/D_{11}=1.0$, $a/b=1.0$

D_{66}/D_{22}	D_{11}/D_{22}	0.5		2.0		4.0		10.0	
	D_{12}/D_{11}	0.15	0.3	0.15	0.3	0.15	0.3	0.15	0.3
0.1	$\alpha/0.01$	0.267	−0.032	−0.162	−0.24	−0.155	0.255	−0.131	0.003
	$\beta_x/0.01$	11.7	14.2	−6.30	−5.58	3.19	36.6	−35.2	12.0
	$\beta_y/0.01$	2.79	−1.14	0.477	−2.02	0.212	−3.94	−10.39	0.694
0.3	$\alpha/0.01$	1.64	0.438	−0.281	−0.49	−9.80	−0.098	0.057	−0.001
	$\beta_x/0.01$	23.6	14.4	−6.23	−10.8	−249.1	−82.6	26.4	11.7
	$\beta_y/0.01$	3.87	24.0	−1.80	−5.46	144.8	20.6	2.93	0.112
0.6	$\alpha/0.01$	3.35	0.660	−1.38	1.95	−0.098	−0.043	0.012	−0.006
	$\beta_x/0.01$	−29.4	5.71	−32.2	54.8	−79.3	−6.88	12.8	12.6
	$\beta_y/0.01$	373.1	9.02	−14.1	29.0	42.6	2.27	−0.550	−0.77
1.0	$\alpha/0.01$	0.352	0.339	0.350	0.164	−0.055	−0.055	0.000	−0.012
	$\beta_x/0.01$	1.28	1.47	16.6	20.3	−7.09	−0.009	11.04	17.47
	$\beta_y/0.01$	3.15	3.22	5.40	6.55	3.37	1.80	−2.01	−2.76

CHAPTER

14

연결 해석과 설계

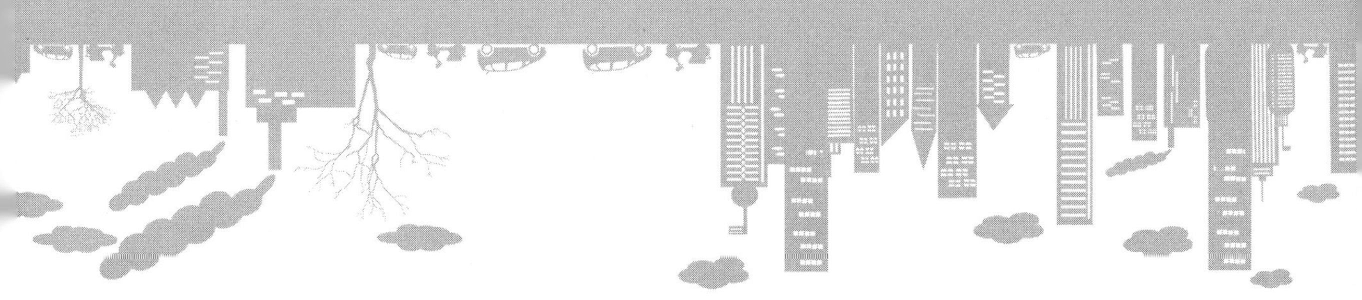

14.1 일반사항

14.1.1 설계일반

복합신소재로 이루어진 구조물의 효율성은 구조물 자체보다는 연결부에 의해서 결정되어지기 때문에, 연결부에서는 작용하중과 모멘트에 대한 저항 설계강도가 2장에서 규정한 하중조합에 의한 설계하중에 의한 단면력 이상이 되도록 설계되어야 한다.

주부재의 이음과 연결부는 다음의 2가지 하중조건 중 큰 값에 대해 극한한계상태에서 설계되어야 한다.

① 연결부에서의 설계하중에 의한 단면력(휨모멘트, 전단력, 축방향력)과 이음되는 부재의 설계강도(설계휨강도, 설계전단강도, 설계 축방향강도)의 평균값

② 부재의 설계강도(설계휨강도, 설계전단강도, 설계 축방향강도)의 75%

연결은 가능한 한 부재의 축에 대칭이 되도록 한다. 연결은 편심이 되지 않도록 연결해야 하며, 불가피하게 편심연결이 필요한 곳에서는 편심에 의해 생기는 전단과 모멘트를 고려하여 설계하여야 한다. 전단 및 인장부재에 대한 기계적 연결 및 접착제 연결은 설계기준에 따라 설계되어야 한다. 복합신소재구조의 연결 상세도가 제시되어야 한다. 기계적 연결은 모든 1, 2차 구조부재에 대해 사용될 수 있다. 연결은 파괴모드를 가능한 감쇄시키기 위한 하중전달 기구에 대해 적절한 설계가 되어야 한다. 아연도금 및 스테인리스(stainless) 강재볼트를 승인받아 사용해야 한다. 부가적으로 연결부의 정확여부는 실험을 통해 결정될 수 있다.

14.1.2 연결방법과 기술

복합신소재로 이루어진 주요 부재의 연결은 기계적 연결, 접착에 의한 연결 및 접착과 기계적 연결의 병용으로 크게 세 가지 연결방법으로 분류할 수 있다. 첫 번째가 기계적 연결방법으로 볼트 연결, 마찰 연결, 구속 연결, 나사 연결, 지압 연결, 덧댐(strap) 연결 및 매설 연결 장치이며, 두 번째는 접착 연결방법으로 접착제 접착연결, 적층판 연결, 몰드 연결, 끼우기 접착제 접착연결 및 현장 접착제 접착연결이고 세 번째로 병용 연결로서 볼트와 볼트 연결, 볼트와 접착제 접착연결이 있다.

14.1.3 연결부 구조세목

부재의 연결부 구조는 극한한계상태의 연결부에 작용하는 하중과 모멘트는 2장에서 규정한 하중조합에 의해 전체 구조해석을 통해 결정되며, 연결부에서는 작용하중과 모멘트에 대한 설계저항이 2장에서 규정한 하중조합에 의한 설계 단면력 이상이 되도록 하며, 선형탄성 해석에 의한 연결부 설계가 되어야 한다. 그리고 하중작용에 대한 부분 안전계수는 2장에서 규정한 대로 결정되도록 설계하여야 한다.

14.2 기계적 연결

14.2.1 개요

기계적 연결에 의한 연결부에서는 축방향 인장, 전단 및 인장과 전단을 동시에 받을 때 설계강도가 하중조합에 의한 설계 단면력 이상이 되어야 한다. 기계적 연결 설계에서 섬유형태인 일방향 섬유, 직조섬유, 직물 등을 고려하여 설계하며, 또한 수지형태, 섬유적층각도, 적층형태, 섬유적층배열, 섬유함유량 및 볼트재료와 같은 재료 변수를 고려하여 설계하여야 한다.

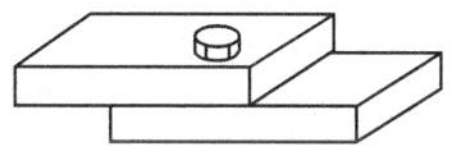

(a) 단 - 겹치기 기계적 접합 연결

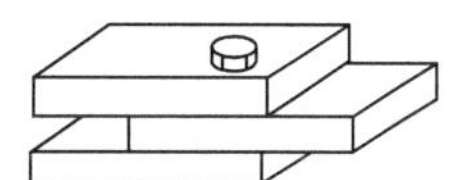

(b) 복 - 겹치기 기계적 접합 연결

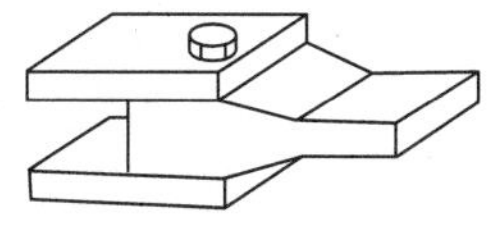

(c) 단 보강 기계적 접합 연결

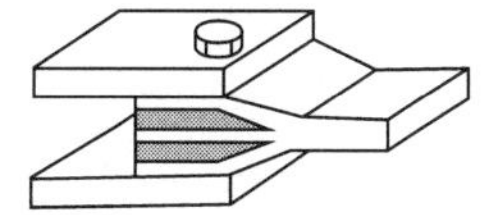

(d) 심(shim)박기 기계적 접합 연결

그림 14.1 기계적 접합 연결방법의 종류

14.2.2 성능요구조건

기계적 연결은 피접착물에 구멍을 가공한 후, 볼트나 핀 혹은 리벳을 사용하여 체결을 한다. 또한 구멍을 가공하지 않은 상태에서 압력을 가하여 압력체결(press fit)을 사용하여 연결을 하기도 한다. 기계적 연결은 피접착물의 가장자리까지의 거리(e)와 볼트 구멍 직경(d)의 비(e/d), 피접착물의 너비(w)와 볼트 구멍의 직경의 비(w/d) 및 피접착물의 두께(t)와 볼트 구멍의 직경의 비(t/d)에 관련된다. 따라서 사용성 한계상태, 강도한계상태에 성능이 만족되도록 설계하여야 한다.

14.2.3 설계요구조건

피접착물 적층순서(Stacking sequence)는 대칭이어야 한다. 피접착물의 적층순서가 0° 섬유 25%, 90° 섬유 25% 및 ±45° 섬유 50%로 되도록 설계하여야 한다. 기계적 연결의 파괴형태는 순단면파괴(net-section failure)(그림 14.2a), 지압파괴(bearing failure)(그림 14.2b), 전단파괴(shear-out failure)(그림 14.2c), 기타 파괴형태(그림 14.2d)로 나눌 수가 있다. 연결의 설계관점에서 보면 베어링파괴가 다른 파괴보다 바람직하다. 그러나 (e/d)와 (w/d)의 값이 매우 크지 않으면 베어링파괴를 기대하기가 어렵다. 일반적으로 피접착물이 모두 0° 섬유로 되어 있지 않은 경우에 $(e/d) > 3$이고 $(w/d) > 6$이면 전단 및 인장 파괴를 피할 수가 있다. 전단파괴를 방지하기 위하여 필요한 피접착물의 가장자리까지의 길이(e)는 피접착물의 가장자리의 두께를 증가시키거나 금속 심(shim)을 박아서 감소시킬 수가 있다. 현재까지 이와 같은 기계적 연결의 설계변수는 대부분 실험적으로 규명되고 있다.

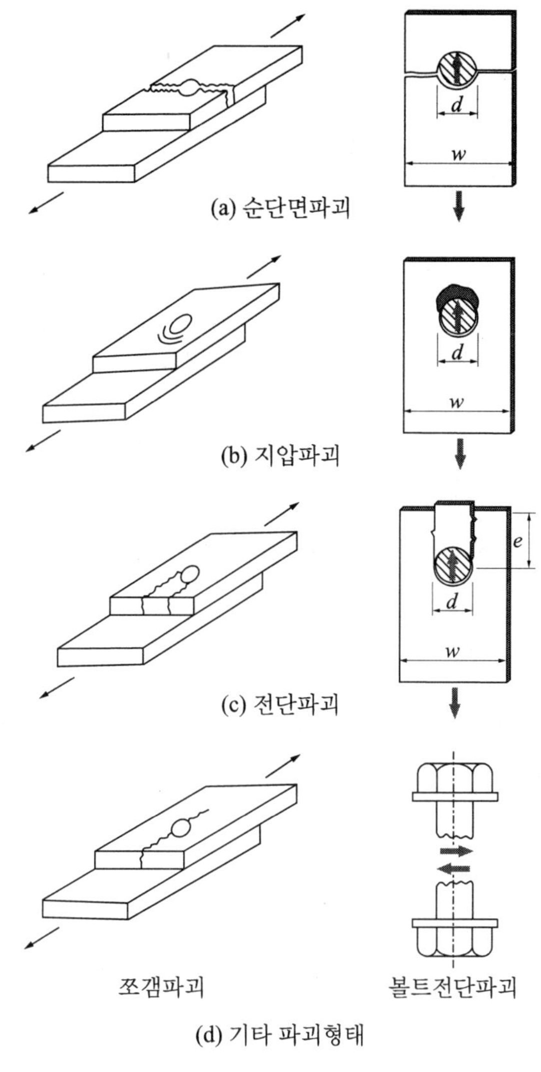

그림 14.2 볼트의 파괴형태

14.2.4 설계 절차

볼트의 단면적은 공칭직경을 사용하여 구한다. 그리고 전단을 받는 고장력 볼트는 각 파괴의 형태에 따라 다음 식이 만족되도록 하여야 한다.

$$\gamma_F C_m (\sigma_r, \sigma_\phi, \tau_{sn})_s \le (\sigma_r, \sigma_\phi, \tau_{sn})/\gamma_m \tag{14.1}$$

여기서, $\sigma_{r,k} = E_r \varepsilon_{c,crit}$는 볼트의 베어링파괴 응력이며, $\sigma_{\phi,k} = E_\phi \varepsilon_{l,crit}$ 또는 $\sigma_{\phi,k} = E_\phi \varepsilon_{c,crit}$는 볼트의 순단면파괴 응력(인장 또는 압축하중)을 뜻한다. 그리고 $\tau_{sn,k} = G_{sn} \varepsilon_{s,crit}$는 볼트의 전단파괴 응력을 뜻한다. E_r는 원주방향 탄성계수로서 다음 식으로부터 계산할 수 있다.

$$\frac{1}{E_r} = \frac{1}{E_r}\cos^4\varphi + \left(\frac{1}{G_{xy}} - \frac{2\nu_{xy}}{E_x}\right)\sin^2\phi\cos^2\phi + \frac{1}{E_y}\sin^4\phi \quad (14.2)$$

E_ϕ는 접선방향 탄성계수로서 다음 식으로부터 계산할 수 있다.

$$\frac{1}{E_\phi} = \frac{1}{E_x}\sin^4\varphi + \left(\frac{1}{G_{xy}} - \frac{2\nu_{xy}}{E_x}\right)\sin^2\phi\cos^2\phi + \frac{1}{E_y}\cos^4\phi \quad (14.3)$$

G_{sn}는 전단면의 전단탄성계수로서 다음 식을 이용하여 구할 수 있다.

$$\frac{1}{G_{sn}} = \frac{1}{G_{xy}} + \left(\frac{1+\nu_{xy}}{E_x} + \frac{1+\nu_{xy}}{E_y} - \frac{1}{G_{xy}}\right)\sin^2 2\phi \quad (14.4)$$

그리고 인장을 받는 고장력 볼트는 각 파괴의 형태에 따라 다음 식이 만족되도록 하여야 한다.

$$\gamma_f C_m \tau_{xz,_s} \geq \tau_{xz,k} / \gamma_m \quad (14.5)$$

여기서, $C_m = 2$이어야 하며, 볼트의 베어링파괴 응력을 뜻하고, $\tau_{xz,s} = F_{bolt,k} / (\pi D t)$(와셔 없는 경우), $\tau_{xz,s} = F_{bolt,k} / (\pi D_w t)$(와셔 있는 경우), $\tau_{xz,k}$ =적층두께방향에 대한 전단강도를 뜻한다.

14.3 접착제 연결

14.3.1 개요

복합신소재 구조물 접합이므로 접착제의 접합강도는 피접착물(모재)의 항복점 근처까지의 강도를 이용할 수 있을 정도로 충분한 강도를 갖는 접착제가 요구되며, 접착강도는 접착제의 종류, 접착제의 두께, 접착길이, 피접착물(모재)의 두께, 강성 및 표면조

도에 의하여 영향을 받으므로 이를 고려해야 한다. 접착제 연결부에서는 전단응력이 접착제의 허용전단응력을 초과하지 않도록 설계해야 한다. 접착제 연결부에서는 피접착물(모재) 두께별 허용인장응력을 초과하지 않도록 해야 한다.

접착제 연결방법의 종류로는 그림 14.3과 같이 겹치기이음(lap) 연결, 덧댐이음(strap) 연결, 계단 - 겹치기이음(step-lap) 연결 및 끼워 잇기(scarf)이음 연결이 있다. 접착제 연결 중에서 가장 간단하면서도 많이 사용되는 연결은 단겹치기이음(single-lap) 연결방법이다. 단겹치기이음 연결방법은 제조가 간단하나, 비대칭으로 하중이 작용하기 때문에 휨 하중을 받게 되어 접착부분의 끝단에 인장력인 peel 인장응력을 받는다. 이 peel 인장응력은 접착제와 피접착물의 경계면에서 파괴를 발생시키는 원인이 되기 때문에 접착강도를 저하시킨다. 단겹치기이음 연결방법의 단점을 보완하고자 복겹치기이음(double-lap) 연결이 강도를 높이기 위하여 사용된다. 접착제의 끝 부분에서는 피접착물과 접착제와의 강성의 차이 때문에 응력집중 현상이 발생하며, 이를 줄이기 위하여 계단 - 겹치기이음 연결과 끼워 잇기이음 연결 등이 사용된다. 복합신소재구조 피접합물인 경우에 끼워 잇기이음을 가공하는 것이 쉽지 않으며, 끼워 잇기 끝 부분의 강도가 약하기 때문에 제일 먼저 파괴가 발생한다. 따라서 연결의 전체강도가

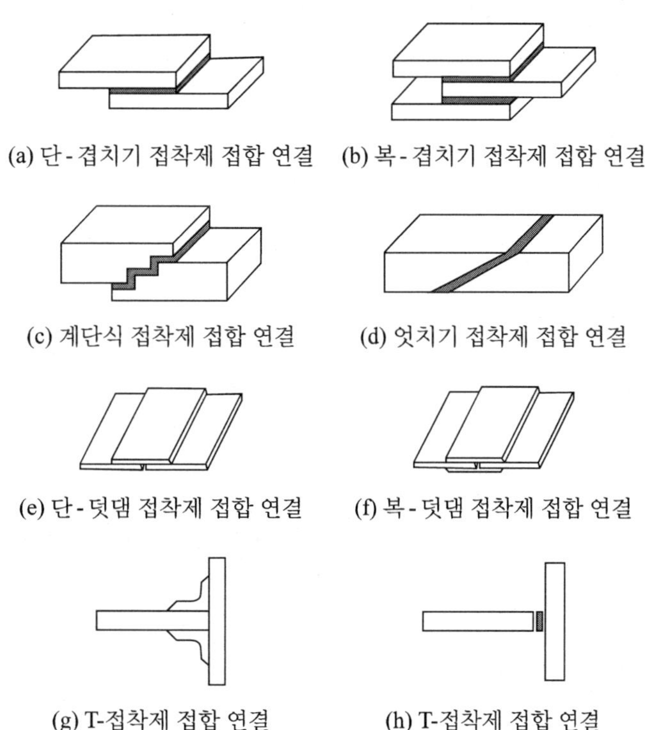

그림 14.3 접착제 연결방법의 종류

떨어질 수 있으므로 이점을 주의하여야만 한다. 접착제를 사용하여 연결을 제작하기 위해서는 여러 가지 장비들이 필요하다. 이들 장비는 연결 제작에 사용하는 접착제의 경화를 위해 필요한 온도와 시간을 유지시켜 줄 수 있어야 하며, 접착제가 경화하는 동안에 발생하는 화학적 반응으로 인하여 발생할 수 있는 미소기포를 제거하여, 우수한 접착 특성을 얻기 위한 진공백 시스템을 사용하거나, 연결 전체에 균일한 고압을 가해줄 수 있는 기능을 갖추는 것이 필요하며, 가장 많이 사용하는 장비로는 hot press와 autoclave를 들 수 있다.

14.3.2 성능요구조건

접착제 접합의 연결부에 있어서 재료와 기하학적 형상의 불연속성은 접착부에서 큰 응력 집중을 유도하기 때문에 설계에 있어서 정확한 응력 계산이 중요하다. 접착제 접합의 연결부에 작용하는 하중 하에서 접착제의 전단응력이 허용전단응력을 초과하여서는 안 되며, 접착제의 인장(peel)응력이 허용응력을 초과하여서는 안 된다. 또한 피접합물의 두께방향으로 인장응력이 허용응력을 초과하지 않도록 설계하여야 한다. 따라서 접착부는 사용성 한계상태, 극한한계상태에 성능이 만족되도록 설계하여야 한다. 접착제 연결부에 작용하는 주요 하중모델은 그림 14.4와 같다.

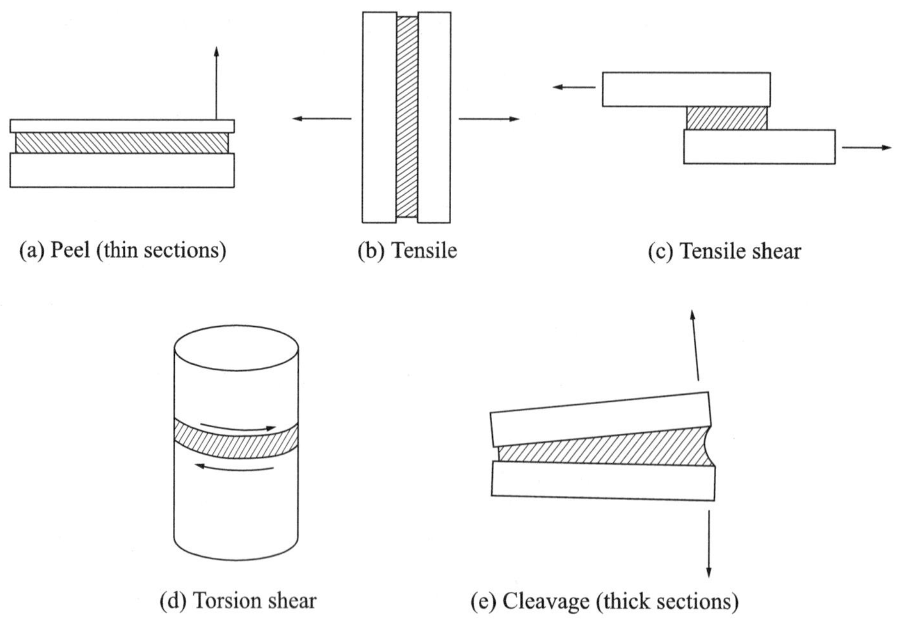

그림 14.4 접착제 접합의 연결부 작용하중모델

14.3.3 설계요구조건

일반적으로 접착제 연결은 그림 14.5에서 나타난 것처럼 그림 14.4에서 나타낸 이러한 하중을 동시에 받을 수 있다. 그리고 접착제 접합의 연결을 위한 적층된 접착제는 주로 전단응력과 압축응력을 받지만 인장력, 쪼갬 및 peel 인장력이 받지 않도록 하며, 받을 때는 그것들의 영향을 고려하여 설계해야 한다. 또한 접착제 및 피접합물의 비선형거동이 예상될 때는 그 적층된 접착제의 변형을 고려하여야 할 것이다. 접착제 접합의 파괴모드는 크게 3개의 파괴모드로 구분할 수 있으며, 접착제 파괴, 접착제의 부착파괴 그리고 피접합물의 부착 파괴로 구별될 수 있다. 따라서 그림 14.5는 접착제 연결부에서 파괴시작점 및 임계강도의 위치인 a, b, c, d, e를 나타내고 있으며, 이 연결부의 위치에서 지배적인 파괴모드는 접착제의 겹이음 길이, 접착제 적층 두께 및 접착제와 접합된 단층의 섬유배열에 있다고 할 수 있다. 그림 14.5는 접착제 연결부에서 파괴시작점 및 임계강도의 위치를 나타내고 있다.

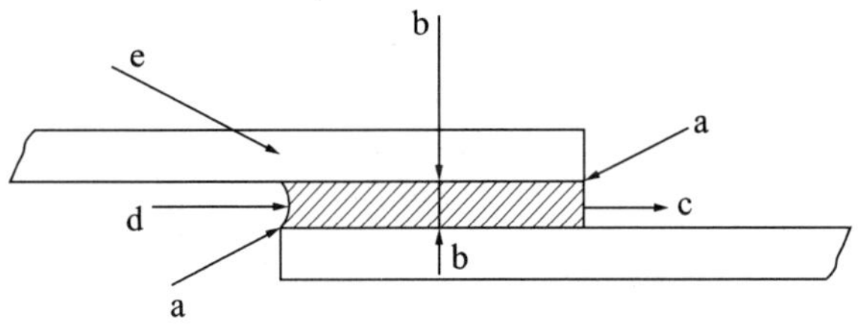

그림 14.5 접착제 연결부 파괴시작점 위치

접착제 연결부의 접합방법에 있어서 접착제의 필렛(fillets) 접합과 피접합물의 부등단면(tapering)으로 끝단 마무리가 연결부의 응력집중의 감소와 하중 지지력을 증대시키는 것으로 연구를 통해 입증되었으므로 설계 시 이러한 것들이 반영된 접착제 연결설계가 이루어져야 할 것이다. 또한 피접합물인 복합신소재의 표면은 임의방향 매트를 사용하는 것으로 설계하여야 할 것이다. 그림 14.6은 접착제의 필렛 접합의 연결을 나타내고 있으며, 그림 14.7은 피접합물의 부등 단면으로 끝단 마무리 접합으로 제작된 탄소섬유강화 복합신소재와 강재의 접착제 연결부의 전단응력 감소를 보여주고 있고 그림 14.8은 탄소섬유강화 복합신소재와 강재의 접착제 연결부의 파괴하중을 나타내 보이고 있다. 따라서, 설계된 접착제 접합에 의한 연결부에서의 효과적인 응력배분을 위한 정확한 응력해석이 필요하다.

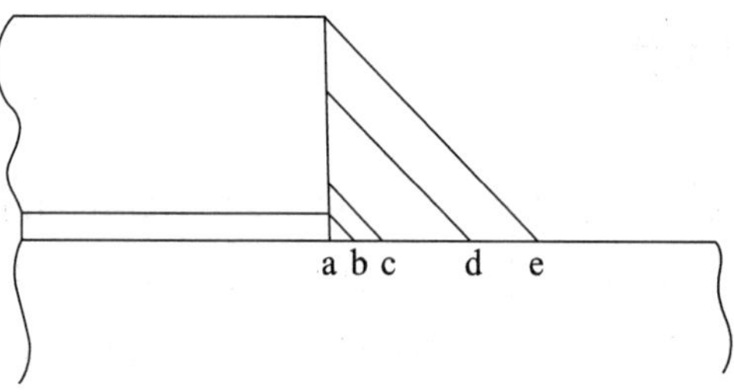

그림 14.6 피접합물과의 접착제의 필렛(fillets) 접합의 연결
(출처: Eurocomp Design Code and Handbook)

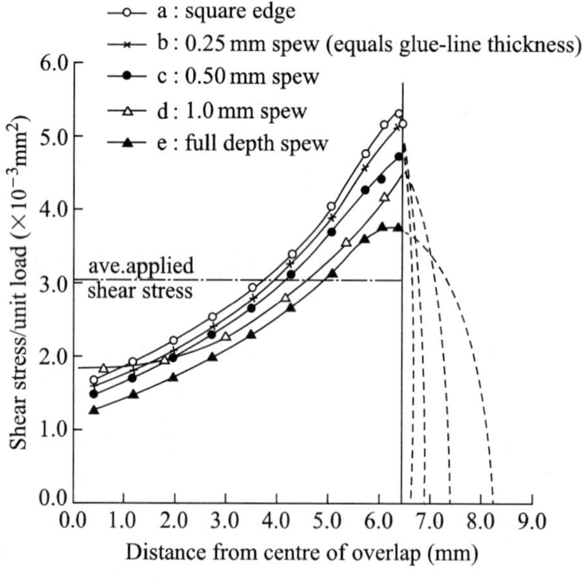

그림 14.7 피접합물 부등 단면으로 끝단 마무리 접착제 연결부의 전단응력
(출처: Eurocomp Design Code and Handbook)

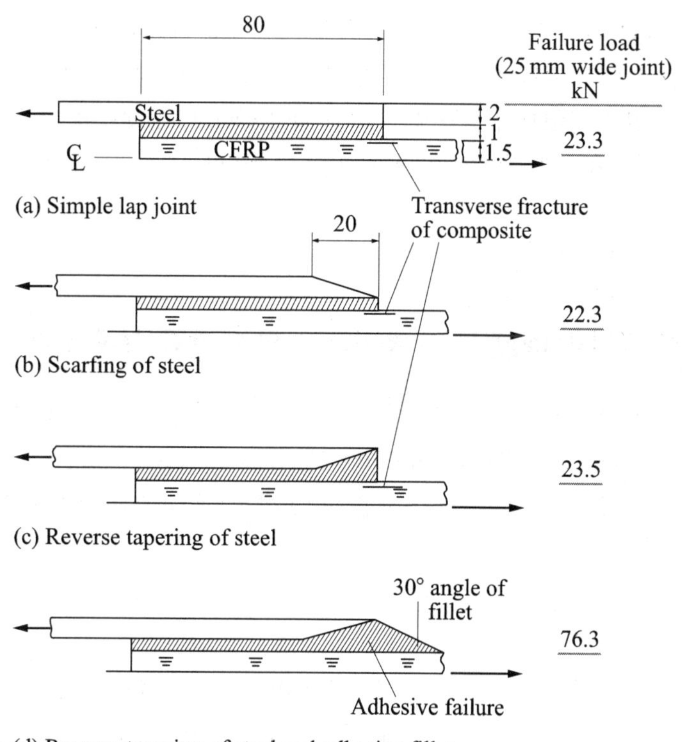

그림 14.8 탄소섬유강화 복합신소재와 강재의 부등 단면 끝단 마무리 형태별 연결부의 파괴하중(출처: Eurocomp Design Code and Handbook)

14.3.4 겹이음(Lap) 및 덧댐(strap) 연결 설계

1. 일반사항

접착제 접합에 의한 연결부에서는 축방향 인장, 전단 및 인장과 전단을 동시에 받을 때 설계강도가 하중조합에 의한 설계단면력 이상이 되어야 한다. 접착제 접합에 의한 연결부의 해석방법은 해석적 방법과 유한요소해석 방법으로 분류된다. 해석적인 방법은 두께방향으로 일정한 응력을 가정한 겹이음 지점의 해석적인 방법과 피접착물(모재)의 편심, 휨, 인장 및 전단을 모두 고려한 겹이음 지점의 해석적인 방법을 이용하여 해석할 수 있다. 유한요소해석 방법은 다양한 연결부의 형상 및 경계조건에 쉽게 적용할 수 있다. 접착제 연결 설계는 피접합물(모재)과 접착제사이가 완전 접착의 가정에 기초하여 수행된다. 일반적인 접착제 종류는 에폭시, 페놀 및 열가소성 폴리우레탄이

며, 경화 과정 작용에 따라 분류된다. 접착제의 재료적 성질은 접착제 제조사 또는 시험을 통해서 획득될 수 있다. 접착제와 피접합물(모재)의 재료적합성은 접착제 제조사와 시험을 통해서 검토되어야 한다. 피접합물(모재) 재료가 접착제의 열팽창계수 또는 강성이 다를 때 연성 접착제 사용을 권장한다.

2. 인장 전단하중

1) 겹이음(Lap) 및 덧댐(strap) 연결 간편 설계 절차

① Lap 극한 전단력을 단위폭당 극한하중(N_u)으로 계산한다.

② Lap 연결 길이를 계산하며, 최소 lap 길이는 50 mm이어야 한다.

③ 연결부의 최대 설계저항값($N_{t,Rd}$)을 다음 식으로 계산한다.

$$N_{t,Rd} = \frac{N_u}{\gamma_m} \tag{14.6}$$

여기서, γ_m는 재료의 부분안전계수를 나타낸다.

④ 연결부의 최대 설계저항값($N_{t,Rd}$)이 설계인장력($N_{t,Sd}$)값 이상이 되어야 한다.

$$N_{t,Sd} = F_k \gamma_f C_m < N_{t,Rd} \text{ 또는 } N_{t,Sk} = S_k \gamma_f C_m < N_{t,Rd} \tag{14.7}$$

여기서, γ_f는 하중의 부분안전계수를 나타내며, $C_m = 1.0$이다.

2) 겹이음(Lap) 및 덧댐(strap) 연결 엄밀 설계 절차

겹이음 및 덧댐 연결할 때 엄밀 설계 절차에 대해서 다음과 같은 순서에 맞추어 구할 수 있다.

① 겹이음 길이 산정을 다음 식을 이용하여 계산한다.

$$\frac{\beta}{t} = \sqrt{\frac{8G_a t}{E t_a}} \tag{14.8}$$

여기서, G_a는 접착제 전단탄성계수를 뜻하며, E는 피접합물의 탄성계수를 뜻한다. 그리고 t는 피접합물의 최소 두께를 뜻한다. t_a는 접착제 적층 두께를 뜻한다. $\frac{\beta}{t}$와 c의 관계 그래프로부터 겹이음의 절반 길이 c(mm)를 구할 수 있으며, 겹이음 길이는 $L = 2c$가 된다.

② 그림 14.9와 같이 단 - 겹이음 및 덧댐 연결할 때 엄밀 설계 절차는 다음과 같다.

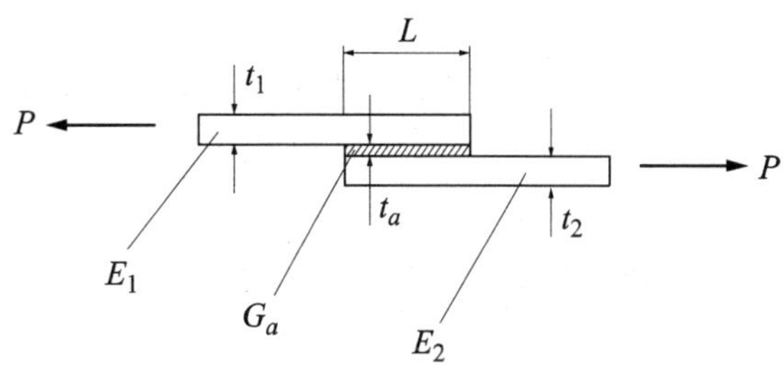

그림 14.9 단 – 겹이음 접착제 접합 연결

단 - 겹이음 및 덧댐 접착제 연결할 때 최대 접착제 전단응력은 다음 식을 이용하여 구할 수 있다.

$$\tau_{o\max} = \frac{\sigma}{8}(1+3k)\sqrt{8\frac{G_a t}{E\,t_a}} \tag{14.9}$$

여기서, P_k는 단위폭당 작용하중(F_k 또는 S_k)이고, ν는 피접합물의 포아송비이며, 식 (14.9)에 기술된 변수는 다음 식과 같이 나타낼 수 있다.

$$\sigma = \frac{P_{k,d}\gamma_f}{t} \tag{14.10}$$

$$k = \frac{\cosh(u_2 c)\sinh(u_1 L)}{\sinh(u_1 L)\cosh(u_2 c) + 2\sqrt{2}\cosh(u_1 c)\sinh(u_2 c)} \tag{14.11}$$

$$u_1 = 2\sqrt{2}\,u_2,\ \ u_2 = \frac{1}{\sqrt{2}\,t}\sqrt{3(1-\nu^2)\frac{\sigma}{E}} \tag{14.12}$$

③ 그림 14.10과 같이 복 - 겹이음 및 덧댐 연결할 때 엄밀 설계 절차는 다음과 같다.

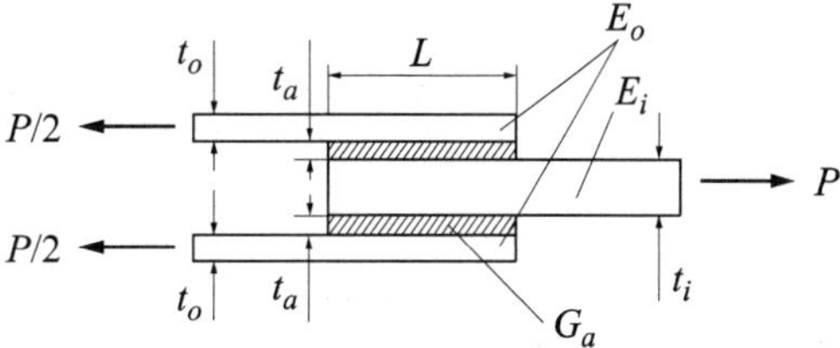

그림 14.10 복 – 겹이음 접착제 연결

복-겹이음 및 덧댐 접착제 연결할 때 최대 접착제 전단응력은 다음 식을 이용하여 구할 수 있다.

$$\tau_{o\max} = \frac{\lambda P_{k,d}\gamma_f}{4}\left[\frac{\cosh(\lambda c)}{\sinh(\lambda c)} + \Omega\frac{\sinh(\lambda c)}{\cosh(\lambda c)}\right] \tag{14.13}$$

$$\lambda^2 = \frac{G_a}{t_a}\left(\frac{1}{E_o t_o} + \frac{2}{E_i t_i}\right) \tag{14.14}$$

여기서, P_k는 단위폭당 작용하중(F_k 또는 S_k)이고, Ω는 $(1-\Psi)/(1+\Psi)$ 또는 $(\Psi-1)/(1+\Psi)$보다 값이 커야 한다. 여기서 Ψ는 다음 식과 같다.

$$\Psi = \frac{E_i t_i}{2E_o t_o} \tag{14.15}$$

④ 연결부 접착제 허용전단응력은 다음 식을 만족하도록 해야 한다.

$$\tau_{o\max} \le \tau_{o,a} = \frac{\tau_{o,k}}{\gamma_m} \tag{14.16}$$

여기서, γ_m는 접착제 재료의 부분안전계수를 나타낸다.

⑤ 단-겹이음 및 덧댐 접착제 최대 peel 인장응력 산정은 다음 식을 이용하여 계산할 수 있다.

$$\lambda = \frac{c}{t}\left(\frac{6E_a t}{E t_a}\right)^{\frac{1}{4}} \tag{14.17}$$

만약에 $\lambda > 2.5$이면 peel 인장응력은 다음 식을 만족해야 한다.

$$\frac{\sigma_{o\max}}{\sigma} = \frac{k}{2}\sqrt{6\frac{E_a}{E}\frac{t}{t_a}} + k'\frac{t}{c}\sqrt{6\frac{E_a}{E}\frac{t}{t_a}} \tag{14.18}$$

$$\frac{\sigma_{o\max}}{\sigma}\left(\frac{c}{t}\right)^2 = \lambda^2\frac{k}{2}\frac{\sinh(2\lambda)-\sin(2\lambda)}{\sinh(2\lambda)+\sin(2\lambda)} - \lambda k'\frac{\cosh(2\lambda)+\cos(2\lambda)}{\sinh(2\lambda)+\sin(2\lambda)} \tag{14.19}$$

여기서, $k' = k\frac{c}{t}\sqrt{3(1-\nu^2)\frac{\sigma}{E}}$ 이다.

⑥ 복 - 겹이음 및 덧댐 접착제 최대 peel 인장응력 산정은 다음 식을 이용하여 계산할 수 있다.

$$\sigma_{o\max} = \tau_{o\max}\left(\frac{3E_a'(1-\nu^2)t_o}{E_o t_a}\right)^{\frac{1}{4}} \quad (14.20)$$

여기서, E_a'는 접착제 횡방향 유효 탄성계수이고, ν는 피접합물의 포아송비를 뜻한다.

⑦ 연결부 접착제 허용전단응력과 피접합물의 두께방향(z축) 허용전단응력에 대해서 peel 인장응력은 다음 식을 만족하도록 해야 한다.

$$\sigma_{o\max} \le \sigma_{o,a} = \frac{\sigma_{o,k}}{\gamma_{m,\text{접착제}}} \quad (14.21)$$

$$\sigma_{o\max} \le \sigma_{z,a} = \frac{\sigma_{z,k}}{\gamma_{m,\text{피접합물}}} \quad (14.22)$$

여기서, γ_m는 접착제 재료의 부분안전계수를 나타낸다.

3. 압축하중

비지지된 겹이음 및 덧댐 접착제 연결부는 압축하중을 가력할 수 없으며, 지지된 경우는 작용하는 압축하중을 부(−)하중으로 적용시켜 접착제 전단응력을 계산할 수 있다. 일반적으로 압축하중 작용 하에서는 peel 인장응력은 무시하며, 계산에 포함시키지 않는다.

4. 면내 전단하중

그림 14.11과 같이 면내 전단하중을 받는 경우의 복 - 겹이음은 이 장에서 기술된 인장 전단응력을 받는 경우의 계산 공식에 적용하였던 변수를 다음과 같이 대체하여 계산을 할 수 있다.

표 14.1 접착제 연결부 인장 전단하중 및 면내 전단하중을 받는 경우의 등가변수

인장 전단하중	면내 전단하중
τ_o	τ_o
γ, γ_e, γ_p	γ, γ_e, γ_p
G_a, t_a	G_a, t_a
E, E_i, E_o	G, G_i, G_o
t, t_i, t_o	t, t_i, t_o
L	L

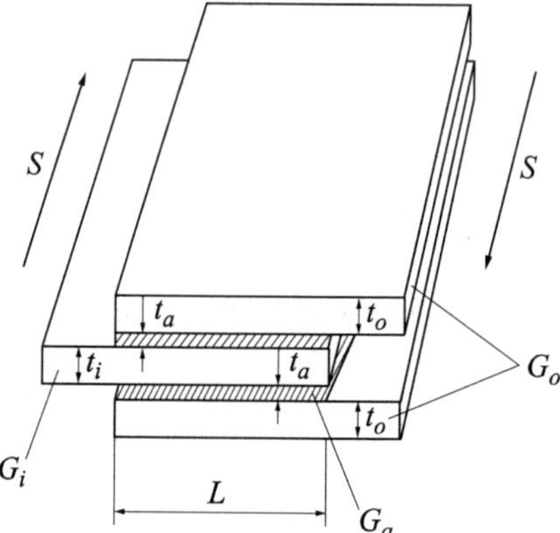

그림 14.11 면내 전단하중을 받는 복-겹이음 접착제 연결

14.3.5 Scarf 연결 설계

① Scarf 각도 $\theta < 20°$이면, 연결부 설계저항값(N_{Rd})은 다음 식으로 계산한다.

$$N_{Rd} = \frac{\tau_{o,allowable}\, t}{\cos\theta \sin\theta} \tag{14.23}$$

여기서, $\tau_{o,allowable}$는 접착제의 허용전단강도를 나타낸다.

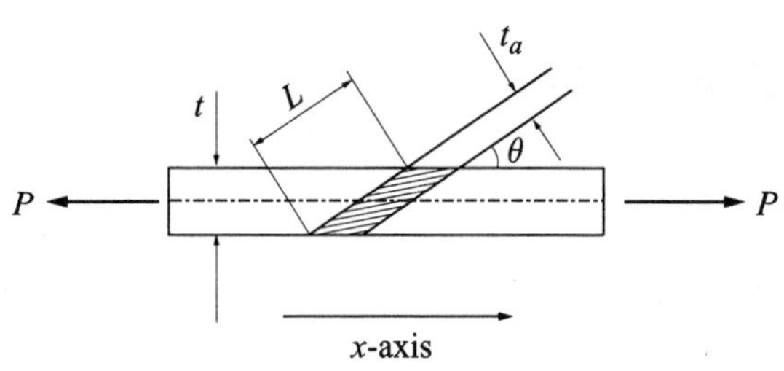

그림 14.12 Scarf 연결 상세

② 연결부에서는 다음 기준이 만족되어야 한다.

$$P_k \gamma_f \leq N_{Rd} \tag{14.24}$$

여기서, γ_f는 하중의 부분안전계수를 나타내며, P_k는 작용하중을 뜻한다.

③ Scarf 각도 $\theta > 20°$이면, 연결방법은 맞대기 연결 및 기타 방법을 고려해야 한다.

14.4 기계적 접합과 접착제 접합 혼합 연결

14.4.1 개요

그림 14.13과 같이 복합신소재 구조물의 혼합 접합은 사용되어지는 볼트와 접착제에 의해 하중이 모두 전달되어야 한다. 혼합 연결에서 사용되어지는 볼트와 접착제 사이 하중 분담은 고려하지 않는다. 일반접착제가 아닌 구조접착제는 볼트보다 더 강한 하중을 발휘하고 있어 실제적으로 전체 접합하중을 전달하고 있다. 혼합 연결에서 볼트의 기능은 복합신소재의 제조상 결함과 사용 중 접합손상의 확산을 막아주고 있다. 혼합 연결에서는 접착제 접합 설계 시 사용성 한계상태를 만족하고, 볼트 접합 설계 시 극한한계상태를 만족해야 한다.

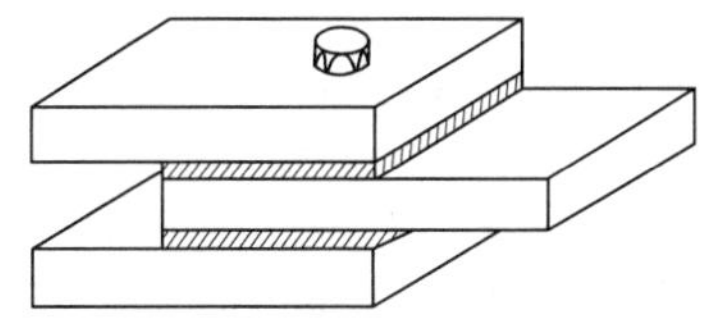

그림 14.13 기계적 접합과 접착제 접합 혼합 연결

14.5 연결 설계 예제

14.5.1 기계적 연결 설계

<table>
<tr><td>사용재료</td><td>• 직조유리섬유 5개 층, 폴리에스터 수지</td></tr>
<tr><td>섬유배열</td><td>• 0°방향 섬유 50%, ±45°방향 섬유 50%를 갖는 5개 적층판</td></tr>
<tr><td>제조방법</td><td>• 수적층 공법(Hand lay-up)</td></tr>
<tr><td rowspan="3">설계조건</td><td>• 적층판은 2개의 강판 사이에 볼트 체결로 연결</td></tr>
<tr><td>• 연결 제원(단위 : mm)
<table>
<tr><th>l</th><th>W</th><th>t</th><th>e</th><th>s</th><th>W_x</th><th>W_y</th><th>d_h</th><th>d_b</th></tr>
<tr><td>320</td><td>140</td><td>3.9</td><td>40</td><td>40</td><td>60</td><td>60</td><td>10.0</td><td>9.9</td></tr>
</table></td></tr>
<tr><td>그림 도심 축하중을 받는 복-겹이음 연결</td></tr>
<tr><td rowspan="5">재료 물성값</td><td>• 종방향 탄성계수 : $E_x = 19.366\ \mathrm{kN/mm^2}$</td></tr>
<tr><td>• 횡방향 탄성계수 : $E_y = 7.353\ \mathrm{kN/mm^2}$</td></tr>
<tr><td>• 전단탄성계수 : $G_{xy} = 5.029\ \mathrm{kN/mm^2}$</td></tr>
<tr><td>• 포아송비(x, y방향) : $\nu_{xy} = 0.5$</td></tr>
<tr><td>• 종방향 극한인장변형률(%) : $\varepsilon_{xt,ult} = 2.0$</td></tr>
</table>

	• 횡방향 극한인장변형률(%) : $\varepsilon_{yt,ult} = 1.4$
	• 종방향 극한압축변형률(%) : $\varepsilon_{xc,ult} = 1.6$
	• 횡방향 극한압축변형률(%) : $\varepsilon_{yc,ult} = 1.8$
	• 극한전단변형률(%) : $\varepsilon_{xy,ult} = 3.3$
순단면파괴의 볼트 직경 제원	• 종방향 인장파괴(mm) : $d_{t,k,x} = 2.8$
	• 45°방향 인장파괴(mm) : $d_{t,k,45} = N/A$
	• 횡방향 인장파괴(mm) : $d_{t,k,y} = 2.7$
	• 종방향 압축파괴(mm) : $d_{c,k,x} = 2.4$
	• 45°방향 압축파괴(mm) : $d_{c,k,45} = N/A$
	• 횡방향 압축파괴(mm) : $d_{c,k,y} = 6.2$
지압파괴의 제원	• 종방향 인장파괴(mm) : $\gamma_{k,x} = 1.3$
	• 45°방향 인장파괴(mm) : $\gamma_{k,45} = N/A$
	• 횡방향 인장파괴(mm) : $\gamma_{k,y} = N/A$
전단파괴의 제원	• x, y평면(mm) : $s_{k,xy} = N/A$

설계 : 간편법

(1) 볼트 전단하중 분포 결정	• 1열 볼트 : $0.57F_x$ 하중 전달 • 2열 볼트 : $0.43F_x$ 하중 전달
(2) 우회하중 분포 결정	• 우회하중 분포 핑형조건으로부너 결성
	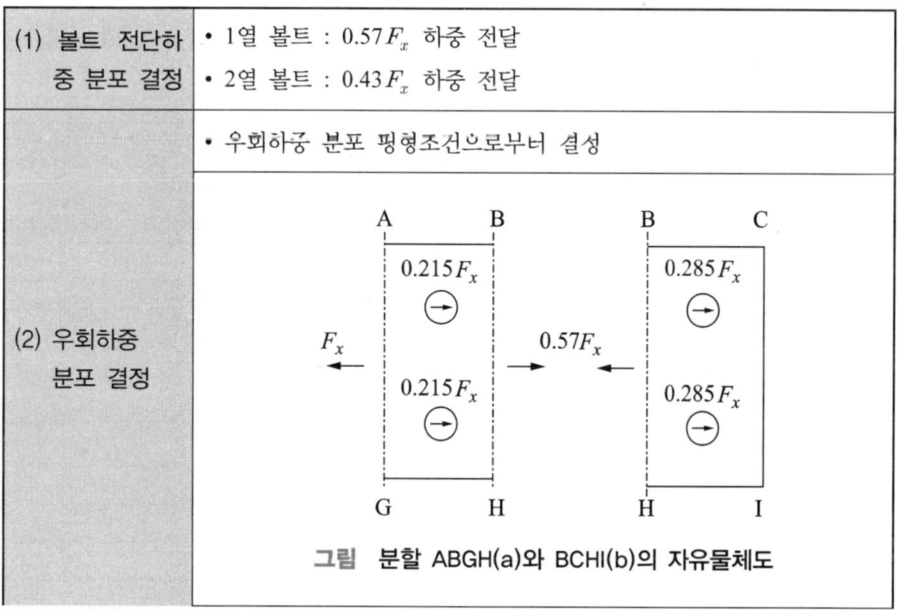 **그림** 분할 ABGH(a)와 BCHI(b)의 자유물체도

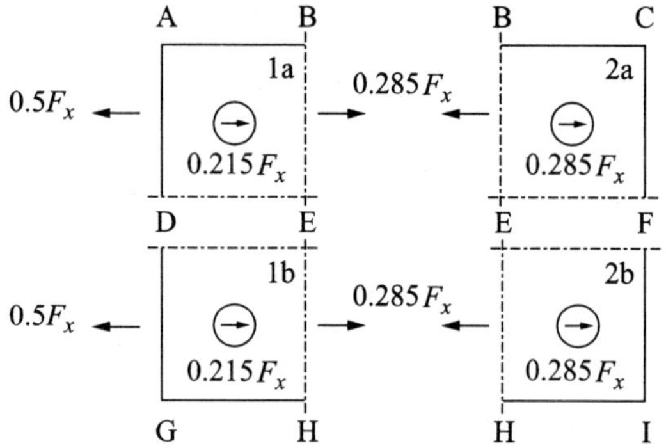

그림 분할 1a–2b의 자유물체도

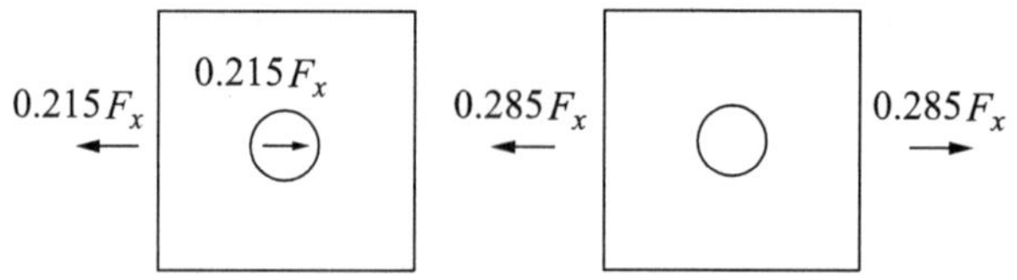

그림 분할 1a와 1b의 하중 경우에 대한 기본 하중 경우 1과 3

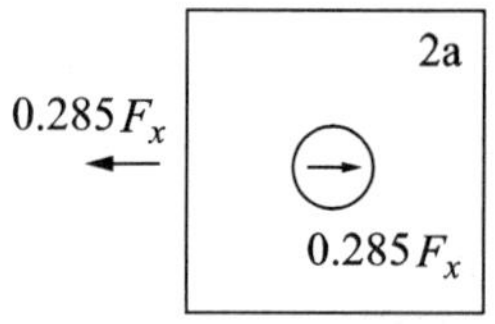

그림 분할 2a와 2b의 하중 경우에 대한 기본 하중 경우 1

(3) 볼트 구멍 주위 일반화 응력분포 결정

① 기본 하중 경우 1에 대한 0°, 45°, 90°에서 구멍경계에 따라 원주응력($k_r^1 = -\sigma_\phi / s_b$), 접선응력($k_t^1 = \sigma_\phi / s_b$)

위치	$k_r^1 = -\sigma_\phi / s_b$	$k_t^1 = \sigma_\phi / s_b$
0°	1.35	1.60
45°	1.10	0.65
90°	0.00	2.80

② 기본 하중 경우 1에 대한 구멍경계로부터 다른 x/d인 전단평면에 따라 전단응력($k_s^1 = -\tau_{xy} / s_b$)

x/d	$k_s^1 = -\tau_{xy} / s_b$
0.2	0.59
0.3	0.62
0.4	0.60

③ 기본 하중 경우 3에 대한 0°, 45°, 90°에서 구멍경계에 따라 접선응력($k_t^3 = \sigma_\phi / \sigma_N$)

위치	$k_t^3 = \sigma_\phi / \sigma_N$
0°	− 1.90
45°	1.50
90°	5.10

④ 기본 하중 경우 3에 대한 구멍경계로부터 다른 x/d인 전단평면에 따라 전단응력($k_s^3 = -\tau_{xy}/\sigma_N$)

x/d	$k_s^3 = -\tau_{xy}/\sigma_N$
0.2	0.80
0.3	0.60
0.4	0.40

- 파괴해석은 순단면파괴, 지압파괴 및 전단파괴 모드에서 평가되어야 함
- $\sigma_{t,\phi,k}$, $\sigma_{c,\phi,k}$, $\tau_{sn,k}$ 계산

- 물성값 계산

위치	E_ϕ (N/mm^2)	E_r (N/mm^2)	G_{sn} (N/mm^2)	$\sigma_{t,\phi,k}$ (N/mm^2)	$\sigma_{r,k}$ (N/mm^2)	$\tau_{sn,k}$ (N/mm^2)
0°	7353	19360	-	103	310	-
45°	11946	11946	-	167	191	-
90°	19366	7353	5029	387	132	166

(4) 컴플라이언스 검토

① 순단면파괴해석 : 분할 2a와 2b

- 분할 2a와 2b의 볼트 구멍주위의 접선응력 분포 : $\sigma_{\phi,s} = k_t^1 S_b$
  여기서, S_b는 평균 지압응력으로서 다음 식과 같다.

$$S_b = \frac{0.285 F_x}{d_h t}$$

따라서

$$\sigma_{\phi,s} = k_t^1 \frac{0.285 F_x}{d_h t}$$

- 순단면파괴는 접선응력 $\sigma_{\phi,s}^1$이 고려하는 방향에서 극한강도 $\sigma_{t,\phi,k}$와 같을 때 발생한다. 따라서, 순단면파괴하중은 다음 식과 같다.

$$F_x = \frac{\sigma_{t,\phi,k} d_h t}{0.285\, k_t^1}$$

② 지압파괴해석 : 분할 2a와 2b

- 분할 2a와 2b의 볼트 구멍주위의 원주응력 분포 : $\sigma_{r,s} = -k_r^1 S_b$

$$\sigma_{r,s} = k_r^1 \frac{0.285 F_x}{d_h t}$$

- 지압파괴는 원주응력 $\sigma_{r,s}^1$이 고려하는 방향에서 극한강도 $\sigma_{r,k}$와 같을 때 발생한다. 따라서, 지압파괴하중은 다음 식과 같다.

$$F_x = \frac{\sigma_{r,k} d_h t}{0.285\, k_r^1}$$

③ 전단파괴해석 : 분할 2a와 2b

- 분할 2a와 2b의 전단평면($x-y$ 평면) 따라 전단응력 분포 :

$$\tau_{sn,s} = -k_s^1 S_b$$

$$\tau_{sn,s} = -k_s^1 \frac{0.285 F_x}{d_h t}$$

- 전단파괴는 원주응력 $\tau_{sn,s}^1$이 고려하는 방향에서 극한강도 $\tau_{sn,k}$와 같을 때 발생한다. 따라서, 전단파괴하중은 다음 식과 같다.

$$F_x = \frac{\tau_{sn,k} d_h t}{0.285\, k_s^1}$$

④ 분할 2a와 2b에 대한 순단면 및 지압 파괴하중

위치	순단면파괴하중 F_x(kN)	지압파괴하중 F_x(kN)
0°	8.8	31.4
45°	27.0	23.8
90°	18.9	∞

⑤ 분할 2a와 2b에 대한 전단파괴하중 : $\phi = 90°$

위치 (mm)	전단파괴하중 F_x(kN)
0.2	38.5
0.3	36.6
0.4	37.8

⑥ 순단면파괴해석 : 분할 1a와 1b

- 분할 1a와 1b는 기본 하중 경우 1과 하중 경우 3으로 구성되어 있다.

$$\sigma_{\phi,s}^3 = k_t^3 \sigma_N$$

여기서,

$$\sigma_N = \frac{0.215F_x}{Wt/2}$$

따라서

$$\sigma^3_{\phi,s} = k^3_t \frac{0.215F_x}{Wt/2}$$

$$\sigma^1_{\phi,s} = k^1_t \frac{0.285F_x}{d_h t}$$ 이므로

$$\sigma^1_{\phi,s} + \sigma^3_{\phi,s} = F_x \left[k^1_t \frac{0.285F_x}{d_h t} + k^3_t \frac{0.43F_x}{Wt} \right]$$

- 순단면파괴는 접선응력 $\sigma^1_{\phi,s} + \sigma^3_{\phi,s}$이 고려하는 방향에서 극한강도 $\sigma_{t,\phi,k}$와 같을 때 발생한다. 따라서, 순단면파괴하중은 다음 식과 같다.

$$F_x = \frac{\sigma_{t,\phi,k}}{\dfrac{0.285\,k^1_t}{d_h t} + \dfrac{0.43\,k^3_t}{Wt}}$$

⑦ 지압파괴해석 : 분할 1a와 1b
- 분할 1a와 1b의 볼트는 기본 하중 경우 1과 하중 경우 3으로 구성되어 있다.
- 지압파괴는 원주응력 $\sigma^1_{r,s}$이 고려하는 방향에서 극한압축강도 $\sigma_{r,k}$와 같을 때 발생한다. 따라서, 지압파괴하중은 다음 식과 같다.

$$F_x = \frac{\sigma_{r,k} d_h t}{0.215\,k^1_r}$$

⑧ 전단파괴해석 : 분할 1a와 1b
- 분할 1a와 1b의 볼트는 기본 하중 경우 1과 하중 경우 3으로 구성되어 있다.

$$\tau^3_{sn,s} = k^3_s \sigma_N$$

$$\tau_{sn} = k^3_s \frac{0.285F_x}{Wt/2}$$

$$\tau^1_{sn,s} = -k^1_s \frac{0.215F_x}{d_h t}$$ 이므로

$$\tau^1_{sn,s} + \tau^3_{sn,s} = F_x \left[-k^1_s \frac{0.215F_x}{d_h t} + k^3_s \frac{0.285F_x}{Wt/2} \right]$$

- 전단파괴는 접선응력 $\tau^1_{sn,s} + \tau^3_{sn,s}$이 고려하는 방향에서 극한강도 $\tau_{sn,k}$와 같을 때 발생한다. 따라서, 전단파괴하중은 다음 식과 같다.

$$F_x = \frac{\tau_{sn,k}}{-\frac{0.215\,k_s^1}{d_h t} + \frac{0.57\,k_s^3}{Wt}}$$

⑨ 분할 1a와 1b에 대한 순단면 및 지압 파괴하중

위치	순단면파괴하중 F_x(kN)	지압파괴하중 F_x(kN)
0°	10.1	41.6
45°	28.1	31.5
90°	15.8	∞

⑩ 분할 1a와 1b에 대한 전단파괴하중 : $\phi = 90°$

위치 (mm)	전단파괴하중 F_x(kN)
0.2	69.2
0.3	59.5
0.4	57.4

14.5.2 접착제 연결 설계

1. 간편 설계

사용재료	• 유리섬유, 폴리에스터 수지
제조방법	• RTM 공법
설계조건	• 적층판은 2개의 단 - 겹이음 접착제 연결 • 단 - 겹이음 연결 : 단위폭당 면내 인장하중 $F_k = 6$ kN/m을 받음
	L, t_1, P, t_a, t_2, E_1, G_a, E_2 그림 접착제 단 – 겹이음 연결

재료 물성값	접합 구조체	• 종방향 탄성계수 : $E_1 = 15\ \text{kN/mm}^2$
		• 횡방향 탄성계수 : $E_2 = 15\ \text{kN/mm}^2$
		• $\sigma_{z,k} = 20\ \text{N/mm}^2$
		• 포아송비(x, y방향) : $\nu_{xy} = 0.3$
	에폭시 접착제	• 탄성계수 : $E_a = 950\ \text{N/mm}^2$
		• 전단탄성계수 : $E_a = 371\ \text{N/mm}^2$
		• $\sigma_{o,k} = 30\ \text{N/mm}^2$
		• $\tau_{o,k} = 10\ \text{N/mm}^2$
재료 부분안전계수		• $\gamma_{m1} = 1.25$, $\gamma_{m2} = 1.25$, $\gamma_{m3} = 1.0$, $\gamma_{m3} = 1.0$
		• $\gamma_m = 1.56$
작용하중 부분안전계수		• $\gamma_f = 1.35$

설계 : 간편법

(1) 극한 연결하중 산정 (단위폭당)	• $t = 4.0\ \text{mm}$, $L = 12.5\ \text{mm}$, $W = 25\ \text{mm}$(연결폭) • 평균 겹이음 전단강도 : $11\ \text{N/mm}^2$ • 단위폭당 극한 연결하중 : $N_u = 11\ \text{N/mm}^2 \times 12.5\ \text{mm} = 137.5\ \text{N/mm} = 137.5\ \text{kN/m}$
(2) 연결 겹이음 길이 산정	• L : $2 \times 12.5\ \text{mm}$ 이상 또는 $50\ \text{mm}$ 이상 • $L = 50\ \text{mm}$
(3) 최대 연결 저항강도 산정	• $N_{t,Rd} = \dfrac{N_u}{\gamma_m} = \dfrac{137.5\ \text{kN/m}}{1.56} = 88.1\ \text{kN/m}$
(4) 작용하중 산정	• $N_{t,Sd} = F_k \gamma_f C_m = 6 \times 1.35 \times 10 = 81.0\ \text{kN/m} < 88.1\ \text{kN/m} = N_{t,Rd}$ • 여기서, $C_m = 10$ • 따라서, 설계조건은 연결하중에 대해 만족한다.

2. 엄밀 설계

<table>
<tr><td colspan="2">사용재료</td><td>• 유리섬유, 폴리에스터 수지</td></tr>
<tr><td colspan="2">제조방법</td><td>• RTM 공법</td></tr>
<tr><td colspan="2" rowspan="2">설계조건</td><td>• 적층판은 2개의 단 - 덧댐 이음 접착제 연결
• 단 - 덧댐 이음 연결 : 단위폭당 면내 인장하중 $F_k = 60\ \mathrm{kN/m}$ 을 받음
• $t_1 = t_2 = 4\ \mathrm{mm}$
• $t_a = 0.5\ \mathrm{mm}$</td></tr>
<tr><td>2L, t_2, t_a, t_1, t_1, P, P, E_1, G_a, E_1
그림 접착제 단 – 덧댐 이음 연결</td></tr>
<tr><td rowspan="8">재료 물성값</td><td rowspan="4">접합 구조체</td><td>• 종방향 탄성계수 : $E_1 = 15\ \mathrm{kN/mm^2}$</td></tr>
<tr><td>• 횡방향 탄성계수 : $E_2 = 15\ \mathrm{kN/mm^2}$</td></tr>
<tr><td>• $\sigma_{z,k} = 20\ \mathrm{N/mm^2}$</td></tr>
<tr><td>• 포아송비(x, y방향) : $\nu_{xy} = 0.3$</td></tr>
<tr><td rowspan="4">에폭시 접착제</td><td>• 탄성계수 : $E_a = 950\ \mathrm{N/mm^2}$</td></tr>
<tr><td>• 전단탄성계수 : $E_a = 371\ \mathrm{N/mm^2}$</td></tr>
<tr><td>• $\sigma_{o,k} = 30\ \mathrm{N/mm^2}$</td></tr>
<tr><td>• $\tau_{o,k} = 11\ \mathrm{N/mm^2}$</td></tr>
<tr><td rowspan="3">재료 부분 안전 계수</td><td rowspan="2">접착제</td><td>• $\gamma_{m1} = 1.25$, $\gamma_{m2} = 1.25$, $\gamma_{m3} = 1.0$, $\gamma_{m4} = 1.0$</td></tr>
<tr><td>• $\gamma_{m,\text{접착제}} = 1.56$</td></tr>
<tr><td>피접합물</td><td>• $\gamma_{m,\text{피접합물}} = 1.65$</td></tr>
<tr><td colspan="2">작용하중 부분안전계수</td><td>• $\gamma_f = 1.35$</td></tr>
</table>

설계 : 엄밀법

(1) 겹이음 길이 산정	• $\frac{\beta}{t}=\sqrt{\frac{8G_a}{Ett_a}}=\sqrt{\frac{8\times 371}{15000\times 0.004\times 0.0005}}=315$ • $\frac{\beta}{t}$와 c의 관계 그래프로부터 $c=77\,\text{mm}$를 구할 수 있다. • 겹이음 길이 : $L=2c=154\,\text{mm}$
(2) 최대 접착제 전단응력 산정	• $\tau_o=\frac{\sigma}{8}(1+3k)\sqrt{8\frac{G_a t}{Et_a}}$ • $\sigma=\frac{P_{k,d}\gamma_f}{t}=\frac{60\times 1.35}{0.004}\,\text{kN/mm}^2=20.3\,\text{N/mm}^2$ • $k=\frac{\cosh(u_2c)\sinh(u_1L)}{\sinh(u_1L)\cosh(u_2c)+2\sqrt{2}\cosh(u_1c)\sinh(u_2c)}$ • $u_1=2\sqrt{2}\,u_2,\ u_2=\frac{1}{\sqrt{2}\,t}\sqrt{3(1-\nu^2)\frac{\sigma}{E}}$ • $u_2=\frac{1}{\sqrt{2}\times 0.004}\sqrt{3(1-0.3^2)\frac{20.3}{15000}}\ 1/\text{m}=10.73\ 1/\text{m}$ • $u_1=2\sqrt{2}\,u_2=2\sqrt{2}\times 10.73\ 1/\text{m}=30.35\ 1/\text{m}$ • $k=\frac{\cosh(u_2c)\sinh(u_1L)}{\sinh(u_1L)\cosh(u_2c)+2\sqrt{2}\cosh(u_1c)\sinh(u_2c)}$ $k=\frac{\cosh(10.73\times 0.077)\times\sinh(30.35\times 0.154)}{\sinh(30.35\times 0.154)\times\cosh(10.73\times 0.077)+2\sqrt{2}\cosh(30.35\times 0.154)\times\sinh(10.73\times 0.077)}$ $k=0.34$ • $\tau_{o,\max}=\frac{20.3}{8}(1+3\times 0.34)\sqrt{8\frac{371\times 0.004}{15000\times 0.0005}}=6.5\,\text{N/mm}^2$
(3) 허용전단응력 산정	• $\tau_{o,a}=\frac{\tau_{o,k}}{\gamma_{m,\text{접착제}}}=\frac{11\,\text{N/mm}^2}{1.56}=7.1\,\text{N/mm}^2$ • $\tau_{o,\max}=6.5\,\text{N/mm}^2<\tau_{o,a}=7.1\,\text{N/mm}^2$ • 따라서, 설계조건은 접착제 전단응력에 대해 만족한다.

CHAPTER

15 내화, 충격 및 피로 설계

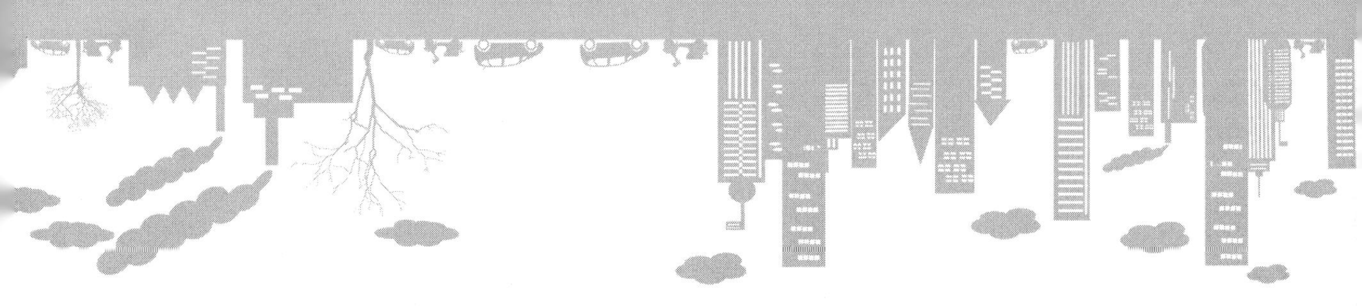

15.1 내화 설계

1. 기본 사항

내화 설계에 있어서 기본 사항이 주의 깊게 선택되어야 한다. 복합신소재 구조물의 적층을 이루는 합성수지는 유기 합성물이다. 합성수지의 가연성에 대해 주의해서 난연 및 화재 확산방지 성능을 확보한 즉, 난연성능 및 화재 확산방지 구조기준에 맞추어 복합신소재구조(표 15.1 참조)에 대한 내화성능을 확보해야 한다. 복합신소재구조 부재의 부분설계로 된 구조물의 과도한 사용을 주의해야 한다. 가연성, 열 발생, 증기방출, 중독하고 유독한 가스 확산 등을 갖는 부재의 열에 대한 직접적인 영향을 고려해야 한다. 일반적으로 화재 손상의 결과에 따른, 파괴, 정착부나 다른 구조물과의 연결부위의 부재 강성 또는 강도의 감소가 될 수 있다. 구조물의 부분별 복합신소재 적층으로 이루어진 부재의 화재에 대한 영향은 직접적이지 않음을 고려해야 한다. 또한, 고려해야 하는 다른 요소들은 적당한 손상 수준에 있어야 하며, 화재로 손상된 부재의 교체나 보수 그리고 보수 작업 중 장비의 지속적인 사용 등을 고려하여서 내화 설계를 해야 한다. 복합신소재는 고강도, 경량, 고내구성의 우수한 특성에도 불구하고 내화성능을 확보하지 못해 폐쇄 공간인 건물, 터널 등과 같이 화재 취약성은 더욱 심각할 수 있음을 고려해야 한다. 복합신소재 구조물은 화재안전기준에 준하는 내화성능의 확보된 내화 설계가 필수적이다. 국내 건물 구조부재에 대한 화재안전기준인 '건축물 마감재료의 난연성능 및 화재 확산 방지구조 기준'에 따르면 건축자재(건축물 마감재료)의 난연성능 기준은 불연재료(난연1급), 준불연재료(난연2급) 및 난연재료(난연3급)로 분류된다. 표 15.1은 건축물 마감재료의 난연성능 및 화재 확산 방지구조 기준을 나타내고 있다.

■ 표 15.1 건축물 마감재료의 난연성능 및 화재 확산 방지구조 기준
(국토교통부 고시 제2020-263호)

구 분		불연재료(난연1급)	준불연재료(난연2급)	난연재료(난연3급)
정 의		불에 타지 아니하는 성질을 가진 재료	불연재료에 준하는 성질을 가진 재료	불에 잘 타지 아니하는 성질을 가진 재료
시험명	열 방출	KS F ISO 1182 건축 재료의 불연성 시험방법	KS F ISO 5660-1 연소성능시험 - 열 방출, 연기 발생, 질량 감소율 - 제1부 : 열 방출률(콘칼로리미터법)	
	가스 유해성	KS F 2271 건축물의 내장 재료 및 구조의 난연성 시험방법		
시험 방법 및 성능 기준	열 방출	• 가열시험 개시 후 20분간 가열로 내의 최고온도가 최종 평형온도를 20 K 초과 상승하지 않아야 함 • 가열종료 후 시험체의 질량 감소율이 30% 이하	• 가열시험 개시 후 10분간 총 방출열량이 8 MJ/m² 이하 • 10분간 최대 열 방출률이 10초 이상 연속으로 200 kW/m²를 초과하지 않아야 함 • 10분간 가열 후 시험체를 관통하는 방화상 유해한 균열, 구멍 및 용융(복합자재의 경우 심재가 전부 용융, 소멸 포함) 등이 없어야 함	• 가열시험 개시 후 5분간 총 방출열량이 8 MJ/m² 이하 • 5분간 최대 열 방출률이 10초 이상 연속으로 200 kW/m²를 초과하지 않아야 함 • 5분간 가열 후 시험체(복합자재인 경우 심재를 포함)를 관통하는 균열, 구멍 및 용융 등이 없어야 함
	가스 유해성	실험용 쥐의 평균 행동 정지 시간 ≥ 9분 이상		

2. 설계방법

화재조건에 대한 복합신소재 구조물로 이루어진 구조부재의 설계할 때 능동적 또는 수동적인 방법을 사용하거나, 조합해서 설계를 하여야 한다.

1) 능동적 방법

- 화재 감지와 경보 체계
- 화재 진압 시스템
- 도비장소 및 방화벽의 설치
- 폭파성이나 가연성 재료의 사용 제한

2) 수동적 방법

- 비가연성 재료에 의한 부재의 보호
- 표면 코팅제 사용
- 팽창성 표면 코팅제

화재에 대한 설계 중 능동적 방법은 화재 안전과 관련이 있으며, 단지 복합신소재 적층구조물에만 적용되는 것이 아닌 모든 재료에 사용할 수 있다. 수동적 방어 시스템은 적층이나 방화벽으로 되어 있다. 적층형태에서, 낮은 온도에서도 위험한 합성수지와 첨가제는 복합신소재 적층에서 사용된 겔 코팅제로 합성한다. 방화벽 형태에서는, 화재 방어 코팅제나 게이싱은 점화점에 도달하는 데 걸리는 시간을 지체시키거나, 적층구조물의 역학적 특성이 낮아지거나, 화염의 확산을 줄이는 데 사용된다. 열 저항, 화염 저지나 격리 또는 그들의 조합으로 이루어진다. 다른 부재로 하중을 전달하는 연결부를 가지도록 설계한 구조물에서, 연결부의 거동에 대해서 특별히 주의해야 할 것이다. 화재로 인한 열에 노출된 금속은, 빠른 열전도로 인해 국부적인 화재손상을 입을 것이다. 화재나 열에 의한 열팽창의 영향 및 화재로 인해 직접적으로 영향을 받지 않은 구조물 중 영구적인 소상에 대한 위험도를 고려해야 할 것이다. 복합신소재 적층구조물의 화재설계에 대한 방법과 시스템 개발에 있어서, 설계자는 재료 또는 구조물의 다른 설계특성에 대한 영향을 충분히 고려해야 한다.

3. 작업 기준

복합신소재 적층으로 이루어진 구조부재의 내화 설계에서 열 저항, 발화성, 표면에 확산된 화염, 화재 진행방향, 열 침투 및 온도상승으로 인한 강도 상실과 같은 사항이 고려되어야 한다. 또한 보다 더 구조적으로 안전하기 위해선 증기 방출, 중독성이 있고, 유독한 발연 등을 고려해야 한다. 설계자는 구조물의 재료 샘플시험으로 화재기준을 정하고자 할 때 주의해야 한다. 왜냐하면, 실제 화재에서의 재료, 구조물 또는 구조적 조건의 시스템의 성능을 충분히 반영하지 못하기 때문이다. 구조 열 공학은 복합신소재 적층으로 이루어진 구조부재의 열 저항을 결정하는데 사용된다. 화재하중(가연성 재료 등)은 낮으며, 연소의 가능한 원인은 복합신소재 적층부재로부터 충분히 멀리 떨어져 있어, 화재저항으로 특정된 기간 동안에 파괴의 원인으로 제공되지 않음을 증명할 수 있다. 열공학이 열 저항력을 결정하기 위해 사용할 때 우발적인 설계상황을 충분히 고려해야 할 것이다.

15.2 충격 설계

1. 기본 사항

복합신소재 구조물이나 구조요소들은 사용기간 동안 충격하중을 받을 수 있으며, 충격 후 압축강도가 약할 수 있으므로 기본적인 사항 결정에 있어서, 다음 사항을 고려해야 할 것이다.

① 일반적으로 복합신소재 적층은 재료의 응력 - 변형률의 선형거동 아래에서 연성거동을 보이지 않는다. 파괴는 그 점에 도달한 후에 바로 일어날 것이다.
② 설계된 구조부재 요소가 부분적으로 구성되어 사용하는 구조인지를 고려하여야 한다.
③ 설계상 충격이 한 번에 크게 또는 주기적으로 작은 양으로 반복적으로 일어날지, 또는 조합되어 일어날지를 고려해야 한다.
④ 흡수될 에너지의 출처가 충격 또는 고속도의 가벼운 추진력 또는 저속도의 무거운 추진력인지를 고려해야 한다.

2. 성능기준

복합신소재 적층구조물로 이루어진 빌딩이나 요소가 충격하중을 받을 시, 가능한 실제적인 조건하에서 설계하중에 견디도록 해야 할 것이다. 파괴기준은 다음 사항들로써 선택을 한다.

1) 극한한계상태

- 부재의 붕괴
- 전제 구조물의 구조적 보전, 진행 붕괴
- 영구손상으로 인한 강도의 손실
- 요소의 관통, 전체적인 관통

2) 사용한계상태

- 직접적인 하중, 휨 그리고 전단에 대한 변형한계
- 변형률 제한
- 충격에 따른 누출률

▪ 관통한계

사용한계상태에서의 설계기준은 충격하중 발생률을 고려하여 선택하여야 할 것이다. 충격하중은 사하중과 부과하중과 함께 고려해야 하지만 풍하중과 지진은 그럴 필요가 없다. 충격에 대한 설계 시, γ_{GA}, ψ_1, $\psi_2 = 1.0$로 우발적인 설계상황을 고려해야 할 것이다.

충격하중 작용 후, 구조물은 기능적으로 충분한 강도를 유지해야 할 것이며, 안전하고 관리가 쉬운 방법으로 적절하게 충격에 대해 대비해야 할 것이다. 충격하중을 받는 복합신소재 적층구조물 설계 시, 주변 환경에 의한 풍화작용으로 시간이 지남에 따라 충격강도의 감소를 고려해야 할 것이다.

3. 설계방법

표준시험으로 얻은 충격강도 데이터는 직접적으로 부재의 성능을 예측하는데 이용할 수가 없다. 충격 설계는 완제품 시험을 통해 증명해야 할 것이다. 제작품 충격 시험은 실제적으로 매우 유사한 사용충격조건에서 모의실험을 위해 설계되어야 할 것이다. 제작품 시험에서 고려해야 하는 요소는 다음 사항과 같다.

① 발사체의 크기, 질량 그리고 속도
② 발사체의 경도 (표적과 발사체의 상대적인 경도)
③ 온도
④ 표적의 기하학적 조건
⑤ 응력집중 (노치, 구멍 등)

15.3 피로 설계

1. 기본 조건

일반적으로 구조물은 변동하중을 반복적으로 받으면 반복하중의 최대크기가 재료의 인장강도보다 작을 때에도 재료의 파괴가 발생한다. 복합신소재 구조물은 적당한 확률을 가지고, 피로하중에 의해 쉽게 파괴되거나, 피로로 인한 손상에 대한 수정을 쉽게 요구되지 않도록 설계되고 건설되어야 한다. 피로에 대한 설계에 있어서 필요한 기본 사항들은 건물 규정이나 건물 규범 요구 등이 해당될 수 있다. 복합신소재 적층으로

이루어진 구조물은 피로하중에 대한 사항들을 충분히 고려해야 하며, 다음 사항 또한 마찬가지이다.

① 들어올리기 기구 또는 회전하중을 지지하는 부재
② 진동 기계로 인한 반복되는 응력 회전을 받는 부재
③ 풍하중으로 인한 진동 또는 응력 반전을 받는 부재
④ 다량의 유도진동을 받는 부재

2. 설계의 조건

복합신소재 구조물은 피로 설계에서 다음 사항을 고려해야 한다.

① 피로 파괴기준
② 구조물이나 부재에서 요구되는 피로수명
③ 기하학적인 효과와 건설방법으로 야기된 응력집중 그리고 동적인 진동요소의 원인으로 변동하는 수직응력과 전단응력의 최대, 평균 그리고 최솟값

복합신소재 구조물의 한계상태를 고려할 때 섬유의 분열 또는 합성수지의 균열인 사용성을 확인하며, 요소의 파괴 또는 전반적인 국부 변형과 같은 극한한계상태를 고려해야 한다. 설계는 주된 환경조건에서 사용한계상태에 대해 점검을 해야 할 것이다. 섬유의 분열이나 합성수지의 균열은 설계수명 기간 동안에 응력 회전수 n에 대해서 발생하지 않는다. 이와 같은 경우, 극한한계상태에서 피로에 대한 설계를 점검할 필요가 없다. 이와 같은 이외에, 피로 설계는 극한한계상태에서 점검해야 한다. 응력 회전수 n의 응력집중에 대해서, 다음 기준은 피로하중을 받는 복합신소재 구조물의 한 점에서 고려해야 할 것이다.

① 수직응력은 다음 식을 만족시켜야 한다.

$$\gamma_{Ff}\Delta\sigma < \Delta\sigma/\gamma_{mf} \tag{15.1a}$$

② 전단응력은 다음 식을 만족시켜야 한다.

$$\gamma_{Ff}\Delta\tau < \Delta\tau_R/\gamma_{mf} \tag{15.1b}$$

여기서, $\Delta\sigma$은 공칭 수직응력 범위($\sigma_{\max}-\sigma_{\min}$), $\Delta\tau$은 공칭 전단응력 범위($\tau_{\max}-\tau_{\min}$), $\Delta\sigma_R$은 공칭 피로강도, $\Delta\tau_R$은 전단 피로강도를 뜻한다. 그리고 n은 복합신소재 구조요소에 대한 응력 회전수를 말한다. γ_{mf}는 피로강도에 대한 부분안전계수를

뜻한다. $\sigma_{\max}$, $\tau_{\max}$은 응력 회전에서 변동하는 공칭과 전단응력의 최댓값을 뜻한다.

$$\gamma_{Ff} = 1.0 \tag{15.2}$$

$$\gamma_{mf} = \gamma_{m,1}\,\gamma_{m,2}\,\gamma_{m,3}\,\gamma_{m,4} \tag{15.3}$$

여기서, $\gamma_{m,1}$, $\gamma_{m,2}$, $\gamma_{m,3}$, $\gamma_{m,4}$은 이 책에서 정의되어 있으며, 재료에 대한 부분안전계수를 뜻한다. 그리고 γ_{Ff}는 피로활동에 대한 부분안전계수이다.

조합 응력에 대해서는 D_d는 피로에 대한 손상지표로서 다음 식과 같이 나타내며, $D_d < 1$이어야 한다.

$$D_d = (1/N_{\sigma x,f} + 1/N_{\tau xy,f} + 1/N_{\tau xz,f})\,n \tag{15.4}$$

여기서, $N_{\sigma f}$는 파괴에 대한 수직 또는 전단의 회전수, $N_{\tau f}$는 각각 작용하는 응력범위를 뜻한다. 설계자는 피로하중을 받는 복합신소재 요소의 이론적인 파괴점이 조인트, 연결, 단면변화 그리고 응력집중부에서 발생한다는 것을 알고 안전을 유지해야 할 것이다.

표 15.2 피로강도에 대한 부분안전계수 : $\gamma_{m,4}$

검사와 접근방법	"파괴-안전" 요소	비"파괴-안전" 요소
주기적인 안전점검 및 유지관리를 받는 경우이고 접근 가능 구조요소	1.5	2.0
주기적인 안전점검 및 유지관리를 받는 경우이고 접근 가능이 어려운 구조요소	2.0	2.5
주기적인 안전점검 및 유지관리를 받지 못하는 구조요소	2.5	3.0

상기 표에서 "파괴 - 안전"은 한 요소의 국부파괴가 구조물이나 구조물의 전체단면의 파괴를 야기하지는 않는다. 비"파괴 - 안전"은 한 요소의 국부파괴가 구조물이나 구조물의 전체단면의 파괴를 야기한다.

3. 설계방법

가능하면, 파괴강도는 유사한 합성수지와 유리섬유로 이루어진 복합신소재구조 적층물의 시편을 시험하여 결정되어진다. 시험의 조건은 설계된 요소의 하중조건과 환경조건에 맞게 이루어져야 한다. 사용한계상태에서 피로에 대한 설계의 점검에 대해서, 표 15.3은 CSM, WR 그리고 UD의 유리섬유로 보강된 적층구조물에서 횡방향 섬유보강이 분열되지 않도록 수직변형률 범위의 한계를 규정하기 위해 사용된다.

표 15.3 횡방향 섬유의 분열에 대한 수직변형률 범위와 응력 회전수

정상 변형률 범위(%)	최대 변형률(± %)	반복횟수(N)
0.30	0.20	10^3
0.23	0.15	10^4
0.17	0.13	10^5
0.10	0.07	10^6
0.03	0.02	10^7

극한한계상태에서 피로에 대한 설계 점검에 대해서, 1방향, 제직섬유로 만들어진 적층의 수직 피로강도와 전단 피로강도는 다음 식으로 규정하고 있다.

$$\Delta\sigma_R / \sigma_R = (1.5 - 0.3\log_{10}N)(1 - \sigma_m / \sigma_R) / (1 + \sigma_m / \sigma_R) \qquad (15.5)$$

$$\Delta\tau_R / \tau_R = (1.5 - 0.3\log_{10}N)(1 - \tau_m / \tau_R) / (1 + \tau_m / \tau_R) \qquad (15.6)$$

여기서, σ_R은 특정 공칭강도이고, τ_R은 특정 전단강도를 뜻한다. 피로하중을 받는 복합신소재 구조물은 정상적인 환경조건에서 사용되어지거나, 위험한 환경조건에서 보호되어 사용되어진다. 주위 온도는 50℃를 초과하지 않아야 한다. 그리고 하중의 빈도수는 10 Hz를 초과하지 않아야 한다. 피로를 고려한 설계 시, 설계자는 응력집중이 발생할 수 있는 부위에 특별히 고려해야 할 것이다. 응력집중은 연결부위, 다시 채워진 귀퉁이, 방향이 급격히 변화하는 점에서 발생할 것이다. 결과적으로 응력은 근접한 평판에 존재하는 응력보다 훨씬 클 것이며, 그로 인해 부재의 피로에 대한 저항력이 상당히 감소할 것이다.

CHAPTER

16

복합신소재 보강근(rebar) 콘크리트 해석과 설계

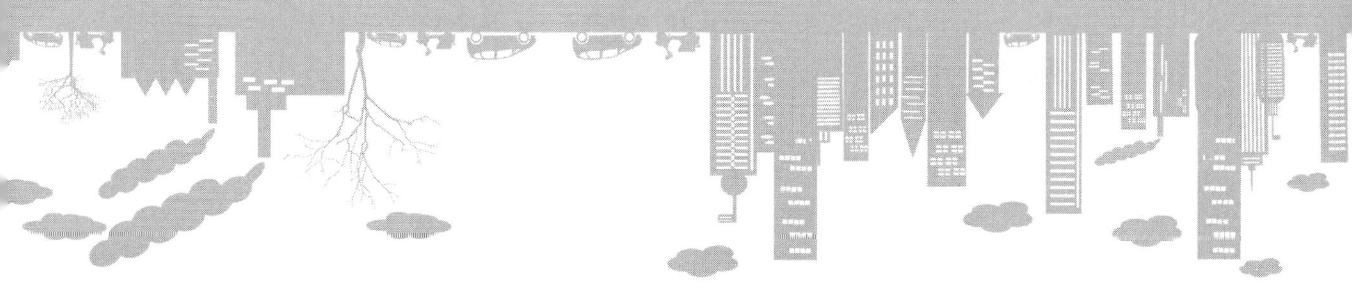

16.1 일반사항

복합신소재는 고강도, 경량성, 비부식성 및 비자기성 등의 재료적 특성으로 인해 철근콘크리트 구조물에서 철근의 대체 재료로서 복합신소재 보강근(rebar)을 사용하고 있다. 복합신소재 보강근 콘크리트는 재료적 성질이 각각 다른 콘크리트와 복합신소재 보강근이 일체가 되어 외부 작용하중에 대해서 효과적으로 저항하도록 한 구조체이다. 따라서 철근콘크리트의 기본개념과 같이 복합신소재 보강근 콘크리트를 해석하기 위해서는 다음과 같은 세 가지 성립이유가 적용되어야 한다.

복합신소재 보강근 콘크리트 성립 조건
① 복합신소재 보강근과 콘크리트 사이의 부착강도가 크다.
② 콘크리트 속에 묻힌 복합신소재 보강근은 부식하지 않는다.
③ 콘크리트와 복합신소재 보강근은 열팽창계수가 유사하다

이 장에서는 복합신소재 보강근 콘크리트 구조물에 대해 해석과 설계에 대해서 기술하고 있다.

16.2 복합신소재 보강근의 종류

복합신소재는 보강섬유에 따라 GFRP(유리섬유 강화 복합신소재), CFRP(탄소섬유 강화 복합신소재), AFRP(아라미드섬유 강화 복합신소재)의 보강근으로 구별할 수 있다. 건설용 복합신소재 보강근은 철근 대체용으로서 경제성을 고려할 때 상대적으로 저렴한 GFRP 보강근을 주로 사용하고 있다. 또한 프리스트레스트 콘크리트의 강재 긴장재의 대체용으로 CFRP 보강근 및 AFRP 보강근을 사용하고 있으며, 가격이 고가이며 강재 이상의 역학적 성질을 보이고 있다. 현재 GFRP 보강근의 종류는 그림 16.1과 같으며, 이를 이용하여 그림 16.2(a)와 같이 휨 GFRP 보강근의 배근 작업을 할 수 있다. 그림 16.2(b)와 같이 전단 GFRP 보강근용으로 현장에서 가공할 수 없으며, 공장에서 제작하여야 한다.

그림 16.1 GFRP 보강근의 종류

(a) GFRP 보강근의 배근

(b) 전단 GFRP 보강근(스터럽)

그림 16.2 GFRP 보강근의 배근과 스터럽

16.3 복합신소재 보강근 콘크리트의 해석 및 설계

16.3.1 개요

복합신소재 보강근은 거동 시 외력에 대해 저항함에 있어서 탄성한계까지는 선형거동을 보이다가 항복이후 소성변형을 보이지 않고 파괴상태에 이르는 것으로 연구를

통해 나타났다. 복합신소재 보강근 콘크리트 부재는 이러한 복합신소재 보강근의 거동을 고려한 강도설계법으로 적용할 수 있다. 복합신소재 보강근 콘크리트 부재의 파괴 직전의 상태 또는 파괴상태에서의 극한강도를 계산할 때 적절한 안전율의 고려는 있어야 하며, 하중을 적용하는 단계에서 실제 하중보다 큰 값을 사용하도록 1.0보다 큰 값을 갖는 하중계수를 도입하고, 강도의 계산 시에도 1.0보다 작은 강도감소계수를 도입하여 구조재료의 역학적 거동을 충분히 활용하는 대신 구조물의 안전에 대비하여야 한다. 복합신소재 보강근 콘크리트 구조물을 설계할 때 설계하중 및 하중조합은 구조물의 종류에 따라 적용한다. 복합신소재 보강근 콘크리트 구조부재의 설계강도는 모든 단면에서 하중조합에 의해 계산된 소요강도 이상이어야 한다. 설계강도는 공칭강도에 강도감소계수를 곱한 값으로 정의되며, 이 값은 외력에 의한 계수하중에 의한 단면력을 상회하도록 해야 한다. 복합신소재 보강근 콘크리트 구조물은 사용기간 중 구조물의 기능과 성능을 충분히 유지하도록 사용성과 내구성을 확보해야 한다. 사용성 검토는 처짐, 균열, 크리프와 피로의 영향 등을 고려해야 한다. 복합신소재 보강근 콘크리트 부재 또는 구조물의 변형은 원래의 구조기능 및 외관에 심각한 영향을 주지 않아야 한다.

1. 설계강도와 소요강도의 관계

설계강도는 공칭강도에 감소계수를 곱한 강도로서 설계된 단면이 저항할 수 있는 이론상의 강도를 망라한 것으로서 실제의 설계강도는 이 공칭강도에 강도감소계수(ϕ)를 곱해서 얻게 되며, 소요강도는 구조물에 가해지는 각 하중에 각각의 하중계수를 곱한 강도로 복합신소재 보강근 콘크리트부재가 사용성과 안전성을 만족할 수 있도록 요구되는 단면의 단면력이다.

단면의 설계강도(내력) ≥ 소요강도(요구하는 단면력)

따라서, 휨, 전단 및 축방향력에 대하여 다음과 같이 나타낼 수 있다.

$$\phi M_n \geqq M_u, \qquad \phi V_n \geqq V_u, \qquad \phi P_n \geqq P_u$$

여기서, M_n : 공칭모멘트강도

M_u : 극한모멘트로서 하중계수를 곱한 값

V_n : 공칭전단강도

V_u : 극한전단력으로서 하중계수를 곱한 값

P_n : 공칭축하중강도

P_u : 극한축하중으로서 하중계수를 곱한 값

16.3.2 휨 해석 및 설계

1. 개요

복합신소재 보강근 콘크리트 휨 부재인 보(beam)를 설계할 때에는 강도설계법이나 허용응력설계법 모두 보의 붕괴를 미리 예고해주는 과소 복합신소재 보강근비를 설계해야 하며, 인장 복합신소재 보강근비의 최고 한도 즉 최대 복합신소재 보강근비를 정하여 이를 넘지 않도록 하여야 한다. 또한 보의 인장 복합신소재 보강근량이 너무 적어도 취성파괴를 일으킬 수 있다. 그 이유는 인장구역 콘크리트의 인장응력이 휨 인장강도를 초과하므로 콘크리트에 균열이 발생하여, 콘크리트가 부담하던 인장응력이 복합신소재 보강근으로 옮겨감으로 인하여 너무 적은 인장 복합신소재 보강근량이 이를 감당치 못하고 파괴가 되기 때문이다. 그래서 이러한 파괴를 피하기 위해 최소철근비를 규정하고 있다. 이 장에서는 강도설계법을 이용하여 복합신소재 보강근 콘크리트의 휨 해석에 대해 기술하고자 한다.

2. 강도설계법에 의한 복합신소재 보강근 콘크리트 보의 휨 해석

1) 보의 휨파괴

보에 과도한 휨 모멘트가 가해지면 압축측 콘크리트가 먼저 파괴되거나, 또는 인장 복합신소재 보강근이 약해서 먼저 파괴된다. 그러나 압축측과 인장측이 동시에 파괴된다면 가장 이상적이다. 즉 콘크리트가 $0.85f_{ck}$에 복합신소재 보강근이 f_{fu}에 동시에 도달하는 보로서, 이러한 상태의 보를 균형보라 하며, 이때의 복합신소재 보강근비를 균형 복합신소재 보강근비라 하는데 보의 휨파괴를 규정하는 기준이 된다. 비교적 복합신소재 보강근비가 작으면 복합신소재 보강근이 항복하기 시작하면서 콘크리트의 압축 면적이 감소하여 2차적인 압축파괴를 한다. 그러므로 이 경우는 복합신소재 보강근의 항복으로 인하여 붕괴의 징후를 보이면서 점진적으로 파괴된다. 그러나 복합신소재 보강근비(P_f)가 크면 복합신소재 보강근이 항복하기 전에 콘크리트가 극한 능력에 도달하여 예고 없이 돌발적으로 파괴되므로 바람직하지 못하며 이 경우는 인장 복합신소재 보강근비를 규제해야 할 것이다. 따라서 균형 복합신소재 보강근비를 갖고서

복합신소재 보강근비를 규제하면 될 것이다.

2) 균형보의 해석

(1) 균형보강근비

강도설계법에서 균형보의 개념은 강도설계법의 근본이론을 이루고 있다. 균형상태는 인장 복합신소재 보강근이 항복강도 f_{fu}에 도달하고 동시에 압축측 콘크리트가 극한 변형률이 ε_{cu}에 도달하는 상태를 균형보강근비상태라 말한다. 일반적으로 휨을 받는 단면에 대해 평형조건을 일으키는 균형 복합신소재 보강근비 (P_{fb})의 0.75배를 초과할 수 없도록 규정하고 있는데, 이와 같은 규정은 압축력 부족으로 인한 콘크리트의 취성파괴보다는 복합신소재 보강근이 항복함으로써 일어나는 연성파괴로 유도하여 사전에 파괴에 대한 징후 발견 내지는 위험도를 덜어주는 데 목적이 있다고 본다. 그림 16.3과 같이 균형보의 해석은 파괴 시의 변형 3각형이 기본이 된다. 이때 복합신소재 보강근의 변형은 $\varepsilon_f = \dfrac{f_{fu}}{E_f}$가 되고 콘크리트의 변형은 강도설계법에서 최고 ε_{cu}으로 정하고 있다. 따라서 여기서 균형 복합신소재 보강근비를 유도하면 다음과 같다.

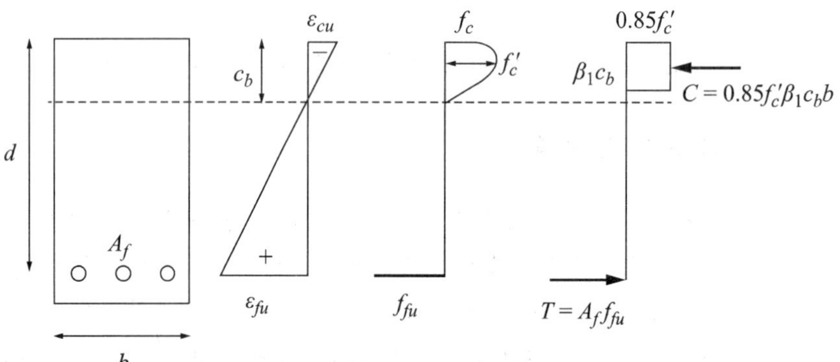

그림 16.3 복합신소재 보강근 콘크리트 균형상태 단면에서 응력, 변형률도

변형률도에서 중립축의 위치 c_b는 비례식을 사용하여 다음 식과 같이 얻을 수 있다.

$$c_b = \frac{\varepsilon_{cu}}{\varepsilon_{cu} + \varepsilon_{fu}} \cdot d \tag{16.1}$$

또 그림 16.3에서 나타낸 것처럼 C(총 압축력)= T(총 인장력)로부터 다음 식을 이용하여 균형상태 단면의 균형 복합신소재 보강근비(P_{fb})를 구할 수 있다.

$$0.85 f_{ck} ab = f_{fu} A_f \tag{16.2}$$

$$P_f = \frac{A_f}{bd} \tag{16.3}$$

이 된다. 여기서 a는 응력깊이로서 $a = k_1 c_b$가 되며, A_f는 균형 복합신소재 보강근량이므로 $A_f = P_{fb} bd$로 쓸 수 있다. 따라서 위의 식들을 대입하여 정리하면 다음과 같이 균형 복합신소재 보강근비(P_{fb})에 관한 식을 얻을 수 있다.

$$P_{fb} = 0.85 k_1 \frac{f_{ck}}{f_{cu}} \frac{E_f \varepsilon_{cu}}{E_f \varepsilon_{cu} + f_{fu}} \tag{16.4}$$

그리고 응력깊이계수인 k_1의 값은 f_{ck}가 28 MPa까지는 0.85이고, 그보다 1 MPa씩 증가함에 따라 0.85의 값에서 0.007씩 감소된다. 그 값은 0.65보다 작지 않도록 해야 한다.

(2) 강도감소계수

휨에 대한 강도감소계수(ϕ)는 복합신소재 보강근비(P_f)와 균형 복합신소재 보강근비(P_{fb})의 비교에 따라 식 (16.5)를 이용하여 구할 수 있다.

$$\phi = \begin{cases} \text{과소보강근보}(P_f \le P_{fb}) : 0.55 \\ \text{과다보강근보}(P_f \ge 1.4 P_{fb}) : 0.65 \\ \text{근소 과소보강근보}(P_{fb} < P_f < 1.4 P_{fb}) : 0.3 + 0.25 \dfrac{P_f}{P_{fb}} \end{cases} \tag{16.5}$$

3) 복합신소재 보강근 콘크리트 직사각형 단면보

(1) 휨강도

콘크리트 보 인장측에 복합신소재 보강근을 배치한 보를 복합신소재 보강근 직사각형 단면이라고 한다. 실제 사용되는 보에서는 복합신소재 보강근비에 대해서, 과소 복합신소재 보강근비에 대한 해석을 기술하고자 한다. 이때에는 틀림없이 인장력 부족으로 인장쪽에서 먼저 파괴된다. 그 결과 복합신소재 보강근이 항복하여 늘어나면 중립축은 위로 올라가며, 이때 압축면에서의 콘크리트의 최

대변형률 ε_{cu}이 되면 2차적으로 압축파괴가 일어난다.

직사각형 단면의 아래쪽, 즉 정(+)모멘트가 작용할 때 인장쪽에만 복합신소재 보강근을 가진 보 또는 부(−)모멘트가 작용할 때 단면의 상단, 즉 인장쪽에만 복합신소재 보강근을 가진 보의 단면에서 응력 사각형의 깊이 a는 총 압축력(C)와 총 인장력(T)의 평형조건으로부터 구할 수가 있다. 복합신소재 보강근비가 $P_f < P_{fb}$인 과소 복합신소재 보강근보인 경우 평형조건 C(총 압축력)= T(총 인장력)로부터

$$0.85 f_{ck} ab = f_{fu} A_f \tag{16.6}$$

좌, 우변을 정리하면 응력깊이 a의 값을 구하는 식을 다음과 같이 얻을 수 있다.

$$\therefore\ a = \frac{f_{fu} A_f}{0.85 f_{ck} b} \tag{16.7}$$

따라서, 공칭 휨모멘트 강도는 다음과 같은 식으로 구할 수 있다.

$$M_n = 0.85 f_{ck} ab\left(d - \frac{a}{2}\right) = f_{fu} A_f \left(d - \frac{a}{2}\right) \tag{16.8}$$

여기서 M_n은 이상적인 조건하에서 공칭 휨모멘트 강도이다. 따라서 설계모멘트 강도 $M_d = \phi M_n$은 다음과 같다.

$$M_d = \phi M_n = \phi 0.85 f_{ck} ab\left(d - \frac{a}{2}\right) = \phi f_{fu} A_f \left(d - \frac{a}{2}\right) \tag{16.9}$$

여기서 강도감소계수인 ϕ는 식 (16.5)를 따른다. 복합신소재 보강근비가 $P_f > P_{fb}$인 경우, 즉 콘크리트가 압축파괴가 발생할 경우이며, 그때의 복합신소재 보강근의 발생 응력(f_f)은 $f_f \le f_{fu}$이고 공칭 휨모멘트 강도는 다음 식과 같다.

$$M_n = A_f f_f \left(d - \frac{a}{2}\right) \tag{16.10}$$

$$a = \frac{A_f f_f}{0.85 f_{ck} b} \tag{16.11}$$

$$f_f = \left(\sqrt{\frac{(E_f \varepsilon_{cu})^2}{4} + \frac{0.85 k_1 f_{ck}}{P_f} E_f \varepsilon_{cu}} - 0.5 E_f \varepsilon_{cu}\right) \le f_{fu} \tag{16.12}$$

여기서, k_1은 등가직사각형 응력블록의 깊이계수를 뜻한다.

(2) 최소 복합신소재 보강근량

인장 복합신소재 보강근을 지나치게 적게 넣은 보는 인장 복합신소재 보강근에 의한 저항모멘트가 인장측 콘크리트의 휨인장강도만에 의한 저항모멘트보다 작은 경우가 있다. 이러한 보는 콘크리트의 휨인장강도(파괴계수)만에 의해 저항하므로 인장균열($\phi M_n \geq M_{cr}$)의 발생과 동시에 갑작스럽게 파괴된다. 그러므로 이러한 파괴를 피하기 위해서는 복합신소재 보강근을 어느 한도 이상 배치해야 한다. 국내 콘크리트 구조설계기준에서는 최소 보강근비로서 다음 값을 주고 있다. 복합신소재 보강근 콘크리트 보는 다음 식과 같이 최소 보강량 이상 보강되어야 한다.

$$A_{fmin} = \frac{0.49\sqrt{f_{ck}}}{f_{fu}}bd \geq \frac{330}{f_{fu}}bd \tag{16.13}$$

4) 복합신소재 보강근 콘크리트 사용성 검토

사용성 검토는 처짐, 균열, 크리프와 피로에 대해 수행하며, 콘크리트를 탄성으로 가정할 수 있다. 단, 콘크리트의 인장강도는 균열 발생 후 무시한다. 복합신소재 보강근 콘크리트 구조에 대한 활하중 및 충격에 의한 탄성(단기) 처짐과 지속하중에 의한 장기 처짐은 철근콘크리트 구조와 같이 제한하여야 한다. 또한 지속하중을 받을 때 크리프파괴와 반복하중 및 피로하중에 의한 피로파괴를 방지하기 위해서 이들 하중조건에 대해 복합신소재 보강근의 응력은 GFRP 복합신소재 보강근은 극한인장강도의 20% 이내($0.2f_{fu}$), AFRP 복합신소재 보강근은 극한인장강도의 30% 이내($0.3f_{fu}$), CFRP 복합신소재 보강근은 극한인장강도의 55% 이내($0.55f_{fu}$)로 제한해야 한다.

(1) 처짐

사용하중상태에서 복합신소재 보강근 콘크리트의 경우 사용성 수준에서 처짐에 대한 규정은 정적하중에 대해서만 적용하며, 지진, 바람, 진동 등의 동적하중에 대해서는 적용하지 않는다. 보와 일방향 슬래브는 표 16.1에서 제시하는 최소 두께를 만족해야 하며, 필요한 경우 개별 구조물별 허용한계 처짐과 합리적인 방법으로 계산된 처짐과 비교하여야 한다.

표 16.1 복합신소재 보강근 휨부재의 최소 두께

종류 \ 지지조건	단순지지	1단 연속	2단 연속	캔틸레버
일방향 슬래브	$l/13$	$l/17$	$l/22$	$l/5.5$
보	$l/10$	$l/12$	$l/16$	$l/4$

부재의 강성도를 엄밀한 해석방법으로 구하지 않는 경우 복합신소재 보강근 일방향 휨부재의 단기 처짐(사용하중에서 즉시 처짐)은 식 (16.14)의 유효단면이차모멘트를 이용하여 계산할 수 있다.

$$\begin{cases} I_e = \left(\dfrac{M_{cr}}{M_a}\right)^3 \beta_d I_g + \left[1-\left(\dfrac{M_{cr}}{M_a}\right)^3\right] I_{cr} \le I_g & M_a \ge M_{cr} \\ I_g & M_a < M_{cr} \end{cases} \tag{16.14}$$

$$M_{cr} = \frac{f_r I_g}{y_t} \tag{16.15}$$

$$f_r = 0.63\sqrt{f_{ck}} \tag{16.16}$$

$$\beta_d = \frac{1}{5}\frac{P_f}{P_{fb}} \le 1.0 \tag{16.17}$$

여기서, M_a는 고려하는 사용하중 조건의 휨모멘트로 균열모멘트 M_{cr}보다 작지만 근접하는 경우에는 M_{cr}을 적용한다. 엄밀한 해석에 의하지 않는 한, 복합신소재 보강근 콘크리트 휨부재의 크리프와 건조수축에 의한 추가 장기 처짐 $\Delta_{(cp+sh)}$는 다음 식에 의해 계산할 수 있다.

$$\Delta_{(cp+sh)} = 0.6\xi(\Delta_i)_{sus} \tag{16.18}$$

여기서, ξ은 지속하중에 대한 시간경과계수[=1.0(3개월), 1.2(6개월), 1.4(12개월), 2.0(60개월 또는 그 이상)]이고, $(\Delta_i)_{sus}$는 해당 지속하중에 의해 생긴 순간 처짐이다.

(2) 균열

사용하중상태에서의 인장면에 가장 가까운 복합신소재 보강근의 배치간격(s)은 다음 조건을 만족하도록 설계하여야 한다.

$$s \le \min\left(1.15\frac{C_b E_f w}{f_{fs}} - 2.5c_c\,;\quad 0.92\frac{C_b E_f w}{f_{fs}}\right) \tag{16.19}$$

여기서, f_{fs}는 사용한계상태에서의 복합신소재 보강근 인장응력(MPa), E_f는 복합신소재 보강근의 탄성계수(MPa), c_c는 순덮개로서 50 mm + 보강근 직경/2보다 크지 않아야 한다. C_b는 주변콘크리트와 보강근의 부착정도를 나타내는 감소계수로서 0.83을 표준으로 한다. s는 인장 최외측에 배치된 보강근의 배근간격(mm), w는 최대 한계 균열폭으로서 0.7 mm를 적용한다(단, 적용조건에 따라 발주자와 협의하는 경우에는 그 값을 조정할 수 있다).

(3) 크리프와 피로

지속하중을 받을 때 크리프파괴와 반복하중 및 피로하중에 의한 피로파괴를 방지하기 위해서는 식 (16.20) 또는 (16.21)에 의해 계산된 복합신소재 보강근 응력 f_{fs}가 복합신소재 보강근 응력제한 조건을 만족한다.

$$f_{fs} = \frac{m_{s,sus} n_f d(1-k)}{I_{cr}} \tag{16.20}$$

또는

$$f_{fs} = \frac{m_{s,sus}}{A_f d(1-k/3)} \tag{16.21}$$

여기서, f_{fs}는 사용하중을 받을 때 복합신소재 보강근 응력 수준(MPa)이고, $m_{s,sus}$는 지속하중에 의한 휨모멘트(N·mm)이다. 복합신소재 보강근의 응력제한은 GFRP 복합신소재 보강근은 극한인장강도의 20% 이내($0.2f_{fu}$), AFRP 복합신소재 보강근은 극한인장강도의 30% 이내($0.3f_{fu}$), CFRP 복합신소재 보강근은 극한인장강도의 55% 이내($0.55f_{fu}$)로 제한해야 한다.

16.3.3 전단 해석 및 설계

1. 개요

콘크리트는 인장강도가 약하기 때문에 사인장응력을 견디기 위해서는 복합신소재 보강근을 배치해야 하며, 복합신소재 보강근을 배치하지 않으면 사인장응력에 직각방

향으로 균열이 생기게 된다. 이러한 사인장균열은 보에 급속하게 퍼져 파괴를 일으키므로, 전단력으로 인해 생기는 사인장균열을 막기 위해서는 전단 복합신소재 보강근의 배치가 필요하다. 어느 단면에 가해진 전단력에 대응하는 전단강도는 콘크리트가 부담하고 콘크리트로서 부족할 시 전단 복합신소재 보강근을 보강하여 부담하게 한다.

이와 같이 사인장응력으로 인한 전단균열이 부재에 생기면 복합신소재 보강근이 노출되어 강도도 저하한다. 따라서 이를 막기 위해선 전단보강을 하여야 되며 이 목적에 쓰이는 복합신소재 보강근을 사인장 복합신소재 보강근 또는 전단 복합신소재 보강근이라 한다. 사인장 복합신소재 보강근으로는 스터럽과 절곡 복합신소재 보강근이 쓰이는데 보통은 이 두 가지를 병용할 때가 많다.

2. 강도설계법에 의한 복합신소재 보강근 콘크리트 보의 전단 해석

1) 전단강도

강도설계법에서 전단력을 받는 복합신소재 보강근 콘크리트 부재의 단면은 휨부재와 동일한 방법으로 다음 식과 같이 설계전단강도 ϕV_n이 계수 전단력 V_u 이상이 되도록 설계하여야 한다.

$$\phi V_n \geq V_u \tag{16.22}$$

여기서, $V_n = V_c + V_f$: 공칭전단강도, V_c : 콘크리트가 부담하는 공칭전단강도, V_f : 전단 복합신소재 보강근(스터럽)이 부담하는 공칭전단강도, V_u : 해당 단면의 계수 전단력이다. V_n은 다음 식에 의해 계산하는 공칭전단강도이다. 설계전단강도 ϕV_n을 구하기 위해 적용되는 강도감소계수 ϕ는 0.75를 적용한다.

(1) 콘크리트에 의한 전단강도

복합신소재 보강근 콘크리트 휨부재의 콘크리트에 의한 전단강도 V_c는 다음 식을 이용하여 계산할 수 있다.

$$V_c = 5\sqrt{f_{ck}}\,bc \tag{16.23}$$

$$c = kd \tag{16.24}$$

$$k = \sqrt{(P_f n)^2 + 2P_f n} - P_f n, \qquad n = \frac{E_f}{E_c} \tag{16.25}$$

여기서, b는 부재의 복부 폭(mm)이다.

(2) 전단 복합신소재 보강근(스터럽)에 의한 전단강도

전단 복합신소재 보강근인 수직스터럽으로 보강된 보의 지점 부근에서 사인장 균열이 발생한 경사인장 균열이 발달했을 경우, 수직스터럽에 의한 전단강도는 균열선 안에 들어 있는 스터럽 개수의 강도만큼 생긴다. 보의 단면 축에 직각인 전단 복합신소재 보강근(수직스터럽)을 사용하는 경우 다음 식에 따라 전단강도 V_f를 계산하여야 한다.

$$V_f = \frac{A_{fv} f_{fv} d}{s} \tag{16.26}$$

여기서, A_f는 스터럽 간격 s 내의 전단보강근의 전체 단면적이며, f_{fv}는 전단설계를 위한 복합신소재 보강근의 설계기준 인장강도이다.
전단 복합신소재 보강근(경사스터럽)을 보의 단면 축에 α의 경사로 배치된 경우 다음 식에 따라 전단강도 V_f를 계산하여야 한다.

$$V_f = \frac{A_{fv} f_{fv} d}{s}(\sin\alpha + \cos\alpha) \tag{16.27}$$

복합신소재 보강근 스터럽의 강도(f_{fv})는 다음 식과 같이 제한하고 있다.

$$f_{fv} = 0.004E_f \le f_{fb} \tag{16.28}$$

여기서, f_{fb}는 복합신소재 보강근의 인장강도를 뜻하며, 다음 식으로 제한하고 있다.

$$f_{fb} = \left(0.05\frac{r_b}{d_b} + 0.3\right) f_{fu} \le f_{fu} \tag{16.29}$$

여기서, r_b는 구부린 복합신소재 보강근의 내부 곡률반경이고 d_b는 복합신소재 보강근의 직경이다.

(3) 전단 복합신소재 보강근 설계

어느 단면에 가해진 외부 전단력에 대응하는 내부 전단력 즉, 전단강도는 콘크리트가 부담하고 콘크리트가 부족할 때에는 전단 복합신소재 보강근을 보강하여 부담하게 한다.

$$V_d = \phi V_n \geq V_u \tag{16.30}$$

여기서, V_n : 해당 단면에서 공칭 허용전단강도, ϕ : 강도감소계수($\phi = 0.75$), V_u : 소요전단강도, 즉 하중계수를 곱한 하중에 의하여 구한 전단력($V_u = 1.2 V_d + 1.6 V_l$)이다. 단면의 공칭전단강도 V_n은 다음과 같다.

$$V_n = V_c + V_f \tag{16.31}$$

여기서, V_c : 콘크리트가 부담하는 공칭전단강도, V_f : 전단 복합신소재 보강근이 부담하는 공칭전단강도이다.

① $\frac{1}{2}\phi V_c < V_u \leq \phi V_c$**인 경우**

이 경우는 이론상 전단 복합신소재 보강근이 필요 없지만 복합신소재 보강근 콘크리트 보의 취성전단파괴를 방지하기 위해서 다음 식으로 계산되는 단면적 이상의 복합신소재 보강근을 배치하도록 규정하고 있다.

$$A_{fv} \geq 50 \frac{bs}{f_{fv}} \tag{16.32}$$

여기서, A_{fv} : 전단 복합신소재 보강근의 단면적(mm^2), b : 복합신소재 보강근 콘크리트 보의 폭(mm), s : 전단 복합신소재 보강근의 간격(mm), f_{fv} : 전단 복합신소재 보강근(스터럽)의 강도(MPa)

② $V_u > \phi V_c$**의 경우**

이 경우에는 전단 복합신소재 보강근을 배치해서 콘크리트가 부담하고 남는 전단력을 전단 복합신소재 보강근이 받도록 해야 한다.

■ 수직스터럽

단면이 전단에 대하여 안전하기 위해서는 다음 식과 같이 $V_d = \phi V_n \geq V_u$ 이어야 한다.

$$V_n = \phi V_n = \phi\left(V_c + \frac{f_{fv} A_{fv} d}{s}\right) \tag{16.33}$$

따라서, 간격 s는 다음 식과 같다.

$$s = \frac{\phi A_{fv} d}{V_u - \phi V_c} \tag{16.34}$$

■ 경사스터럽

수직스터럽과 마찬가지로 다음 식을 만족해야 한다.

$$V_u = \phi V_n = \phi \left[V_c + \frac{f_{fv} A_{fv} d (\sin\alpha + \cos\alpha)}{s} \right] \tag{16.35}$$

이 된다. 그리고 간격 s는 다음 식과 같다.

$$s = \frac{\phi f_{fv} A_{fv} d (\sin\alpha + \cos\alpha)}{V_n - \phi V_c} \tag{16.36}$$

16.4 정착 설계

1. 일반사항

복합신소재 보강근 콘크리트 부재 각 단면의 복합신소재 보강근에 작용하는 인장력 또는 압축력이 단면의 양측에서 발휘될 수 있도록 묻힘 길이, 갈고리, 단부 헤드 또는 이들의 조합에 의하여 보강근을 정착하여야 한다. 갈고리와 단부 헤드는 인장영역에 있는 보강근의 정착에만 사용하도록 한다.

2. 정착길이

1) 복합신소재 보강근의 정착길이

인장 정착길이 l_d는 다음 식과 $20d_b$ 중에서 큰 값 이상이어야 한다.

$$l_d = \frac{\alpha \dfrac{f_{fr}}{0.083\sqrt{f_{ck}}} - 340}{13.6 + \dfrac{C}{d_b}} d_b \tag{16.37}$$

여기서, f_{fr}은 파괴 시 발생되는 복합신소재 보강근의 응력, α는 보강근 위치수정계수, C는 보강근 중심으로부터 콘크리트 덮개와 보강근 중심 간격의 1/2 중 작은 값이다. 그리고 상기 식에서 C/d_b 값은 3.5 이하이어야 한다. 위치수정계수 α는 1.0이며, 단 상부 복합신소재 보강근 아래에 300 mm 이상의 콘크리트를 타설하는 경우에는 1.5를 취한다. 요구되는 복합신소재 보강근의 응력 f_{fr}은 휨파괴를 보장하는 정착이 필요 없는 경우 다음 식으로 계산할 수 있다.

$$f_{fr} = \frac{M_u}{\phi M_n} f_f \le f_f \tag{16.38}$$

여기서, ϕ는 0.55이고, f_f는 휨 설계에서 계산된 휨파괴될 때의 응력이다.

2) 갈고리 복합신소재 보강근의 정착길이

갈고리 복합신소재 보강근의 정착길이 l_{bdf}는 다음 식과 $12d_b$, 230 mm 중에서 큰 값 이상이어야 한다.

$$l_{bdf} = \begin{cases} 165\dfrac{d_b}{\sqrt{f_{ck}}} & f_{fu} \le 520 \\ f_{fu}\dfrac{d_b}{\sqrt{f_{ck}}} & 520 \le f_{fu} \le 1,040 \\ 330\dfrac{d_b}{\sqrt{f_{ck}}} & f_{fu} \ge 1,040 \end{cases} \tag{16.39}$$

여기서, f_{fu}는 복합신소재 보강근의 설계인장강도이다.

CHAPTER

17

복합신소재 보강재에 의한 보강 콘크리트의 해석과 설계

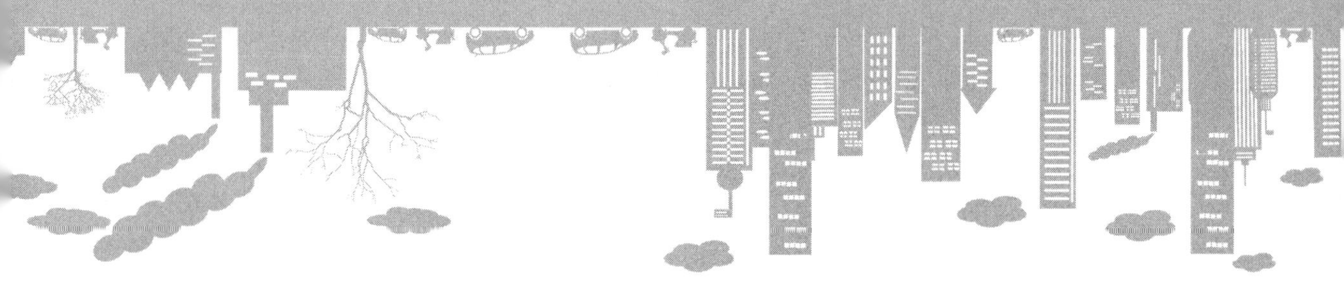

17.1 일반사항

노후 철근콘크리트 구조물은 주로 강판 보강재가 사용되어 왔지만 모체와 완전 부착이 되지 않는 등 강판의 자중으로 인한 시공상의 문제점과 강판의 부식으로 인한 내구성 측면에서 많은 문제점을 내포하고 있다. 복합신소재 보강재는 이러한 문제점을 해결할 수 있는 대안으로 제시되고 있다. 이 장에서는 복합신소재 보강재에 의한 보강 철근콘크리트 구조물의 해석과 설계에 대해서 기술하고자 한다. 복합신소재는 고강도, 경량성, 비부식성 및 비자기성 등의 재료적 특성과 부가적으로 다양한 형태로 제작이 가능하여 다양한 형태의 구조물 보강용으로 이용할 수 있다. 복합신소재 보강재는 재료적 성질이 각각 다른 콘크리트와 일체가 되어 외부 작용하중에 대해서 효과적으로 저항할 수 있는 보강시스템이다.

17.2 복합신소재 보강재의 종류

복합신소재 보강재의 종류는 수지를 함침시키지 않은 섬유 쉬트(sheet) 및 직물 형태, 직조섬유에 수지를 함침한 프리프레그(pre-preg) 그리고 인발(pultrusion) 제조방법으로 제작된 복합신소재 적층판이 있다. 이러한 세 가지 복합신소재 보강재를 사용하여 보강대상 콘크리트 모체의 면에 접착제를 사용하여 부착시켜 구조물을 보강한다.

17.3 철근콘크리트 구조물 보강 해석 및 설계

17.3.1 개요

복합신소재 보강재에 의해 보강된 철근콘크리트 구조물의 해석과 설계를 하기 위해서는 다음과 같은 가정에 기초로 하고 있다.

복합신소재 보강재에 의한 보강 철근콘크리트의 해석을 위한 가정
① 휨 변형 전에 평면이었던 단면은 휨 변형 이후에도 평면을 유지한다.
② 콘크리트와 복합신소재 보강재 사이의 부착은 완전 부착을 유지한다.
③ 복합신소재 보강재는 파괴 시까지 선형 응력-변형률 관계를 유지한다.

복합신소재 보강재에 의한 보강 이전의 철근콘크리트 구조부재는 공용 중 모든 작용하중으로 인해 초기 변형률이 발생하므로 그 부재에 복합신소재 보강재를 부착하는 면은 초기 변형률을 갖게 된다. 복합신소재 보강재가 부착된 콘크리트 면에서의 초기 변형률 크기는 보강재를 부착할 시에 구조부재에 모든 작용하중을 고려하여 구하여야 한다.

1. 강도감소계수

복합신소재 보강재에 의한 보강된 철근콘크리트 보의 설계 휨강도를 계산하기 위해서는 강도감소계수(ϕ)가 요구된다. 이 강도감소계수는 복합신소재의 계획된 사용량, 형태, 노출된 조건 등과 같이 다양한 영향을 받을 수 있다. 따라서 복합신소재 보강재에 의해 보강된 콘크리트 구조물의 휨에 대한 강도감소계수는 다음 식을 이용하여 구할 수 있다.

$$\phi = \begin{cases} \text{철근 항복 후 부재 파괴 및 } \varepsilon_s > 0.005 & : 0.9 \\ \text{철근 항복 전 부재 파괴 및 } \varepsilon_s < \varepsilon_{sy} & : 0.7 \\ \text{철근 항복 후 부재 파괴 및 } \varepsilon_s > \varepsilon_{sy},\ \varepsilon_s < 0.005 & : 0.7 + \dfrac{0.2(\varepsilon_s - \varepsilon_{sy})}{0.005 - \varepsilon_{fsy}} \end{cases} \tag{17.1}$$

그리고 전단에 대한 강도감소계수(ϕ)는 0.75이고 기둥에 대한 강도감소계수(ϕ)는 띠철근 기둥인 경우 0.70이며, 나선철근인 경우 0.75이다.

2. 휨파괴

복합신소재 보강재에 의한 보강된 철근콘크리트 보는 4개의 파괴모드를 다음과 같이 나타내고 있다.

① 철근 항복 후 콘크리트 파괴
② 철근 항복 전 콘크리트 파괴

③ 철근 항복 후 복합신소재 보강재 파괴
④ 철근 항복 전 복합신소재 보강재 파괴

3. 변형률의 적합성

복합신소재는 파괴 시까지 응력-변형률 곡선이 선형으로 나타나고 있으므로 복합신소재의 변형률은 복합신소재의 응력 크기를 나타낼 수 있다. 그러나 극한상태에서는 복합신소재의 유효 변형률은 다음 식으로 계산할 수 있다.

$$\varepsilon_f = \varepsilon_{cu}\left(\frac{h-c}{c}\right) - \varepsilon_{bi} \le k_m \varepsilon_{fu} \tag{17.2}$$

여기서, k_m은 복합신소재 보강재의 박리(debonding) 또는 엽렬(delamination)을 막기 위해 복합신소재 보강재의 변형률을 제한하기 위한 계수로 1.0보다 작은 값이어야 한다.

4. 연성

일반적으로 구조물의 연성(ductility)은 구조재료, 구조단면, 구조부재 및 구조계에 있어서 파괴 전까지 지지능력을 유지하면서 소성변형의 정도를 나타내는 정성적인 개념이다. 연성은 강도와 함께 구조물의 안전도를 평가하는 데 있어서 고려해야 할 중요한 요소 중 하나이다. 이와 같이 복합신소재 보강재로 보강된 철근콘크리트 부재는 충분한 수준의 연성을 유지하기 위해서는 극한한계상태일 때 철근에서의 변형도를 검토하여야 한다. 콘크리트가 압축파괴하거나 복합신소재 보강재가 파괴되는 시점에서 철근의 변형률이 최소한 0.005 이상일 경우 연성이 적절하게 확보되었다고 설명할 수 있다.

5. 사용성

복합신소재 보강재로 보강된 철근콘크리트 부재의 처짐이나 균열 폭과 같은 사용성은 철근콘크리트 구조 기준에서 제시한 값 이내로 하여야 한다. 복합신소재 보강재로 보강된 철근콘크리트 구조부재의 사용성에 대한 검토는 복합신소재 보강재의 환산단면적으로 사용하여 수행될 수 있다. 소성변형을 방지하기 위해 사용하중 하에서 철근이 항복에 도달하지 않도록 해야 한다. 사용하중상태에서 철근의 인장응력은 철근의 항복강도의 80% 이하가 되도록 하여야 한다. 복합신소재 보강재로 보강한 철근의 발

생응력은 다음 식과 같이 구할 수 있다.

$$f_{s,s} = \frac{[M_m + \varepsilon_{bi} A_f E_f (h - kd/3)](d - kd) E_s}{A_s E_s (d - kd/3)(d - kd) + A_f E_f (h - kd/3)(h - kd)} \le 0.80 f_y \tag{17.3}$$

17.3.2 강도설계법에 의한 휨부재 보강 해석 및 설계

1. 단철근 직사각형 단면 보

복합신소재 보강재에 의해 보강된 단철근 직사각형 단면의 보에 작용하중에 의한 휨모멘트를 받는 단면의 응력과 변형률의 분포는 그림 17.1과 같이 나타낼 수 있다.

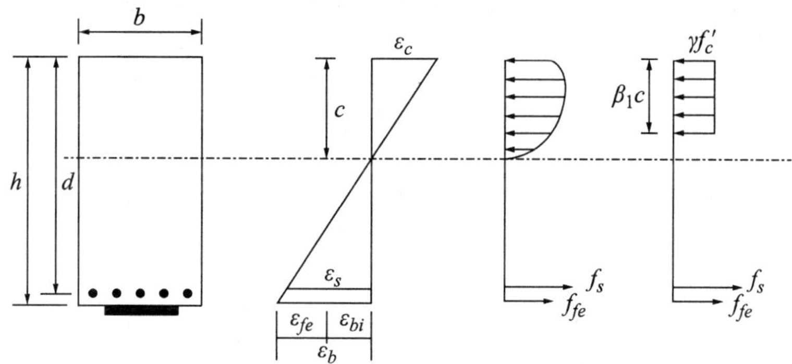

그림 17.1 복합신소재 보강재에 의한 보강 단철근 직사각형 단면보의 극한상태에서의 응력, 변형률도

여기서, ε_{fe}는 보의 하단에서 초기 변형률을 뜻하며, ε_{bi}는 복합신소재 보강재 보강에 의한 변형률을 나타낸다. 그리고 f_{fe}는 복합신소재 보강재의 인장응력을 나타낸다. 상기 그림에서 나타낸 바와 같이 포물선 콘크리트 응력분포는 등가 콘크리트 응력분포로 편리성 있게 대치하여 나타낼 수 있다. 응력깊이계수인 γ, β_1의 값은 f_c'가 28 MPa까지는 0.85이고, 그보다 1 MPa씩 증가함에 따라 0.85의 값에서 0.007씩 감소한다. 그 값은 0.65보다 작지 않도록 해야 한다. 그림 17.1과 같이 가정한 변형률 분포상에서 비례식을 이용하여 다음 식과 같이 관계식을 얻을 수 있다.

$$\frac{\varepsilon_c}{c} - \frac{\varepsilon_s}{d-c} = \frac{(\varepsilon_{fe} + \varepsilon_{bi})}{h-c} \tag{17.4}$$

여기서, $\varepsilon_c = \varepsilon_{ci} + \varepsilon_{cl}$은 콘크리트의 총 변형률이고, $\varepsilon_s = \varepsilon_{si} + \varepsilon_{sl}$은 철근의 총 변형률이다. 그리고 ε_{ci}은 콘크리트의 초기 변형률이고, ε_{si}은 복합신소재 보강재의 보강 전 철근의 초기 변형률이다. ε_{cl}, ε_{sl}은 콘크리트와 철근의 지속하중에 의한 추가 변형률을 뜻한다.

복합신소재 보강재의 두께는 보의 높이 h에 비하여 작아 무시하는 것으로 가정할 수 있다. 따라서 복합신소재 보강 전 보의 하단에서 초기 변형률 ε_{bi}는 다음 식과 같다.

$$\varepsilon_{bi} = (\varepsilon_{ci} + \varepsilon_{si})\frac{h}{d} - \varepsilon_{ci} \tag{17.5}$$

또 그림 17.1에서 나타낸 것처럼 C(총 압축력)= T(총 인장력)로부터 다음 식을 이용하여 복합신소재 보강재로 보강한 단철근 직사각형 단면의 응력깊이(a)를 구할 수 있다.

$$\phi_c \gamma f_c{}' \beta_1 c b = \phi_s f_s A_s + \phi_f A_f E_f \varepsilon_f \tag{17.6}$$

$$a = \beta_1 c = \frac{\phi_s A_s f_s + \phi_f A_f E_f \varepsilon_f}{\phi_c \gamma f_c{}' b} \tag{17.7}$$

이 된다. 여기서, a는 응력깊이로서 $a = \beta_1 c$가 되며, A_f는 복합신소재 보강재의 단면적이며, f_{fe}는 복합신소재 보강재의 인장응력이다. 그리고 A_s는 인장철근의 단면적이며, f_s는 철근의 인장응력이다.

따라서 복합신소재 보강재로 보강된 철근콘크리트 단철근 직사각형 단면 보의 설계모멘트 강도 $M_d = \phi M_n$은 다음 식과 같다.

$$\begin{aligned} M_d = \phi M_n &= \phi\left[\gamma f_c{}' ab\left(d - \frac{a}{2}\right)\right] \\ &= \phi\left[f_s A_s\left(d - \frac{a}{2}\right) + \Psi f_{fe} A_f\left(h - \frac{a}{2}\right)\right] \end{aligned} \tag{17.8}$$

상기 식에서 Ψ는 부분감소계수로서 복합신소재 보강재가 철근과 비교해서 휨강도 신뢰정도가 낮은 특성을 고려한 것으로 휨보강인 경우 0.85를 사용하도록 제시하고 있다.

1) 균형파괴

복합신소재 보강재로 보강된 철근콘크리트 보에서 균형파괴는 콘크리트가 ε_{cu}에 도달함과 동시에 복합신소재 보강재를 극한 변형률에 도달하는 것이다. 이 조건에서 인장 철근은 항복되어야 한다. 균형조건에서 변형률은 다음 식과 같은 관계식을 갖는다.

$$c_b = \frac{h \cdot \varepsilon_{cu}}{\varepsilon_{cu} + \varepsilon_{frpu} + \varepsilon_{bi}} \tag{17.9}$$

여기서 c_b는 균형상태의 보의 균형단면에서 중립축의 깊이를 뜻한다. 따라서 복합신소재 보강재로 보강된 철근콘크리트 단철근 직사각형 단면 보의 균형단면의 설계모멘트 강도 $M_d = \phi M_n$은 다음 식과 같다.

$$\begin{aligned} M_d &= \phi M_n \\ &= \phi_s f_y A_s \left(d - \frac{\beta_1 c_b}{2} \right) + \phi_f f_{fe} A_f \left(h - \frac{\beta_1 c_b}{2} \right) \end{aligned} \tag{17.10}$$

2) 콘크리트의 압축파괴

복합신소재 보강재로 보강된 철근콘크리트 보에서 압축파괴는 콘크리트의 변형률이 ε_{cu}에 도달하면서 시작되는 경우로서 철근과 복합신소재 보강재에 작용하는 변형률은 콘크리트의 극한 변형률 ε_{cu}의 항으로 다음 식과 같이 나타낼 수 있다.

$$\varepsilon_s = \varepsilon_{cu} \left(\frac{d - c}{c} \right) \tag{17.11}$$

$$\varepsilon_f = \varepsilon_{cu} \left(\frac{h - c}{c} \right) - \varepsilon_{bi} \tag{17.12}$$

따라서 복합신소재 보강재로 보강된 철근콘크리트 단철근 직사각형 단면 보의 콘크리트 압축파괴의 설계모멘트 강도 $M_d = \phi M_n$은 다음 식과 같다.

$$M_d = \phi M_n = \phi_s f_y A_s \left(d - \frac{a}{2} \right) + \phi_f f_{fe} A_f \left(h - \frac{a}{2} \right) \tag{17.13}$$

3) 복합신소재 보강재의 인장파괴

복합신소재 보강재로 보강된 철근콘크리트 보에서 인장측 복합신소재 보강재가 파

괴를 좌우할 때 인장철근의 변형률은 변화없이 ε_y를 초과할 것이다. 그러므로 $f_s = f_y$이 되므로 철근과 콘크리트의 변형률을 다음 식과 같이 나타낼 수 있다.

$$\varepsilon_s = (\varepsilon_{frpu} + \varepsilon_{bi})\left(\frac{d-c}{h-c}\right) \tag{17.14}$$

$$\varepsilon_c = (\varepsilon_{frpu} + \varepsilon_{bi})\left(\frac{c}{h-c}\right) \tag{17.15}$$

중립축으로부터 상부 압축측 표면까지의 거리 c는 다음 식과 같이 나타낼 수 있다.

$$c = \frac{\phi_s A_s f_y + \phi_f A_f E_f \varepsilon_f}{\phi_c \gamma f_c{}' \beta_1 b} \tag{17.16}$$

따라서 복합신소재 보강재로 보강된 철근콘크리트 단철근 직사각형 단면 보의 콘크리트 압축파괴의 설계모멘트 강도 $M_d = \phi M_n$은 다음 식과 같다.

$$M_d = \phi M_n = \phi_s f_y A_s\left(d - \frac{a}{2}\right) + \phi_f f_{fe} A_f\left(h - \frac{a}{2}\right) \tag{17.17}$$

17.3.3 강도설계법에 의한 전단 보강 해석 및 설계

1. 개요

철근콘크리트 단면의 전단강도를 증대시키기 위하여 외부에 복합신소재 보강재인 스터럽을 이용한다. 이러한 복합신소재 보강재 스터럽은 그림 17.2와 같이 철근콘크리트 보의 횡방향 표면 또는 종방향 축으로 부착시켜 전단강도를 증대시킨다.

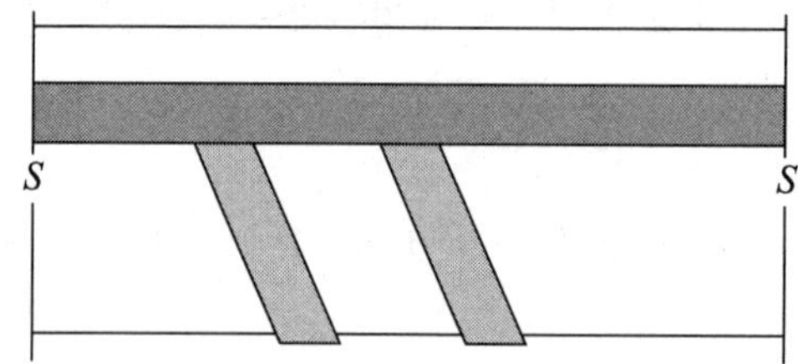

그림 17.2 복합신소재 보강재을 이용한 보강 방법

복합신소재 보강재 스터럽은 그림 17.3과 같이 양쪽 횡방향 표면에 보의 복부 밑으

로 연속하여 U형으로 부착시킨다.

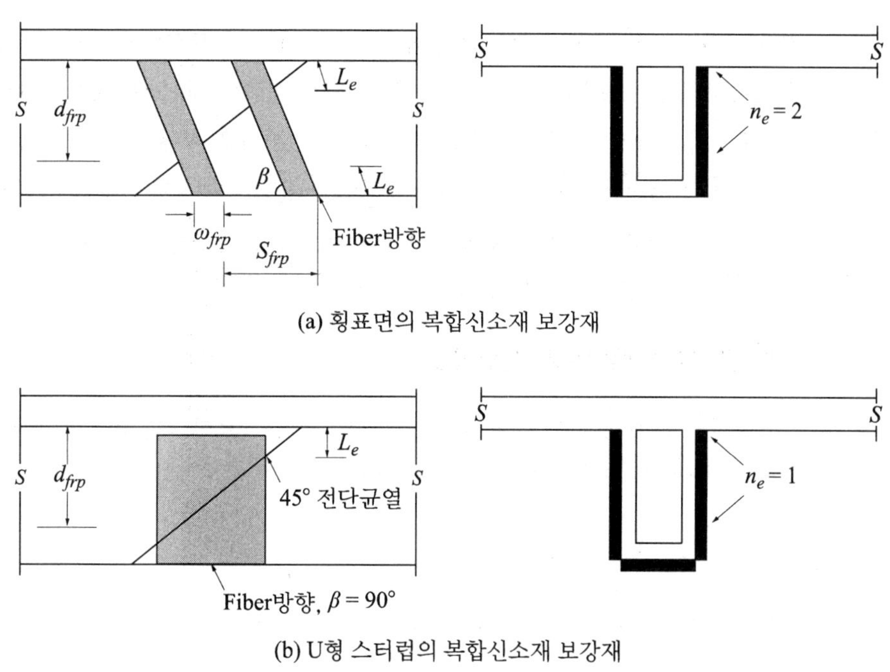

그림 17.3 복합신소재 보강재의 유효길이

2. 강도감소계수

복합신소재 보강재의 스터럽은 유리섬유 복합신소재(GFRP), 탄소섬유 복합신소재(CFRP)가 이용된다. 이러한 보강재로 보강된 철근콘크리트 보의 설계 전단강도를 계산하기 위해서는 강도감소계수(ϕ)가 요구된다. 이 강도감소계수는 복합신소재의 계획된 사용량, 형태, 노출된 조건 등과 같이 다양한 영향을 받을 수 있다. 따라서 복합신소재 보강재에 의해 보강된 콘크리트 구조물의 전단에 대한 강도감소계수(ϕ)는 0.75이다.

3. 전단 보강 해석 및 설계

강도설계법에서 전단력을 받는 복합신소재 보강재로 보강된 철근콘크리트 부재의 단면은 휨부재와 동일한 방법으로 다음 식과 같이 설계전단강도 ϕV_n이 계수전단력 V_u 이상이 되도록 설계하여야 한다.

$$\phi V_n \geq V_u \tag{17.18}$$

여기서, $V_n = V_c + V_s + \Psi V_f$: 공칭전단강도, V_c : 콘크리트가 부담하는 공칭전단강도, V_s : 전단철근(스터럽), V_f : 전단 복합신소재 보강재(스터럽)가 부담하는 공칭전단강도, V_u : 해당 단면의 계수전단력이다. V_n은 다음 식에 의해 계산하는 공칭전단강도이다. 설계전단강도 ϕV_n을 구하기 위해 적용되는 강도감소계수 ϕ는 0.75를 적용한다. 그리고 복합신소재 보강재를 전단면 감싼 경우는 $\Psi = 0.95$이며, 2면 또는 U형으로 부착한 경우는 $\Psi = 0.85$이다.

1) 콘크리트에 의한 전단강도

복합신소재 보강재에 의해 보강된 철근콘크리트 보의 콘크리트에 의한 전단강도 V_c는 다음 식을 이용하여 계산할 수 있다.

$$V_c = 0.2\phi\sqrt{f_c'}\,bd \tag{17.19}$$

여기서, b는 부재의 복부 폭(mm)이다.

2) 전단철근(스터럽)에 의한 전단강도

보의 단면 축에 직각인 전단철근(수직스터럽)을 사용하는 경우 다음 식에 따라 전단강도 V_s를 계산하여야 한다.

$$V_s = \frac{\phi_s A_v f_y d}{s} \tag{17.20}$$

여기서, A_s는 스터럽 간격 s내의 전단철근의 전체 단면적이며, f_y는 전단설계를 위한 전단철근의 항복강도이다. 전단철근(경사스터럽)이 보의 단면 축에 α의 경사로 배치된 경우 전단철근(경사스터럽)의 전단강도 V_s는 다음 식으로 계산하여야 한다.

$$V_s = \frac{\phi_s A_v f_y d}{s}(\sin\alpha + \cos\alpha) \tag{17.21}$$

3) 전단 복합신소재 보강재(스터럽)에 의한 전단강도

보의 단면 축에 직각인 전단 복합신소재 보강재(수직스터럽)을 사용하는 경우 다음 식에 따라 전단강도 V_f를 계산하여야 한다.

$$V_f = \frac{\phi_f A_{fv} E_f \varepsilon_{fe} d_f}{s_f} \tag{17.22}$$

여기서, A_f는 복합신소재 보강재 스터럽 간격(s) 내의 전단 복합신소재 보강재의 전체 단면적이며, ε_{fe}는 복합신소재 보강재의 유효변형률이다.

복합신소재 보강재의 유효변형률(ε_{fe})은 극한상태에서 복합신소재 보강재에 발생하는 최대 변형률로서 보강된 철근콘크리트 구조부재와 복합신소재 보강재의 파괴형태와 관련이 있으므로 다음 식을 이용하여 구할 수 있다.

$$\varepsilon_{fe} = \frac{\alpha \phi_f k_1 k_2 L_e}{9525} \tag{17.23}$$

여기서, 매개변수 k_1, k_2는 콘크리트에 대한 전단강도와 복합신소재 보강재를 고려하여 결정될 수 있다.

$$k_1 = \left[\frac{f_c'}{27.65}\right] \tag{17.24}$$

$$k_2 = \frac{d_f - n_e L_e}{d_f} \tag{17.25}$$

여기서, $\alpha = 0.8$이고 n_e는 복합신소재 보강재 스터럽의 자유단의 수를 뜻한다. 그리고 유효 정착길이 L_e는 다음과 같은 실험식을 이용하여 구할 수 있다.

$$L_e = \frac{25350}{(t_f E_f)^{0.58}} \tag{17.26}$$

복합신소재 보강재 스터럽이 전단면 주위를 모두 감쌀 경우는 복합신소재 보강재의 유효변형률(ε_{fe})는 상기 식으로 구하지 않고 $\varepsilon_{fe} = 0.004$를 적용한다.

전단 복합신소재 보강재(경사스터럽)을 보의 단면 축에 α의 경사로 배치된 경우 다음 식에 따라 전단강도 V_f를 계산하여야 한다.

$$V_f = \frac{\phi_f A_{fv} E_f \varepsilon_{fe} d_f}{s_f}(\sin\alpha + \cos\alpha) \tag{17.27}$$

여기서 복합신소재 보강재 스터럽 간격(s_f) 내의 전단 복합신소재 보강재의 전체 단면적 A_f는 다음 식과 같다.

$$A_f = 2nt_f w_f \tag{17.28}$$

여기서, t_f는 복합신소재 보강재의 두께이며, w_f는 복합신소재 보강재(스터럽)의 밴드 폭이다. 전단 보강이 요구될 경우는 최대 보강재 밴드의 간격 s_f는 다음 식을 적용하여 규정하고 있다.

$$s_f \le w_f + \frac{d}{4} \tag{17.29}$$

4. 정착과 이음

1) 일반사항

전단 보강이 요구되는 정착길이가 제한되어 있을 경우 종방향 복합신소재 보강재 스터럽이 U형 밴드의 단부를 초과하는 부가적인 종방향 복합신소재 보강재 스터럽의 부착에 의하여 U형 밴드의 설치를 할 수 있다. 그리고 복합신소재 보강재 스터럽의 이음은 도면이나, 시방서 또는 기술자에 의해 승인되어야 한다. 복합신소재 보강재 스터럽은 연속적이어야 하며, 인장응력을 받는 방향과 동일하여야 한다. 복합신소재 보강재 스터럽은 겹이음으로 연속성을 유지할 수 있는데 길이방향으로 보강재를 겹침으로 이루어진다. 소요 겹이음 길이는 인장강도와 보강재의 두께, 접착강도에 따라 결정될 수 있다.

2) 보강 제한

전단보강 철근의 제한하는 최대량은 전단철근과 복합신소재 보강재의 합으로 계산할 수 있으며, 국내 콘크리트구조 기준에 의한 전단 보강량으로 제한할 수 있다.

CHAPTER

18

품질관리, 유지관리 및 재활용

18.1 품질관리

1. 일반사항

복합신소재의 구성요소인 섬유, 기지와 그것으로 이루어진 복합신소재의 선적, 취급, 저장은 복합신소재의 재료적 성질뿐만 아니라 물리적 성분을 보호하기 위해 제조자의 시방서와 품질관리 기준에 따라 실시되어야 한다. 복합신소재 구조물은 일정한 단면으로 대량생산이 가능한 인발성형법으로 주로 제작된다. 복합신소재의 요구조건을 만족하는 단위 구조체를 공장에서 인발성형 공정에 의해 구조물 길이 단위로 제작한다. 이렇게 생산된 단위 구조체는 접착제를 사용하여 공장에서 접착하여 일정 길이로 구조체를 만들고 현장까지의 운반상 제약을 고려하여 길이와 폭을 제한한다. 제작에 따른 오차가 발생할 수 있는 데 복합신소재 구조물 치수의 제작오차는 허용오차 범위 안에 있어야 한다. 치수 검사는 모든 복합신소재 구조물에 대해서 실시한다. 복합신소재구조 부재에 대한 제원오차는 ASTM D3917에 따라 관리되어야 하고 결함에 대한 외관조사는 ASTM D4385에 따라 제작과 건설과정에서 품질관리가 이루어져야 한다.

2. 작업 내용

1) 선적

복합신소재는 모든 작업 과정에서 포장과 선적 규정 및 법규에 따라 선적되어야 하고 기지가 주로 열경화성 수지를 사용할 경우 부식 및 인화성의 위험으로부터 주위를 요하고 있다. 특히 복합신소재는 적당한 온도 및 기후의 조건에서 선적되어야 한다. 모든 복합신소재의 모든 구성재료는 건설현장으로 인도될 때 검수되어야 한다.

2) 저장

복합신소재는 안전을 확보하고 건조한 장소에서 저장하여야 하며, 햇빛이 차단되도록 조치를 하여야 한다. 특히 특별안전을 요하는 반응 경화제, 촉매제 및 세척 용제의 저장과 취급 시 특별한 주의를 요한다. 촉매제와 과산화물과 같은 재료는 분리하여 저장해야 한다. 미사용 보관기간을 초과하거나 사용 불가능으로 간주되는 재료는 명시된 처리 방법과 환경통제규정에 허용하는 방법으로 처분되어야 한다.

3) 취급

복합신소재의 구성재료와 성분에 관한 자료는 제작자로부터 제공받아야 한다. 일반적인 취급 위험성은 열경화성 수지로 불포화 폴리에스터, 비닐 에스터, 에폭시 및 폴리우레탄 수지를 포함하고 있다. 이러한 열경화제와 열경화성 수지를 함께 사용할 때 특별한 사전주의가 필요하다.

18.2 국부 파손 보수와 유지관리

1. 국부 파손 보수

복합신소재 구조물이나 구조요소들의 결함 발견 시 구조부재의 두께에 맞추어 적층재에 의한 접합이음을 해야 한다. 보수재의 두께는 모체의 두께에서 결함 수치만큼 달성되어야 한다. 국부 파손 보수는 연결이음과 설계에서 제시된 접착제 접합에 의한 이음의 설계 절차대로 설계를 통하여 작업을 시행한다. 국부 파손 보수는 기계적 접합이음으로 시행하는 것은 지양하고 있다.

2. 유지관리

복합신소재는 외부 충격 하중과 작업과정에 의한 부분 손상을 대처해야 한다. 손상의 정도, 손상된 부위의 수리 및 교체, 보수작업을 할 때는 장비의 연속 사용성 등을 고려해야 할 것이다. 모든 작업을 완료한 후 복합신소재 부재는 세척을 통한 청결한 상태를 확인하여야 한다. 복합신소재에 대한 페인팅은 똑바른 것은 아니니다. 페인팅 전 페인트가 접착상태 및 내구성에 적합여부를 확인하여야 한다. 온도변화에 따른 복합신소재의 열팽창은 다른 재료와 비교할 때 높기 때문에 부재의 변화로 인한 페인트의 색을 명료화할 필요가 있다.

18.3 재활용

1. 폐기 문제

복합신소재의 단점 중의 하나가 폐기 및 재활용 문제이다. 일반적으로 자원은 회수하여 재활용하는 것이 가장 좋은 방법이다. 복합신소재는 석유화학제품, 탄소와 수소를 풍부하게 함유하고 있어 연소시켰을 때의 발열량이 매우 높다. 그러나 유리섬유 보강 플라스틱인 복합신소재(GFRP)의 경우 속에 함유되는 유리섬유는 연소되지 않고 남게 된다.

2. 재활용 기술

복합신소재는 건설재료로 사용하는 관계로 난연성을 요구하고 있어 여라 가지 첨가제를 사용하고 있기 때문에 연소시키면 유독가스를 배출할 수 있어 재활용으로 연료로는 사용하는 데는 한계가 있다. 최근에는 복합신소재를 작게 절단하여 아스팔트에 섞어 포장재료로 사용하는 신기술이 제시되고 있다.

PPENDIX

부 록

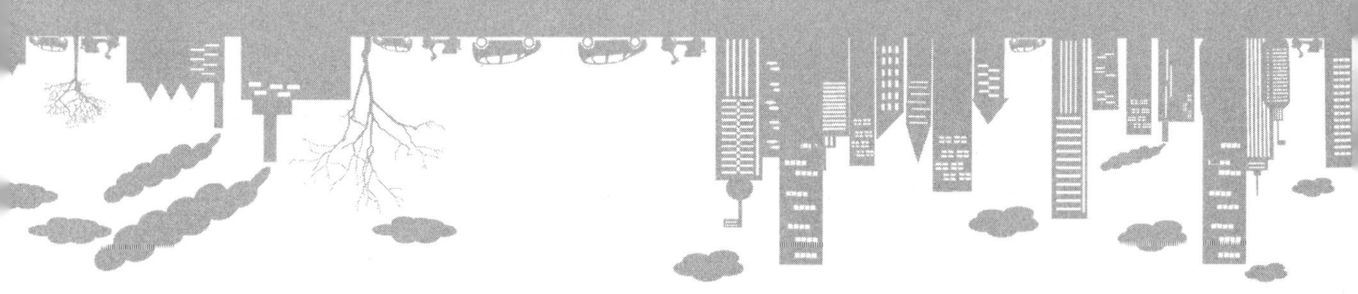

A.1 용어설명

- 융제용 플라스틱(Ablative plastic) : 열에 노출된 부분이 열분해되는 과정을 통하여 열을 흡수하는 플라스틱
- 촉진제(Accelerator) : 수지 또는 고무의 경화나 수지와 혼합될 때에 일어나는 화학반응을 가속화시키는 물질
- 첨가제(Additive) : 특정한 성질을 개선하기 위하여 어떤 재료에 첨가되는 물질
- 접착부재(Adherend) : 피접합물부재
- 접착(Adhesion) : 외력이나 접합면의 결합작용 또는 두 가지 모두에 의하여 부품들을 결합시키거나 그 상태를 일컬음
- 접착제(Adhesive) : 표면접촉에 의해서 2개의 재료를 달라붙게 하는 물질
- 접착상태(Adhesion mechanical) : 접착제가 결합작용에 의하여 부품들을 결합시킨 상태를 일컬음
- 접착면(Adhesive contact) : 만족스런 접합을 하려면 접합되는 표면사이의 간극이 0.1 mm 이하가 되어야 하는 접착제
- 접착 필름(Adhesive film) : 필름형태의 열경화성 수지로 만들어진 합성수지 접착제, 층상재료(laminate material)를 접착시키는 데 사용하며, 접합을 위해서는 열과 압력을 가해야 함
- 비등방성(Anisotropy) : 등방성이 아닌 이방성(비등방성), 적층면의 길이나 폭방향 또는 두께방향으로의 물성이 다른 것
- 형상비(Aspect ratio) : 섬유지름에 대한 길이의 비
- 단위면적당 보강섬유의 무게(Areal weight of fiber reinforcement, g/m^2)
- 에이-단계(A-stage) : 열경화성 수지의 중합반응 중 초기단계로서 보강재를 섞은 후 어떤 액체에도 용해될 수 있는 상태
- 압력용기(오토클레이브, Autoclave) : 압력과 온도를 가해 화학반응을 일으키거나 그 밖의 다른 작업을 하기 위한 밀폐된 용기
- 축 감기(Axial winding) : 필라멘트 와인딩에서 보강섬유가 축에 평행하게 감기는 경우를 말함
- 비-단계(B-stage) : 열경화성 수지의 경화반응 중 중간단계로 어떤 액체에 담그면 부피가 늘어나고 열을 가하면 부드러워지지만 완전하게 용해되거나 녹지 않는 상태, 프리프레그에서는 보통 이 상태의 수지가 사용됨
- 균형적층(Balanced laminate) : $+\theta$층, $-\theta$층의 균형이 유지되도록 쌓여진 복합적층

PPENDIX

부 록

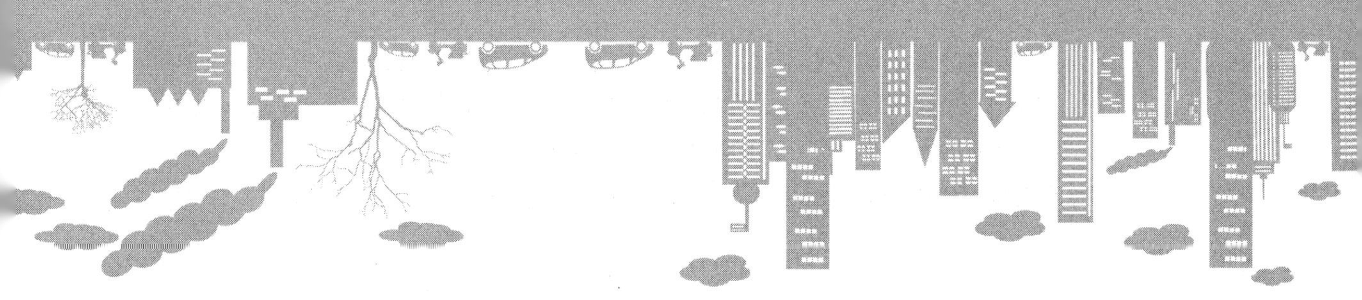

A.1 용어설명

- 융제용 플라스틱(Ablative plastic) : 열에 노출된 부분이 열분해되는 과정을 통하여 열을 흡수하는 플라스틱
- 촉진제(Accelerator) : 수지 또는 고무의 경화나 수지와 혼합될 때에 일어나는 화학 반응을 가속화시키는 물질
- 첨가제(Additive) : 특정한 성질을 개선하기 위하여 어떤 재료에 첨가되는 물질
- 접착부재(Adherend) : 피접합물부재
- 접착(Adhesion) : 외력이나 접합면의 결합작용 또는 두 가지 모두에 의하여 부품들을 결합시키거나 그 상태를 일컬음
- 접착제(Adhesive) : 표면접촉에 의해서 2개의 재료를 달라붙게 하는 물질
- 접착상태(Adhesion mechanical) : 접착제가 결합작용에 의하여 부품들을 결합시킨 상태를 일컬음
- 접착면(Adhesive contact) : 만족스런 접합을 하려면 접합되는 표면사이의 간극이 0.1 mm 이하가 되어야 하는 접착제
- 접착 필름(Adhesive film) : 필름형태의 열경화성 수지로 만들어진 합성수지 접착제, 층상재료(laminate material)를 접착시키는 데 사용하며, 접합을 위해서는 열과 압력을 가해야 함
- 비등방성(Anisotropy) : 등방성이 아닌 이방성(비등방성), 적층면의 길이나 폭방향 또는 두께방향으로의 물성이 다른 것
- 형상비(Aspect ratio) : 섬유지름에 대한 길이의 비
- 단위면적당 보강섬유의 무게(Areal weight of fiber reinforcement, g/m^2)
- 에이-단계(A-stage) : 열경화성 수지의 중합반응 중 초기단계로서 보강재를 섞은 후 어떤 액체에도 용해될 수 있는 상태
- 압력용기(오토클레이브, Autoclave) : 압력과 온도를 가해 화학반응을 일으키거나 그 밖의 다른 작업을 하기 위한 밀폐된 용기
- 축 감기(Axial winding) : 필라멘트 와인딩에서 보강섬유가 축에 평행하게 감기는 경우를 말함
- 비-단계(B-stage) : 열경화성 수지의 경화반응 중 중간단계로 어떤 액체에 담그면 부피가 늘어나고 열을 가하면 부드러워지지만 완전하게 용해되거나 녹지 않는 상태, 프리프레그에서는 보통 이 상태의 수지가 사용됨
- 균형적층(Balanced laminate) : $+\theta$층, $-\theta$층의 균형이 유지되도록 쌓여진 복합적층

- 이축 감기(Biaxial winding) : 필라멘트 와인딩에서 섬유가 서로 겹치지 않도록 헬리컬 방향으로 차례차례 감는 방법
- 부착 투입연결부(Bonded insert joint) : 구조요소로부터 하중이 접착제를 통해서 전달되는 연결부분
- 브리딩(Breathing) : 성형과정에서 초기에 기체가 빠져나갈 수 있도록 금형을 열었다 닫는 것
- 묶음(Bundle) : 섬유 다발 뭉치의 일반적인 용어
- 현장연결(Cast–in joint) : 한 부재가 접착에 의해서 다른 부재에 연결되는 접합부분
- 궤적(Circuit) : 필라멘트 와인딩에서 심축에 섬유가 감기는 궤적
- 원주방향 감기(Circumferential winding) : 필라멘트 와인딩에서 보강섬유를 축에 직각으로 감는 방법
- 냉매 접착제(Cold setting adhesive) : 경화제를 첨가하여 상온에서 경화시킬 수 있는 합성수지 접착제
- 촙스트랜드 매트(Chopped Strand Mat, CSM) : 유리섬유의 길이가 약 50 mm 정도의 짧은 길이로 잘려진 섬유로 이루어진 것
- 복합신소재(Composites or Composite materials) : 어떤 특성 또는 성질을 얻기 위하여 두 가지 이상의 재료를 혼합하여 만들어진 재료
- 복합연결(Combined joint) : 표면이 접착제 및 기계적인 수단으로 연결되는 접합부분
- 부재(Component) : 하나 이상의 적층으로 이루어진 구조요소
- 연속섬유(Continuous filament) : 개개의 필라멘트가 강선과 같은 길이를 갖는 강선 또는 가닥을 말하며, 길이가 매우 긴 연속된 섬유
- 연속섬유 매트(Continuous Filament Mat, CFM) : 임의의 방향으로 배열된 연속섬유로 이루어진 것
- 결합재(Coupling agent) : 복합신소재에서 보강재와 기지재료가 반응하여 계면에서 보다 강한 접합을 이루어지게 하는 화학물질
- 크레이징(Crazing) : 플라스틱 재료의 표면이나 그 밑에 그물모양으로 퍼져 있는 미세한 균열
- 경화(Cure) : 수지의 성질을 화학적 반응에 의하여 바꾸는 것이며, 보통 열을 가하거나 촉매의 작용에 의하여 중합반응을 일으키는 것을 뜻함
- 경화기간(Cure cycle) : 경화 또는 양생기간
- 경화응력(Cure stress) : 경화기간 동안 만들어진 잔류 내부응력
- 엽렬(Delamination) : 적층판 각 층사이의 접착력이 상실되거나 물리적으로 분리되는 것

- **도우 몰딩 컴파운드**(Dough Moulding Compound, DMC) : 고온압력 몰딩과정에서 사용되는 열경화성 수지와 잘려진 섬유의 혼합물
- **드롭오프**(Drop off) : 보강층의 끝 처리 때문에 발생하는 적층 두께에서 변화
- **E-유리섬유**(E-glass) : 강화플라스틱용 유리섬유로 가장 많이 쓰이는 종류로서 전기저항이 높으므로 절연용 적층판에 적합함
- **엔드**(End) : 이미 생산품이 된 주어진 수효의 섬유가닥으로 이루어진 로빙의 스트랜드(strand)를 나타냄
- **직포섬유**(Fabric) : 제직된 섬유이며, 보통 2차원 직물구조를 가짐
- **직조비굴곡섬유**(Fabric, non-woven) : 섬유의 접착에 의해서 만들어진 직물구조
- **직조굴곡섬유**(Fabric, woven) : 섬유를 꼬불꼬불 구부려서 연결한 직물구조
- **유리섬유**(Fiber glass) : 녹은 유리를 늘여서 만든 섬유
- **섬유함유량**(Fiber content) : 복합신소재에서 섬유의 양
- **섬유가닥수**(Fiber count) : 단층의 단위폭당 섬유의 수
- **섬유배열방향**(Fiber direction) : 섬유의 방향
- **섬유배열**(Fiber orientation) : 직조되지 않은 적층판에서 대부분의 섬유가 같은 방향으로 늘어섰을 때 섬유의 방향
- **섬유**(Filament) : 길이가 무한한 개개의 유리섬유이며, 보통 오리피스(orifice)를 통하여 흐르는 용융된 유리로부터 인발하여 만들어지며, 섬유(fiber)와 동의어임
- **섬유감기**(Filament winding) : 보강 성형 과정
- **충전재**(Filler) : 물리적, 역학적, 온도, 전기 또는 다른 특성을 바꿀 때 또는 색깔을 내거나 표면질감을 향상시키기 위하여 복합신소재에 섞는 비교적 비활성인 재료
- **플래쉬**(Flash) : 성형 중 금형에서 흘러나오거나 뽑혀 나온 수지이며, 보통 탈형선을 따라 제품에 붙어 있는 여분의 수지를 말함
- **섬유강화플라스틱**(Fiber Reinforced Plastic, FRP) : 섬유강화플라스틱 또는 섬유강화폴리머이며, 직물, 매트, 스트랜드 등 어떤 형태로든지 섬유로 보강된 모든 종류의 복합신소재를 가리킴
- **겔**(Gel) : 수지가 액상에서부터 경화될 때 중간단계로 생기는 젤리와 같은 고형을 가리킴
- **겔코트**(Gel coat) : 적층작업 전에 금형표면에 칠해서 경화시킨 수지이며, 완성된 적층구조물의 일부분이 되는 데 보통 표면상태를 좋게 하기 위하여 사용됨
- **겔타임**(Gel time) : 열경화성 수지를 사용할 때 촉매를 액상수지에 섞은 다음 겔화될 때까지의 시간
- **수적층**(Hand lay-up) : 수작업으로 금형 위에 수지가 함침된 보강재를 적층하는 공정

- 열뒤틀림온도(Heat distortion temperature) : 제한된 온도조건하에 표준보가 정해진 처짐에 도달하는 온도. (ISO 75)
- 혼합(Hybrid) : 복합신소재를 알루미늄, 강재 등의 다른 재료에 붙인 것이나 탄소섬유나 유리섬유 등 두 가지 이상의 보강재료를 이용한 복합신소재
- 함침(Impregnate) : 복합신소재에서 보강재료에 수지를 스며들게 하는 것
- 지연제(Inhibitor) : 화학반응을 지연시키는 물질을 뜻하며, 저장시간을 늘리기 위하여 수지에 사용됨
- 경계면(Interface) : 두 가지 다른 재료 사이의 면이나 접합점
- 층간 분리(Interlaminar) : 두 개 이상의 인접한 단층(lamina) 사이에 발생하거나 존재하는 어떤 공극이나 파괴와 관계되는 용어
- 층간 전단(Interlaminar shear) : 적층재료에서 각 층간의 최대 전단력
- 등방성(Isotropy) : 적층면의 길이나 폭방향 또는 두께방향으로의 물성이 같은 것
- 단층(Lamina) : 적층의 단일 층
- 복수단층(Laminae) : lamina의 복수
- 적층(Laminate) : 두 개 이상의 복수단층(laminae)을 압력과 열을 가하여 접착에 의해서 만들어진 제품
- 적층작업(Lay-up) : 금형 안에 보강재료를 자리에 놓는 제조공정
- 맨드럴(Mandrel) : 직물 또는 수지가 함침된 섬유를 감아 파이프, 튜브 또는 용기 등 속이 빈 모양이 나오도록 하는 데 쓰이는 심재이며, 성형이 끝난 후 제거하기도 하고 그냥 두어 구조물의 일부가 되기도 함
- 매트(Mat) : 복합신소재 섬유상 물질로서 임의의 방향으로 배열된 단섬유 및 연속섬유로 이루어져 있음
- 기지(Matrix) : 복합신소재에서 보강섬유를 서로 접합시켜 전체적인 형상을 이루게 하는 기지재료임
- 단분자(모노머, Monomer) : 다른 분자들과 반응을 일으켜 폴리머를 형성할 수 있는 간단한 단위분자
- 직교이방성(Orthotropic) : 서로 직교하는 세 개의 상호 수직평면을 가진 것을 일컬음
- 제거 단층(Peel ply) : 다른 구조물 또는 단층을 접착시킬 때 접착성을 향상시키기 위하여 성형한 후 제거되는 적층판의 최외층
- 플라이(Ply) : lamina의 동의어
- Pot life : 열경화성 혼합물이 혼합 후 목적한 과정동안 적당하게 남아 있는 동안의 시간의 주기
- 예비성형체(프리폼, Preform) : 섬유상의 보강재를 최종제품의 모양대로 미리 만들어

놓는 것이며, 보통 단섬유를 천공 스크린 표면위에 놓고 공기압이나 진공을 가함으로써 개략적인 모양과 두께를 얻음

- 프리프레그(Prepreg) : sheet 상의 성형 가능한 재료이며, 직포, 매트, 종이에 수지가 함침되어 있는데, 이 수지는 B-stage까지 부분적으로 경화되어 있음
- 인발제조(Pultrusion) : 막대, 관 또는 단면이 일정한 구조용재를 만드는 방법으로 섬유를 수지통에 통과시킨 후 원하는 단면을 성형하기 위한 금형을 통해 뽑아내는 것
- 준등방성 적층(Quasi-isotropic laminate) : 적층방향에 의해 laminate의 평면에서 등방성에 접근시키는 laminate
- 강화플라스틱(Reinforced plastic) : 보강재를 첨가함으로써 기계적 성질이 현저히 향상된 플라스틱
- 이형제(Release agent) : 수지가 금형표면에 붙지 않도록 하기 위하여 얇은 필름형태로 칠하는 물질
- 수지함량(Resin content) : 적층판의 수지함량으로서 전체의 무게 또는 체적에 대한 수지의 무게 또는 체적비율로 나타냄
- 로빙(Roving) : 연속섬유의 다발을 가리키는 것으로서 다발 전체가 약간 꼬여 있을 수도 있고 꼬임이 없을 수도 있으며, 주로 필라멘트 와인딩에서 많이 사용됨
- 샌드위치제조(Sandwich construction) : 경량의 심재(core) 재료(허니콤, 발포플라스틱)의 양면에 얇고 고강도 면재(facing)을 붙여서 만드는 판재
- 뿜어부침(Spray-up) : 성형용 공구로서 spray gun을 사용하여 성형하는 방법이며, 강화플라스틱 성형에서 유리섬유와 수지의 혼합물을 spray gun으로 몰드 표면에 일정한 두께에 이를 때까지 뿌려 성형하는 방법
- 적층배열순서(Stacking sequence) : 적층의 일련의 배치
- 스트랜드(Strand) : 꼬지 않은 연속섬유의 기본적인 다발
- 표면매트(Surface or Surfacing mat) : 보통 0.18～0.51 mm 두께의 아주 얇은 유리섬유로 만든 매트로서 강화플라스틱 적층판에서 표면을 부드럽게 만들기 위하여 사용됨
- 열가소성(Thermoplastic) : 열을 가하면 화학적이 아닌 물리적인 변화가 생겨 온도를 올리면 부드러워지고 낮추면 단단해지는 과정을 반복적으로 할 수 있는 성질을 가진 열가소성 수지
- 열경화성(Thermoset) : 열을 가하거나 화학적인 방법으로 경화되었을 때 잘 분해되지 않고 녹지도 않게 변화되는 열경화성 수지
- T_g : 유리전이온도
- 토우(Tow) : 보통 천개 이상의 아주 많은 연속섬유로 이루어진 다발로서 꼬여 있지

않은 상태

- 일방향 적층(Unidirectional laminate) : 대부분의 섬유가 같은 방향으로 배열된 복합신소재 적층판
- 진공백몰딩(Vacuum bag moulding) : 복합신소재 성형공정 중의 하나로서 금형 위에 lay-up을 놓고 걸어 성형하는 방법이며, 이 때 lay-up 사이의 공기 및 수지로부터의 휘발물질은 진공에 의하여 제거되게 됨
- 베일(Veil) : 유리섬유 또는 유기질섬유로 만들어진 아주 얇은 매트로서 surface mat와 유사함
- 경사(Warp) : 직조물에서 길이방향의 얀 섬유
- 위사(Weft or fill) : 직조물에서 길이방향에 대한 가로방향의 섬유이며, warp와 직각방향의 섬유
- 습식 적층(Wet lay-up) : 보강재와 액상의 수지를 함께 lay-up하는 방법이며, 프리프레그와 대별됨
- 습식 감기(Wet winding) : 필라멘트 와인딩에서 섬유를 맨드럴에서 감기 바로 전에 수지를 섬유에 함침시켜 감는 방법
- 직조섬유(Woven fabrics) : strand를 주로 직교하게 짜서 만든 직물
- 직조로빙(Woven roving) : roving을 직조하여 만든 아주 두꺼운 유리섬유 직물
- 얀(Yarn) : 직조용으로 사용하기 편하게 꼰 섬유다발

A.2 복합신소재 국내외 학회, 학술대회, 협회 및 주요 선도기업

1. 주요 국제학술대회 및 학회 명

- FRPRCS(Fiber Reinforced Composites in Reinforced Concrete Structures)
- ACMBS(Advanced Composite Materials in Bridge and Structures)
- ASCE Materials Congress
- ICCI(International Conference for Composites for the Infrastructures)
- CICE(Composites in Civil Engineering)
- ACIC(Advanced Polymer Composites for Structural Application in Construction)
- 한국복합신소재구조학회
- 한국복합재료학회
- 한국세라믹학회
- 한국고분자학회

2. 주요 국제학술논문지명

- Composites Structures, Elsevier
- Composites: Part B, Elsevier
- Construction and Building Materials, Elsevier
- Journal of Composites for Construction, ASCE
- Structural Journal, ACI
- Journal of Fiber Reinforced Plastics and Composites

3. 주요 관련 기관 및 협회

- ACMA(America Composites Manufacturers Association) : www.acmanet.org
- Civil Engineering Research Foundation(CERF) : www.cerf.org
- SAMPE(Society for the Advancement of Material & Process Engineering) : www.sampe.org
- ACI Committee 440(American Concrete Institute)
- TRB Committee AC207(Transportation Research Board)
- IIFC(International Institute for FRP in Construction) : www.iifc-hq.org

- PIC(Pultrusion Industry Council)
- ISIS Canada http://www.isiscanada.com
- West Virginia University-Constructed Facilities Center http://www.ceme.wvu.edu

4. 주요 선도기업

- (주)한국화이바 : www.fiber-x.com
- (주)코오롱유화 : Glass Fiber Reinforced Plastic Pipe : www.koapipe.com
- KCC
- (주)오웬스코닝코리아
- SKC
- Acces Design and Engineering http://www.access-design.co.uk
- Advanced Composite Group http://www.advanced-composites.co.uk
- Ahllstrom Coporation (Glassfibre) http://www.ahlstrom.com
- Alan Dick & Co (specialists in wireless infrastructure) http://www.alandick.com
- American Composites Manufactures Association (ACMA) http://www.cfa-hq.org
- Anglia Composites Ltd. http://www.angliacomposites.co.uk
- Bedford Reinforced Plastics http://www.bedfordplastics.com
- Bakaert Composites http://www.bekaert.com/composites
- BP Composites LTD. (TUF-BAR), http://www.bpcomposites.com/
- The British Plastics Federation http://www.bpf.co.uk
- Captrad, UK http://www.captrad.com
- CTS Bridges, Huddersfield, UK http://www.ctsbridges.co.uk
- Comfort line (door and windows) http://www.comfortlineinc.com
- Composite Construction Laboratory http://www.cclab.ch
- Composite Cooling Solutions http://www.compositecooling.com
- Composite Technology http://www.compositesworld.com
- Composites z http://www.compositez.com
- Cook Composites & Polymers, Inc. http://www.ccponline.com
- Cooling Technology Institute, Houston http://www.cti.org
- Cooling Tower Fabrication and Supply Inc. http://www.westtexascoolingtower.com
- CoSACNet (UK academic Network for Advanced Polymeric Composites for Structural Applications in Construction) http://www.cosacnet.soton.ac.uk

- Crane Materials International (sheet piling and piles) http://www.cmilc.com
- Creative Pultrusions, Inc. http://www.pultrude.com
- Deck Industry Association http://www.deckindustry.org
- Delta Composites, L.C.C. http://www.detlacomposites.com
- Dow Deutschland Inc. http://www.dow.com
- DRB Industries http://www.drbcoolingtowers.com
- EB Solutions Ltd. (Industrial Housing Division) http://www.ebsolutionsltd.co.uk
- EPI (Fabricator in Texas) http://www.engpro.com
- Seasafe (pultruder) http://www.seasafe.com
- Engineering Composites Ltd. http://www.engineered-composites.co.uk
- EPTA (European Pultrusion Technology Association) http://www.pultruders.com
- Exel Composites UK http://www.fibreglass-engineering-solutions.co.uk
- Firegard Safety Services Ltd., UK http://www.firegard.co.uk
- Fibergrate Composite Structures (Fiberglass Gratings and Structural Systems), USA http://www.fibergrate.com
- Fiberline Composites A/S, Denmark http://www.fiberline.com
- Fibrotec Materiales Compuestos S.L., Spain http://www.fibrotec.es
- Genesis Composites http://www.genesiscomposites.co.uk
- Glasforms Inc. http://www.pultruder.com
- GDP Koral, s.r.o. http://www.gdpkoral.cz
- Grupo Fiber http://www.grupofiber.com
- Hughes Brothers, Inc. (Aslan) : http://aslanfrp.com/
- ICCO Composites http://www.icco.fr
- IFE Pultrusion Exchange http://www.fiberglass.com
- IIFC (International Institute for FRP in Construction) http://www.iifc-hq.org
- ISIS Canada http://www.isiscanada.com
- James Quinn Associaltes Ltd. http://www.users.rapid.con.uk
- Kemrock Industries & Exports Ltd. http://www.kemrock.com
- KaZak Composites, Inc. http://www.kazakcomposites.com
- Lee Composites Inc. http://www.leecomposites.com
- Libert Pultrusions http://www.libertypultrusions.com
- Martin Pultrusion Group http://www.martinpultrusion.com
- Martin Marietta Composites http://www.martinmarietta.com

- Mita Ltd. http://www.mita.co.uk
- Net Composites http://www.netcomposites.com
- Network Group for Composites in Construction http://www.ngcc.org.uk
- Owens Corning Inc. http://www.owenscorning.com
- Pas-Gon FRP products http://www.pas-gon.co.il
- Pipex Structural Composites Ltd. http://www.piepex-psc.ltd.uk
- Powertrusion Dynamics Inc. http://www.powertrusion.com
- PPG Industries UK Ltd. http://www.ppg.com
- Pultrall http://www.pultrall.com
- Pultrec http://www.pultec.co.uk
- Pultrusion Companies, Manufactures, and Pultruders http://www.pultrusions.org
- Pultron Composites http://www.pultron.com
- Pultronex Corporation http://www.pultronex.com
- Pultrusion Industry Council http://www.pultrusionindustry.org
- Pultrusion Dynamics Inc. http://www.pultrusiondynamics.com
- Psychrometric Systems Inc. http://www.psicoolingtowers.com
- R.B.J. Reinforced Plastics Ltd. http://www.rbjplastics.com
- Rochling http://www.roechling-haren.de
- Schŏck (ComBAR), http://www.schoeck-combar.com/
- Sheet Piling Ltd. http://www.sheetpilinguk.com
- Strongwell http://www.strongwell.com
- SXP Cooling technologies http://www.spxcooling.com
- The Pultrusion Information Source http://www.pultrusions.org
- Thomas Group Thomas Technik Innovation (TTI) http://www.thomas-technik.com
- Top Glass SpA http://www.topglass.it
- Tufnol http://www.tufnol.com
- Universal Pultrusions (door systems for corrosive industrial applications) http://www.unipulllc.com
- Wagners Composite Fibre Technologies http://www.wagnerscft.com.au
- West Virginia University-Constructed Facilities Center http://www.ceme.wvu.edu
- Yprado http://www.yprado.eu
- ZellComp Inc. http://www.zellcomp.com

A.3 복합신소재 시험규격: ISO STANDARDS, ASTM STANDARDS, KS STANDARDS

1. 섬유 및 수지

시험규격	시험 내용
ASTM D 2343 KS L 2313, 2507	• 플라스틱 강화용 유리섬유(스트랜드, 얀, 로빙) 인장강도
KS M 3006	• 고분자 수지 인장강도
KS M ISO 604	• 고분자 수지 압축강도
KS M ISO 178	• 고분자 수지 휨강도
ASTM D 2584-68	• 경화된 수지의 연소 손실
ASTM D 2587-68	• 플라스틱 강화용 유리섬유 아세톤 추출 및 연소
ASTM D 2589	• 석면섬유 습윤 분류
ASTM D 2590	• 샘플링 석면섬유 시험
ASTM D 3171-76 KS M 3333, 3305	• 고분자 기지 복합신소재의 수지 소모에 의한 섬유 함량
ASTM D 3317-749	• 유기 얀, 로빙의 탄성계수
ASTM D 3318-76	• 유기 제직천의 탄성계수
ASTM D 3355-74	• 전기 절연용 일방향 구성 단층 섬유 함유량

2. 프리프레그

시험규격	시험 내용
ASTM C 613-67	• 솔벤트 추출로 탄소섬유 및 그라화이트 프리프레그의 수지 함유량
ASTM D 3529-76	• 탄소섬유 에폭시 프리프레그 수지 함유량
ASTM D 3530-76	• 탄소섬유 에폭시 프리프레그 휘발량
ASTM D 3531-76	• 탄소섬유 에폭시 프리프레그 수지 흐름도

3. 인장강도

시험규격	시험 내용
ASTM D 348-75	• 전기 절연용 강체 튜브
ISO 3597 ASTM D 349-68	• 전기 절연용 적층 원형 보강근

ASTM D 638-77a	• 플라스틱 인장강도
ASTM D 651-75	• 몰드 제작된 전기 절연용 재료 인장강도
ASTM D 1708-66	• 미소인장 시험편용 복합신소재 인장강도
ASTM D 2290-76	• 쪼개판 방법에 의한 복합신소재 각형 및 관 인장강도
ISO 3268 ASTM D 3039-76 KS F 2241	• 고분자 기지 복합신소재 인장강도

4. 압축강도

시험규격	시험 내용
ASTM D 695-77 KS F2248	• 강체 플라스틱 압축강도
ASTM D 3410 KS F 2248	• 복합신소재 압축강도

5. 휨강도

시험규격	시험 내용
ISO 178 ASTM D 790-71 KS F2242	• 플라스틱 및 전기 절연재료 휨강도
ASTM D 4476-85	• 인발 제조 복합신소재 보강근 휨강도

6. 층간 전단강도

시험규격	시험 내용
ISO 4585 ASTM D 256-73	• 플라스틱 및 전기 절연용 재료 충격 저항강도
ASTM D 3846-79	• 복합신소재 전단강도

7. 내압시험

시험규격	시험 내용
ISO 1167 ASTM D 2585-68	• 필라멘트 와인딩으로 제작된 압력관 준비 및 인장시험
ASTM D 2586-68	• 유리섬유 강화 실린더의 정수압 압축강도

8. 밀도 및 비중

시험규격	시험 내용
ISO 1675 ASTM D 792-66 KS M 3016	• 변위에 의한 플라스틱 비중 및 밀도

9. 겔(Gell)시간

시험규격	시험 내용
ASTM D 2471-71	• 열경화성 수지의 반응 겔시간 및 발열 정점 온도

10. 수축률

시험규격	시험 내용
ASTM D 1299-55	• 몰드 제작 및 적층 열경화성 플라스틱 고온에 의한 건조수축
ASTM D 2566-69	• 경화 중 열경화성 투입 수지의 건조수축

11. 점성도

시험규격	시험 내용
ASTM D 2393-68	• 에폭시 수지 및 관련 성분재료의 점성도

12. 수분 함유율

시험규격	시험 내용
ASTM D 570-77	• 플라스틱의 수분 흡수율

13. 내약품성

시험규격	시험 내용
ASTM C 581-74	• 유리섬유 강화플라스틱용 열경화성 수지의 내화학성
ASTM C 582-68	• 화학적 환경의 강화플라스틱 구조물 내화학성
ASTM D 543-67	• 화학반응에 플라스틱 저항성

14. 연소시험

시험규격	시험 내용
ASTM D 229-77	• 전기절연용 강체 쉬트 및 평판
ISO 871 ASTM D 635-77	• 수평상 자기지지 플라스틱의 발화율, 발화정도 및 발화시간
ISO 4589 ASTM D 2863-77	• 플라스틱의 연소 유지에 요구되는 최소 산소 집중도 측정(산소지수)

15. 열변형도

시험규격	시험 내용
ASTM D 648-762	• 휨하중 하에 플라스틱의 열에 의한 처짐

16. 열팽창계수

시험규격	시험 내용
ASTM D 696-70	• 플라스틱의 선형 열팽창계수
ASTM D 864-52	• 플라스틱의 부피 열팽창계수

17. 접착제 접합 연결

시험규격	시험 내용
ASTM D 3983-81 KS M 3734-96	• 접착제 접합 연결에 사용되는 접착제 강도 및 전단탄성계수
ISO 1979	• 단 - 겹이음의 접착제 연결 인장강도
ASTM D 1002-72 ASTM D 3163-73 ASTM D 3165-73	• 접착제 겹이음 연결 전단강도
ASTM D 2095-72	• 복합신소재 보강근 접착제 연결 전단강도
ASTM D 1876-72	• 접착제 peel 저항강도
ASTM D 3166-73	• 접착제 피로강도

참고문헌

김덕현(1999), 21세기의 복합재료의 신전개 방향, Polymer Science and Technology Vol. 10, No. 1, February

김덕현(2000), 21세기 건설재료로서 FRP 전망, 콘크리트학회지 제12권 6호

김윤해, 한중원(2001), 복합재료학, 효성출판사

윤순종(2010), 복합신소재의 개발과 활용, 기술기사, 한국복합신소재구조학회지, 제1권1호

이대길, 정광섭, 최진호(1998), 복합재료역학 및 제조기술, 시그마프레스

전의진, 이우일, 윤광준, 김태욱(1995), 최신 복합재료, ㈜교학사

지효선(2002), 복합재료를 이용한 토목구조물의 시공공법 성능 개선연구 보고서, 한국토지공사

지효선(2003), Modular 복합신소재 교량 바닥판과 주형의 연결시스템 및 시공공법 개발 연구보고서, 한국토지공사

한국건설기술연구원(2002), 장수명 합리화 바닥판 개발(II), Bridge 200 기본 사업, 1차년도 연구 보고서

한국복합신소재구조학회(2019), 건설 분야에서의 복합신소재 응용기술, 도서출판 동화기술

한국복합신소재구조학회(2019), 복합신소재구조 설계지침서, 도서출판 동화기술

한복규, 신관수, 김기수, 홍건호(2005), 건설구조물에 적용된 섬유복합재료의 LCC 검토, 한국복합재료학회지 제18권 5호

홍건호, 한복규, 김기수(2006), 섬유복합재료의 건설구조물 적용기술, 한국복합재료학회지 제18권1호

한봉구(2010), 21세기 건설재료로서 복합신소재 구조물의 전망, 한국복합신소재구조학회지, 제1권1호

Adams Donald F., Carlsson Lief A., Byronpipes R., Experimental Characterization of Advanced Composite Materials 3rd Edition, CRC Press, 2003

Agarwal Bhagwan D., Broutman Lawrence J., Analysis and Performance of Fiber Composites 2nd Edition, John Wiley & Sons, 1990

Allen H.G.(1969), "Analysis and Design of Structural Sandwich Panels", Pergam an Oxford

ASCE Prestandard-2010: Pre-Standard for Load and Resistance Factor Design(LRFD) of Pultruded Fiber

Alagusundaramoorthy, P., Harik, I.E., and Choo, C.C.(2006), Structural behavior of FRP composite bridge deck panels, ASCE Journal of Bridge Engineering, 11(4), 384-393.

Aref, A.J., Kitan, Y., Lee, G.C.(2005), Analysis of hybrid FRP-concrete multi-cell bridge superstructures, Composite Structures, (69), 346-359.

Aref, A.J., Parsons, I.D.(2000), Design and performance of a modular reinforced plastic bridge, Composite Part B: Engineering, (31), 619-628.

Bakis, C.E., Bank, L.C., Brown, V.L., Cosenza, E., Davalos, J.F., Lesko, J.J., Machida, A., Rizkalla,

S.H., and Triantafillou, T.C.(2002), Fiber-reinforced polymer composites for construction-state-of-the art review, ASCE Journal of Bridge Engineering, 6 (2), 73-87.

Braestrup, M.W.(1999), Footbridge constructed from glass-fiber-reinforced profile, Denmark, Structural Engineering International, 9 (4), 256-258.

Burgueno R., Karbhari V.M., Seible F., and Kolozs R.T.(2001), Experimental dynamic characterization of an FRP composite bridge superstructure assembly, Composite Structures, (54), 427-444.

Bai Jiping, Advanced Fiber-Reinforced Polymer(FRP) Composites for Structural Applications, Woodhead Publishing, 2013

Bank L.(2006), Composites for Construction-Structural Design with Fiber Reinforced Polymer(FRP) Materials

Barbero Ever, Introduction to Composite Materials Design, CRC Press, 2011

Bogdanovich Alexander, Non-linear Dynamic Problems for Composite Cylindrical Shells, Elsevier Applied Science, 1993

Chung Deborah. D.L., Composite Materials: Science and Applications, Springer, 2003

Clarke, J.L.(Ed)(1996), Structural design of polymer composites - EUROCOMP design code and handbook, E&FN Spon, London, England.

Cho, T.J, Kim, M.H, and Ji, H.S. Odyssey for the Standard Design of High Way Minor Structures (Cantilever Columns for Signs, Luminaries, Traffic Signals), Journal of the Korean Society for Advanced Composite Structures, Vol.6, No.3, September 2015, pp. 62-68

Chun, K.S., Ji, H.S, and Park, W.H. A Fundamental Study on Effective Width Evaluation of Laminated Composite Box Girder, Journal of the Korean Society for Advanced Composite Structures, Vol.6, No.3, September 2015, pp. 26-31

Deskovic N., Triantafillout and Meier U.(1995), Innovative design of FRP combined with concrete: short-term behavior, ASCE Journal of structural Engineering, 121(7), 1069-1078

Demitz, J.R.(1999), Limit States Design Methodology for Composite Material Bridge Structures, CCM Report 99-3, University of Delaware Center for Composite Materials.

Douglas A. Eckel Ⅱ(1998), A Theoretical and Experimental Study on the Behaviour of Sandwich Bridge Decks Composed of Composite Materials, CCM Report 98-5, Univ. of Delaware

Efrem Elisabeth S., Polymers A Bibliography with Indexes, Nova Science Pulishersm 2002

Freger Garry E., Kestelman Vladimir N., Freger Dritry G., Braiding Pultrusion Technology for Advanced Structural Composites, McGrawHill, 2005

Federal Highway Administration(FHWA)(2002), FRP decks and superstructures: current practice, <http://www.fhwa.dot.gov/bridge/frp/deckprac.htm.>

Geier M.H., Quality Handbook for Composite Materials, Chapman & Hall, 1994

Gutowski Timothy G., Advanced Composites Manufacturing, John Wiley & Sons, 1997

Heger et al.(1984), Structural Plastic Design Manual, Manual of Engineering Prac. No.63, ASCE, New York.

Heinrich G., Advanced Rubber Composites, Springer, 2011

Hollaway L.C. and Head P.R., Advanced Polymer Composites and Polymers in the Civil Infrastructure,

Elsevier, 2001

Hoskin Brian C. and Baker Alan A., Composite Materials for Aircraft Structures, AIAA Education Series, 1986

Hyer Michael W., Stress Analysis of Fiber-Reinforced Composite Materials, McGrawHill, 1998

Hota Gangarao and Liang Ruifeng(2011), Advanced fiber reinforced polymer composites for sustainable civil infrastructrures, Internnational Symposium on Innovation & Sustainability of Strcutrures in Civil Engineering, Xiamen University, China

Johns Robert M., Mechanics of Composite Materials, McGrawHill Book Company, 975

John L.Clarke, Structural Design of Polymer Composites, EUROCOMP Design Code and Handbook, 1996, E & FN SPON, London

JEC Strategic Studies(2007), Composite Materials in Construction and Civil Engineering.

Ji, H.S.(1997), A Study on Anisotropic Sandwich Plates with Composite Facings, Ph.D. dissertation, University of Seoul.

Ji, H.S. Design of GFRP Superstructure for the Replacement of Deteriorated Bridge and Analysis of Structural Members with the Cross-ply and Quasi-isotropic Laminate, Proceedings of the Korean Society for Advanced Composite Structures, July 2020, pp. 81

Ji, H.S. and Song, B.J. A Study on the Design for Strengthening Reinforced Concrete Beams with FRP Strengthening Systems, Journal of the Korean Society for Advanced Composite Structures, Vol.10, No.6, December 2019, pp. 43-53

Ji, H.S., and Chung, K.S. Trend and Outlook on the Application Technologies of Advanced Composite Materials in Construction, Proceedings of the Korean Society for Advanced Composite Structures, April 2017, pp. 59-62

Ji, H.S. Design of FRP Decked Concrete Composite Girder Bridges I-Design Method, Deck Design and Connections Details, Journal of the Korean Society for Advanced Composite Structures, Vol.7, No.4, December 2016, pp. 122-128

Ji, H.S. Design of FRP Decked Concrete Composite Girder Bridges II-Design Example, Journal of the Korean Society for Advanced Composite Structures, Vol.7, No.4, December 2016, pp. 129-136

Ji, H.S and El-Badry M. Member Design and Strength Characteristics of the MMA Mortar Composites (I), Journal of the Korean Society for Advanced Composite Structures, Vol.6, No.3, September 2015, pp. 41-49

Ji, H.S and El-Badry M. An Experimental Study on Structural Behavior of the MMA Double Wide Flanged GFRP Pipe Composite Structures (II), Journal of the Korean Society for Advanced Composite Structures, Vol.6, No.3, September 2015, pp. 50-61

Ji, H.S. and Chun, K.S, Structural Performance Evaluation of a GFRP Sandwich Slab Bridge with Corrugated-core, Proceedings of the Workshop on Global Innovations in Infrastructure with Advanced Composites(China Architecture & Building Press), Nanjing, China, Oct. 29-Nov. 01, 2014, pp. 83-90

Ji, H.S. Bending Analysis of Anisotropic Sandwich Plates with Multi-layered Laminated Composite Faces,, Journal of the Korean Society for Advanced Composite Structures, Vol.3, No.4, December

2012, pp. 17-26

Song, B.J, Ji, H.S and Chang, S.Y. A Study on Edge Reinforcement Effect of Cylindrical Shells with Composite Laminate,, Journal of the Korean Society for Advanced Composite Structures, Vol.3, No.2, June 2012, pp. 12-17

Ji, H.S. Long-Term Performance Evaluation of a GFRP Slab Bridge, Journal of Korean Society of Steel Construction, Vol.24, No.3, June 2012, pp. 349-360

Ji, H.S. An Experimental Study on the Pull-out Behaviors of Headed GFRP Rebar in Mortar, Journal of Korea Academia-Industrial Cooperation Society, Vol.13, No.6, June 2012, pp. 2797-2803

Ji, H.S. and Son, B.J. Long-Term Performance of a Glass Fiber-Reinforced Polymer Slab Bridge, Proceedings of the 6th Advanced Composite Materials in Bridges and Structures (ACMBS) Conference, Kingston, Ontario, Canada, May 22-25, 2012

Ji, H.S., Son, B.J., Park, D.Y. and Chung, K.S., In-Service Structural Performance Evaluation of a GFRP Slab Bridge, Proceedings of the Korean Society for Advanced Composite Structures, April 2012

Ji, H.S., Lee, S.Y. Nonlinear Dynamic Behaviors of Laminated Composite Structures Containing Central Cutouts, Journal of Korean Society of Steel Construction, Vol.23, No.5, October 2011, pp. 221-228

Ji, H.S, Chun, K.S., Park, D.H. and Son, B.J. An Experimental Study on Static Behaviors of Composite Sandwich Bridge Decks with Hybrid GFRP-Steel Core, Journal of the Korean Society for Advanced Composite Structures, Vol.2, No.3, September 2011, pp. 12-17

Chun, K.S., Ji, H.S. A Simple Modification of the First-order Shear Deformation Theory for the Analysis of Composite Laminated Structures, Journal of Korean Society of Steel Construction, Vol.23, No.4, August 2011, pp. 475-481

Ji, H.S. Buckling Analysis of Curved Stiffened Web Plate using Eight and Nine-Node Flat Shell Element with Substitute Shear Strain Field, Journal of Korean Society of Steel Construction, Vol.23, No.4, August 2011, pp. 455-464

Ji, H.S. A Study on the Static Behavior of GFRP Bridge Deck, Journal of the Korea Institute for Structural Maintenance Inspections, Vol.15, No.3, May 2011, pp. 163-170

Ji, H.S. Buckling Behaviors of Plate Girder with Corrugated Steel Web, Journal of Korean Society of Steel Construction, Vol.23, No.2, April 2011, pp. 221-228

Ji, H.S., Byun, J.K., Lee, C.S., Son, B.J. and Ma, Z. John. Structural Performance of Composite Sandwich Bridge Decks with Hybrid FRP-Steel Core, Composite Structures (Elsevier), Vol.93, No.2, January 2011, pp. 430-442

Ji, H.S., Song, W.C. and Ma, Z. John, Design, Test and Field Application of a GFRP Corrugated-Core Sandwich Bridge, Engineering Structures (Elsevier), Vol.32, No.9, September 2010, pp. 2814-2824

Ji, H.S. and Chun, K.S. An Experimental Study on the Behavior of Modular GFRP Deck for Use in Deteriorated Bridge Decks Replacement, Journal of the Korean Society for Advanced Composite Structures, Vol.1, No.2, 2010, pp. 34-45

Ji, H.S. Structural Performance of an Advanced Composites Bridge Superstructure for Rapid Installation, Journal of the Korean Society for Advanced Composite Structures, Vol.1, No.1, 2010, pp. 34-45

Ji, H.S., Son, B.J. and Ma, Z. John, Evaluation of Composite Sandwich Bridge Decks with Hybrid

FRP-Steel Core Journal of Bridge Engineering, ASCE, Vol.14, No.1, Jan./Feb. 2009, pp.36-44

Ji, H.S., Son, B.J. and Chang, S.Y., Field Testing and Capacity-ratings of Advanced Composite Materials Short-span Bridge Superstructure, Composite Structures (Elsevier), Vol.78, No.2, April 2007, pp. 299-307

Ji, H.S., Son, B.J. and Z. John, Ma, Structural Characterization of Composite Sandwich Panel with Hybrid FRP-Steel Core for Bridge Decks, Proceedings of the Third International IIFC Conference Composites in Civil Engineering, Miami, Florida, USA, December 13-15, 2006

Ji, H.S., Son, B.J. and Cho, Y.H., In-service Performance of an Advanced Composite Materials Superstructure, Proceedings of the COBRAE Conference 2005 Bridge Engineering with Polymer Composites, Zurich, Switzerland, March 30 - April 1, 2005.

Ji, H.S., Son, B.J. and Chang, S.Y., Field Application and Characterization of Advanced Composite Materials Short-span Bridge Superstructure, Journal of Korean Society of Civil Engineering, Vol.24, No.6A, 2004, pp. 1137-1144

Chun, K.S., Ji, H.S., and Chang, S.Y., Dynamic Behavior of Composite Material Laminated Plates under Moving Loads, Journal of Korean Society of Civil Engineering, Vol.24, No.1A, 2004, pp. 125-134

Ji, H.S., Chun, K.S., Son, B.J. and Chang, S.Y., Design, Fabrication, and Load Testing of an Advanced Composite Materials Superstructure, Proceedings of the 4th Advanced Composite Materials in Bridges and Structures (ACMBS) Conference, Calgary, Alberta, Canada, July 20-23, 2004

Ji, H.S., Son, B.J. and Chang, S.Y., An Experimental Study on the Behavior of FRP Decks of r Use in Deteriorated Bridge Decks Replacement, Proceedings of Korea Society of Civil Engineers, 2003

Ji, H.S., Son, B.J. and Chang, S.Y., Experimental Study on Field Application of All Advanced Composite Material Superstructure, Proceedings of Korea Society of Civil Engineers, 2002

Ji, H.S., Son, B.J. and Chang, S.Y., Flexural Behavior of Composite Advanced Material Decks for Bridge Application, Proceedings of Korea Society of Civil Engineers, 2001

Ji, H.S., Son, B.J. and Chang, S.Y., An Experimental Study on the Behavior of Composite Materials Bridge Decks for Use in Deteriorated Bridge Decks Replacement, Journal of Korean Society of Steel Construction, 2001, pp. 631-640

Ji, H.S., Son, B.J. and Chang, S.Y., Analysis of Sandwich Plates with Composite Facings based on Zig - Zag Models, Korean Society of Steel Construction, Vol. 12, No.6, 2000

Ji, H.S., Chang, S.Y., Analysis of Composite Sandwich Plates with a Local Shear Deformations, Korean Society of Steel Construction, Vol. 10, No.1, 1999

Ji, H.S., Analysis of Sandwich Plates with Anti-symmetric Laminated Facings, Theses Collection Vol. 4, Daewon University College, 1999

Ji, H.S., Chang, S.Y., Analysis of Sandwich Plates with Composite Facings, Proceedings of Fifth Pacific Structural Steel Conference, PSSC'98, 1998

Ji, H.S., Chang, S.Y., Analysis of Composite Sandwich Plates with Finite Bonding Stiffness, Proceedings of Korean Society of Steel Construction, 1997

Ji, H.S., Chang, S.Y., Analysis of Composite Sandwich Plates with Thick Core, Korean Society of Steel Construction, Vol. 8, No.2, 1996

Ji, H.S., Analysis of Ortho-tropic Composite Sandwich Plates including Transverse Shear Deformation, Theses Collection Vol. 3, The University of Seoul, 1995

Ji, H.S., Chang, S.Y., Analysis of An-isotropic Stiffened Plates, Korean Society of Steel Construction, Vol. 7, No.2, 1995

Ji, H.S., Data Base Building for Applied Technology of the Composite Materials in Construction Area, Report submitted to POSCO E&C., Korea, 2013

Ji, H.S. State-of-the-Art Report on FRP Decked Pre-cast/Pre-stressed Concrete Girder Bridges to the TBRL, Department of Civil & Environmental Engineering of the University of Tennessee, Knoxville, USA, 2007

Ji, H.S., Development of a Modular Advanced Composite Materials Deck and Connection systems for Main Girders of Bridge, Report submitted to The Korea Land Corporation, Research Development Bureau, Korea, 2005

Ji, H.S., A Study on Improvement of Performance in Construction Method for Civil Structures by using Advanced Composite Materials. Report submitted to The Korea Land Corporation, Research Development Bureau, Korea, 2002

Ji, H.S., Development of Modular Advanced Composite Materials Deck. Report submitted to The Seong-lim P&S Ltd., Korea, 2002

Ji, Hyo Seon, Son, Byung Jik, Ma, Zhongguo John.(2009), Evaluation of composite sandwich bridge decks with hybrid FRP-steel core, ASCE Journal of Bridge Engineering, 14 (1), 36-44.

Ji, H.S., Son, B.J. and Ma, Z. John.(2006), Structural Characterization of Composite Sandwich Panel with Hybrid FRP-Steel Core for Bridge Decks, Proceedings of the Third International IIFC Conference Composites in Civil Engineering, Miami, Florida, USA, December 13-15.

Ji, H.S., Son, B.J., and Chang, S.Y.(2007), Field testing and capacity-ratings of advanced composite materials short-span bridge superstructure, Composite Structures, 78 (2), 299-307.

Ji, H.S., Son, B.J. and Chang, S.Y.(2001), An Experimental Study on the Behavior of Composite Materials Bridge Decks for Use in Deteriorated Bridge Decks Replacement, Journal of Korean Society of Steel Construction, 631-640

Ji, H.S., Son, B.J. and Chang, S.Y.(2000), Analysis of Sandwich Plates with Composite Facings based on Zig - Zag Models. Korean Society of Steel Construction, Vol. 12, No.6.

Ji, H.S. Ji, Son, B.J and Cho, Y.H.(2005), In-service Performance of an Advanced Composite Materials Superstructure, Proceedings of the COBRAE Conference 2005 Bridge Engineering with Polymer Composites, Zurich, Switzerland, March 30 - April 1

Kim Yail J., Advanced Composites in Bridge Construction and Repair, Woodhead Publishing, 2014

Lee, S.Y., Ji, H.S., and Chang, S.Y., Dynamic Response of Advanced Composite Material Bridge Decks Considering Traveling Vehicles Effects, Journal of Korean Society of Civil Engineering, Vol.24, No.6A, 2004, pp. 1137-1144

Kim, D.H.(1995), Composite Structures for Civil and Architectural Engineering, E&FN Spon, London, England.

Maji Arub, Advances in Composite Materials and Mechanics, ASCE, 1999

Matthews F.L., and Rawlings R.D., Composite Materials: Engineering and Science, Chapman & Hall, 1995

Matthews, F.L. and Rawlings, R.D.(1994), Composite Materials : Engineering and Science, Chapman & Hall

Lopez-Anido, R., Han, X.(2002), Structural characterization of hybrid fiber-reinforced polymer glulan panels for bridge decks, ASCE Journal of Composites for Construction, 6 (3), 194-203.

Ma, Z. J., Choppali, U, Li, L.(2007a), Cycling tests of a fiber-reinforced polymer honeycomb sandwich deck panel at very cold temperatures, International Journal of Materials and Product Technology, 28(1/2), 178-197.

Martin Marietta Composites(MMC)(2005), DuraSpan Fiber-Reinforced Polymer Bridge Deck System, <http://www.martinmarietta.com/products.>

Nystrom, H.E., Watkins, S.E., Nanni, A.(2003), Financial viability of fiber-reinforced polymer bridges, ASCE Journal of Management in Engineering, 19 (1), 2-8.

Park, J.M, Lee, S.Y, Ji, H.S and Song, B.J. Optimal Fiber-Angle of Wind Turbine Tower Made of Composites under Wind Loads, Journal of the Korean Society for Advanced Composite Structures, Vol.5, No.1, March 2014, pp. 9-15

Partridge Ivana K., Advanced Composites, Elsevier Applied Science, 1989

Pilato Louis A., Michno Michael J., Advanced Composite Materials, Springer-Verlag, 1994

Reddy J.N., Miravete A., Practical Analysis of Composite Laminates, CRC Press, 1995

Reddy J.N, Mechanics of Laminated Composite Plates Theory and Analysis, CRC Press, 1997

Shin, J.H, Kim, K.H, Kim, D.R, and Ji, H.S. An Experimental Study on the Static Behavior of Advanced Composite Materials Drainage Pipe Member for an Undersea Tunnel, Journal of Korean Tunneling and Underground Space Associations, Vol.17, No.2, March 2015, pp. 65-74

Song, W.C., Ma, Z. John and Ji, H.S., Equivalent Strip Width for FRP Superstructure Design Using Timoshenko Beam Approximation, Journal of Composites for Construction, ASCE, Vol.17, No.5, October. 2013, pp.575-752

Song, B.J and Ji, H.S. A Simplified Analysis Method of GFRP Composites Deck, Journal of Korean Society of Steel Construction, Vol.25, No.4, August 2013, pp. 359-368

Song, B.J., Lee, S.Y. and Ji, H.S., Long-Term Performance of a Fiber-Reinforced Polymer Slab Bridge Superstructure-Field Load Testing and Ratings, Composite Part B: Engineering (Elsevier), Vol.45, No.2, February 2013, pp. 644-656

Song, B.J, Ji, H.S and Chang, S.Y. A Study on Edge Reinforcement Effect of Cylindrical Shells with Composite Laminate,, Journal of the Korean Society for Advanced Composite Structures, Vol.3, No.2, June 2012, pp. 12-17

Sano Tomoko, Srivatsan T.S., Peretti Michael W., Advanced Composites for Aerospace, Marine, and Land Applications, John Wiley & Sons, 2014

Sasse H.R., Adhesion between Polymers and Concrete, Springer-Science+Business Media, 1986

Shalin R.E., Polymer Matrix Composites, Springer-Science+Business Media, 1995

Strongwell(2010), Design Manual, Extren and Other Proprietary Pultruded Products, <http://www.strongw

ell.com>

Teng J.G., Chen J.F., Smith S.T., Lam L., FRP Strengthened RC Strucutres, John Wiley & Sons, 2002

Tong Liyong and Soutis Costas, Recent Avances in Structural Joints and Repairs for Composite Materials, Kluwer Academic Publishers, 2003

Tsai Stephen W., Composite Design 4th Edition, Think Composites, 1988

Tsai Stephen W., Hahn H. Thomas, Introduction to Composite Materials, Technomic Publishing Company, 1980

Turvey G.J. and Marshall I.H., Buckling and Postbuckling of Composite Plates, Chapman & Hall, 1995

Vinson Jack R., The Behavior of Sandwich Structures of Isotropic and Composite Materials, Technomic Publishing Co. Inc, 1999

Vinson Jack R., The Behavior of Shells Composed of Isotropic and Composite Materials, Kluwer Academic Publishers, 1993

Whitney James M., Structural Analysis of Laminated Anisotropic Plates, Technomic Publishing, 1987

Zhou, Aixi(2002), Stiffness and strength of fiber reinforced polymer composite bridge decks system. Ph.D. dissertation. Virginia Polytechnic Institute and State University, Blacksburg, VA. USA.

찾아보기

저자 : **지 효 선**

- 서울시립대학교 토목공학과 공학사
- 서울시립대학교 대학원 토목공학과 공학석사
- 서울시립대학교 대학원 토목공학과 공학박사
- ㈜삼안 근무
- 서울특별시 지하철건설본부 토목감독관 근무
- 영국 런던임페리얼대학 복합재료연구소 객원연구원
- 미국 테네시주립대학교 토목환경공학과 연구교수
- 캐나다 캘거리대학교 토목공학과 방문교수
- 대원대학교 철도건설공학과 교수(現)
- (사)한국복합신소재구조학회 회장(前)
- 토목구조기술사
- E-mail: hsji@daewon.ac.kr(043-649-3266)

건설용 **복합신소재 구조설계** 정가 28,000원

발 행 2022년 3월 10일 초판 1쇄
저 자 지효선
발행인 정우용
발행처 도서출판 **동화기술**
경기도 파주시 광인사길 201(문발동, 파주출판도시)
Tel (031)955-4211~6 donghwapub@nate.com
Fax (031)955-4217 www.donghwapub.co.kr
(등록) 1977년 12월 19일/9-16호

ISBN 978-89-425-9352-1